基礎會計（第二版）

主編●林雙全、甘　宇、李小騰

財經錢線

前 言

在會計職業教育實踐中，我們逐漸意識到一個值得重視的教育誤區，即應用技術類學生應以實際操作為主，理論知識可以根據工作需要來補充學習。然而，事實並非如此。在指導學生頂崗實習中，我們經常發現有些學生在編制報表時，往來款項出現負數時不會進行重分類調整；有的學生則將財務軟件中的記帳憑證編號全部選擇為「轉字」；等等。這些大量發生的實踐差錯使我們發現，知識的局限性和片面性不利於學生職業技能的真正提高，在會計職業教育中引導學生全面系統地學習理論知識同樣重要。理論學習全面系統，可以使學生具有紮實的功底和完整的指導思想。指導思想正確了，實踐中的錯誤才會減少；理論水平提高了，解決問題的能力才會隨之增強。本書在編寫過程中注重突出以下特點：

第一，理論學習的系統性和完整性。本書主要從會計基本理論、基本方法和基本程序三方面介紹會計基礎知識。第一章，基本理論部分，主要遵循會計核算基本程序確認、計量、記錄、報告四個環節，在介紹復式簿記、資金平衡、平行登記等傳統會計學原理的同時，突出了會計目標、會計假設、會計確認、會計計量、會計報告等現代會計理論的系統性；第二章，基本方法部分，從復式記帳、設置帳戶、填制和審核會計憑證、登記會計帳簿、成本計算、財產清查、編制會計報表七個方面介紹會計核算原理，展現了會計方法的完整性；第三章，基本程序部分，主要介紹了會計資料組織程序和保管程序，前者包括記帳憑證帳務處理程序、科目匯總表帳務處理程序、匯總記帳憑證帳務處理程序、多欄式日記帳帳務處理程序和日記總帳帳務處理程序五種帳務處理程序；后者主要包括會計檔案整理歸檔、查閱及銷毀程序等內容。

第二，技能訓練的針對性和全面性。本書第四章和第五章為會計實訓部分，第四章主要培養學生工業企業科目匯總表全套帳務處理基本能力，第五章主要培養學生商業企業記帳憑證帳務處理基本能力。案例設計針對性強、教學目的明確，確保從不同側面以不同形式全方位培養學生職業技能。

本書由廣州城市職業學院會計專業基礎會計課程組全體教師編寫。本書由林雙全、甘宇、李小騰擔任主編，負責擬定編寫大綱、設計案例、確定內容結構，進行總纂、修改和定稿；周荃、楊蕾、胡美秀、朱甫明承擔相應編寫工作。第一章第一節、第二

節、第三節由周荃編寫，第四節、第五節、第六節由林雙全編寫；第二章第一節由胡美秀編寫，第二節、第三節由林雙全編寫，第四節由楊蕾編寫，第五節、第六節、第七節由李小騰編寫；第三章由朱甫明編寫；第四章由甘宇編寫；第五章由林雙全編寫；課后小結及習題由林雙全、朱甫明編寫。

　　由於時間倉促，水平有限，本書不足和錯漏之處懇請讀者批評指正，以期修訂。

編者

2017 年 8 月

目 錄

第一章　會計基本理論 ·· （1）
　　第一節　會計概論 ·· （1）
　　第二節　會計假設 ·· （12）
　　第三節　會計確認 ·· （16）
　　第四節　會計計量 ·· （38）
　　第五節　會計記錄 ·· （44）
　　第六節　會計報告 ·· （66）

第二章　會計基本方法 ·· （72）
　　第一節　設置帳戶 ·· （72）
　　第二節　復式記帳 ·· （84）
　　第三節　填制和審核會計憑證 ·································· （124）
　　第四節　登記會計帳簿 ·· （142）
　　第五節　成本計算 ·· （161）
　　第六節　財產清查 ·· （168）
　　第七節　編制會計報告 ·· （182）

第三章　會計基本程序 ·· （218）
　　第一節　會計資料組織程序 ···································· （218）
　　第二節　會計資料保管程序 ···································· （230）

第四章　工業企業科目匯總表全套帳務處理 ·················· （238）
　　第一節　概述 ··· （238）
　　第二節　設置帳戶 ·· （241）
　　第三節　分析原始憑證 ·· （248）
　　第四節　編制記帳憑證 ·· （289）
　　第五節　登記日記帳 ··· （308）
　　第六節　登記明細帳 ··· （311）

第七節　編制科目匯總表 ………………………………………（329）
　　第八節　登記總帳 …………………………………………………（336）
　　第九節　結帳 ………………………………………………………（345）
　　第十節　對帳 ………………………………………………………（347）
　　第十一節　編制試算平衡表 ………………………………………（351）
　　第十二節　編制會計報表 …………………………………………（353）

第五章　商業企業記帳憑證帳務處理程序模擬實訓 ………………（360）
　　第一節　概述 ………………………………………………………（360）
　　第二節　模擬公司經濟業務 ………………………………………（362）
　　第三節　模擬公司專用記帳憑證 …………………………………（368）
　　第四節　模擬公司日記帳 …………………………………………（378）
　　第五節　模擬公司明細帳 …………………………………………（380）
　　第六節　模擬公司總帳 ……………………………………………（384）
　　第七節　模擬公司帳帳核對表 ……………………………………（395）
　　第八節　模擬公司試算平衡表 ……………………………………（396）
　　第九節　模擬公司資產負債表 ……………………………………（397）
　　第十節　模擬公司利潤表 …………………………………………（399）

參考文獻 ………………………………………………………………（400）

第一章　會計基本理論

　　會計是現代經濟生活中普遍使用、頻繁出現的一個詞語，泛指會計工作、會計人員、會計信息以及會計科學等。會計在現代經濟生活中是不可或缺的，無論是個人的經濟活動還是所在組織的經濟活動，都離不開會計。會計是為適應人類生產實踐和經濟管理的客觀需要而產生的，並隨著生產的不斷發展而發展。經濟越發展，會計越重要。

第一節　會計概論

一、發展簡史

　　人類物質資料的生產活動是人類生存和發展的基礎，它決定著人類其他一切活動，也是會計產生的根本前提。會計行為是人類發展到一定階段的產物，會計在中國有著悠久的歷史。遠在原始社會末期，中國就有「結繩記事」「刻契記數」等原始計算記錄的方法，這就是會計的萌芽。

　　直到西周時期（公元前 1100 年—公元前 700 年），中國才有了「會計」一詞和較為嚴格的會計機構。根據西周「官廳會計」核算的具體情況考察，「會計」開始運用時，其基本含義是「零星算之為計，綜合算之為會」，既有日常的零星核算，又有歲終的綜合核算，通過日積月累到歲終的核算，達到正確考核王朝財政收支的目的。同時，西周王朝也建立了較為嚴格的會計機構，設立了專管錢糧賦稅的官員，並建立了所謂「以參互考日成，以月要考月成，以歲會考歲成」的「日成」「月要」和「歲會」等報告，初步具有了旬報、月報、年報等財務報表的雛形，發揮了會計既能對經濟活動進行記錄核算，又能對經濟活動進行審核監督的作用。「會計」這一專有名稱的出現，是中國會計理論產生、發展的一種表現，而完備的會計機構的出現，又是中國會計發展史上的一個突出進步。

　　唐宋時期，中國創建了「四柱結算法」，通過「舊管（即期初結存）＋新收（即本期收入）－ 開除（即本期支出）＝實在（即期末結存）」的基本公式進行結帳，這為中國通用的收付記帳法奠定了基礎。到了清代，「四柱結算法」已經成為系統反映王朝經濟活動或私家經濟活動全過程的科學方法，是中式會計方法的精髓。

　　明末清初，隨著手工業和商業的發展及資本主義經濟萌芽的產生，中國商人又進一步設計了以「四柱結算法」為基礎的「龍門帳」，把會計科目劃分為「進」「繳」

「存」「該」，用以計算盈虧。把全部帳目分為「進」（相當於各項收入）、「繳」（相當各項支出）、「存」（相當於各項資產）、「該」（相當於資本、各項負債）四大類，運用「進－繳＝存－該」的平衡公式計算盈虧，分別編制「進繳表」和「存該表」（即利潤表和資產負債表）。繼「龍門帳」后，又出現了「四腳帳」，即對每一筆經濟業務，既登記「來帳」，又登記「去帳」，反映同一帳項的來龍去脈，既可檢查日常記帳的正確性，又可系統、全面和綜合地反映經濟活動的全貌。「龍門帳」和「四腳帳」是中國復式記帳的最初形式，為中國后來發展嚴謹的復式記帳方法奠定了基礎，這是中國古代會計的一個傑出成就。

　　近代史上，由於中國長期存在的封建統治和半殖民地半封建社會的經濟發展狀況，使中國會計工作的發展受到很大的限制。辛亥革命后，中國會計學家積極引進西方會計，使中國會計事業有了新的發展。20 世紀 30 年代曾有過「改良中式簿記運動」，對中小企業的會計發展曾經起過一定的推動作用，但仍存在「中式簿記」和「西式簿記」並存的局面。1494 年，義大利科學家、會計學家盧卡·帕喬利（Luca Pacioli）的天才著作《算術、幾何、比及比例概要》一書在威尼斯出版發行，該書最早對「借貸記帳法」進行了系統的介紹，以后相繼傳至歐洲各國，日本在明治維新時從英國引入「借貸記帳法」，「借貸記帳法」於 1905 年正式傳入中國，在中國的洋行和海關、鐵路、郵政等部門推行。

　　新中國成立以后，中國會計事業得到了很大發展。新中國成立初期統一了全國國營企業的會計制度，給會計工作的發展奠定了良好的基礎。黨的十一屆三中全會后更是迎來了會計工作發展的春天，1980 年召開第二次全國會計工作會議並成立會計學會為中國會計工作發展提供了組織保證。1985 年頒布《中華人民共和國會計法》是中國會計法制化的大事，1993 年中國對《中華人民共和國會計法》進行第一次修訂，目前執行的是第二次修訂並自 2000 年 7 月 1 日施行的《中華人民共和國會計法》（以下簡稱《會計法》）。1990 年 12 月 31 日國務院發布《總會計師條例》，確立註冊會計師制度，財政部於 1992 年 11 月公布了《企業會計準則》和《企業財務通則》，自 1993 年 7 月 1 日起執行。2006 年 2 月 15 日，財政部發布了新《企業會計準則》，包括 1 項基本準則和 38 項具體準則，這標誌著中國會計工作已經走向國際化、科學化、現代化。2011 年，國際會計準則理事會發起了新一輪變革。為保持中國會計準則與國際財務報告準則的趨同，財政部在 2012 年發布了一系列準則徵求意見稿，2014 年正式修訂了五項企業會計準則，新增了三項企業會計準則，發布了一項準則解釋，並修改了《企業會計準則——基本準則》中關於公允價值計量的表述。

二、本質內涵

（一）管理活動論

　　會計是以貨幣為主要計量單位，以憑證為依據，借助專門的技術方法，對一定單位的資金運動進行全面、綜合、連續、系統的核算與監督，向有關方面提供會計信息、參與經營管理，旨在提高經濟效益的一種經濟管理活動。在實際工作中，會計不僅為

會計信息使用者的決策提供信息，而且在提供信息的過程中，對經濟活動進行控制，參與預測與決策，這表明會計提供會計信息不是最終目的，僅是手段，最終目的是憑藉這些手段進行管理。因此，從會計工作來看，會計本質上是一種經濟管理活動。

(二) 信息系統論

會計是一個服務於會計信息使用者據以做出決策的信息系統。無論是一個單位的內部有關方面，還是這個單位的外部相關方面，其相關決策的做出在一定程度上依賴於這個單位相關的經濟活動信息，而會計的主要目標是提供有助於有關方面做出決策的會計信息。會計作為一個信息系統，由信息獲取、信息儲存、信息傳輸、信息控制、信息反饋等環節構成。會計信息系統是一個單位管理信息系統中最重要的一個子系統，也是一個涉及面最廣、反映經濟活動最為綜合的一個經濟系統。

(三) 技藝論

會計是一種提供經濟活動信息的技藝。經濟活動是多種多樣的，會計人員採用一定的方法與技術對大量的、繁雜的經濟活動信息進行判別、記錄、分類、匯總與解釋，使其成為層次清晰、作用明確、數量有限的信息，達到揭示經濟活動現狀及其發展情況的目的。這種方法與技術被認為是一種會計技藝。作為技藝，部分是由客觀規律決定的，部分是由技藝師的經驗和技巧決定的。會計也是如此，會計人員對會計信息的加工都按照會計規則進行，但因會計人員的技巧和經驗的差別，對會計政策、會計方法的選擇不同，所產生的會計信息也有所差別。因此，從會計信息的加工過程來看，會計是一種提供經濟活動信息的技藝。

(四) 工具論

會計是一種經濟活動的管理工具。在現實的經濟社會中，可供利用的經濟資源是有限的，為此，需要對經濟活動進行管理，進而達到對經濟資源進行合理配置的目的，而會計就是對經濟活動進行管理的一種專門工具。從這個意義上說，會計不等同於會計工作，會計是從長期的會計工作實踐中總結出來的用於指導會計工作的方法體系，是進行會計工作所必不可少的一種方法手段。顯然，方法手段本身不屬於管理，而是服務於管理的工具。

三、基本特徵

(一) 以貨幣為主要計量單位

從事會計核算工作，必須使用一定的計量單位，會計的計量單位包括實物計量、勞動計量、貨幣計量，但是會計的主要計量單位是貨幣。由於各種財產物資不能直接相加，如企業的廠房、設備、汽車、原材料、產成品等，只有把它們折算成價值量，即貨幣計量，才能匯總各種財產物資和反映不同性質的經濟業務。因而，會計必須以貨幣為主要計量單位。

但是貨幣並不是會計的唯一計量單位。這是因為會計不僅要從價值方面反映再生產過程的資金運動，還必須反映和監督再生產過程財產物資的增減變動情況。資金運

動往往是伴隨著財產物資的增減變動進行的。例如，對原材料的核算，會計不僅需要提供其總括的資料，而且還要提供各種材料的實際數量的增減變動。這時，就需要同時使用貨幣單位和實物單位進行計量。所以貨幣是會計的主要計量單位，而不是唯一的計量單位。

(二) 擁有一系列專門方法

會計的方法是指用來核算和監督會計內容、完成會計任務的手段。會計的方法包括會計核算方法、會計分析方法和會計檢查方法。會計核算方法是對經濟活動進行全面、綜合、連續、系統的記錄和計算，為經營管理提供必要的信息所應用的方法，它是整個會計方法體系的基礎。會計核算方法主要包括以下幾種：

(1) 設置帳戶。設置帳戶是對會計對象的具體內容進行分類核算和控制的一種方法。設置帳戶是進行會計核算的必要手段。帳戶是依據會計科目設置，會計科目則是對會計要素具體內容進行分類核算的項目。會計對象、會計要素、會計科目是會計對應予以核算的同一經濟事項由總括到細化的三個層次。設置會計帳戶就必須首先按會計要素對會計對象的具體內容進行科學的分類，然后對會計要素的內容進行具體的劃分而形成會計科目，再根據會計科目在帳簿中開立帳戶，用於分類、連續地記錄各項經濟業務所引起的各項資金的增減變動情況和結果。顯然，會計對象的內容是複雜多樣的，通過設置一定的帳戶，進行歸類記錄，循序地匯集起來，才能對其進行系統的核算和有效的控制。

(2) 復式記帳。復式記帳是指將企業發生的經濟業務登記在兩個或兩個以上的帳戶，反映經濟業務所涉及資金的來龍去脈及增減變動情況的一種會計核算方法。一個企業所發生的任何一項經濟業務都不是孤立的，應用復式記帳法可通過帳戶的對應關係反映出經濟業務的來龍去脈，能夠全面、系統地反映出經濟業務的前因後果。復式記帳通過價值形式的計算和記錄，為經濟管理提供核算指標。它以記帳內容之間所表現出的數量上的平衡關係作為記帳技術方法的基礎。會計恒等式的等量雙方，必然要求經濟事物發生相互聯繫和等量的變化。如有一項發生增減變化，其他一項必然隨之而發生等量的增減變化，為此，必須通過兩個或兩個以上的帳戶，相互聯繫地作雙重記錄，全面反映經濟活動的客觀規律。目前，中國企業、行政和事業單位均採用復式記帳法。

(3) 填制和審核會計憑證。填制和審核會計憑證是為了保證經濟業務的合法合理，登記入帳的會計記錄正確、完整而採用的一種方法。會計憑證是記錄經濟業務、明確經濟責任的書面證明，是登記帳簿的依據。對於已經發生或已經完成的經濟業務，都要由經辦人員或有關單位填制憑證，並簽名蓋章。所有憑證都要經過會計部門和有關部門的審核，只有經過審核並認為正確無誤的憑證，才能作為記帳的依據。通過填制和審核憑證，可以保證會計記錄真實可靠，經濟責任明確，經濟業務合法合理。

(4) 登記會計帳簿。登記會計帳簿是根據審核無誤的會計憑證，在帳簿中連續、完整並分門別類地記錄和循序地匯集計算所發生的經濟業務的一種方法。帳簿由具有一定格式的帳頁所組成，是用來連續、完整並分門別類地記錄各項經濟業務的簿籍，

是儲存會計數據資料的重要工具。進行會計核算必須設置帳簿，登記帳簿必須有會計憑證為依據。這樣才能可靠、連續、完整並分門別類地記錄經濟業務的發生情況，再通過定期的結帳與對帳，為編制會計報告提供完整而又系統的會計數據，同時可以為事中、事後的會計控制提供基礎資料。

（5）成本計算。成本計算是按照一定對象歸集和分配在生產經營過程中不同部門、不同階段所發生的各種費用支出，以確定該對象的總成本和單位成本的方法。通過成本計算，可以確定材料的採購成本、產品的生產成本和銷售成本，可以反映和監督生產經營過程中發生的各項費用是否節約和超支。成本計算的意義在於掌握企業的生產經營消耗水平，為企業計算盈虧或財務成果奠定基礎。

（6）財產清查。財產清查是通過盤點實物、核對帳目來保持帳實相符的一種方法。帳簿資料系統地記錄了企業的經濟活動，但會計記錄正確與否的檢驗標準就是與帳面反映相對應的實有數進行盤點核對。為提高會計記錄的準確性，保證帳實相符，必須定期或不定期地對各項財產物資、往來款項進行清查、盤點和核對。通過財產清查，還可以查明各項財產物資和貨幣資金的保管和使用情況，以及往來款項的結算情況，監管財產物資和資金的安全與合理使用。在清查中發現財產物資和貨幣資金的實有數與帳面結存數不一致，應及時查明原因，通過一定審批手續進行處理，並調整帳簿記錄，使帳面數與實存數額保持一致，保證會計核算資料的正確性和真實性。

（7）編制會計報告。編制會計報告是以書面報告形式定期總括地反映企事業單位財務狀況、經營成果和現金流量變動情況的一種專門方法。會計報告主要以帳簿記錄為依據，經過加工整理而產生的一套完整信息的書面文件。會計報告提供的資料，是會計信息使用者賴以做出決策的主要依據。

(三) 具有核算和監督的基本職能

會計的職能是指會計在經濟管理過程中，客觀上具有的功能。會計的基本職能是核算職能和監督職能。

會計的核算職能，即會計反映的職能，貫穿於經濟活動的全過程，是會計最基本的職能。會計的核算職能是指會計以貨幣為主要計量單位，通過確認、計量、記錄、計算、報告會計核算五個環節，對特定主體的經濟活動進行記帳、算帳、報帳，為各方面提供會計信息的功能。其中，記帳是指對特定對象的經濟活動採用一定的記帳方法，在帳簿中進行登記；算帳是指在記帳的基礎上，對企業單位一定時期的收入、費用（成本）、利潤和一定日期的資產、負債、所有者權益進行計算（行政、事業單位是對一定時期的收入、支出、結餘和一定日期的資產、負債、淨資產進行計算）；報帳是指在算帳的基礎上，對企業單位的經營狀況和經營成果及現金流量情況（行政、事業單位是指對其經費收入、經費支出、經費結餘及財務狀況），以會計報表的形式向有關方面報告。根據《會計法》的規定，企業單位發生的一切經濟業務，都必須借助會計核算職能，通過記帳、算帳、報帳的會計核算三項工作，如實全面地反映出來，為有關各方面提供決策有用的會計信息。會計核算具體內容概括起來有以下七個方面：款項和有價證券的收付；財物的收發、增減和使用；債權、債務的發生和結算；資本的

增減；收入、支出、費用、成本的計算；財務成果的計算和處理；需要辦理會計手續、進行會計核算的其他事項。

會計對經濟活動進行核算的過程也是實施會計監督的過程。會計的監督職能，即會計控制的職能，是指會計人員在進行會計核算的同時，對特定主體的經濟活動的真實性、合法性和合理性進行審查。其中，真實性審查是指對各項經濟業務應當以實際發生的交易或者事項為依據進行確認、計量和報告，保證會計信息真實可靠、內容完整；合法性審查是指保證各項經濟業務符合國家有關法律法規，遵守財經紀律，執行國家的各項方針、政策，杜絕違法亂紀行為；合理性審查是指檢查財務收支是否符合特定對象的財政收支計劃，是否有利於預算目標的實現，是否有奢侈浪費的行為，是否有違內部控制制度的要求等現象，為增收節支提高經濟效益嚴格把關。會計監督按其和經濟活動之間的關係，分為事前監督、事中監督和事後監督。

核算職能和監督職能之間是密切結合、相輔相成的辯證統一的關係。會計核算是會計監督的基礎，沒有核算職能提供的各種信息，會計監督就失去了依據；而會計監督又是會計核算職能的保證，沒有監督職能，就難以保證核算所提供的會計信息的真實性和可靠性。

除了核算和監督兩大基本職能外，隨著環境的變化與會計的發展，會計的職能也在拓展。由於所有權與經營權的分離、市場競爭的加劇、資本市場的發展以及經濟管理的加強，會計預測、會計決策、會計預算、會計分析、會計考核的職能逐漸形成並加強。

(四) 對經濟活動的管理具有連續性、全面性、系統性和綜合性

連續性是指會計對會計主體發生的能以貨幣表示的經濟活動，要按其發生的時間順序，不間斷地進行記錄核算。

全面性是指會計對所有納入會計核算、監督範圍的經濟活動進行完整的記錄，不能有任何遺漏。

系統性是指會計對各項經濟活動既要進行相互聯繫的記錄，又要進行科學的分類整理，並將各類經濟活動之間的關係反映出來。

綜合性是指會計對各項經濟活動，統一以貨幣為計量單位，進行綜合匯總，計算出經營管理所需的總括價值指標。

會計反映經濟活動的這些特點是與其他經濟分析方法相對而言的。例如，統計分析方法就沒有像會計這樣有以上四個方面的要求。

四、會計目標

會計工作所要達到的終極目的即會計目標，會計目標是向會計信息的使用者提供與企業財務狀況、經營成果和現金流量等有關的會計信息，反映管理層受託責任履行情況，有助於會計信息使用者做出經濟決策。對會計目標的這一描述反映了對會計目標的受託責任觀與決策有用觀兩種認識。

(一) 受託責任觀

受託責任觀認為，會計的目標是以有效的方式反映資源受託者的受託責任及其履行情況，所提供的會計信息不應受資源所有者以及經營者的影響，只受法定的或公認的會計規範約束。

(二) 決策有用觀

決策有用觀認為，會計的目標是向會計信息使用者提供有助於其做出正確決策的信息，制定與施行法定或公認的會計規範是為了約束會計行為，使所提供的會計信息能夠滿足會計信息使用者的決策需要。

會計目標的決策有用觀與受託責任觀之間存在著密切的關係。受託責任觀是決策有用觀的基礎，而決策有用觀是受託責任觀的發展，明確受託責任的目的仍在於決策，因此我們認為決策有用觀包含了受託責任觀。

會計信息使用者的身分不同，需求也不同。對於會計信息的外部使用者，如不直接參與企業管理的現實投資者與潛在投資者、債權人、債務人、物資供應商、產品經銷商、各級政府的有關部門、仲介機構以及諮詢或分析機構等，企業一般根據法定或公認的會計規範對外提供會計信息，通常以資產負債表、利潤表、現金流量表等報表及其附註等基本形式與規定內容滿足其共同的需要，並保證所提供會計信息的中立性。對於會計信息的內部使用者，如企業的管理當局或責任部門、職工代表大會、工會組織、廣大員工等，企業可以不受法定或公認的會計規範的約束，以內部財務報告等形式提供決策有用信息，所提供的信息具有較多的個性。

會計信息的加工處理與報告順序稱為會計核算程序。從經濟業務發生，到經辦人員填制或取得憑證，經會計人員審核整理後，按照設置的帳戶，運用複式記帳法，編制記帳憑證，並據以登記帳簿；對於生產經營過程中發生的各項費用，進行成本計算，最終計算出企業的經營成果；對於帳簿的記錄，要通過財產清查加以核實，在保證帳實相符的基礎上，定期編制財務會計報告。會計憑證、會計帳簿、會計報告提供的資料是會計信息使用者賴以做出決策的主要依據。會計通過上述的核算程序與方法，相互聯繫，互相配合，循序漸進，按照「確認、計量、記錄、報告」的過程形成會計信息系統，提供會計信息為決策者服務，實現會計目標。在會計信息系統中，如圖1-1所示，確認、計量、記錄、報告等會計核算基本程序與設置帳戶等各種會計核算七大主要方法之間不能截然分開，需要進行交互應用。

五、會計職業

會計職業是會計的專業工作領域。會計職業是隨著社會經濟的發展而發展的，社會經濟的發展水平越高，會計工作的內容越豐富，會計工作的領域也就越寬廣。

在美國，存在私人會計、公共會計和政府會計三種類型的會計職業，從事會計工作的會計師也就相應地被分為私人會計師、公共會計師和政府會計師。私人會計師是指服務於特定企業或組織的會計師。私人會計師的服務領域很廣，包括廣大的工商企業、學校等非營利組織等，這些企業或組織的生產經營管理或運行管理都離不開私人

基礎會計

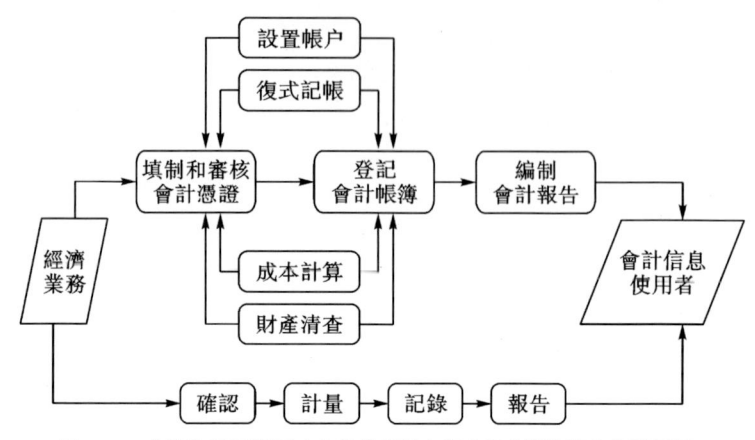

圖1-1 會計信息系統圖（會計核算基本程序與會計核算方法關係圖）

會計師的服務。私人會計師所從事的工作包括歸類業務事項、登記帳簿、定期盤點、分期結帳、編制並提供報表等一般會計工作，以及成本會計工作、稅務會計工作、預算等管理會計工作、內部審計工作等。公共會計師也稱註冊會計師，是指以收取服務費的形式向客戶提供審計、管理諮詢等服務的會計師。公共會計師所提供的審計服務，通常是一種外部審計服務，是遵循一定的工作標準即審計準則，對企業或組織的會計報表和其他會計資料進行檢查，確定其是否符合一定的會計規範即會計準則，並對會計報表是否真實、公允地反映了企業或組織的財務狀況、經營成果、現金流量發表意見。公共會計師提供的管理諮詢服務包括內部控製諮詢服務、稅務諮詢服務等。一般規定註冊會計師提供的審計業務與管理諮詢業務必須分開進行，以保證審計業務的獨立性。註冊會計師在專業的會計師事務所執業，國際著名四大會計師事務所是普華永道、德勤、安永和畢馬威會計師事務所。政府會計師是指受聘於各級政府機構的會計師，為各級政府提供會計服務，屬於政府工作人員。

中國的會計職業與美國相似，會計人員可以在某一企業或組織從事會計工作，也可以在政府的財政部門、稅務部門以及國有資產、銀行、保險等監管機構從事會計工作。前者相當於美國的私人會計人員，后者則相當於美國的政府會計人員。中國的註冊會計師也是一種重要的會計職業，註冊會計師在會計師事務所執業，為企業或組織提供審計業務與管理諮詢業務。截至2014年12月31日，中國共有會計師事務所8,295家，註冊會計師20多萬人。其中，註冊會計師執業會員99,045人，非執業會員103,566人。中國會計職業實行資格管理制度，從事會計工作的人員必須取得會計從業資格證書即會計證或會計上崗證，從事註冊會計師審計服務的，必須取得註冊會計師資格。同時，中國會計從業人員還可以按照規定通過會計初級、中級乃至高級職稱考試，獲評初級會計師、會計師乃至高級會計師職稱。

除了會計實務工作外，會計職業還包括會計教學與會計研究工作。

課后小結

主要術語中英文對照

1. 會計　　　　Accounting
2. 會計研究　　Accounting Research
3. 會計理論　　Accounting Theory
4. 會計實務　　Accounting Practice
5. 會計職能　　Accounting Function
6. 財務會計　　Financial Accounting
7. 核算　　　　Account
8. 管理會計　　Managerial Accounting
9. 控製　　　　Control
10. 成本會計　　Cost Accounting
11. 會計信息　　Accounting Information
12. 稅務會計　　Tax Accounting
13. 會計目標　　Accounting Goal
14. 財務管理　　Finance Management
15. 會計職業　　Accounting Profession
16. 預算會計　　Budgetary Accounting
17. 會計師　　　Accountant
18. 審計　　　　Auditing
19. 初級會計師　Junior Accountant
20. 高級會計師　Senior Accountant
21. 註冊會計師　CPA — Certified Public Accountant
22. 會計師事務所　Accounting Firm
23. 電算化會計　Electronic Data Processing Accounting
24. 確認、計量、記錄、報告　Recognition、Measurement、Record、Report
25. 受託責任觀　Accountability
26. 決策有用觀　Decision – usefulness

復習思考題

1. 從會計的發展歷史看，哪些因素引發了會計的重大變革？
2. 會計的本質內涵有哪幾種觀點？會計具有哪些特徵？
3. 簡要說明對會計職能的理解。
4. 會計目標觀有哪兩種？它們之間關係如何？
5. 會計核算基本程序有哪些？會計核算的主要方法有哪些？兩者之間關係如何？
6. 簡述對會計職業的認識及自己的職業生涯規劃。

練習題

一、單選題

1. 會計的主要特點之一是（　　）。
   A. 以實物為主要計量單位　　　B. 以貨幣為主要計量單位
   C. 以帳簿為主要依據　　　　　D. 是一個獨立的互不聯繫的信息系統
2. 管理活動論認為，會計本質上是一種（　　）。

A. 工具 B. 信息系統
C. 技藝 D. 經濟管理活動

3. 1494 年義大利數學家盧卡‧帕喬利創立的（　　），成為會計發展史上的一個里程碑。

A. 四柱結算法 B. 借貸記帳法
C. 貨幣計量法 D. 價值管理法

4. 會計的基本職能是（　　）。

A. 預測和決策 B. 核算和監督
C. 管理生產經營活動 D. 分析和考核

5. 會計的目標是（　　）。

A. 向信息使用者提供可以據以做出決策的會計信息
B. 對經濟活動進行核算和監督
C. 管理生產經營活動
D. 評價企業的績效

6. 下列會計核算五個環節中，不是會計核算程序主要過程的是（　　）。

A. 確認 B. 計量
C. 記錄 D. 計算
E. 報告

7. 會計核算三項工作是指（　　）。

A. 記帳、算帳、報帳
B. 編制會計憑證、登記帳簿、編制會計報表
C. 確認、計量、記錄
D. 預測、分析、決策

二、多選題

1. 會計可以從不同的角度來考察與認識，會計可以被認為是（　　）。

A. 一種管理活動 B. 一個經濟信息系統
C. 一種財務數據 D. 一種技藝
E. 一種管理工具

2. 會計除基本職能外，還具有（　　）等職能。

A. 會計決策 B. 會計考核
C. 會計分析 D. 會計預測
E. 會計預算

3. 會計應向會計信息的使用者提供與一個單位的財務狀況、經營成果和現金流量等有關的會計信息，其目標有（　　）。

A. 反映管理層受託責任履行情況
B. 反映單位的會計控製能力
C. 有助於會計信息使用者做出經濟決策

D. 反映單位的會計核算能力
4. 會計核算方法的核心內容包括（　　）。
   A. 設置帳戶　　　　　　　　B. 復式記帳
   C. 填制和審核會計憑證　　　D. 登記帳簿
   E. 編制會計報告　　　　　　F. 成本計算
   G. 財產清查
5. 下列不屬於會計核算內容的有（　　）。
   A. 採購計劃的制訂　　　　　B. 財務管理制度的制定
   C. 財務成果的計算和處理　　D. 勞動定額的制定
6. 從工作內容看，會計職業包括（　　）。
   A. 會計教學工作　　　　　　B. 會計實務工作
   C. 註冊稅務師工作　　　　　D. 註冊會計師工作
   E. 會計研究工作

三、判斷題

1. 會計被認為是一種將預計發生的經濟活動加工為會計信息的技藝。（　　）
2. 由一個企業提供的會計信息不屬於公共產品。（　　）
3. 會計信息提供者對所提供的會計信息，特別是對外提供的會計信息負有法律責任。（　　）
4. 隨著國際資本市場的發展與全球經濟一體化，會計作為一種通用的會計語言，在各國出現了趨同趨勢。（　　）
5. 會計核算和會計監督是會計的兩項基本職能，會計監督是在完成了會計核算後進行的。（　　）
6. 填制會計憑證是會計日常核算工作的起點。（　　）

參考答案

一、單選題

1. B　　2. D　　3. B　　4. B　　5. A　　6. D
7. A

二、多選題

1. ABDE　　2. ABCDE　　3. AC　　4. CDE　　5. ABD　　6. ABE

三、判斷題

1. ×　　2. ×　　3. √　　4. √　　5. ×　　6. √

第二節　會計假設

會計核算是在一定環境下運行和發展的。會計基本假設是對會計核算所處的時間、空間等環境所做的合理設定，是在一定社會經濟條件下的適用範圍和理論基礎，是決定會計運行和發展的基本前提和制約條件。會計基本假設又稱為會計的基本前提，只有規定了會計核算的基本假設，會計核算才能正常進行下去，才能選擇確定會計處理方法。一般認為，會計核算的基本假設包括會計主體、持續經營、會計分期和貨幣計量。

一、會計主體

會計主體是指會計所核算和監督的特定單位或者組織，是會計確認、計量和報告的空間範圍。從事經濟活動，需要進行會計核算的一個特定單位，這個特定的單位就是會計主體。作為一個會計主體，一般來說，凡是擁有獨立的資金、自主經營、獨立核算收支、盈虧並編制會計報表的企業或單位就構成一個會計主體。會計主體可以是企業，也可以是事業單位，可以是單一企業，也可以是幾個企業組成的聯營公司或企業集團等。會計主體不一定具有法人資格，不一定是法律主體；而法律主體則一定是會計主體。

這一基本假設的意義在於：第一，將特定主體的經濟活動與該主體所有者及職工個人的經濟活動區別開。第二，將該主體的經濟活動與其他單位的經濟活動區別開，界定了從事會計工作和提供會計信息的空間範圍。

二、持續經營

持續經營是指在正常的情況下，會計主體的生產經營活動將按當前的規模和狀態持續經營下去，不會停業，也不會大規模削減業務。在可以預見的未來，該會計主體不會破產清算，所持有的資產將正常營運，所有的負債將正常償還。

持續經營的假設界定了會計核算的時間範圍，即會計工作是在假定會計主體持續、正常地按照當前的規模和狀態繼續經營下去。現行的會計處理方法大部分是建立在持續經營假設上的，否則，一些公認的會計處理方法將缺乏存在的基礎。例如，固定資產按歷史成本進行記錄，並採用折舊的方法，將固定資產的歷史成本分攤到各個會計期間或相關產品的成本中，就是基於持續經營的假設，否則固定資產就不應採用歷史成本進行記錄並按期計提折舊。又如，企業所承擔的債務，也只有在持續經營的前提下，才可以按照規定的條件償還，否則負債則必須按照資產變現後的實際負擔能力償還。

當然，如果一個企業在不能持續經營時仍舊按持續經營的假設組織會計核算，就不能客觀反映企業的財務狀況、經營成果和現金流量，會誤導會計信息使用者的經濟決策。企業進入破產清算，應該採用清算會計處理有關的會計事項。

三、會計分期

會計分期是指將一個企業持續不斷的生產經營活動劃分為一個個連續的、長短相同的期間，以便結算帳目，編製財務會計報告。會計期間分為會計年度和中期，中期是指短於一個完整的會計年度的報告期間，包括半年度、季度和月度。會計年度一般採用日曆年度，即從每年的 1 月 1 日至 12 月 31 日為一個會計年度。

會計分期的假設是對持續經營假設的補充，因為在持續經營的前提下，企業的生產經營活動是持續不斷進行的，在時間上具有不間斷性，如果不進行人為的期間劃分，就只有在等到經濟活動全部停止時，才能提供財務報告，這無法滿足會計信息使用者的要求，所以，為了及時發現企業經濟活動中的問題，不斷改善經營管理就必須要劃分會計期間，規定會計主體經濟活動過程和結果的起止日期，並按會計期間分期記錄、計算、結帳並編製財務會計報告。

正是有了會計分期，才產生了當期與以前期間、以后期間的區別；有了本期與非本期的區別，才產生了權責發生制和收付實現制，使不同類型的會計主體有了記帳基礎；採用權責發生制確認收入和費用所屬的會計期間後，進而出現了預收、預付、應收、應付、折舊、預提、攤銷等會計處理方法。

四、貨幣計量

貨幣計量是指會計主體在財務會計確認、計量和報告時採用貨幣作為統一的計量單位，反映會計主體的生產經營活動。會計提供的信息只有以貨幣為計量單位，才有可能將企業的各種資產、負債、所有者權益、收入、費用和利潤等進行綜合匯總。

在貨幣計量條件下，還隱含了「幣值不變」的假設，即作為計量單位的貨幣幣值穩定，即使幣值本身價值發生波動也波動不大，在會計核算中可以不予考慮，仍按照穩定的幣值計量，進行會計處理。事實上，貨幣本身是不可能不發生變動的，如果沒有「幣值不變」的假設，則意味著幣值每一次發生變動，就必須對會計記錄作一次相應的調整，而這在現行實務中是很難做到的。如果發生惡性通貨膨脹時，如年通貨膨脹率達 26% 或者 3 年的通貨膨脹率達 100%，就需要採用物價變動會計來處理有關的會計事項。

在中國，人民幣是國家的法定貨幣，《企業會計準則》規定中國會計核算應以人民幣作為記帳本位幣。考慮到外商投資企業會計核算的需要，也允許業務收支以外幣為主的企業，可以選擇某種外幣作為記帳本位幣組織會計核算，但這些企業對外提供財務報表時，應當將外幣折算成人民幣反映。在境外設立的中國企業，一般要以當地的貨幣進行生產經營活動，通常也以當地貨幣組織會計核算，但為了國內有關部門瞭解其財務狀況和經營成果，向國內報送的財務會計報告，應當折算成人民幣。

會計核算的四個基本假設，具有相互依存、相互補充的關係。會計主體確立了會計核算的空間範圍，持續經營與會計分期確立了會計核算的時間長度，而貨幣計量為會計核算提供了必要的手段。沒有會計主體，就不會有持續經營，沒有持續經營就不會有會計分期，沒有貨幣計量就沒有現代會計。

課后小結

主要術語中英文對照

1. 會計假設　　　　　Accounting Assumption & Accounting Postulate
2. 會計主體　　　　　Accounting Entity
3. 持續經營　　　　　Going Concern & Continuity
4. 會計分期　　　　　Accounting Period
5. 貨幣計量　　　　　Monetary Measurement

復習思考題

為什麼要建立會計基本假設？會計核算需要建立哪些基本假設？

練習題

一、單選題

1. 會計主體是（　　）。
   A. 一個企業　　　　　　　　　B. 企業法人
   C. 對其進行核算的一個特定單位　D. 法人主體
2. 企業的會計期間是（　　）。
   A. 自然形成的　　　　　　　　B. 生產經營活動的一個週期
   C. 人為劃分的　　　　　　　　D. 營業年度
3. 規範會計工作空間範圍的會計核算基本前提是（　　）。
   A. 會計主體　　　　　　　　　B. 持續經營
   C. 會計分期　　　　　　　　　D. 貨幣計量
4. 在可以預見的將來，會計主體將會按當前的規模和狀態持續經營下去，不會停業，也不會大規模削減業務。這屬於（　　）。
   A. 會計主體　　　　　　　　　B. 持續經營
   C. 會計分期　　　　　　　　　D. 貨幣計量
5. 形成權責發生制和收付實現制不同的記帳基礎，進而出現應收、應付、折舊和攤銷等會計處理方法所依據的會計基本假設是（　　）。
   A. 會計主體　　　　　　　　　B. 持續經營
   C. 會計分期　　　　　　　　　D. 貨幣計量
6. 在中國，會計分期分為年度、半年度、季度和月度，它們均按（　　）確定。
   A. 公曆起訖日期　　　　　　　B. 農曆起訖日期

C. 7月制起記日期　　　　　　D. 4月制起記日期

二、多選題

1. 會計基本假設包括（　　　）。
   A. 會計主體　　　　　　B. 持續經營
   C. 會計分期　　　　　　D. 貨幣計量

2. 下列選項中可以作為一個會計主體核算的有（　　　）。
   A. 銷售部門　　　　　　B. 分公司
   C. 母公司　　　　　　　D. 企業集團

3. 下列說法正確的有（　　　）。
   A. 會計人員只能核算和監督所在主體的經濟業務，不能核算和監督其他主體的經濟業務
   B. 會計主體可以是企業中的一個特定部分，也可以是幾個企業組成的企業集團
   C. 會計主體一定是法律主體
   D. 持續經營假設界定了會計核算的時間範圍

三、判斷題

1. 中國企業的會計核算只能以人民幣作為記帳本位幣。　　　　　　　　（　　）
2. 合夥經營的企業是會計主體。　　　　　　　　　　　　　　　　　　（　　）
3. 持續經營是假設企業可以長生不老，即使進入破產清算，也不應該改變會計核算方法。　　　　　　　　　　　　　　　　　　　　　　　　　　　　　　（　　）
4. 會計主體不一定是法律主體，但法律主體一定是會計主體。　　　　　（　　）
5. 企業固定資產可以按照其價值和使用情況，確定採用某一方法計提折舊，它所依據的會計核算基本假設是持續經營。　　　　　　　　　　　　　　　　（　　）

參考答案

一、單選題

1. C　　2. C　　3. A　　4. B　　5. C　　6. A

二、多選題

1. ABCD　　2. ABCD　　3. ABD

三、判斷題

1. ×　　2. √　　3. ×　　4. √　　5. √

第三節　會計確認

　　會計加工處理信息的方法主要是分類記錄和報告。分類記錄和報告必須首先解決的問題就是要有一套明確的歸類標準。在分類標準既定的情況下，還要判斷所發生的交易或事項應該歸入哪一類別，能否歸於某一特定類別，以及何時對其進行歸類記錄和報告等。這一過程就是通常所說的會計確認，因此，會計確認是分類記錄和報告的基礎，是會計核算基本程序的首要環節。

一、會計確認的概念

　　會計確認是指把經濟事項作為會計要素進行記錄和列入財務報表的過程。會計確認至少應包括以下幾層含義：

（一）就確認的內容而言

　　會計確認不僅包括收入、費用的確認，也包括資產及負債的確認。

（二）就確認的程序而言

　　會計確認包括初始確認和再確認兩個步驟。

　　初始確認即對企業的交易或事項所產生的經濟數據，按照事先確定的會計要素或具體歸類對象，依據規定的確認標準進行識別、判斷、選擇和歸類，以便它們在復式簿記系統中能被正式接受和記錄。其具體程序包括：第一，將會計要素按照性質或用途進一步細分為會計科目；第二，判斷一項交易或事項所涉及的會計科目；第三，對照要素或會計科目的定義判斷是否應將該交易或事項帶來的影響或結果記入該要素或會計科目；第四，判斷該交易或事項對會計要素或會計科目所造成的影響的方向及金額；第五，按照規定的記帳規則將其在帳簿中進行登記。

　　再確認即將經過初始確認所形成的帳簿信息，依照會計信息使用者的需要，對帳簿信息繼續進行加工整理、濃縮提煉、歸類組合、分析匯總，以形成便於會計信息使用者理解和使用的報告信息的過程。其具體程序包括：第一，將會計要素按照便於理解和使用的原則細分為具體的會計報表項目；第二，將會計帳簿中登記的分類信息，按照會計報表項目重新分類；第三，確定會計報表項目的金額；第四，將所確定的金額登入會計報表的具體項目，並確定同類項目的合計金額。

（三）就確認的時點而言

　　會計確認包括初始確認（Initial Recognition）、后續確認（Subsequent Recognition）和終止確認（Determination Recognition）。初始確認是指於交易或事項發生或形成時確認；后續確認是指所記錄項目的金額發生變動時對其金額變動部分進行確認；終止確認則是指所確認的會計要素滅失或不再具備確認條件時將其從財務報表中剔除。

（四）就確認的目標而言

會計確認的最終目標就是將用於記錄企業交易或事項的數據，通過篩選、歸類、整理、匯總，最終列示於財務報表之中，以形成對會計報表使用者決策有用的會計信息。

二、會計確認的標準

會計確認必須解決兩個基本問題，即應否確認及何時確認。對前者所做的回答構成了會計確認的定性標準，而對后者的回答則構成了會計確認的時間標準。在對資產、負債、收入、費用等會計要素進行具體確認時，往往要將以上兩種標準結合在一起，形成有針對性的具體確認標準，這些標準構成了會計確認的衍生標準。

（一）會計確認的定性標準

會計確認的基本標準是為實現會計目標而確立的用於判別和決定交易或事項是否應予確認的基本條件。這些基本確認標準是：可定義性（Definition）——擬確認項目應符合財務報表的某個要素的定義；可計量性（Measurability）——擬確認項目具有可量化的特徵，即具有可用貨幣可靠計量且具有相關性的特徵；相關性（Relevance）——該項目的信息具有導致決策差別的特性；可靠性（Reliability）——該項目的信息具有如實反映、可驗證性和中立無偏性。

「可定義性」與「可計量性」是會計確認的基本條件；「相關性」和「可靠性」是會計確認的必要前提；「重要性」「成本效益原則」是會計確認的重要約束條件。具體確認標準如下：

（1）符合定義要求，即一項交易或事項所形成的經濟項目欲確認為某一會計要素，必須符合該要素定義所確立的標準，否則不能確認，如企業以經營租賃方式租入的固定資產，因不能為企業所擁有或控制而不能確認為企業的資產等。

（2）可用貨幣單位計量，即擬確認項目具有可用貨幣可靠計量的特徵，如企業所擁有的人力資源，雖然該項資源完全符合資產的定義，但由於其取得成本或可帶來的未來經濟利益不可以可靠地計量，因而在一般情況下是不能被確認為企業的資產的。

（3）相關性，即是否將某一項目確認為某一會計要素，要看該確認行為是否與會計報表使用者的決策相關，如企業自創商譽的價值通常表現為企業的有形資產的公允價值與其市場價值之差，是否在會計報表中反映這一價差，通常與會計報表使用者的決策不甚相關，因而也不予確認。

（4）可靠性，即是否將某一項目確認為某一會計要素，還要看該項目的金額能否可靠獲得，如對一項自創商標來說，其取得成本或價值往往是企業長期努力的結果，其金額通常難以明確辨認，因而不會被確認為企業的資產。

（二）會計確認的時間標準

如果說會計確認的定性標準是決定什麼經濟事項應予確認，以及應確認為什麼要素的判別標準，那麼，會計確認的時間標準就是用於判斷這些要素應於何時確認入帳

的判別標準。在判斷會計要素應於何時確認入帳時，通常有兩種可供選擇的時間基礎，有時也被直接稱為「會計基礎」，即收付實現制和權責發生制。企業會計核算應當以權責發生制為基礎進行會計確認、計量、記錄和報告。

（1）收付實現制。在會計活動產生的早期，收付實現制一直是會計確認的天然的基礎，如在自然經濟條件下，人們在計量一年的收成時，通常會很自然地用一年的現金收入扣除當年現金支出後的差額衡量全年的經濟收益，因此，收付實現制又被稱為現金基礎（Cash Basis）或現金制會計。現金制以現金收到或付出為標準來記錄收入的實現或費用的發生。凡是屬於本期收到的收入和支出的費用，不管其是否屬於本期，都作為本期的收入和費用；反之，凡是本期未收到的收入和未支付的費用，即使應該屬於本期，也不能作為本期的收入和費用。

採用收付實現制的優點是會計記錄直觀，便於根據帳簿記錄來量入為出；會計處理簡便，不需要對帳簿記錄進行期末帳項調整。然而，收付實現制這種確認本期收入、費用的方法不符合配比原則的要求。其缺點是不能正確計算各期損益。因而，收付實現制可適用於各級人民政府的財政會計、行政單位會計和不實行成本核算的事業單位會計。

（2）權責發生制。顧名思義，權責發生制就是以「權利」的形成時間和「責任」或「義務」的發生時間來作為會計確認的時間基礎，即以權利或責任的發生與否為標準來確認收入和費用，也稱應計制或應收應付制。凡是屬於本期的收入，不管其款項是否收到，都應作為本期的收入；凡屬於本期應當負擔的費用，不管其款項是否付出，都應作為本期的費用。反之，凡不應歸屬本期的收入，即使款項在本期收到，也不應作為本期的收入；凡不應歸屬本期的費用，即使款項已經付出，也不能作為本期的費用。

採用權責發生制的優點是可以正確反映各個會計期間實現的收入和為實現收入所應負擔的費用，從而可以把各期的收入與其相關的費用、成本相配合，加以比較，正確確定各期的財務成果。其缺點是實務處理繁瑣。因為企業不可能在日常的會計工作中對每項業務都按權責發生制來記錄，因而就需要在期末按權責發生制的要求進行帳項調整。絕大多數企業採用這一基礎記帳。

三、會計確認對象的歸類

會計確認在本質上就是將企業發生的交易或事項在特定的時間內按其性質認定為某一特定的類別或具體項目。這些特定類別或項目是為實現會計目標而事前確定的會計核算內容，即會計對象。在這些特定的類別中，會計要素是最基本的歸類標準，但若只有這些基本歸類標準還是遠遠不夠的，為完整、系統地反映企業的財務狀況、經營成果及現金流量，還需要對這些基本歸類標準進一步細分類，直至細分至會計科目或報表項目。因此，會計對象、會計要素、會計科目實質上一脈相承，會計要素是會計確認對象的基本分類，會計科目是會計確認對象的具體分類，即會計對象可以按照核算內容的不同分為會計要素，而會計要素再進一步細分，就是會計科目。

(一) 會計對象

會計對象是指會計所要核算與監督的內容。會計以貨幣作為主要計量單位並能對經濟活動進行全面、連續、系統地管理的特徵，決定了會計對象具有廣義和狹義之分。廣義的會計對象是指整個社會的再生產過程及其價值運動，狹義的會計對象是指特定經濟組織的經濟活動及其資金運動。

(1) 廣義會計對象——整個社會的再生產過程及其價值運動。社會再生產過程包括生產、分配、交換和消費四個環節。在生產環節，人們要利用物質資料和生產工具生產產品；在分配環節，人們要對已有的生產資料和消費資料進行分配；在交換環節，人們要以商品交換的形式進行勞動和勞動產品的交換；在消費環節，大量的物質資料要進入個人消費領域和生產消費領域。由此可見，社會再生產過程的各個環節都需要一定的物質資料，這些物質資料儘管品種繁多、數量不同、作用各異，但都能通過貨幣計量而從價值上綜合地反映一個國家或地區對經濟資源的使用情況、國民經濟的發展狀況以及社會公眾物質和文化生活水平的提高情況，都應當成為會計核算與監督的內容。因此，就宏觀角度而言，會計對象是指整個社會的再生產過程及其價值運動。

(2) 狹義會計對象——特定經濟組織的經濟活動及其資金運動。企業只有通過所進行的經濟活動，才能為社會提供商品或勞務，滿足人們的需求；同時，也才能使自身得以生存與發展。企業的經濟活動是指企業在社會再生產過程中所要承擔與執行的任務。例如，製造企業的基本經濟活動可以分為供應過程、生產過程和銷售過程三個階段。在供應過程，採購原材料、購置固定資產為生產過程做好準備；在生產過程，製造產品以備銷售；在銷售過程，銷售產品收回貨款實現銷售收入，繳納稅金後獲得利潤。之後向投資者支付股利或利潤，留成一定的利潤用於維護其持續經營能力或擴大企業的生產經營規模。

商品既具有使用價值又具有價值，其使用價值可以滿足人們的一定需要，其價值則凝結了人類的一般勞動。商品經濟條件下企業的經濟活動，既存在物質資料運動的形式也存在價值運動的形式，兩者缺一不可。會計主要從價值上核算與監督企業的經濟活動，而「貨幣是價值的獨立的可以捉摸的存在形式」。因此，從價值上看，任何企業的經濟活動都表現為一定的資金運動。這是因為任何企業生產經營活動的正常進行，都離不開一定數量的資金。資金是指企業擁有的庫存現金、銀行存款和廠房、機器設備以及材料、產成品等各項物質資料的貨幣化表現。資金不僅具有數量，而且具有一定的形態。例如，以庫存現金、銀行存款等形式表現的資金，屬於貨幣資金形態；以廠房、機器設備等形式表現的資金，屬於固定資金形態；以材料等形式表現的資金，屬於儲備資金形態；以在產品形式表現的資金，屬於生產資金形態；以產品形式表現的資金，屬於生產資金形態；以產成品形式表現的資金，屬於成品資金或商品資金形態。

企業的資金總是隨著企業生產經營活動的進行而時刻處於運動之中。資金運動往往是從資金投入企業開始，直到資金退出企業結束。企業每進行一次生產經營活動，其資金就會進行一次循環。只要企業的生產經營活動連續不斷地進行，企業的資金就

會隨之進行一次又一次的循環，無數次的資金循環即構成了資金的週轉。因此，企業的資金運動也就是其資金的循環與週轉。在資金循環與週轉的過程中，資金的形態和數量都會發生一定的變化。以製造企業為例，其資金運動情況如圖1-2所示。

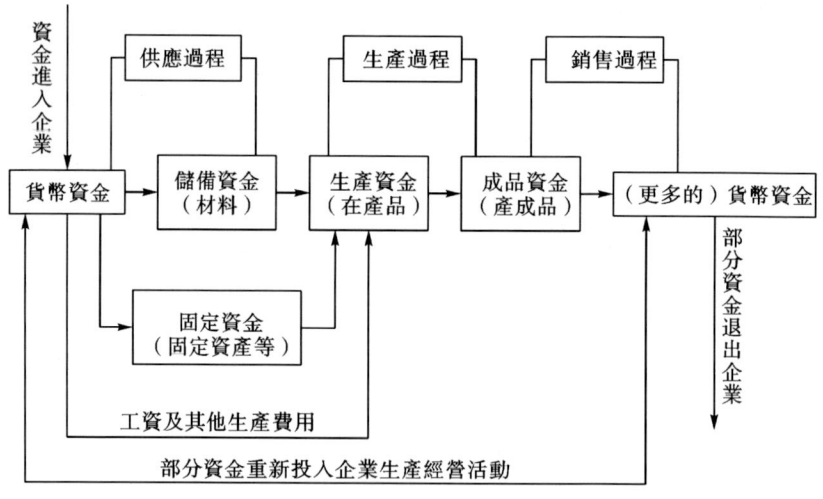

```
資金進入企業
  │
  ↓
┌──────┐   供應過程    ┌──────┐       ┌──────┐   生產過程   ┌──────┐       ┌──────────┐   銷售過程   ┌──────────────┐
│貨幣資金│ ──────→    │儲備資金│ ──→   │生產資金│ ──────→   │成品資金│ ──────→   │(更多的)貨幣資金│
│      │             │(材料) │       │(在產品)│            │(產成品)│           │              │
└──────┘             └──────┘       └──────┘             └──────┘           └──────────────┘
                        │              ↑                                              │
                        ↓              │                                              ↓
                     ┌──────────┐      │                                         部分資金退出企業
                     │ 固定資金  │ ─────┘
                     │(固定資產等)│
                     └──────────┘
                        ↑
                     工資及其他生產費用
  ↑
  └─────────── 部分資金重新投入企業生產經營活動 ──────────────────────┘
```

圖1-2　製造企業的資金運動

(二) 會計要素

會計要素是對會計對象的基本分類，是會計核算對象的具體化，是用於反映會計主體財務狀況、確定經營成果的基本單位。會計要素的劃分在會計核算中具有十分重要的作用。劃分會計要素的意義主要有：第一，會計要素是會計對象的科學分類；第二，會計要素是設置會計科目、會計帳戶的基本依據；第三，會計要素是構成會計報表的基本框架。

根據《企業會計準則——基本準則》的規定，會計要素包括資產、負債、所有者權益、收入、費用和利潤，稱為六大會計要素。其中前面三大會計要素反映企業的財務狀況，后面三大會計要素反映企業的經營成果。

(1) 資產。資產是指企業過去的交易或者事項形成的、由企業擁有或者控制的、預期會給企業帶來經濟利益的資源。

資產的基本特徵是：第一，資產是能為企業帶來經濟利益的資源。資產的形態各異，但作為一項經濟資源，都能夠通過有效使用，在未來能為企業帶來經濟利益。如果一項經濟資源不能夠為企業帶來經濟利益，就不能確認為資產。第二，資產必須是企業所擁有的或所控制的。擁有是指擁有該項資產的所有權，控制是指雖然沒有所有權，但是該項資產的收益和風險已經由本企業承擔，本企業有支配使用權。第三，資產是由過去交易或者事項產生形成的。也就是說，資產是由過去已經發生的交易所產生的結果，資產必須是現實的資產，而不能是未來的、預期的資產。第四，該資源的成本或者價值能夠可靠地計量，不能確認和計量其價值的，不能確定為資產。

資產按其性質可分為流動資產和非流動資產。流動資產是指在一年或者超過一年的一個營業週期內變現的資產。一般行業的營業週期都小於一年，其資產可按年劃分為流動資產和非流動資產。某些特殊行業，如造船、重型機器製造等，其營業週期往往超過一年，其資產可按營業週期劃分為流動資產和非流動資產。流動資產包括庫存現金、銀行存款、交易性金融資產、應收帳款、預付帳款、存貨等。非流動資產是指在一年以上或超過一年的一個營業週期以上變現的資產。非流動資產包括長期股權投資、固定資產、無形資產等。

（2）負債。負債是指企業過去的交易或者事項形成的、預期會導致經濟利益流出企業的現時義務。

負債的基本特徵是：第一，負債是由過去交易或事項所形成的當前的債務。也就是說，企業預期在將來要發生的交易或事項可能產生的債務，不能作為會計上的負債處理。第二，負債預期會導致經濟利益流出企業。企業負有償還的義務，只有企業在履行償還義務時才會導致經濟利益的流出，償還負債導致經濟利益流出企業的形式是多種多樣的。例如，用現金償還或者用實物資產償還，以提供勞務形式償還，將負債轉為資本等。第三，負債是債權人的權益，它代表債權人對企業資產的要求權，它反映的是企業作為債務人與債權人的關係，企業作為債務人負有償還負債的義務，債權人有到期收取本金和利息的權利，但不能參與企業利潤分配。

負債按其償還期可分為流動負債和長期負債。流動負債是指將在一年或者超過一年的一個營業週期內償還的債務，包括短期借款、應付帳款、預收帳款、應付職工薪酬、應交稅費、應付股利等。長期負債是指償還期在一年或超過一年的一個營業週期以上的債務，包括長期借款、應付債券等。

（3）所有者權益。所有者權益是指企業資產扣除負債後由所有者享有的剩餘權益，也稱淨資產。股份有限公司的所有者權益又稱股東權益。

所有者權益的基本特徵是：第一，所有者權益反映的是產權關係，即企業淨資產歸誰所有；第二，企業運用所有者投入的資本，一般情況下不需要支付費用；第三，一般情況下，投資者不得中途隨意抽回資本，只有在企業清算時，清償負債後，才能將淨資產返還給投資者；第四，所有者權益的投資者可以參與企業的利潤分配。

對於任何企業而言，其資產的來源不外乎兩個：一個是債權人，另一個是所有者。債權人對企業資產的要求權形成企業負債，所有者對企業資產的要求權形成所有者權益。因此所有者權益就是所有者在企業資產中享有的經濟利益，其金額為資產減去負債後的剩餘，所有者權益金額取決於資產和負債的計量。

所有者權益一般包括實收資本、資本公積、盈餘公積和未分配利潤等。實收資本是指企業投資者投入企業的資本數額。資本公積是企業由投入資本引起的各種增值，如資本溢價、法定財產重估增值等。由於它與生產經營活動本身無關，因此只能轉增資本，不能彌補虧損。盈餘公積是指企業從利潤中提取用於企業發展的累積資金。未分配利潤是指企業本期未分配完的或留存以後會計年度分配的利潤額。其中盈餘公積和未分配利潤又稱為留存收益。

（4）收入。收入是指企業在日常活動中形成的、會導致所有者權益增加的、與所

有者投入資本無關的經濟利益的總流入。

收入的基本特徵是：第一，收入是企業在日常活動中產生的，而不是從偶發的交易事項產生的。企業的日常活動是指企業銷售商品、提供勞務、讓渡資產使用權，除了日常活動外的其他活動帶來的經濟利益的流入稱為利得，利得不作為收入要素反映，如處置固定資產獲得的經濟利益。第二，收入表現為企業資產的增加、負債的減少或者兩者兼而有之，最終導致所有者權益的增加。第三，收入導致所有者權益增加與所有者投入資本無關，收入是日常經營活動所產生的，所有者向企業投入資本雖然也可以導致所有者權益增加，但不屬於企業日常經營活動的成果，因而不能作為收入。第四，收入只包括本企業的經濟利益流入，不包括為第三方或客戶代收的款項。為第三方或客戶代收的款項，一方面增加了企業的資產，另一方面增加了企業的負債，不會增加所有者權益，也不屬於本企業的經濟利益，不能作為企業的收入。

收入一般包括主營業務收入和其他業務收入。主營業務收入是指企業通過主要生產經營活動所取得的收入。在製造業企業主要包括銷售商品、對外提供勞務等所取得的收入。其他業務收入是指企業主營業務以外的，企業附帶經營的業務所取得的收入。在製造業企業主要包括出售原材料、出租固定資產、出租包裝物、出租無形資產等業務所取得的收入。

(5) 費用。費用是指企業在日常活動中發生的、會導致所有者權益減少的、與向所有者分配利潤無關的經濟利益的總流出。

費用的基本特徵是：第一，費用是企業在日常活動中產生的，而不是從偶發的交易事項產生的。例如，工業企業支付當期的借款利息所導致的經濟利益的流出，應當作為費用。反之，企業在非日常經營活動中發生的經濟利益的流出稱之為損失，損失不能作為費用，如支付賠償和罰款等。第二，費用表現為企業資產的減少、負債的增加或者兩者兼而有之，最終導致所有者權益的減少。第三，費用導致的所有者權益減少與向所有者分配利潤無關。

(6) 利潤。利潤是指企業在一定會計期間的經營成果。利潤包括收入減去費用後的淨額、直接計入當期利潤的利得和損失等。即利潤＝收入－費用＋計入當期利潤的利得－計入當期利潤的損失。其中，收入減去費用後的淨額反映的是企業日常活動的業績，直接計入當期的利得和損失反映的是企業非日常活動的業績。企業應當嚴格區分收入和利得、費用和損失之間的區別，以更全面地反映企業的經營業績。

以上介紹了會計的六要素以及每個會計要素所包含的具體內容。這六大會計要素可以組成兩個會計等式。前三個會計要素是反映企業財務狀況的，它們之間的恒等關係為：資產＝負債＋所有者權益。後三個會計要素是反映企業經營成果的，它們之間的恒等關係為：收入－費用＝利潤。關於會計等式的詳細內容將在本章第五節資金平衡原理中詳細介紹。

(三) 會計科目

(1) 會計科目的概念。所謂會計科目，就是對會計要素的具體內容進行分類核算的項目。會計要素是對會計對象的基本分類，而這一分類仍顯得過於粗略，難以滿足

各有關方面對會計信息的需要。為此，還必須對會計要素作進一步的分類，對會計要素進行細化。即採用一定的形式，對每一個會計要素所反映的具體內容進一步進行分門別類地劃分，設置會計科目。

每一個會計科目都有特定的名稱，都反映特定的經濟內容。例如，企業為了製造產品，就必須擁有各種原材料、燃料和輔助材料等。這些材料的共同點是一經投入生產，就要改變其實物形態被消耗掉，構成產品的一個組成部分，其價值也就一次性地轉移到產品成本中。因此，將其歸為一類，設置了「原材料」會計科目進行核算。再如企業擁有的專利權、商標權和專有技術等不具有實物形態的資產，它們也能為企業帶來一定的經濟利益。因此，也將其歸為一類，設置了「無形資產」會計科目進行核算。

設置會計科目是進行會計核算工作的前提條件，是進行各項會計記錄和提供會計信息的基礎，會計科目在會計核算中具有重要的意義，其意義表現在：第一，會計科目是復式記帳的基礎。第二，會計科目是編制記帳憑證的基礎。第三，會計科目為成本計算與財產清查提供了前提條件。第四，會計科目為編制財務報表提供了方便。財務報表中的許多項目與會計科目是一致的。

（2）會計科目的設置原則。會計科目作為向投資者、債權人、企業經營管理者等提供會計信息的重要手段，在其設置過程中應努力做到科學、合理、適用，應遵循下列原則：

第一，合法性原則。這是指所設置的會計科目應當符合國家統一的會計準則的規定。中國現行的統一會計準則中均對企業設置的會計科目做出規定，以保證不同企業對外提供的會計信息的可比性。企業應當參照會計準則中的統一規定的會計科目，根據自身的實際情況設置會計科目，但其設置的會計科目不得違反現行會計準則的規定。對於國家統一會計準則規定的會計科目，企業可以根據自身的生產經營特點，在不影響統一會計核算要求以及對外提供統一的財務報表的前提下，自行增設、減少或合併某些會計科目。

第二，相關性原則。會計科目的設置，要以滿足會計報表編制為前提，並充分考慮會計信息使用者的需要。一般來講，企業內部經營管理需要會計提供盡可能詳細、具體的數據資料，而對外報告一般是通過會計報表提供一些概括的數據資料。這就要求企業在設置會計科目時，要同時兼顧企業內部和外部兩方面對會計信息的需要，對會計科目適當分類，既設置能夠提供總括核算指標的會計科目，以滿足企業外部有關方面的需要，又要設置能夠提供明細核算指標的明細科目，主要滿足企業內部經營管理的需要。

第三，實用性原則。企業的組織形式、所處行業、經營內容及業務分類等不同，在會計科目的設置上亦應有所區別。在合法性的基礎上，企業應根據自身特點，設置符合企業需要的會計科目。實用性原則是指所設置的會計科目應符合單位自身特點，滿足單位實際需要。例如，根據重要性原則，對於一些不太重要的經濟業務或者不經常發生的經濟業務，可以對會計科目進行適當的合併，對於會計科目的名稱，在不違背原則的基礎上，也可以結合本企業的實際情況，設置本企業特有的會計科目。

（3）會計科目的分類。為了在會計核算中正確地掌握和運用好會計科目，則需對會計科目進行科學的分類。會計科目的常用分類標準有兩個：一個是按其核算的經濟內容分類，另一個是按其提供核算指標的詳細程度分類。

①按經濟內容分類——最基本、最直接的分類。會計科目按其反映的經濟內容不同，可分為資產類、負債類、共同類、所有者權益類、成本類和損益類科目。這種分類有助於瞭解和掌握各會計科目核算的內容以及會計科目的性質，正確地運用各科目提供的信息資料。現將其主要會計科目名稱列於表1-1中。

表1-1　　　　　　　　　　　　　常用會計科目表

順序號	編號	名稱	順序號	編號	名稱
		一、資產類			二、負債類
1	1001	庫存現金	70	2001	短期借款
2	1002	銀行存款	77	2101	交易性金融負債
5	1015	其他貨幣資金	79	2201	應付票據
8	1101	交易性金融資產	80	2202	應付帳款
10	1121	應收票據	81	2203	預收帳款
11	1122	應收帳款	82	2211	應付職工薪酬
12	1123	預付帳款	83	2221	應交稅費
13	1131	應收股利	84	2231	應付利息
14	1132	應收利息	85	2232	應付股利
18	1221	其他應收款	86	2241	其他應付款
19	1231	壞帳準備	93	2401	遞延收益
26	1401	材料採購	94	2501	長期借款
27	1402	在途物資	95	2502	應付債券
28	1403	原材料	100	2701	長期應付款
29	1404	材料成本差異	101	2702	未確認融資費用
30	1405	庫存商品	102	2711	專項應付款
31	1406	發出商品	103	2801	預計負債
32	1407	商品進銷差價	104	2901	遞延所得稅負債
33	1408	委託加工物資		三、共同類	
34	1411	週轉材料	105	3001	清算資金往來
40	1471	存貨跌價準備	106	3002	貨幣兌換
41	1501	持有至到期投資	107	3101	衍生工具
42	1502	持有至到期投資減值準備	108	3201	套期工具
43	1503	可供出售金融資產	109	3202	被套期項目
44	1511	長期股權投資		四、所有者權益類	
45	1512	長期股權投資減值準備	110	4001	實收資本

表1-1(續)

順序號	編號	名稱	順序號	編號	名稱
46	1521	投資性房地產	111	4002	資本公積
47	1531	長期應收款	112	4101	盈餘公積
48	1532	未實現融資收益	114	4103	本年利潤
50	1601	固定資產	115	4104	利潤分配
51	1602	累計折舊	五、成本類		
52	1603	固定資產減值準備	117	5001	生產成本
53	1604	在建工程	118	5101	製造費用
54	1605	工程物資	119	5201	勞務成本
55	1606	固定資產清理	120	5301	研發成本
62	1701	無形資產	六、損益類		
63	1702	累計攤銷	124	6001	主營業務收入
64	1703	無形資產減值準備	129	6051	其他業務收入
65	1711	商譽	131	6101	公允價值變動損益
66	1801	長期待攤費用	132	6111	投資損益
67	1811	遞延所得稅資產	136	6301	營業外收入
69	1901	待處理財產損溢	137	6401	主營業務成本
			138	6402	其他業務成本
			139	6403	稅金及附加
			149	6601	銷售費用
			150	6602	管理費用
			151	6603	財務費用
			153	6701	資產減值損失
			154	6711	營業外支出
			155	6801	所得稅費用
			156	6901	以前年度損益調整

　　在會計科目表中，每個會計科目應有固定編號，以便於編制會計憑證、登記帳簿、查閱帳目及實行會計電算化，不要隨意改變或打亂重編。某些會計科目之間留有空號，供增設會計科目之用。中國常用的會計科目的編號一般為四位數字，其中第一位數字代表該科目的類別，如「1」代表資產類科目，「2」代表負債類科目，「4」代表所有者權益類科目，「5」代表費用成本類科目，「6」代表損益類科目。

　　②按提供核算指標的詳細程度分類——適應經濟管理需要。會計科目按其提供核算指標的詳細程度，可以分為總分類科目和明細分類科目兩種。

　　總分類科目（也稱總帳科目、一級科目）是對會計要素的具體內容進行總括分類的科目。前述會計科目表（表1-1）中所列的會計科目均為總分類科目。

明細分類科目（也稱明細科目、細目）是對總分類科目進一步分類的科目，詳細反映總分類科目所包含的內容。明細分類科目的設置，除會計準則另有規定外，可以根據經濟管理的實際需要，由各單位自行規定。在會計實務中，除少數總分類科目，如「累計折舊」科目，不必設置明細分類科目外，大多都要設置明細分類科目。例如，在「庫存商品」總分類科目下面，應按商品的種類、品種和規格設置明細分類科目。

如果某一總分類科目下面設置的明細分類科目較多，可以設置二級科目（子目），三級科目（細目）甚至更多的級次。例如，在「原材料」總分類科目下面，按材料的類別設置的「原料及主要材料」「輔助材料」「燃料」等科目，就是二級科目。

現以「原材料」科目為例，進一步說明總分類科目與明細分類科目之間的關係，如下表1-2所示。

表1-2　　　　　　　　總分類科目與明細分類科目關係表

總分類科目 （一級科目）	明細分類科目	
	二級科目（子目）	三級科目（細目）
原材料	原料及主要材料	圓鋼
		角鋼
	輔助材料	油漆
		潤滑油
	燃　料	汽油
		菸煤

（四）會計帳戶

（1）帳戶的概念。帳戶是根據會計科目設置的、具有一定的格式和結構、用於分類反映會計要素增減變化情況及其結果的一種工具。設置和登記帳戶是會計核算的重要方法。

通過設置會計科目，雖然按照經濟內容對會計要素做了進一步的分類，但是，會計科目只是對會計對象具體內容進行分類的項目或名稱，還不能反映企業發生的各項經濟業務引起有關會計要素增減變動的數額及變動后的結果，還不能進行具體的會計核算。為了對所發生的經濟業務進行全面、連續、系統地反映和控製，提供各種有用的會計信息，還必須根據規定的會計科目在帳簿中開設帳戶。

由於帳戶具有一定的名稱和格式，通過設置和登記帳戶，有利於分類、連續地記錄和反映各項經濟業務，以及由此而引起的有關會計要素的增減變動及結果。帳戶使原始數據轉換為初始的會計信息，通過帳戶可以對大量複雜的經濟業務進行分類核算，從而提供不同性質和內容的會計信息。由於帳戶以會計科目為依據，因而某一帳戶的核算內容具有獨立性和排他性，並在設置上要服從於會計報表對會計信息的要求。

（2）帳戶的基本結構。帳戶的結構就是帳戶的格式，帳戶表現在帳頁上，而且有一定的名稱，帳戶的名稱規定了帳戶所要記錄的經濟內容。其基本結構設計一般包括

如下內容：
　①帳戶的名稱（即會計科目）；
　②日期和摘要（記錄經濟業務的日期和概括說明經濟業務的內容）；
　③增加和減少的金額及餘額；
　④會計憑證號數（說明帳戶記錄的依據）。
　帳戶的一般格式如表1-3所示。

表1-3　　　　　　　　　　　帳戶（會計科目）名稱

年		憑證		摘要	增加	減少	餘額
月	日	字	號				

　上述帳戶的結構，在教學中通常使用的是簡化的「T」形帳戶（或叫做「丁」字帳戶）。因為它像大寫字母「T」，字母中的豎線將帳戶分為左右兩邊，帳戶名稱即會計科目寫在橫線上，增加的金額列於一邊，減少的金額列於另一邊。如圖1-3所示。

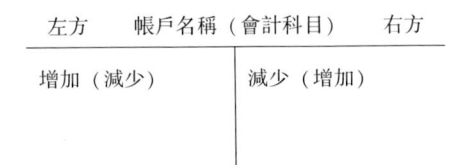

　　　　　　　左方　　帳戶名稱（會計科目）　　右方

　　　　　　　增加（減少）　　　　減少（增加）

圖1-3　丁字帳戶圖

　帳戶中登記的經濟業務內容涉及和影響的會計要素的金額有：期初餘額、本期增加發生額、本期減少發生額和期末餘額。其中，本期增加發生額和本期減少發生額是指在一定的會計期間內，帳戶在左右兩方分別登記的增加金額和減少金額的合計數。本期增加發生額和本期減少發生額相抵後的差額叫本期淨發生額，加上期初的餘額，就是本期的期末餘額。本期的期末餘額轉入下一期就是下一期的期初餘額。上述四項金額之間的關係可用公式表示：

　　期末餘額＝期初餘額＋本期增加發生額－本期減少發生額

　例如，某企業「銀行存款」帳戶的期初餘額為150,000元，本期增加了20,000元，減少了35,000元，「銀行存款」帳戶的期末餘額為135,000元（150,000＋20,000－35,000）。

　帳戶的左方和右方是按相反的方向來記錄增加額和減少額的，即一方登記增加，另一方登記減少。具體哪一方登記增加，哪一方登記減少，需要由帳戶本身的性質、經濟業務的內容及所採用的記帳方法來決定。

　（3）會計科目與帳戶的關係。會計帳戶與會計科目是兩個不同的概念，兩者之間

既有聯繫，又有區別。

兩者的聯繫：會計科目與帳戶都是對會計要素的具體內容進行的科學分類，兩者口徑一致、性質相同。會計科目的名稱是帳戶的名稱，也是設置帳戶的依據，沒有會計科目，帳戶便失去了設置的依據。帳戶是會計科目的具體應用，沒有帳戶，就無法發揮會計科目的作用。

兩者的區別：會計科目僅僅是帳戶的名稱，其本身沒有任何結構、格式，而帳戶具有一定的格式和結構。會計科目僅僅說明經濟內容是什麼，而帳戶不僅說明經濟內容是什麼，而且能反映其增減變化及結餘，具有反映內容所需要的形式。

（4）帳戶的分類。帳戶可以按照所提供信息的詳細程度分類和按照用途和結構分類。

①帳戶按所提供會計信息的詳細程度可以分為總分類帳戶和明細分類帳戶。

總分類帳戶也稱「總帳帳戶」或「一級帳戶」，是根據總分類科目設置的用來提供總括核算信息的帳戶，如「原材料」「固定資產」等帳戶均屬於總分類帳戶。明細分類帳戶也稱「明細帳戶」或「二級帳戶」「三級帳戶」，是根據明細分類科目設置的用來提供詳細核算信息的帳戶。例如，「固定資產」一級帳戶之下，按照大類設置「生產用固定資產」和「管理用固定資產」等二級帳戶，並在「生產用固定資產」二級帳戶之下設置「生產廠房」「機器設備」「工具器具」等三級帳戶。極少數總分類帳戶的核算內容比較單一，也可以不設置明細分類帳戶，如「本年利潤」帳戶等。

②帳戶按用途和結構通常可以劃分為盤存帳戶、資本帳戶、結算帳戶、調整帳戶、集合分配帳戶、成本計算帳戶、跨期攤銷帳戶、匯轉帳戶、財務成果帳戶、計價對比帳戶和暫記帳戶十一類。

盤存帳戶是指用來核算與控製企業各項財產物資和貨幣資金增減變動及其結存情況的帳戶。

資本帳戶是指用來核算與控製企業投資者投入資本及資本發生增減變動及其結存情況的帳戶。

結算帳戶是指用來核算與控製企業同其他單位或個人以及內部各單位之間債權或債務結算關係的帳戶。按照企業結算業務性質不同，結算帳戶又可劃分為債權結算帳戶、債務結算帳戶和債權債務結算帳戶三類。

調整帳戶是指用來對特定帳戶的餘額進行調整，以使該特定帳戶調整后的餘額具有一定經濟含義並能滿足管理需要的帳戶。按其調整的方式不同，調整帳戶可以具體劃分為備抵調整帳戶、附加調整帳戶和備抵附加調整帳戶三類。備抵調整帳戶是指用來遞減有關資產或權益的帳戶。任何備抵調整帳戶與其被調整帳戶的性質相同但結構相反，兩者餘額相減即可求得調整后的數額。例如，「累計折舊」帳戶是「固定資產」帳戶的備抵調整帳戶，兩者的經濟內容或性質都是固定資產，但是帳戶結構相反。兩者的餘額為固定資產淨值，也稱折餘價值，反映固定資產的成新率。附加調整帳戶是指用來增加有關資產或權益的帳戶。任何附加調整帳戶都與其被調整帳戶的性質相同且結構也相同，兩者餘額相加即可求得調整后的餘額。在中國目前的會計實務中，企業通常並不開設純粹的附加調整帳戶。備抵附加調整帳戶是指用來抵減或增加有關資

產或權益的帳戶。備抵附加調整帳戶與其被調整帳戶「同向相加，反向相減」。例如，「材料成本差異」帳戶是「原材料」帳戶的備抵附加調整帳戶。

集合分配帳戶是指先用以歸集企業在一定會計時期所發生的各項間接生產費用，待會計期末再按一定標準將所歸集的費用分配計入有關成本計算對象的帳戶。其結構為借方反映相關費用的歸集額，貸方反映相關費用的分配額，期末通常無餘額。

成本計算帳戶是指用來核算與控制企業在一定時期所發生的全部生產費用，並確定各成本計算對象實際成本的帳戶。

跨期攤銷帳戶是指用來核算與控制企業已經發生但應由若干期間共同負擔的相關耗費的帳戶。

匯轉帳戶是指用來匯集一定會計期間所發生的各項損益並於期末予以結轉的帳戶。

財務成果帳戶是指用來核算與控制企業在一定會計期間最終經營成果的帳戶。

計價對比帳戶是指用來核算與控制企業對某項資產採用兩種不同計價標準進行對比並確定其業務結果的帳戶。

暫記帳戶亦稱臨時過渡性帳戶，是指用來核算與控制企業在清查財產等事項中發現的盤盈、盤虧和毀損在查明原因之前暫時運用以保證帳實相符的帳戶。

綜上所述，帳戶按用途和結構的分類情況可以概括為表1－4。

表1－4　　　　　帳戶按用途和結構分類一覽表

序號	帳戶類別		帳戶舉例
1	盤存帳戶		庫存現金、銀行存款、原材料、庫存商品、固定資產、投資性房地產等帳戶
2	資本帳戶		實收資本、資本公積、盈餘公積等帳戶
3	結算帳戶	債權結算帳戶	應收帳款、應收票據、預付帳款、其他應收款、持有至到期投資等帳戶
		債務結算帳戶	短期借款、應付帳款、應付票據、預收帳款、應付職工薪酬、應交稅費、應付利息、應付股利、其他應付款、長期借款、應付債券等帳戶
		債權債務結算帳戶	其他往來等帳戶
4	調整帳戶	備抵調整帳戶	壞帳準備、存貨跌價準備、累計折舊、累計攤銷、固定資產減值準備、無形資產減值準備、未實現融資收益、未確認融資費用、利潤分配等帳戶
		附加調整帳戶	會計實務中極少設置此類帳戶
		備抵附加調整帳戶	材料成本差異等帳戶
5	集合分配帳戶		製造費用等帳戶
6	成本計算帳戶		生產成本、在建工程、研發支出
7	跨期攤銷帳戶		長期待攤費用等帳戶

表1-4(續)

序號	帳戶類別		帳戶舉例
8	匯轉帳戶	收入匯轉帳戶	主營業務收入、其他業務收入、投資收益、營業外收入等帳戶
		費用匯轉帳戶	主營業務成本、其他業務成本、稅金及附加、銷售費用、財務費用、管理費用、資產減值損失、營業外支出、所得稅費用等帳戶
9	財務成果帳戶		本年利潤等帳戶
10	計價對比帳戶		材料採購等帳戶
11	暫記帳戶		待處理財產損溢等帳戶

課后小結

主要術語中英文對照

1. 會計確認　　Accounting Recognition　　2. 資產　　Asset
3. 收付實現制　Cash Basis　　　　　　　　4. 負債　　Liability
5. 權責發生制　Accrual Basis　　　　　　　6. 所有者權益　Owner's Equity
7. 會計對象　　Accounting Object　　　　　8. 收入　　Revenue
9. 會計要素　　Accounting Factors　　　　　10. 費用　　Expense
11. 會計科目　Account Title　　　　　　　12. 利潤　　Profit
13. 帳戶　　　Account　　　　　　　　　　14. 收益　　Income
15. 總分類帳戶　General Ledger　　　　　　16. 明細分類帳戶　Detailed Ledger
17. 利得　　　Gain　　　　　　　　　　　18. 損失　　Lost
19. 流動資產　Current Asset　　　　　　　20. 流動負債　Current Liability
21. 非流動資產　Non-current Asset　　　　　22. 非流動負債　Non-current Liability

復習思考題

1. 什麼是會計確認？簡述兩種不同的會計確認時間標準。

2. 什麼是會計對象？什麼是資金運動？製造企業的生產經營過程及其資金運動是如何構成的？

3. 什麼是會計要素？企業會計要素有哪些？各有何特徵？

4. 什麼是會計科目？什麼是會計帳戶？會計科目與會計帳戶兩者之間有何聯繫和區別？

練習題

一、單選題

1. 企業在日常活動中形成的、會導致所有者權益增加的、與所有者投入資本無關的經濟利益的總流入稱為（　　）。
   A. 利潤　　　　　　　　　　B. 資產
   C. 利得　　　　　　　　　　D. 收入

2. 下列說法中正確的是（　　）。
   A. 收入是指企業銷售商品、提供勞務及讓渡資產使用權等活動中形成的經濟利益的總流入
   B. 所有者權益增加一定表明企業獲得了收入
   C. 狹義的收入包括營業外收入
   D. 收入按照性質不同，分為銷售收入、勞務收入和讓渡資產使用權收入

3. 下列選項中不屬於收入要素內容的是（　　）。
   A. 營業外收入　　　　　　　B. 出租固定資產取得的收入
   C. 提供勞務取得的收入　　　D. 銷售商品取得的收入

4. 下列說法中，不正確的是（　　）。
   A. 所有者權益反映了所有者對企業資產的剩餘索取權
   B. 所有者權益的金額等於資產減去負債後的餘額
   C. 所有者權益也稱股東權益
   D. 所有者權益包括實收資本（或股本）、資本公積、盈餘公積和留存收益等

5. （　　）原則不是設置會計科目的原則。
   A. 實用性　　　　　　　　　B. 相關性
   C. 權責發生制　　　　　　　D. 合法性

6. 下列選項中，不屬於企業資產的是（　　）。
   A. 預收帳款　　　　　　　　B. 預付帳款
   C. 應收帳款　　　　　　　　D. 應收票據

7. 屬於資產類帳戶的是（　　）。
   A. 利潤分配　　　　　　　　B. 實收資本
   C. 累計折舊　　　　　　　　D. 營業成本

8. 201×年5月31日，A公司銀行存款帳戶結存金額為13萬元，5月份增加25萬元，減少17萬元，201×年5月1日A公司銀行存款帳戶的結存金額應是（　　）萬元。
   A. 21　　　　　　　　　　　B. -29
   C. 5　　　　　　　　　　　 D. 0

9. 二級科目是介於（　　）之間的科目。
   A. 總分類科目與明細分類科目　　B. 總帳與明細帳
   C. 總分類科目　　　　　　　　　D. 明細分類科目

10. 在下列項目中，與「製造費用」科目屬於同一類科目的是（　　）。
    A. 固定資產　　　　　　　　　　B. 其他業務成本
    C. 生產成本　　　　　　　　　　D. 主營業務成本

11. 下列會計科目中，最能體現製造企業經濟活動特點的為（　　）。
    A. 原材料　　　　　　　　　　　B. 固定資產
    C. 實收資本　　　　　　　　　　D. 應付職工薪酬

12. 下列資產帳戶中，不屬於盤存帳戶的為（　　）。
    A. 庫存現金　　　　　　　　　　B. 其他應收款
    C. 庫存商品　　　　　　　　　　D. 固定資產

13. 某製造企業201×年12月31日固定資產帳戶餘額為5,000,000元，累計折舊帳戶餘額為1,500,000元，沒有固定資產減值準備。該固定資產的帳面價值為（　　）元。
    A. 1,500,000　　　　　　　　　　B. 3,500,000
    C. 5,000,000　　　　　　　　　　D. 6,500,000

14. 某製造企業為了核算向購貨方預收的購貨訂金，專門開設了預收帳款帳戶。201×年12月31日，預收帳款總分類帳戶有貸方餘額600,000元，所屬三個明細分類帳戶分別有借方餘額100,000元、借方餘額200,000元和貸方餘額900,000元。該企業年末債權債務的正確表述為（　　）。
    A. 只有債權600,000元　　　　　　B. 債權300,000元以及債務600,000元
    C. 只有債務900,000元　　　　　　D. 債權300,000元以及債務900,000元

15. 某股份公司於201×年1月1日成立，至當年年末實現淨利潤800,000元，該公司按淨利潤10%計提法定盈餘公積，並向股東宣告分派現金股利300,000元。201×年12月31日，該公司的未分配利潤為（　　）元。
    A. 80,000　　　　　　　　　　　B. 300,000
    C. 420,000　　　　　　　　　　 D. 500,000

二、多選題

1. 下列選項中，屬於按照會計科目歸屬的會計要素不同進行的分類有（　　）。
   A. 明細分類科目　　　　　　　　B. 總分類科目
   C. 損益類科目　　　　　　　　　D. 成本類科目

2. 下列選項中，屬於費用要素特徵的有（　　）。
   A. 由企業過去的交易或事項形成的
   B. 應當是企業在日常活動中發生的
   C. 應當會導致經濟利益的流出，該流出不包括向所有者分配的利潤

D. 應當最終會導致所有者權益的減少
3. 下列選項中，屬於資產特徵的有（　　）。
   A. 資產是由過去或現在的交易或事項所形成的
   B. 資產應為企業擁有或者控制的資源
   C. 資產預期會給企業帶來未來經濟利益
   D. 資產一定具有具體的實物形態
4. 下列選項中，屬於負債特徵的有（　　）。
   A. 負債是由現在的交易或事項所引起的償債義務
   B. 負債是由企業過去的交易或事項所形成的
   C. 負債是由將來的交易或事項所引起的償債義務
   D. 負債的清償預期會導致經濟利益流出企業
5. （　　）統稱為留存收益。
   A. 利潤   B. 未分配利潤
   C. 資本公積   D. 盈餘公積
6. 下列選項中，屬於所有者權益來源的有（　　）。
   A. 所有者投入的資本 B. 直接計入所有者權益的利得或損失
   C. 留存收益   D. 收入
7. 下列各項收到的款項中，屬於收入的有（　　）。
   A. 出租固定資產收到的租金
   B. 銷售商品收到的增值稅
   C. 出售原材料收到的價款
   D. 出售無形資產收到的價款
8. 帳戶按用途和結構分類時，下列帳戶中屬於費用匯轉帳戶的有（　　）。
   A. 製造費用   B. 管理費用
   C. 銷售費用   D. 財務費用
9. 下列帳戶中，期末餘額通常應當在貸方的帳戶有（　　）。
   A. 資本公積   B. 在途物資
   C. 應付票據   D. 短期借款
10. 下列有關備抵調整帳戶與其被調整帳戶關係的說法中，正確的有（　　）。
    A. 兩者的結構相同   B. 兩者的性質相反
    C. 兩者的結構相反   D. 兩者的性質相同
    E. 兩者的餘額方向相同或相反
11. 帳戶按用途和結構分類時，下列各類帳戶中期末一般沒有餘額的帳戶有（　　）。
    A. 結算帳戶   B. 跨期攤配帳戶
    C. 收入匯轉帳戶   D. 費用匯轉帳戶
    E. 集合分配帳戶

三、判斷題

1. 在中國目前的會計實務中，企業總帳科目的名稱和內容通常由會計相關法規或規章統一確定，這主要是為了會計核算指標的逐級匯總和相互可比。（　）
2. 債權債務結算帳戶的貸方餘額，表示債權款項大於債務款項的數額。（　）
3. 所有者權益是企業投資者對企業資產的所有權。（　）
4. 資產按實物形態可分為流動資產和非流動資產。（　）
5. 壞帳準備是損益類帳戶。（　）
6. 總分類科目對所屬的明細分類科目起著統馭和控製的作用，明細分類帳戶是對其總分類科目的詳細和具體說明。（　）
7. 某企業某工序上有甲、乙兩臺機床，其中甲機床型號較老，自乙機床投入使用後，一直未再使用且已不具備轉讓價值。乙機床是甲機床的替代品，目前承擔該工序的全部生產任務。那麼甲機床不應該確認為企業的固定資產。（　）
8. 只要是由過去的交易或事項形成的、並由企業擁有或控製的資源，均應確認為企業的一項資產。（　）
9. 企業處置固定資產發生的淨損失，應該確認為企業的費用。（　）
10. 所有者權益與企業特定的、具體的資產並無直接關係，它並不與企業任何具體的資產項目發生對應關係。所有者權益只是在整體上、在抽象的意義上與企業的資產保持數量關係。（　）
11. 只要企業擁有某項財產物資的所有權就能將其確認為資產。（　）
12. 企業只能使用國家統一會計準則規定的會計科目，不可以自行制定會計科目。（　）
13. 某些將來可能發生的、偶然事項形成的債務責任也是企業的負債。（　）
14. 就帳戶的經濟內容而言，「本年利潤」帳戶與「利潤分配」帳戶均屬於所有者權益類帳戶。因此，兩者的用途和結構完全相同。（　）
15. 任何總分類帳戶都應當具有兩個或兩個以上的明細分類帳戶，以全面反映經濟業務的來龍去脈。（　）

四、業務題

【業務題一】

目的：練習權責發生制會計確認基礎下的收入、費用和利潤的核算。

資料：某公司201×年12月份的有關經濟業務如下：

(1) 支付上月份的水電費56,000元；
(2) 收到上月銷售產品的貨款65,000元；
(3) 預付明年一季度的房屋租金18,000元；
(4) 支付本季度借款利息33,000元；
(5) 預收銷貨款800,000元；
(6) 銷售產品一批，售價560,000元，已收回貨款360,000元，其餘尚未收回；

（7）本月分攤財產保險費 20,000 元；

（8）計算本月應付職工薪酬 120,000 元。

要求：利用表格形式分別按收付實現制和權責發生制計算本月的收入、費用和利潤。

【業務題二】

目的：熟悉資產、負債和所有者權益的內容及其劃分。

資料：某有限責任公司有關資產、負債和所有者權益的內容如下（假定不考慮金額）：

（1）由出納員負責的庫存現金；

（2）存放在開戶銀行的存款；

（3）銷售商品時客戶暫欠的貨款；

（4）暫欠供應商的材料款；

（5）擁有並出租的房屋；

（6）預付的購料款；

（7）行政管理部門的辦公大樓；

（8）生產產品使用的各種機器設備；

（9）生產車間使用的運輸車輛；

（10）從銀行取得為期 6 個月的借款；

（11）投資者投入的資本；

（12）已完工入庫的產品；

（13）正在生產的產品；

（14）尚未繳納的所得稅和增值稅；

（15）預借給職工的差旅費；

（16）行政管理部門使用的電腦；

（17）融資租入的機器設備；

（18）擁有並使用的非專利技術；

（19）應付職工工資；

（20）發行的 3 年期債券。

要求：根據上述資料，逐項指出應當歸屬的會計要素及其具體項目。若屬於資產，需進一步分析是否屬於流動資產；若屬於負債，需進一步分析是否屬於流動負債。

【業務題三】

目的：熟悉收入、費用和利潤的內容及其劃分。

資料：某製造企業有關收入、費用和利潤的資料如下（假定不考慮金額）：

（1）銷售產品的收入；

（2）銷售多餘材料的收入；

（3）出售固定資產的淨收入；

（4）出售無形資產的淨收入；

（5）出租固定資產的收入；

(6) 轉讓無形資產使用權的收入；

(7) 賠款收入；

(8) 罰款收入；

(9) 銷售產品的成本；

(10) 銷售材料的成本；

(11) 支付的廣告費；

(12) 職工報銷的差旅費；

(13) 發生的業務招待費；

(14) 短期借款利息；

(15) 行政管理部門固定資產的修理費；

(16) 行政管理部門固定資產的折舊費；

(17) 支付的賠款；

(18) 發生的罰款支出。

要求：

(1) 根據上述資料，分別說明應當屬於收入要素和費用要素的項目（僅寫出序號）；

(2) 根據上述資料，分別說明應當直接計入當期利潤的利得和損失的項目（僅寫出序號）。

【業務題四】

目的：練習帳戶的分類。

資料：某製造企業開設有關帳戶的名稱如下：

庫存現金、銀行存款、原材料、生產成本、製造費用、應收帳款、固定資產、累計折舊、短期借款、應付利息、應付職工薪酬、實收資本、本年利潤、利潤分配、主營業務收入、主營業務成本、管理費用、財務費用。

要求：將上述帳戶既按用途和結構分類，又按經濟內容分類，並將分類結果直接填入「帳戶分類表」（見表1-5）的相應欄內。

表1-5　　　　　　　　　　帳戶分類表

帳戶類別	資產類帳戶	負債類帳戶	所有者權益帳戶	成本類帳戶	損益類帳戶
盤存帳戶					
資本帳戶					
結算帳戶					
跨期攤銷帳戶					
調整帳戶					
集合分配帳戶					
成本計算帳戶					
匯轉帳戶					
財務成果帳戶					

參考答案

一、單選題

1. D	2. D	3. A	4. D	5. C	6. A
7. C	8. C	9. A	10. C	11. A	12. B
13. B	14. D	15. C			

二、多選題

| 1. CD | 2. ABCD | 3. ABC | 4. BD | 5. BD | 6. ABC |
| 7. AC | 8. BCD | 9. ACD | 10. CD | 11. CDE | |

三、判斷題

1. √	2. ×	3. ×	4. ×	5. ×	6. √
7. √	8. ×	9. ×	10. √	11. ×	12. ×
13. ×	14. ×	15. ×			

四、業務題

（略）

第四節　會計計量

　　會計計量就是指為了將符合確認條件的會計要素登記入帳，並列報於會計報表而確定其金額的過程。會計計量由計量單位和計量屬性兩個方面組成。計量單位是會計進行計量時所採用的尺度，計量屬性是指被計量的對象所具有的某方面的特徵。

一、計量單位

　　計量單位的選擇必然面臨三方面的問題：一是以何種度、量、衡為計量單位；二是在以貨幣為計量單位既定的前提下，應選擇哪國或哪種貨幣為會計計量單位；三是在選定某種貨幣為會計計量單位的情況下，為使會計信息具有可比性，應如何確定單位貨幣所具有的標準購買力。

（一）實物計量單位與貨幣計量單位

　　人類早期計量經濟活動所採用的計量單位是實物計量單位，隨著商品經濟的不斷發展，貨幣計量單位產生。由於貨幣計量單位能夠對不同類型或不同計量特徵的經濟活動進行統一計量，從而使貨幣逐步取代實物計量單位成為計量經濟活動的主要單位，進而產生了一種專門以貨幣為計量單位的記錄行為，這種記錄行為就是會計。因此可以說，會計之所以能夠稱之為會計，就是因為它選擇了貨幣這種特殊的計量單位，從而使其既可以對經濟活動進行「零星計之」，也可以對其進行「綜合計之」。據考證，在中國春秋戰國時期，就已出現了以貨幣為計量單位的記錄行為。到秦代，隨著度量衡在全國範圍內的統一，貨幣單位已取代實物單位在會計記錄中占據主導地位。在西方，2000多年前的計量是以實物計量為主的，中世紀的莊園主會計已混用了實物計量單位與貨幣計量單位，到12、13世紀，義大利地中海沿岸地區銀行業極為繁榮，復式簿記逐漸萌生，貨幣逐步成為主要計量單位。貨幣單位的廣泛應用為以復式簿記為代表的現代會計的產生奠定了重要基礎。

（二）統一計量單位與記帳本位幣

　　在西方，分佈在地中海沿岸的國家規模較小而數量較多，不同的國家往往使用不同的貨幣，國與國之間的貿易異常發達，在這種特殊環境下，企業的經濟活動往往會涉及多種貨幣，這給會計計量帶來了許多不便，因此，人們開始有意識地選擇一種統一的貨幣作為會計的計量單位。「在西方，雖然已保存下來的古代帳簿表明，早在古希臘時期，就已出現運用同一種貨幣度量進行記錄和報告。但比較穩健，也更有意義的說法應該是在復式簿記得到普遍應用之後。」盧卡·帕喬利多次提及要用統一計量單位，如在日記帳簿和分類帳簿中要求有統一的貨幣度量單位，在計算總數時，只能採用同一種貨幣單位，因為不同種類的貨幣不適於匯總。總的來說，當貨幣計量單位在會計計量中的地位確定以後，由於國際貿易及跨國經營情況的存在，一個企業的經營活動有可能會涉及多種貨幣。在多種貨幣並存的情況下，為保證會計統一計量的需要

必須選擇其中一種貨幣作為統一貨幣計量單位，這種被選作統一計量單位的貨幣就是記帳本位幣。中國規定，會計核算以人民幣為記帳本位幣。

(三) 名義貨幣與不變幣值

在貨幣計量單位選定之後，會隨之出現另外一個問題，即同一貨幣單位在不同時間往往會有不同的購買力。貨幣購買力的變化可能是物價變動造成的，也可能是貨幣本身的價格變動，即通貨膨脹或通貨緊縮造成的。幣值不斷變化帶來的一個問題就是在不同時間取得的同一資產、負債項目的價值信息不具有可比性。為解決這一問題，人們通常會在以下兩種計量單位中做出選擇，即名義貨幣計量單位和不變幣值計量單位。

名義貨幣計量單位，即一般意義上的貨幣計量單位。這種貨幣計量單位僅僅是一種名義上的單位或標尺，不特指具體的購買力，在具體使用時亦不考慮貨幣購買力的變化。這種貨幣計量單位可在幣值相對穩定或雖有變化但變化幅度不大的環境下使用。現行會計實務中所選用的計量單位通常都採用名義貨幣計量單位。

不變幣值計量單位，亦稱一般購買力單位，是指具有特定購買力的貨幣單位。一般來講，在物價相對穩定時期，也就是說在幣值不變假設基本成立時期，通常以名義貨幣單位作為貨幣計量單位，而在物價變動較為頻繁或波動幅度較大時期，則可選擇具有特定購買力的貨幣單位作為計量單位，即所謂不變幣值計量單位。從理論上講，可以選用任一時點具有特定購買力的貨幣單位作為不變幣值，如在確定 2013 年 12 月 31 日資產項目的金額時，可以選用 2008 年 12 月 31 日的人民幣貨幣單位作為不變幣值，也可以選用 2010 年 12 月 31 日的人民幣貨幣單位作為不變幣值。在現行實務中，通常選用報告期末的價格作為不變幣值，對於其他時點的貨幣金額，可先通過對比該時點的貨幣購買力與報告期末貨幣購買力之比確定物價指數，然后通過物價指數將該時點的貨幣金額換算為按不變幣值表示的金額。不變幣值計量單位通常在物價變動或通貨膨脹較為嚴重的環境下採用。

二、計量屬性

(一) 會計計量屬性的含義

在計量單位既定的情況下，會計計量必須解決的另外一個重要問題就是計量屬性的問題。計量屬性是指計量客體能夠用特定計量單位測定或計量的某一特性或某一方面。任何事物都可以從不同方面，針對其某一特性進行量化，如對一物體而言，可以用其空間特性，如長度、寬度、高度、體積來反映其特徵；也可以用其物理特性，如密度、比重、溫度等反映其特徵；還可以用其時間特性，如物體過去、現在或將來的形狀、溫度等反映其特徵。到底選取哪一方面或哪一特性作為其基礎計量屬性，取決於這一方面或這一特性是否能體現該物體的本質特徵。可見，計量屬性是計量客體本身的某一可測量或度量的特性或外在表現，它是一種不以人的意志為轉移的客觀存在。

會計計量是以貨幣計量單位實施的價值計量，這就決定了會計計量屬性必須是計量客體能夠用貨幣單位測定或計量的方面。計量客體的價值量可以從多個方面來計量，

從而表現為不同的計量屬性。從時間特性來看，計量客體的價值量可以是某個特定時點的價值量，具有典型意義的時點包括計量客體形成時的價值量、現時持有的價值量，以及將來脫手時的價值量，即所謂歷史價值、現行價值及未來價值。從不同的價值測定角度來看，計量客體的價值量又可分基於買方視角的價值量和基於賣方視角的價值量，前者又可稱之為投入價值量或成本，后者可稱之為產出價值量或市價。將以上兩種角度相結合可得到以下六種基本計量屬性，如表1-6所示。

表1-6　　　　　　　　　　常見計量屬性一覽表

計量角度＼計量時間	過去	現在	未來
付現（買方視角）	歷史成本	現行成本	未來成本
變現（賣方視角）	歷史市價	現行市價	未來市價

在以上六種基本計量屬性中，未來成本和未來市價一般只在財務預測、財務分析或管理會計中使用。在會計計量過程中使用未來成本或未來市價時，必須通過折現的方法將其與現行價格置於同一可比的基礎之上，即將未來成本或未來市價表現的未來現金流出量或流入量折合成當前成本或當前市價，因此，在會計計量過程中的未來成本或未來市價，通常表現為未來現金流量的現值；歷史市價是在過去的交易中因資產變現而形成的價格，從現時來看，已售出的資產已不存在於企業，因而歷史市價對資產計價而言已失去現實意義。現行市價作為一種通用的計量屬性，在實際使用時往往根據使用目的的不同存在多種變形或擴展形式，如在對存貨計價時，通常使用「可變現淨值」概念、在理想交易環境下的現行市價往往被稱之為「公允價值」等。鑒於此，目前在財務會計中所使用的計量屬性通常包括歷史成本、重置成本、可變現淨值、現值和公允價值等。

(二) 常用會計計量屬性

(1) 歷史成本。歷史成本又稱實際成本，是取得或製造某一財產物資時實際支付的現金或其他等價物。在歷史成本計量下，資產按照購置時支付的現金或者現金等價物的金額，或者按照購置資產時所付出的對價的公允價值計量。負債按照因承擔現時義務而實際收到的款項或者資產的金額，或者承擔現時義務的合同金額，或者按照日常活動中為償還負債預期需要支付的現金或者現金等價物的金額計量。歷史成本是目前中國會計計量的基本方法，它貫穿於財務會計的始終。在採用歷史成本的情況下，要求對企業的資產、負債、所有者權益等項目的計量應當基於經濟業務的實際交易成本，而不考慮隨后市場價格變化的影響。如企業購入一臺設備作為固定資產使用，在取得該固定資產時以實際支付的價款作為其入帳價值，確定該固定資產的入帳價值就是其歷史成本。

(2) 重置成本。重置成本又稱現行成本，是指按照當前的市場條件，重新取得同樣的一項資產所需要支付的現金或現金等價物。在重置成本計量下，資產按照現在購

買相同或者相似資產所需支付的現金或現金等價物金額計量。負債按照現在償付該項債務所需支付的現金或者現金等價物的金額計量。重置成本是現在時點的成本，在實務中一般在盤盈固定資產時使用。

（3）可變現淨值。可變現淨值是指在正常生產經營過程中，以資產預計售價減去進一步加工成本和預計銷售費用及相關稅費後的淨值。在可變現淨值計量下，資產按照其正常對外銷售所能收到現金或者現金等價物的金額扣減該資產至完工時估計將要發生的成本、估計的銷售費用以及相關稅費後的金額計量。中國會計準則規定，企業會計期末對存貨按成本與可變現淨值孰低法計量。

（4）現值。現值是指對某一資產的未來現金流量以恰當的折現率進行折現后的價值，是考慮貨幣時間價值的一種計量屬性。在現值計量下，資產按照預計從其持續使用和最終處置中所產生的未來淨現金流入量的折現金額計量。負債按照預計期限內需要償還的未來淨現金流出量的折現金額計量。現值通常應用於非流動資產可收回金額和以攤餘成本計量的金融資產價值的確定等方面。相對於可變現淨值，現值計量考慮了貨幣時間價值因素的影響。

（5）公允價值。公允價值是指在公平交易中，熟悉情況的交易雙方自願進行資產交換或債務清償的金額計量。在公允價值計量下，資產和負債按照在公平交易中，熟悉情況的交易雙方自願進行資產交換或者債務清償的金額計量。公允價值計量主要應用於交易性金融資產、可供出售金融資產的計量等方面，相對於歷史成本計量，公允價值計量所提供的會計信息具有更高的相關性。

根據中國會計準則的規定，企業在對會計要素進行計量時，一般應採用歷史成本，採用重置成本、可變現淨值、現值、公允價值計量的，應當保證所確定的會計要素金額能夠取得並可靠地計量。

課后小結

主要術語中英文對照

1. 會計計量　　Accounting Measurement　　2. 重置成本　　Replacement Cost
3. 計量單位　　Unit of Measure　　　　　　4. 可變現淨值　Net Reliable Value
5. 計量屬性　　Measurement Attributes　　　6. 現值　　　　Present Value
7. 歷史成本　　Historical Cost　　　　　　　8. 公允價值　　Fair Value
9. 記帳本位幣　Recording Currency

復習思考題

什麼是計量屬性？會計採用哪幾種計量屬性？

練習題

一、單選題

1. 下列計量屬性中，由真實交易形成的是（　　）。
   A. 歷史成本　　　　　　　　B. 重置成本
   C. 可變現淨值　　　　　　　D. 公允價值

2. 某企業甲材料帳面成本為80元，加工成A產品對外銷售估計價格為200元，將甲材料加工為A產品估計發生的生產成本為60元，A產品的銷售費用和銷售稅費分別為30元和20元，甲材料的可變現淨值為（　　）元。
   A. 90　　　　　　　　　　　B. 80
   C. 150　　　　　　　　　　D. 200

3. 「除法律、行政法規和國家統一的會計準則另有規定者外，企業不得自行調整其帳面價值。」上述規定所遵守的會計計量屬性是（　　）。
   A. 公允價值　　　　　　　　B. 重置成本
   C. 可變現淨值　　　　　　　D. 歷史成本

4. 在（　　）計量下，資產按照現在購買相同或者相似資產所需支付的現金或現金等價物的金額計量。
   A. 歷史成本　　　　　　　　B. 重置成本
   C. 可變現淨值　　　　　　　D. 現值

5. 企業在對會計要素進行計量時，一般應當採用（　　）。
   A. 歷史成本　　　　　　　　B. 重置成本
   C. 可變現淨值　　　　　　　D. 現值

二、多選題

1. 對歷史成本的評價，下列說法正確的有（　　）。
   A. 數據容易取得，方便操作
   B. 相關性強
   C. 能夠被核實和驗證
   D. 不同時期的會計信息可能缺少可比性
   E. 資產的帳面價值可能會脫離實際價值

2. 對公允價值計量的評價，下列說法中正確的有（　　）。
   A. 可以提高會計信息的相關性　　B. 可能會提高會計信息的可靠性
   C. 容易操縱，可能會被濫用　　　D. 可能會降低會計信息的可靠性
   E. 絕大多數情況下，一個項目的公允價值能夠很容易地確定

3. 下列選項中，屬於計量屬性的有（　　）。
   A. 歷史成本　　　　　　　　B. 可變現淨值

C. 公允價值　　　　　　　　D. 現值

三、判斷題

1. 實物計量單位早於貨幣計量單位產生。　　　　　　　　　（　　）
2. 中國規定，會計核算以人民幣為記帳本位幣。　　　　　　（　　）
3. 現行會計實務中所選用的計量單位通常都採用不變幣值計量單位。（　　）

參考答案

一、單選題

1. A　　2. A　　3. D　　4. B　　5. A

二、多選題

1. ACDE　　2. ACD　　3. ABCD

三、判斷題

1. √　　2. √　　3. ×

第五節　會計記錄

　　會計記錄是指對經過會計確認、會計計量的經濟業務，採用一定方法記錄下來的過程。在會計記錄中，對於經過確認而可以進入會計信息系統處理的每項數據，要運用預先設計的帳戶和有關文字及金額，按復式記帳規則的要求，在帳簿上加以登記。它是會計核算中的一個重要環節，成為會計核算的一個子系統——復式簿記系統。會計通過復式記帳方法在描述資金變動來龍去脈和因果關係的同時，也建立起了一種相關帳戶間的平衡關係，這種平衡關係是檢查經濟業務記錄是否正確的重要依據。資金平衡、復式記帳是復式簿記系統會計記錄必須遵循的基本規律。

一、資金平衡原理

（一）資金平衡關係

　　資金運動是會計確認、計量、記錄和報告的對象。當資金運動處於相對靜止狀態時，表現為資金的占用和資金的來源兩個方面，這兩個方面有著相互依存、互為轉化的關係，有一定的資金占用，必定有一定的資金來源，這是同一資金的兩個側面，表現資金從哪裡來，又用到哪裡去，而且兩者的數額必定是相等的，完整地反映了資金的來龍去脈。

　　例如，某公司成立初期資金來源於兩個方面：一方面是所有者投入的資金500,000元，另一方面是向銀行借入的資金100,000元。這些資金的占用情況如下：購置商品200,000元，購置設備300,000元，還剩100,000元存放於銀行，即銀行存款占用的資金為100,000元。那麼，資金總額為600,000元，即資金來源是600,000元，資金占用也是600,000元，兩者總額是相等的。一筆資金，從其來源情況看是600,000元，從其占用情況看也是600,000元。來源和占用是同一筆資金的兩個不同側面，其金額相等。資金占用與資金來源金額相等的內在數量關係就是資金平衡關係（如圖1-4所示）。

資金占用＝資金總額600,000元＝資金來源

| 銀行存款　100,000元
商品　　　200,000元
設備　　　300,000元 | 銀行借入　　100,000元
所有者投入 500,000元 |

圖1-4　資金平衡關係

（二）會計等式

　　會計等式，又稱會計方程式或會計恒等式，是指會計要素之間的基本數量關係的表達式。會計等式是對會計要素的性質及其相互之間的內在經濟關係所做的概括和科學的表達，是設置帳戶、復式記帳、試算平衡和編制會計報告對會計對象進行正式確認、計量、記錄和報告的重要理論依據。

資金占用形態即企業資金的存在方式，如銀行存款、庫存商品、固定資產等，可以合稱為資產；資金來源有兩個方面，一方面是企業所有者提供，另一方面是債權人提供。企業資產中屬於所有者的部分稱為所有者權益，屬於債權人的部分稱為債權人權益，債權人權益也稱為企業的負債。企業資產中扣除負債的部分則為企業的淨資產。綜上所述，資金占用等於資產，資金來源等於債權人權益和所有者權益之和。我們可用下列公式反映企業資產、負責、所有者權益之間的平衡關係：

資產＝權益

資產＝債權人權益＋所有者權益

資產＝負債＋所有者權益　　　　　　　　　　　　　　　　　　　　　　　(1)

資產－負債＝淨資產

淨資產＝所有者權益

上述公式為靜態會計等式，其中公式（1）反映了資產的歸屬關係，是會計對象的公式化，其他會計等式均以該會計等式為基礎。因此，會計上又稱「資產＝負債＋所有者權益」為基本會計等式。

資金在動態情況下，其循環週轉過程中發生的收入、費用和利潤也存在著平衡關係，其平衡公式如下：

收入－費用＝利潤　　　　　　　　　　　　　　　　　　　　　　　　　　(2)

會計等式（2）為動態會計等式。由於收入和費用的發生將使資產流入和流出，利潤則是資產流入和流出的結果，最終帶來淨資產的增加。上述公式（1）和（2）之間存在著有機的聯繫。在會計期間的任一時刻，兩個公式可以合併為：

資產＝負債＋所有者權益＋利潤

資產＝負債＋所有者權益＋收入－費用

資產＋費用＝負債＋所有者權益＋收入　　　　　　　　　　　　　　　　　(3)

會計等式（3）為靜動結合的會計等式，是對會計六要素之間的內在經濟關係所做的全面綜合表達，表示了企業在生產經營過程中的增值情況，只在會計期間內而不在會計期末存在。這個等式表明，利潤在分配前是歸企業的。通過利潤分配，一部分向投資者分配，另一部分則作為盈餘公積或未分配利潤留在企業（即留存收益），最后並入所有者權益。該公式在利潤分配后又恢復到「資產＝負債＋所有者權益」。

(三) 經濟業務的發生對會計等式各個會計要素的影響

會計事項是指企業在生產經營過程中發生的，能夠用貨幣計量的，並能引起和影響會計要素發生增減變動的經濟業務。會計事項是會計處理的具體對象。因此，不是會計事項的經濟業務，不必進行會計處理。例如，企業編制財務成本計劃，與外單位簽訂供銷合同等。而屬於會計事項的經濟業務，必須進行會計處理。但是，一般所說的經濟業務習慣上指的就是會計事項。

任何一項經濟業務的發生，必然會引起「資產＝負債＋所有者權益」等式中各項會計要素的增減變動，歸納起來，共有四大類型、九種具體業務，如表1－7所示。

45

四大類型描述如下：

第一，資產、負債和所有者權益雙方項目同時增加，增加的金額相等，變動后的算式仍保持平衡；

第二，資產、負債和所有者權益雙方項目同時減少，減少的金額相等，變動后的算式仍保持平衡；

第三，資產內部項目有增有減，增減的金額相等，變動后的資產總額不變，算式仍保持平衡；

第四，負債和所有者權益內部項目有增有減，增減的金額相等，變動后的負債和所有者權益總額不變，算式仍保持平衡。

以上四類情況在基本會計等式中可以體現資金變動的九種可能性，構成了企業九種基本經濟業務。現就這九種經濟業務的發生對會計等式各會計要素的影響舉例說明如下：

某公司 2013 年 1 月初資產總額 600,000 元，負債總額 100,000 元，所有者權益總額 500,000 元。該公司 2013 年 1 月份發生如下經濟業務（部分）。

（1）採購一批生產用原材料，價值 40,000 元，貨款未付。

	資產	=	負債		所有者權益
原會計等式：	600,000	=	100,000	+	500,000
經濟業務類型：	+40,000		+40,000		
新會計等式：	640,000	=	140,000	+	500,000

該項經濟業務引起資產要素中的「原材料」項目增加 40,000 元，同時引起負債要素中的「應付帳款」項目增加 40,000 元，不涉及所有者權益要素，不影響會計基本等式的平衡關係，但使等式兩邊的資產和負債同時增加了 40,000 元。

該項經濟業務類型為：一項資產增加，一項負債增加。

（2）某投資人向公司投入一臺價值 80,000 元的設備。

	資產	=	負債		所有者權益
原會計等式：	600,000	=	100,000	+	500,000
經濟業務類型：	+80,000				+80,000
新會計等式：	680,000	=	100,000	+	580,000

該項經濟業務引起資產要素中的「固定資產」項目增加 80,000 元，同時引起所有者權益要素中的「實收資本」項目增加 80,000 元，不涉及負債要素，不影響會計基本等式的平衡關係，但使等式兩邊的資產和所有者權益同時增加了 80,000 元。

該項經濟業務類型為：一項資產增加，一項所有者權益增加。

（3）用銀行存款 7,000 元，償還一筆購貨時的欠款。

	資產	=	負債		所有者權益
原會計等式：	600,000	=	100,000	+	500,000
經濟業務類型：	-7,000		-7,000		
新會計等式：	593,000	=	93,000	+	500,000

該項經濟業務引起資產要素中的「銀行存款」項目減少7,000元，同時引起負債要素中的「應付帳款」項目減少7,000元，不涉及所有者權益要素，不影響會計基本等式的平衡關係，但使等式兩邊的資產和負債同時減少了7,000元。

該項經濟業務類型為：一項資產減少，一項負債減少。

（4）用銀行存款80,000元，歸還某投資人投資。

	資產	=	負債		所有者權益
原會計等式：	600,000	=	100,000	+	500,000
經濟業務類型：	－80,000				－80,000
新會計等式：	520,000	=	100,000	+	420,000

該項經濟業務引起資產要素中的「銀行存款」項目減少80,000元，同時引起所有者權益要素中的「實收資本」項目減少80,000元，不涉及負債要素，不影響會計基本等式的平衡關係，但使等式兩邊的資產和所有者權益同時減少了80,000元。

該項經濟業務類型為：一項資產減少，一項所有者權益減少。

（5）從開戶銀行取出現金1,000元。

	資產	=	負債		所有者權益
原會計等式：	600,000	=	100,000	+	500,000
經濟業務類型：	±1,000				
新會計等式：	600,000	=	100,000	+	500,000

該項經濟業務引起資產要素中的「庫存現金」項目增加1,000元，同時引起資產要素中的「銀行存款」項目減少1,000元，不涉及負債要素和所有者權益要素，不影響會計基本等式的平衡關係，但使等式左邊的資產項目先增加了1,000元，又減少了1,000元。

該項經濟業務類型為：一項資產增加，另一項資產減少。

（6）從銀行借入1年期借款30,000元，直接償還前欠貨款。

	資產	=	負債		所有者權益
原會計等式：	600,000	=	100,000	+	500,000
經濟業務類型：			±30,000		
新會計等式：	600,000	=	100,000	+	500,000

該項經濟業務引起負債要素中的「短期借款」項目增加30,000元，同時引起負債要素中的「應付帳款」項目減少30,000元，不涉及資產要素和所有者權益要素，不影響會計基本等式的平衡關係，但使等式右邊的負債項目先增加了30,000元，又減少了30,000元。

該項經濟業務類型為：一項負債增加，另一項負債減少。

（7）為擴大經營規模，企業將盈餘公積100,000元轉增資本。

	資產	=	負債		所有者權益
原會計等式：	600,000	=	100,000	+	500,000
經濟業務類型：					±100,000
新會計等式：	600,000	=	100,000	+	500,000

該項經濟業務引起所有者權益要素中的「實收資本」項目增加100,000元，同時引起所有者權益要素中的「盈餘公積」項目減少100,000元，不涉及資產要素和負債要素，不影響會計基本等式的平衡關係，但使等式右邊的所有者權益項目先增加了100,000元，又減少了100,000元。

該項經濟業務類型為：一項所有者權益增加，另一項所有者權益減少。

（8）根據有關決議，決定向投資人分配利潤80,000元，紅利尚未實際發放。

	資產	=	負債		所有者權益
原會計等式：	600,000	=	100,000	+	500,000
經濟業務類型：			+80,000		-80,000
新會計等式：	600,000	=	180,000	+	420,000

該項經濟業務引起負債要素中的「應付股利」項目增加80,000元，同時引起所有者權益要素中的「未分配利潤」項目減少80,000元，不涉及資產要素，不影響會計基本等式的平衡關係，但使等式右邊的負債項目增加了80,000元，所有者權益項目減少了80,000元。

該項經濟業務類型為：一項負債增加，一項所有者權益減少。

（9）某投資人代公司償還到期的40,000元短期借款，並協商同意作為對公司的追加投資。

	資產	=	負債		所有者權益
原會計等式：	600,000	=	100,000	+	500,000
經濟業務類型：			-40,000	+	40,000
新會計等式：	600,000	=	60,000	+	540,000

該項經濟業務引起所有者權益要素中的「實收資本」項目增加40,000元，同時引起負債要素中的「短期借款」項目減少40,000元，不涉及資產要素，不影響會計基本等式的平衡關係，但使等式右邊的所有者權益項目增加了40,000元，負債項目減少了40,000元。

該項經濟業務類型為：一項所有者權益增加，一項負債減少。

以上例子說明，雖然中國企業經濟業務活動帶來的資金運動變幻莫測，但歸根到底只有四類、九種基本情形。每一筆經濟業務的發生，都會對會計要素產生一定影響。一項會計要素發生增減變動，其他有關要素也必然隨之發生等額變動；或者是在同一會計要素中某一具體項目發生增減變動，其他有關項目也會隨之等額變動。但不管如何變動，資產總量與負債和所有者權益總量始終保持相等，沒有破壞會計等式的平衡關係，這就是資金平衡原理。因此，企業的資金運動具有一定的規律性，當我們找到了規律，就可以根據規律去分析經濟業務活動並進行正確的會計核算。

二、復式記帳原理

(一) 記帳方法概述

記帳是會計核算的基本工作，是指在帳戶中登記經濟業務的方法。從歷史上看，記帳方法有單式記帳法和復式記帳法之分，復式記帳法是由單式記帳法發展而來的。

單式記帳法是最早出現的一種記帳方法。它是指對發生的每一項經濟業務，一般只用一個帳戶做出單方面記錄，而對與此相聯繫的另一方面不予反映的一種記帳方法。採用這種方法，除了對有關人欠、欠人的庫存現金收付業務要在兩個或兩個以上有關帳戶中登記外，對於其他經濟業務，只在一個帳戶中登記或不予登記。由於單式記帳法的帳戶設置不完整，沒有形成完整的帳戶體系，也不便於檢查帳戶是否正確，因此，這種方法已經在15世紀中葉被復式記帳法取而代之。

復式記帳法是對每項交易或者事項所引起的資金運動，都要用相等的金額，同時在兩個或兩個以上相互聯繫的帳戶中進行全面登記的一種記帳方法。這種復式記帳的要求是與資金運動規律密切相關的。每一項經濟業務的發生都是資金運動的一個具體過程，這個過程有起點和終點兩個方面，只有將這兩個方面所表現的資金從何處來又到何處去進行雙重記錄，才能完整地反映出每一具體資金運動過程的來龍去脈。

復式記帳法以基本會計等式「資產＝負債＋所有者權益」為理論依據。每一項經濟業務的發生，都會引起會計要素各有關項目的增減變化，由於雙重記錄所登記的是同一資金運動的兩個方面，其金額必然相等。會計平衡等式是復式記帳的理論基礎，復式記帳是會計平衡等式不斷實現新平衡的方法保證。

在西方國家，歷史上便只有一種復式記帳法，就是「借貸記帳法」，所以一般不特別強調「借貸記帳法」。在中國，曾先后出現過「借貸記帳法」「增減記帳法」和「收付記帳法」。目前，中國採用「借貸記帳法」。記帳方法的分類如圖1-5所示。

記帳方法 { 單式記帳法 ; 復式記帳法 { 借貸記帳法 ; 增減記帳法 ; 收付記帳法 { 庫存現金收付記帳法 ; 資金收付記帳法 ; 錢物收付記帳法 } }

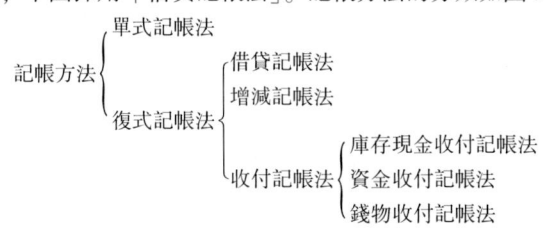

圖1-5 記帳方法的分類

當前，中國企業、機關、事業單位和其他組織均採用復式記帳法。中國《企業會計準則》規定，所有企業一律採用借貸記帳法記帳。借貸記帳法起源於13世紀的義大利，在清朝末年從日本傳入中國。在各種復式記帳法中，借貸記帳法是產生最早，並在當今世界各國應用最廣泛、最科學的記帳方法。

(二) 復式記帳法的基本內容

復式記帳法一般由記帳符號、帳戶設置、記帳規則和試算平衡四個相互聯繫的基本內容組成。各種復式記帳法之間的區別也主要表現在這四個方面。

（1）記帳符號。記帳符號是指反映各種經濟業務數量的增加和減少，表示記帳方向的記號。記帳符號是區分各種復式記帳法的最重要的標誌，如以「借」「貸」作為記帳符號的復式記帳法稱為借貸記帳法；以「增」「減」作為記帳符號的復式記帳法稱為增減記帳法；以「收」「付」作為記帳符號的復式記帳法稱為收付記帳法。

（2）帳戶設置。把用到的會計科目設置在帳本裡，就叫設置帳戶。設置帳戶是一種對會計對象具體內容進行分類核算的專門方法。在借貸記帳法下，帳戶的設置基本上可分為資產（包括費用）類和負債及所有者權益（包括收入）類兩大類別。在增減記帳法下，全部帳戶固定地分為資金來源和資金占用兩大類，不能設置雙重性帳戶。如不能把「其他應收款」帳戶和「其他應付款」帳戶合併設置「其他往來」帳戶；不能把「應付帳款」帳戶和「預付帳款」帳戶合併設置「應付帳款」帳戶；不能把「應收帳款」帳戶和「預收帳款」帳戶合併設置「應收帳款」帳戶等。在收付記帳法下帳戶設置按具體經濟內容分為收入、付出和結存三大類。結存類帳戶亦稱主體帳戶，收入類和付出類帳戶統稱分類帳戶。收入類帳戶反映各種收入來源；付出類帳戶反映各種付出的去向；結存類帳戶反映錢物的收入、付出及其結存情況。

（3）記帳規則。記帳規則是指運用記帳方法正確記錄會計事項時必須遵循的規律。借貸記帳法的記帳規則是：有借必有貸，借貸必相等。增減記帳法的記帳規則是：在同類科目中有增必有減，增減必相等；在不同類科目中是同增同減，增減相等。收付記帳法的記帳規則是：同收、同付、有收有付，即資金來源類或資金運用類帳戶和資金結存類帳戶發生對應關係，引起資金結存增加或減少時，要同時記收同時記付，同收或同付金額相等；資金來源類帳戶和資金運用類帳戶或同類各帳戶之間發生對應關係，不涉及資金結存增減變化時，要分別記收和付，收付金額相等。

（4）試算平衡。試算平衡是指在某一時日（如會計期末），為了保證本期會計處理的正確性，依據會計等式或復式記帳原理，對本期各帳戶的全部記錄進行匯總、測試，以檢驗其正確性的一種專門方法。由於復式記帳法要求每筆經濟業務都要以相等的金額在兩個或兩個以上相互聯繫的帳戶中進行登記，這樣就保證了會計記錄的平衡關係。如果發生不平衡現象，就表明記帳出現了差錯。不同的復式記帳方法適用的試算平衡公式不一樣。通過試算平衡可以檢查會計記錄的正確性，並可查明出現不正確會計記錄的原因，進行調整，從而為會計報表的編制提供準確的資料。

(三) 借貸記帳法

借貸記帳法是以「借」和「貸」作為記帳符號，在兩個或兩個以上相互聯繫的帳戶中，對每一項經濟業務以相等的金額全面進行記錄的一種復式記帳方法。其特點有四個方面：以「借」和「貸」作為記帳符號，以「有借必有貸、借貸必相等」作為記帳規則，按基本會計等式及記帳規則進行試算平衡，可以設置和運用雙重性質的帳戶。

（1）記帳符號。借貸記帳法是以「借」和「貸」作為記帳符號，用以指明記帳的增減方向、帳戶之間的對應關係和帳戶餘額的性質等。而與這兩個文字的字義及其在會計史上的最初含義無關，不可望文生義。「借」和「貸」是會計的專門術語，並已經成為通用的國際商業語言。「借」和「貸」作為記帳符號，都具有增加和減少的雙

重含義。「借」和「貸」何時為增加、何時為減少，必須結合帳戶的具體性質才能準確說明。資產類、費用類是「借」增「貸」減；負債類、所有者權益類、收入類是「借」減「貸」增。根據會計等式「資產＋費用＝負債＋所有者權益＋收入」可知，「借」和「貸」這兩個記帳符號對會計等式兩方的會計要素規定了增減相反的含義，如圖1-6所示。

$$資產＋費用－負債－所有者權益－收入＝0$$

	資產	費用	負債	所有者權益	收入
借：	＋	＋	－	－	－
貸：	－	－	＋	＋	＋

圖1-6 借貸記帳符號的增減含義

為使等式為零，「資產」「費用」與「負債」「所有者權益」「收入」的符號含義必須相反。「借」表示「資產、費用」的「增加」及「負債」「所有者權益、收入」的「減少」；「貸」則表示「資產」「費用」的「減少」及「負債」「所有者權益」「收入」的「增加」。用「借」表示資產的增加只是歷史傳統的習慣用法，其他會計要素的借與貸的含義則可以順推。

（2）帳戶設置。根據借貸記帳符號的含義，借貸記帳法下可設置兩大類別的帳戶：一類是用借方表示增加、用貸方表示減少的，如資產類、成本費用類；另一類是用貸方表示增加、用借方表示減少的，如負債類、所有者權益類、收入類。按所記錄的經濟業務內容不同，帳戶可分為資產類、負債類、共同類、所有者權益類、成本類、損益類六大類。各類帳戶的結構及期末餘額的計算公式如下：

①資產類。

借方	資產類帳戶	貸方
期初餘額：		
本期增加額（＋）		本期減少額（－）
本期借方發生額合計：		本期貸方發生額合計：
期末餘額：		

期末借方餘額＝期初借方餘額＋本期借方發生額－本期貸方發生額

②負債類。

借方	負債類帳戶	貸方
		期初餘額：
本期減少額（－）		本期增加額（＋）
本期借方發生額合計：		本期貸方發生額合計：
		期末餘額：

期末貸方餘額＝期初貸方餘額＋本期貸方發生額－本期借方發生額

③共同類。

借方	共同類帳戶	貸方
期初餘額：	期初餘額	
本期增加或減少額（＋－）	本期減少或增加額（－＋）	
本期借方發生額合計：	本期貸方發生額合計：	
期末餘額：	期末餘額：	

共同類帳戶即雙重性質帳戶，應根據它們的期末餘額方向來確定其性質，如果是借方餘額，就是資產類帳戶；相反，如果是貸方餘額，則是負債類帳戶。如「待處理財產損溢」「清算資金往來」等帳戶。

④所有者權益類。

借方	所有者權益類帳戶	貸方
	期初餘額：	
本期減少額（－）	本期減少額（＋）	
本期借方發生額合計：	本期貸方發生額合計：	
	期末餘額：	

期末貸方餘額＝期初貸方餘額＋本期貸方發生額－本期借方發生額

⑤成本類。

借方	成本類帳戶	貸方
期初餘額：		
本期增加額（＋）	本期減少額（－）	
本期借方發生額合計：	本期貸方發生額合計：	
期末餘額：		

期末借方餘額＝期初借方餘額＋本期借方發生額－本期貸方發生額

⑥損益類。

借方	收入類帳戶	貸方
本期結轉額（－）	本期增加額（＋）	
本期借方發生額合計：	本期貸方發生額合計：	

收入類帳戶一般期末沒有餘額，如有，則在貸方，期末餘額計算公式同負債類、所有者權益類帳戶計算公式。

借方	費用類帳戶	貸方
本期增加額（＋）	本期結轉額（－）	
本期借方發生額合計：	本期貸方發生額合計：	

費用類帳戶一般期末沒有餘額，如有，則在借方。期末餘額計算公式同資產類帳戶計算公式。

根據以上對各類帳戶結構的說明，可以將帳戶借方和貸方所記錄的經濟內容增減含義及帳戶餘額方向進行歸納，如表1-7所示，餘額與表示增加的同方向。

表1-7　　　　　　　　　　　　　　帳戶結構

帳戶類別	借方	貸方	餘額方向
資產類	+	-	借方
負債類	-	+	貸方
所有者權益類	-	+	貸方
成本類	+	-	借方
收入類	-	+	無
費用類	+	-	無

（3）記帳規則。如前所述，企業經濟業務從會計等式所表達的關係來歸納，共有四類、九種。如果將其中的增減變動用「借」「貸」符號表示，不難總結出為記錄經濟業務活動所引起的資金數量變化必須遵循的記帳規則——「有借必有貸，借貸必相等」，如表1-8所示。

表1-8　　　　　　　　　　　借貸記帳法的記帳規則

經濟業務類型		資產		=	負債		+	所有者權益	
		借	貸		借	貸		借	貸
第一類	（1）	+				+			
	（2）	+							+
第二類	（3）		-		-				
	（4）		-						-
第三類	（5）	+	-						
第四類	（6）				-	+			
	（7）							-	+
	（8）				+			-	
	（9）				-				+

由表1-8可知，對每一會計事項都要以相等的金額，在兩個或兩個以上相互關聯的帳戶中進行登記，而且，必須同時涉及有關帳戶的借方和貸方，其借方和貸方記錄的金額一定相等。

（4）會計分錄。會計分錄簡稱分錄，是指按照資金平衡原理和復式記帳原理分析

經濟業務，指明每項經濟業務應借應貸帳戶的名稱、記帳方向和金額的一種記錄形式。會計分錄中臨時發生的應借應貸關係稱作帳戶的對應關係。存在對應關係的帳戶，稱為對應帳戶。一筆會計分錄主要包括三個要素：會計科目、記帳符號和變動金額。

會計分錄按其所反映經濟業務的複雜程度，可分為簡單會計分錄和複合會計分錄兩種。

簡單會計分錄是指一項交易或者事項發生以後，只在兩個帳戶中記錄其相互聯繫的兩個經濟因素的數量變化情況的會計分錄。這種分錄，其科目的對應關係一目了然。

複合會計分錄也稱「複合分錄」，是指交易或者事項發生後，需要應用三個或三個以上的帳戶，記錄其相互聯繫的多種經濟因素的數量變化情況的會計分錄。

一個複合會計分錄可以分解為幾個簡單的會計分錄。複合會計分錄，有利於集中反映整個交易或者事項的全貌，簡化記帳工作，提高會計工作效率。在借貸記帳法下，可以編制「一借一貸」「一借多貸」或「多借一貸」的會計分錄，也可以編制「多借多貸」的會計分錄。

若不考慮相關稅費，前面舉例論述四類九種經濟業務發生時可編制會計分錄如下：

①借：原材料　　　　　　　　　　　　　　　　　　　40,000
　　貸：應付帳款　　　　　　　　　　　　　　　　　　40,000
②借：固定資產　　　　　　　　　　　　　　　　　　　80,000
　　貸：實收資本　　　　　　　　　　　　　　　　　　80,000
③借：應付帳款　　　　　　　　　　　　　　　　　　　 7,000
　　貸：銀行存款　　　　　　　　　　　　　　　　　　 7,000
④借：實收資本　　　　　　　　　　　　　　　　　　　80,000
　　貸：銀行存款　　　　　　　　　　　　　　　　　　80,000
⑤借：庫存現金　　　　　　　　　　　　　　　　　　　 1,000
　　貸：銀行存款　　　　　　　　　　　　　　　　　　 1,000
⑥借：應付帳款　　　　　　　　　　　　　　　　　　　30,000
　　貸：短期借款　　　　　　　　　　　　　　　　　　30,000
⑦借：盈餘公積　　　　　　　　　　　　　　　　　　 100,000
　　貸：實收資本　　　　　　　　　　　　　　　　　 100,000
⑧借：利潤分配　　　　　　　　　　　　　　　　　　　80,000
　　貸：應付股利　　　　　　　　　　　　　　　　　　80,000
⑨借：短期借款　　　　　　　　　　　　　　　　　　　40,000
　　貸：實收資本　　　　　　　　　　　　　　　　　　40,000

在記帳以前，及時、準確地編制會計分錄，填制記帳憑證，可以保證帳戶的準確性，也便於歸檔備查。在書寫會計分錄時應注意以下事項：

①會計科目應書寫完整，一級會計科目必須規範；
②先借后貸，借貸分上下行書寫；
③借貸錯開，借貸符號、會計科目、應記金額應錯格寫；
④同方向的會計科目、金額要對齊；

⑤會計分錄中除了「：」「——」外，不能標明其他標點符號和單位。

（5）試算平衡。在借貸記帳法下，根據復式記帳的基本原理，試算平衡的方法主要有兩種：發生額試算平衡法和餘額試算平衡法。

發生額試算平衡法是指將全部帳戶的本期借方發生額和貸方發生額分別加總后，利用「有借必有貸、借貸必相等」的記帳規則來檢驗本期發生額正確性的一種試算平衡方法。其試算平衡公式如下：

全部帳戶本期借方發生額合計＝全部帳戶本期貸方發生額合計

餘額試算平衡法是指本期所有帳戶借方餘額和所有帳戶貸方餘額分別加總后，利用「資產＝負債＋所有者權益」的平衡原理來檢驗會計處理正確性的一種試算平衡方法。根據餘額的時間不同，又分為期初餘額平衡和期末餘額平衡。其試算平衡公式如下：

全部帳戶期初借方餘額合計＝全部帳戶期初貸方餘額合計

全部帳戶期末借方餘額合計＝全部帳戶期末貸方餘額合計

如果試算不平衡，說明帳戶的記錄肯定有錯；但試算平衡，也不能肯定記錄完全正確。這是因為有些錯誤並不影響借貸雙方的平衡，如果發生某項經濟業務在有關帳戶中被重記、漏記或記錯了帳戶等錯誤，並不能通過試算平衡來發現。但試算平衡仍是檢查帳戶記錄是否正確的一種有效方法。

在會計實務中，試算平衡工作通常是通過編制試算平衡表來完成的。該表可以按一定時期（旬或月等）編制，在結算出各帳戶的本期發生額和期初、期末餘額后將各項金額填入表中。試算平衡表的格式如表1-9所示。

表1-9　　　　　　　　　　試算平衡表
年　月

帳戶名稱	期初餘額		本期發生額		期末餘額	
	借方	貸方	借方	貸方	借方	貸方
合計						

（6）借貸記帳法簡化帳務處理程序的應用。為了簡化帳務處理，簡明介紹借貸記帳法的應用，通常在理論學習時對記帳程序的各步驟進行適當處理：

①用文字介紹經濟業務代替原始憑證；

②用會計分錄代替記帳憑證；

③用簡化的帳頁格式（如T形帳戶等）代替真實帳頁；

④用簡化的報表代替真實報表。

下面舉例說明全套簡化帳務處理程序的應用。

某工廠2013年6月初全部帳戶餘額如下（單位：元）：

庫存現金	1,000	短期借款	70,000
銀行存款	60,000	應付帳款	41,000
固定資產	400,000	實收資本	350,000
資產合計	461,000	負債及所有者權益合計	461,000

步驟一：根據期初帳戶餘額資料開設帳戶，並登記期初餘額，如后面各 T 字形帳戶期初餘額欄所示。

6 月份發生的全部經濟業務如下：

①3 日，企業購入一臺機器設備 30,000 元，款項用銀行存款支付；
②15 日，企業向銀行借入半年期流動資金 50,000 元，存入銀行；
③22 日，企業以銀行存款 20,000 元償還前欠貨款；
④26 日，企業接受投資轉入的廠房一棟，價值 500,000 元；
⑤28 日，企業從銀行提取庫存現金 5,000 元備用；
⑥29 日，企業所欠北方工廠貨款 10,000 元轉做對本企業的投入資本。

步驟二：根據以上資料編制會計分錄。

①借：固定資產　　　　　　　　　　　　　　30,000
　　貸：銀行存款　　　　　　　　　　　　　　　　30,000
②借：銀行存款　　　　　　　　　　　　　　50,000
　　貸：短期借款　　　　　　　　　　　　　　　　50,000
③借：應付帳款　　　　　　　　　　　　　　20,000
　　貸：銀行存款　　　　　　　　　　　　　　　　20,000
④借：固定資產　　　　　　　　　　　　　　500,000
　　貸：實收資本　　　　　　　　　　　　　　　　500,000
⑤借：庫存現金　　　　　　　　　　　　　　5,000
　　貸：銀行存款　　　　　　　　　　　　　　　　5,000
⑥借：應付帳款　　　　　　　　　　　　　　10,000
　　貸：實收資本　　　　　　　　　　　　　　　　10,000

步驟三：根據以上會計分錄登記步驟一所開設的 T 字形帳戶，並逐個結出各帳戶的本期借貸方發生額和期末餘額。

庫存現金				銀行存款			
期初餘額：	1,000			期初餘額：	60,000		
⑤	5,000					①	30,000
				②	50,000		
						③	20,000
						⑤	5,000
本期發生額：	5,000	本期發生額：	0	本期發生額：	50,000	本期發生額：	55,000
期末餘額：	6,000			期末餘額：	55,000		

	固定資產					短期借款	
期初餘額：	400,000					期初餘額：	70,000
①	30,000					②	50,000
④	500,000						
本期發生額：| 530,000	本期發生額：	0		本期發生額：	0	本期發生額：| 50,000
期末餘額：	930,000					期末餘額：	120,000

	應付帳款					實收資本	
		期初餘額：	41,000			期初餘額：	350,000
③	20,000					④	500,000
⑥	10,000					⑥	10,000
本期發生額：| 30,000	本期發生額：	0		本期發生額：	0	本期發生額：| 510,000
		期末餘額：	11,000			期末餘額：	860,000

步驟四：編制試算平衡表（如表 1 – 10 所示）。

表 1 – 10　　　　　　　　　本期發生額及餘額試算平衡表

2013 年 6 月 30 日　　　　　　　　　　　　　單位：元

帳戶名稱	期初餘額 借方	期初餘額 貸方	本期發生額 借方	本期發生額 貸方	期末餘額 借方	期末餘額 貸方
庫存現金	1,000		5,000		6,000	
銀行存款	60,000		50,000	55,000	55,000	
固定資產	400,000		530,000		930,000	
短期借款		70,000		50,000		120,000
應付帳款		41,000	30,000			11,000
實收資本		350,000		510,000		860,000
合計	461,000	461,000	615,000	615,000	991,000	991,000

課后小結

主要術語中英文對照

1. 會計記錄　　Accounting Records　　　　2. 帳戶對應關係　Debit – credit Relationship
3. 記帳方法　　Account Method　　　　　 4. 記帳規則　　Bookkeeping Rule
5. 單式記帳法　Single – entry Bookkeeping System　6. 會計分錄　　Accounting Entry

7. 復式記帳法	Double-entry Bookkeeping System	8. 簡單分錄	Simple Journal Entry
9. 借貸記帳法	Debit-credit Bookkeeping System	10. 複合分錄	Compound Journal Entry
11. 借方發生額	Debit Amount	12. 會計等式	Accounting Identity
13. 貸方發生額	Credit Amount	14. 會計等式	Accounting Formula
15. 期初餘額	Beginning Balance	16. 試算平衡表	Trial Balance
17. 期末餘額	Closing Balance	18. 餘額試算表	Trial Balance of Balances
19. 借記	Debit	20. 貸記	Credit

復習思考題

1. 什麼是會計等式？有何意義？靜態會計等式與動態會計等式有何區別？
2. 簡述經濟業務的類型及其對會計等式的影響。
3. 借貸記帳法下如何編製會計分錄？其主要內容和書寫要求有哪些？
4. 什麼是帳戶對應關係？有何意義？
5. 什麼是帳戶的期初餘額、本期借方發生額、本期貸方發生額和期末餘額？其相互之間的關係如何？

練習題

一、單選題

1. 下列會計分錄中，屬於簡單會計分錄的是（　　）。
   A. 一借一貸　　　　　　　　B. 一借多貸
   C. 一貸多借　　　　　　　　D. 多借多貸

2. 甲公司201×年10月1日資產總額為300萬元，本月共發生以下三筆業務：①賒購材料10萬元；②用銀行存款償還短期借款20萬元；③收到購貨單位償還的欠款15萬元存入銀行。則甲公司10月末資產總額為（　　）萬元。
   A. 310　　　　　　　　　　B. 290
   C. 295　　　　　　　　　　D. 305

3. 「應付帳款」帳戶的期初貸方餘額為8,000元，本期借方發生額為12,000元，期末貸方餘額為6,000元，則本期貸方發生額為（　　）元。
   A. 10,000　　　　　　　　　B. 4,000
   C. 2,000　　　　　　　　　D. 14,000

4. 如果某總分類帳戶的期末餘額在借方，其所屬明細帳戶的期末餘額（　　）。
   A. 可能在借方，也可能在貸方　　B. 必定在借方
   C. 必定在貸方　　　　　　　　　D. 既不在借方，也不在貸方

5. 復式記帳要求對每一交易或事項都以（　　）。
   A. 相等的金額同時在一個或一個以上相互聯繫的帳戶中進行登記
   B. 相等的金額同時在兩個或兩個以上相互聯繫的帳戶中進行登記
   C. 不等的金額同時在一個或一個以上相互聯繫的帳戶中進行登記
   D. 相等的金額同時在總分類帳和兩個以上明細分類帳中進行登記
6. 對某項交易或事項表明其應借、應貸帳戶及其金額紀錄稱為（　　）。
   A. 會計記錄　　　　　　　　B. 會計分錄
   C. 會計帳簿　　　　　　　　D. 會計報表
7. 關於餘額試算平衡表，下列表述中不正確的是（　　）。
   A. 全部帳戶的期初餘額合計等於全部帳戶的期末餘額合計
   B. 全部帳戶的借方期初餘額合計等於全部帳戶的貸方期初餘額合計
   C. 全部帳戶的借方發生額合計等於全部帳戶的貸方發生額合計
   D. 全部帳戶的借方期末餘額合計等於全部帳戶的貸方期末餘額合計
8. 某企業試算平衡表中，期初餘額借方、貸方合計均為 9,800 元，本期發生額借、貸方合計均為 53,000 元，下列表述正確的是（　　）。
   A. 借方和貸方期末餘額合計均為 98,000 元
   B. 借方和貸方期末餘額合計均為 53,000 元
   C. 借方和貸方期末餘額合計均為 0 元
   D. 根據上述資料無法計算借方和貸方期末餘額合計數
9. 能夠通過試算平衡查找的錯誤是（　　）。
   A. 重複登記某項經濟業務
   B. 漏記某項經濟業務
   C. 應借應貸帳戶的借貸方向顛倒
   D. 應借應貸帳戶的借貸方金額不符
10. F 公司「盈餘公積」科目年初餘額為 100 萬元，本年提取法定盈餘公積 135 萬元，用盈餘公積轉增實收資本 80 萬元。假定不考慮其他因素，則下列表述中不正確的是（　　）。
    A. 所有者權益總額維持不變
    B. 所有者權益總額增加 55 萬元
    C. 「盈餘公積」科目年末餘額為 155 萬元
    D. 「實收資本」科目增加 80 萬元
11. 借貸記帳法下，帳戶的基本結構分為借貸兩方，但哪方記增加，哪方記減少，取決於（　　）。
    A. 記帳規則　　　　　　　　B. 記帳方法
    C. 帳戶提供信息的詳細程度　　D. 帳戶核算的經濟內容
12. 下列關於借貸記帳法中，不正確的表述為（　　）。
    A. 其理論在 15 世紀時得到比較完善的發展
    B. 由義大利數學家盧卡·帕喬利進行系統論述

C. 其記帳規則為「一借必一貸，借貸必相等」

D. 是一種以「借」「貸」為記帳符號的復式記帳法

13.「應收帳款」期末餘額等於（　　）。

A. 期初餘額＋本期借方發生額－本期貸方發生額

B. 期初餘額－本期借方發生額－本期貸方發生額

C. 期初餘額＋本期借方發生額＋本期貸方發生額

D. 期初餘額－本期借方發生額＋本期貸方發生額

14. 下列經濟業務中，借記資產類帳戶，貸記負債類帳戶的是（　　）。

A. 賒購原材料　　　　　　　B. 收到其他企業的欠款

C. 從銀行提取現金備用　　　D. 以銀行存款償還債務

15. 某企業201×年10月1日，「本年利潤」帳戶的期初貸方餘額為20萬元，表明（　　）。

A. 該企業201×年12月的淨利潤為20萬元

B. 該企業201×年9月的淨利潤為20萬元

C. 該企業201×年1－9月的淨利潤為20萬元

D. 該企業201×年全年的淨利潤為20萬元

16. 甲公司月末編制的試算平衡表中，全部帳戶的本月借方發生額合計為136萬元，除「實收資本」帳戶以外的本月貸方發生額合計120萬元，則實收資本帳戶（　　）。

A. 本月貸方發生額為16萬元　　B. 本月借方發生額為16萬元

C. 本月借方餘額為16萬元　　　D. 本月貸方餘額為16萬元

17. 一項資產增加，一項負債增加的經濟業務發生後會引起資產與權益原來的金額（　　）。

A. 發生不等額變動　　　　　B. 發生同減的變動

C. 發生同增的變動　　　　　D. 不會變動

18. 某帳戶的期初餘額為900元，期末餘額為5,000元，本期減少發生額為600元，則本期增加發生額為（　　）。

A. 3,500　　　　　　　　　　B. 300

C. 4,700　　　　　　　　　　D. 5,300

19. 一個帳戶的增加發生額與該帳戶的期末餘額一般都應在該帳戶的（　　）。

A. 借方　　　　　　　　　　B. 貸方

C. 相同方向　　　　　　　　D. 相反方向

20. 下列帳戶中，期末一般無餘額的是（　　）帳戶。

A. 庫存商品　　　　　　　　B. 生產成本

C. 本年利潤　　　　　　　　D. 利潤分配

二、多選題

1. 經濟業務發生後，一般可以編制的會計分錄有（　　）。

A. 多借多貸　　　　　　　　B. 一借多貸
C. 一貸多借　　　　　　　　D. 一借一貸

2. 下列會計等式中，正確的有（　　）。

A. 資產＝負債＋所有者權益
B. 資產＝負債＋所有者權益＋（收入－費用）
C. 資產＝負債＋所有者權益＋利潤
D. 資產－負債＝所有者權益＋利潤

3. 下列各項經濟業務中，會引起企業資產總額和負債總額同時發生減少變化的有（　　）。

A. 用現金支付職工薪酬
B. 從某企業購買材料一批，貨款未付
C. 將資本公積轉增資本
D. 用銀行存款償還所欠貨款

4. 企業的收入可能會導致（　　）。

A. 庫存現金的增加　　　　　B. 銀行存款的增加
C. 企業其他資產的增加　　　D. 企業負債的減少

5. 根據會計等式可知，下列經濟業務中，不會發生的有（　　）。

A. 資產增加，負債減少，所有者權益不變
B. 資產不變，負債增加，所有者權益增加
C. 資產有增有減，權益不變
D. 債權人權益增加，所有者權益減少，資產不變

6. 不會影響借貸雙方平衡關係的記帳錯誤有（　　）。

A. 從開戶銀行提取現金500元，記帳時重複登記一次
B. 收到現金100元，但沒有登記入帳
C. 收到某公司償還欠款的轉帳支票5,000元，但會計分錄的借方科目錯記為「現金」
D. 到開戶銀行存入現金1,000元，但編制記帳憑證時誤記為「借記現金」，「貸記銀行存款」

7. 某企業201×年5月1日資產總額300萬元，負債總額200萬元。201×年5月資產增加50萬元，資產減少40萬元；所有者權益增加60萬元，所有者權益減少30萬元。關於201×年5月31日幾個指標的表述，正確的有（　　）。

A. 資產總額310萬元　　　　　B. 權益總額310萬元
C. 負債總額180萬元　　　　　D. 所有者權益總額130萬元

8. 下列經濟業務中，屬於資產內部要素增減變動的有（　　）。

A. 購買一批材料，款項尚未支付
B. 購買一批材料，以銀行存款支付貨款
C. 從銀行提取現金備用

D. 接受現金捐贈，款項存入銀行

9. 企業向銀行借款，存入銀行，這項業務會引起（　　）要素同時增加。
   A. 資產　　　　　　　　　　B. 負債
   C. 所有者權益　　　　　　　D. 收入

10. 收到投資者投入的固定資產 20 萬元，正確的說法有（　　）。
    A. 借記「固定資產」科目 20 萬元
    B. 貸記「實收資本」科目 20 萬元
    C. 貸記「固定資產」科目 20 萬元
    D. 借記「實收資本」科目 20 萬元

三、判斷題

1. 收入－費用＝利潤，反映了企業一定期間的經營成果，它是編制資產負債表的基礎。　　　　　　　　　　　　　　　　　　　　　　　　（　　）
2. 餘額試算平衡是由「資產＝負債＋所有者權益」的恒等關係決定的。（　　）
3. 在借貸記帳法下，借方表示增加，貸方表示減少。　　　　　　　（　　）
4. 帳戶的對應關係是指總帳與明細帳之間的關係。　　　　　　　　（　　）
5. 企業可以將不同的經濟業務合併在一起，這樣可以形成複合會計分錄。（　　）
6. 發生額試算平衡是根據借貸記帳規則檢驗本期發生額記錄是否正確的方法。
   　　　　　　　　　　　　　　　　　　　　　　　　　　　　　（　　）
7. 無論發生什麼經濟業務，會計等式始終保持平衡關係。　　　　　（　　）
8. 如果某一帳戶的期初餘額為 20,000 元，本期增加發生額為 10,000 元，本期減少發生額為 4,000 元，則期末餘額為 6,000 元。　　　　　　　　　（　　）
9. 企業如果在一定期間內發生了虧損，則期末所有者權益必定減少。（　　）
10. 複合會計分錄是指多借多貸的會計分錄。　　　　　　　　　　　（　　）

四、業務題

【業務題一】

目的：熟悉借貸記帳法下資產、負債和所有者權益類帳戶的結構。

資料：某公司部分資產、負債和所有者權益類帳戶 201×年 3 月份的資料如表 1－11 所示。

表 1－11　　　　　　　　　某公司帳戶資料表　　　　　　　　單位：元

帳戶名稱	期初餘額	本期借方發生額	本期貸方發生額	期末餘額
銀行存款	5,000	60,000	A	38,500
應收帳款	B	30,000	25,000	12,800
預收帳款	4,000	8,000	C	6,200

表1－11（續）

帳戶名稱	期初餘額	本期借方發生額	本期貸方發生額	期末餘額
其他應收款	3,600	D	300	9,300
原材料	9,600	12,000	18,500	E
固定資產	165,000	4,500	F	156,000
應付職工薪酬	2,800	G	2,800	5,200
短期借款	H	3,000	0	27,000
實收資本	1,000,000	0	I	1,200,000
盈餘公積	5,600	J	90,000	15,600

要求：根據借貸記帳法下各類帳戶的結構，計算表1－11中A－J的金額。

【業務題二】

目的：練習帳戶設置與借貸記帳法下簡單會計分錄的編制。

資料：B公司201×年3月發生的部分經濟業務如下：

（1）從開戶銀行提取現金200,000元，備發職工薪酬；

（2）從某供應商處購入材料一批並已驗收入庫，計35,000元，貨款用銀行存款支付；

（3）某投資者按出資協議的規定投入資本200,000元，直接存入銀行；

（4）公司員工張明出差，向公司預借差旅費5,000元，以現金支付；

（5）購入一輛價值為250,000元的貨運汽車，款項當即以銀行存款支付；

（6）以銀行存款9,400元償還前欠甲公司的貨款。

要求：

（1）分析上述各經濟業務應設置的帳戶及其所屬的經濟性質；

（2）根據上述資料，編制簡單會計分錄。

【業務題三】

目的：練習借貸記帳法下複合會計分錄的編制。

資料：某公司201×年4月發生的經濟業務如下：

（1）銷售員出差回來報銷差旅費5,120元，原借款5,000元，不足部分以現金向其支付；

（2）接受某投資者投入資本800,000元，其中固定資產400,000元，無形資產100,000元，其餘為貨幣資金，已存入銀行；

（3）購入原材料一批，價款30,000元，其中20,000元以銀行存款支付，其餘款項尚未支付；

（4）銷售商品一批，出售價款為500,000元，其中300,000元以轉帳方式收到並存入銀行，其餘款項尚未收回。

要求：根據上述經濟業務，編制複合會計分錄。

【業務題四】

目的：練習借貸記帳法下會計分錄的編制與帳戶的登記。

資料：某公司201×年4月30日有關帳戶的餘額如表1-12所示。

表1-12　　　　　　　　　　**某公司有關帳戶餘額**

201×年4月30日　　　　　　　　　　　　　　單位：元

帳戶	金額	帳戶	金額
庫存現金	22,780	短期借款	660,000
銀行存款	191,200	應付帳款	42,280
應收帳款	233,800	應付職工薪酬	20,000
原材料	401,500	實收資本	600,000
固定資產	694,000	資本公積	85,000
無形資產	100,000	本年利潤	236,000

該公司201×年5月發生的經濟業務如下：

(1) 購買原材料85,000元，材料已驗收入庫，款項尚未支付；
(2) 以銀行存款購買不需要安裝的生產設備一套，價值100,000元；
(3) 收到上月銷貨款86,000元，已存入銀行；
(4) 銷售商品一批，款項400,000元已全部收存銀行；
(5) 以銀行存款支付短期借款的當期利息32,000元；
(6) 以銀行存款向相關媒體支付廣告費15,600元；
(7) 以現金支付職工薪酬20,000元；
(8) 發出原材料392,000元，用於製造產品。

要求：

(1) 根據上述資料開設相關T形帳戶並登記5月1日的餘額；
(2) 根據上述資料，編制各項經濟業務的會計分錄；
(3) 將所編制的會計分錄過入相關帳戶；
(4) 計算各帳戶的本期借方發生額、本期貸方發生額和期末餘額；
(5) 編制期初餘額、本期發生額及期末餘額試算平衡表進行試算平衡。

參考答案

一、單選題

1. A	2. B	3. A	4. A	5. B	6. B
7. A	8. D	9. D	10. B	11. D	12. C
13. A	14. A	15. C	16. A	17. C	18. C
19. C	20. C				

二、多選題

1. ABCD   2. ABCD   3. AD   4. ABCD   5. AB   6. ABCD
7. ABCD   8. BC   9. AB   10. AB

三、判斷題

1. ×   2. √   3. ×   4. ×   5. ×   6. √
7. √   8. ×   9. ×   10. ×

四、業務題

（略）

第六節　會計報告

一、會計報告概述

(一) 會計報告的含義

會計報告即財務會計報告，是指企業向會計報告使用者提供與企業財務狀況、經營成果和現金流量等有關會計信息，反映企業管理層受託責任履行情況的書面文件，包括會計報表及其附註和其他應當在會計報告中披露的相關信息和資料，如會計報表、會計報表附註和財務情況說明書等。會計報表主要包括資產負債表、利潤表、現金流量表、所有者權益變動表及相關附表。會計報表附註是為了便於會計報表使用者理解會計報表的內容而作的解釋。財務情況說明書是對企業生產、經營、財務等重要情況作進一步解釋的文字說明。會計報表是會計報告的核心內容。

(二) 會計報表的構成

會計報表是以企業的會計憑證、會計帳簿和其他會計資料為依據，按照規定的格式、內容和填報要求定期編制並對外報送的，以貨幣作為計量單位，總括反映企業一定時點財務狀況和一定時期經營成果及現金流量的書面報告文件。由於它一般以表格的形式體現，因而稱為會計報表，也稱財務報表。《企業會計準則第30號——財務報表列報》規定：財務報表至少應當包括資產負債表、利潤表、現金流量表、所有者權益變動表（或股東權益變動表）及其附註。

(1) 資產負債表是指反映企業某一特定日期財務狀況的會計報表。

(2) 利潤表是指反映企業一定會計期間經營成果的會計報表。

(3) 現金流量表是指即反映企業一定會計期間現金及現金等價物流入和流出情況的會計報表。

(4) 所有者權益變動表是指反映企業一定會計期間所有者（股東）權益各項目增減變動情況的會計報表。

(5) 附註是指為了便於會計報表使用者理解會計報表的內容，對會計報表項目或表外事項所做的進一步說明，內容主要包括企業的一般情況說明，企業會計政策的調整與變更說明，會計報表主要項目附註，分行業資料數據，對承諾事項、或有事項、資產負債表日後事項和關聯方交易等重要事項的揭示等。

(三) 會計報告的作用

會計報告能夠為會計報告使用者提供與企業財務狀況、經營成果和現金流量等有關的會計信息，反映企業管理層受託責任履行情況，有助於會計報告使用者做出經濟決策。會計報告所提供的會計信息具有重要作用，主要體現在以下幾個方面：

(1) 為企業本身提供信息。會計報告所提供的資料，可以反映企業管理層受託責任履行情況，幫助企業領導和管理人員分析、檢查企業的經營活動是否符合制度規定；

考核企業資金、成本、利潤等計劃指標完成程度；分析、評價經營管理中的成績和不足，採取措施，提高經濟效益；運用會計報告和其他資料進行分析，為編制計劃進行經濟預測和決策提供重要依據。企業職工群眾最關注的是企業為其所提供的就業機會及其穩定性、勞動報酬高低和職工福利好壞等方面的資料，上述情況又與企業的盈利能力和資本結構等情況密切相關，會計報告可以提供職工需要的相關信息。

（2）為主管部門提供信息。會計報告能夠為上級主管部門和政府管理部門進行宏觀調控提供參考資料。企業的上級主管部門根據會計報告資料，可以瞭解企業整體的經濟運行情況，檢查企業各項指標的完成情況，查找並解決企業管理中存在的問題；政府管理部門可以通過會計報告，瞭解國有資產的使用、變動情況，瞭解各部門、各地區的經濟發展情況，有利於其進行國民經濟的宏觀調控和制訂科學的國民經濟發展計劃，促進整個國民經濟的穩定、持續、健康發展。

（3）為資金提供者提供信息。企業資金主要來源於投資者、債權人和社會公眾。企業的投資者可以是國家、法人、職工個人、其他經濟單位和外商等。投資者主要關心投資報酬和投資風險。會計報告可以為其提供盈利能力、資本結構等方面的信息。企業的債權人主要包括銀行和其他金融機構。他們重點關注的是所提供的資金是否能按期如數收回。會計報告可以為其提供有關償債能力方面的信息。社會公眾是企業潛在的投資者，他們通過會計報告提供的信息能夠正確地進行投資貸款判斷決策。

（4）為監督部門提供信息。會計報告可以為財政、稅收、工商、審計等監督部門提供信息，便於這些部門監督企業生產經營活動，檢查國家財經法紀的貫徹執行情況，尤其是檢查應交稅費的繳納、應付利潤的支付等情況以保證國家財政收入的及時完整；驗證企業資本金的實繳情況以保證國家經濟秩序的健康發展；鑒證企業財政財務收支情況以保證企業經濟活動的合法有效。

二、會計信息質量特徵

會計信息質量特徵，又稱會計信息質量要求，是用來衡量會計信息是否有用的具體標準，即會計系統為達到會計目標而對會計信息質量高低的約束。會計信息的質量特徵如不能滿足與其目標相一致的質量要求，則會計信息也不能實現其既定的目標。會計信息的質量越高，對信息使用者進行經濟決策的影響就越大，會計信息的使用者也就越多，會計報告的目標也能更好地實現。

中國的會計信息質量特徵包括首要質量要求和次級質量要求兩個層次。首要質量要求即基本的質量特徵，包括可靠性、相關性、可理解性和可比性。次級質量要求即對首要質量要求的補充和完善，包括實質重於形式、重要性、謹慎性和及時性。

（一）可靠性

可靠性要求企業應當以實際發生的交易或者事項為依據進行確認、計量、記錄和報告，如實反映符合確認和計量要求的各項會計要素及其他相關信息，保證會計信息真實可靠、內容完整。

(二) 相關性

相關性要求企業提供的會計信息應當與投資者等會計報告使用者的經濟決策需要相關，有助於會計報告使用者對企業的過去、現在或者未來的情況做出評價或者預測。

(三) 可理解性

可理解性要求企業提供的會計信息清晰明了，便於會計報告使用者理解和使用。根據可理解性要求，企業的會計記錄和財務會計報告必須明了清晰，具體表現在會計核算方法簡明易懂、會計核算程序簡單明了、會計報表信息勾稽關係清楚、財務會計報告數據簡潔無誤。

(四) 可比性

可比性要求企業提供的會計信息應當在時間上和空間上相互可比，主要包括兩層含義：同一企業不同時期可比，要求同一企業不同時期發生的相同或者相似的交易或者事項，應當採用一致的會計政策，不得隨意變更；不同企業相同會計期間可比，要求不同企業同一會計期間發生的相同或者相似的交易或者事項，應當採用規定的會計政策，確保會計信息口徑的一致性、相互可比，以使不同企業按照一致的確認、計量、記錄和報告要求提供有關會計信息。

(五) 實質重於形式

實質重於形式要求企業應當按照交易或者事項的經濟實質進行會計確認、計量、記錄和報告，不僅僅以交易或者事項的法律形式為依據。例如，以融資租賃方式租入的資產，雖然從法律形式來說承租企業並不擁有其所有權，但是由於租賃合同中規定的租賃期相當長，租賃期結束時承租企業有優先購買該資產的選擇權，在租賃期內承租企業有權支配資產並從中受益，所以，從其經濟實質來看，承租企業能夠控製並擁有其創造的未來經濟利益，承租企業也就將以融資租賃方式租入的資產視同自有資產進行核算。

(六) 重要性

重要性要求企業提供的會計信息應當反應與企業財務狀況、經營成果和現金流量有關的所有重要交易或者事項。按照重要性要求，會計提供的信息的繁簡程度取決於信息的重要程度，對於信息使用者的決策產生重大影響的會計信息必須詳盡揭示，而對信息使用者的決策影響不大的次要會計信息，可以作適當的簡化。

(七) 謹慎性

謹慎性要求企業對交易或者事項進行會計確認、計量、記錄和報告應當保持應有的謹慎，不應高估資產或者收益、低估負債或者費用。企業的生產經營活動充滿著風險和部確定性，強調會計信息的謹慎性，不高估資產或收益、不低估負債或費用，使所提供的會計信息不存在「水分」。對固定資產進行加速折舊、定期對存在的可能發生減值跡象的資產計提減值損失等，是謹慎性要求在會計處理中最典型的體現。

（八）及時性

及時性要求企業對於已經發生的交易或者事項，應當及時進行確認、計量、記錄和報告，不得提前或者延后，從而可以使會計信息的使用者及時獲得相關的信息並據以做出決策。為了保證會計信息的及時性，企業要及時收集各種會計信息，即在經濟業務發生后，及時收集整理各種原始單據；要及時處理會計信息，即在規定的時限內編制出財務會計報告；要及時傳遞會計信息，即在規定的時限內將編制好的財務會計報告傳遞給會計信息的使用者。

課后小結

主要術語中英文對照

1.	會計報告	Accounting Report	2.	可比性	Comparability
3.	會計報表	Accounting Statement	4.	實質重於形式	Substance Over Form
5.	可靠性	Reliability	6.	重要性	Materiality
7.	相關性	Relevance	8.	謹慎性	Prudence
9.	可理解性	Understandability	10.	及時性	Timeliness

復習思考題

1. 什麼是會計報告？什麼是會計報表？兩者有何區別？
2. 為什麼要提出會計信息質量特徵？會計信息質量特徵有哪些？

練習題

一、單選題

1. 企業以實際發生的交易或事項為依據進行會計確認、計量和報告，反映了會計信息質量的（　　）。
   A. 可靠性要求　　　　　　B. 謹慎性要求
   C. 可比性要求　　　　　　D. 實質重於形式要求

2. 企業提供的會計信息應當清晰明了，反映了會計信息質量的（　　）。
   A. 可靠性要求　　　　　　B. 可理解性要求
   C. 可比性要求　　　　　　D. 實質重於形式要求

3. 對於同一企業不同時期發生的相同或者相似的交易或者事項，應當採用一致的會計政策，不得隨意變更，這反映了會計信息質量的（　　）。

A. 可靠性要求 B. 重要性要求
C. 可比性要求 D. 實質重於形式要求

4. 企業對交易或者事項進行會計確認、計量和報告，不應高估資產或者收益、低估負債或者費用，這反映了會計信息質量的（　　）。

A. 謹慎性要求 B. 重要性要求
C. 可比性要求 D. 實質重於形式要求

5. 企業定期對存在可能發生減值跡象的資產計提減值損失，體現了會計信息質量的（　　）。

A. 謹慎性要求 B. 重要性要求
C. 相關性要求 D. 實質重於形式要求

6. 對企業已經發生的交易或者事項，不得提前或延后進行會計確認、計量和報告時會計信息質量（　　）原則的要求。

A. 可比性 B. 重要性
C. 謹慎性 D. 及時性

7. 企業按照銷售合同銷售商品但又簽訂了售后回購協議，不確認收入遵循的是（　　）。

A. 重要性原則 B. 謹慎性原則
C. 實質重於形式原則 D. 相關性原則

8. 下列不屬於會計信息質量要求的是（　　）。

A. 實質重於形式 B. 可靠性
C. 權責發生制 D. 相關性

9. 除法律、行政法規和國家統一的會計準則另有規定者外，企業不得自行調整資產的帳面價值，這一規定符合（　　）。

A. 重要性原則 B. 實質重於形式原則
C. 客觀性原則 D. 歷史成本原則

二、多選題

1. 下列做法中，有助於提高會計信息可比性的有（　　）。

A. 同一企業前后各期採用相同的會計政策
B. 在財務會計報告中提供以前期間的對比數據
C. 各企業根據自身的需要靈活選擇會計政策
D. 各企業都遵循會計準則的統一規定

2. 屬於會計信息質量要求的有（　　）。

A. 權責發生制 B. 及時性
C. 歷史成本 D. 可靠性

3. 會計信息質量的可比性要求強調的一致，是指（　　）。

A. 會計處理方法一致 B. 收入和費用應一致
C. 會計指標口徑一致 D. 企業前后各期一致

4. 在評價某些事項的重要性時，很大程度上取決於會計人員的職業判斷，一般來說，（   ）屬於重要事項。
   A. 當某一項目可以可靠計量時　　　B. 當某一項目可以確認時
   C. 當某一項目數量達到一定規模時　D. 當某一項目可以可靠估計時
   E. 當某一項目有可能對決策生產一定影響時
5. 為了保證會計信息的及時性，企業要（   ）。
   A. 及時收集整理原始單據　　　　　B. 及時進行經濟交易
   C. 及時編制財務會計報告　　　　　D. 及時編制會計預算
   E. 及時將財務會計報告傳遞給會計信息的使用者

三、判斷題

1. 會計信息質量的可靠性要求企業提供的會計信息應當與財務會計報告使用者的經濟決策需要相關，有助於財務會計報告使用者對企業過去、現在或者未來的情況做出評價或者預測。（   ）
2. 強調會計信息的可比性要求，就意味著企業對會計政策的確定沒有選擇權，所有的企業採用絕對一致的會計處理程序和方法。（   ）
3. 實質重於形式要求企業應當按照交易或者事項的法律形式進行會計確認、計量和報告。（   ）
4. 會計信息質量的謹慎性要求會計人員在會計核算中應盡量低估資產和可能發生的損失、費用。（   ）

參考答案

一、單選題

1. A　　2. B　　3. C　　4. A　　5. A　　6. D
7. C　　8. C　　9. D

二、多選題

1. ABD　　2. BD　　3. ACD　　4. CE　　5. ACE

三、判斷題

1. ×　　2. ×　　3. ×　　4. ×

第二章　會計基本方法

第一節　設置帳戶

一、會計帳簿啟用

（一）會計帳簿基本內容

會計帳簿通常由封面、扉頁、帳頁和封底構成。

1. 封面和封底

封面主要用於表明帳簿名稱，如××日記帳、總分類帳、××明細帳等。封面和封底起到保護帳頁的作用。

2. 扉頁

扉頁上主要載明「帳簿啟用及交接表」和「帳戶目錄」。「帳簿啟用及交接表」主要填列單位名稱、帳簿名稱、帳簿頁數、啟用日期、記帳人員、會計主管人員、會計機構負責人、移交人和移交日期、接管人和接管日期等。「帳戶目錄」註明各個帳戶所在頁次。「帳簿啟用及交接表」的格式如表2－1所示，「帳戶目錄」格式如表2－2所示。

3. 帳頁

帳頁是會計帳簿構成的主體。帳頁的格式雖因記錄的經濟業務的內容不同而有所不同，但應具備的基本要素是相同的。帳頁的基本要素包括：

（1）帳戶的名稱，包括總帳科目、明細分類科目；
（2）登帳日期欄；
（3）憑證種類和編號欄；
（4）摘要欄，用於記錄經濟業務內容的簡要說明；
（5）金額欄，用於記錄帳戶的增減變動及其結餘情況；
（6）總頁次和分戶頁次。

表 2-1　　　　　　　　　　　帳簿啟用及交接表

單位名稱		印鑒	
帳簿名稱	（第　　冊）		
帳簿編號			
帳簿頁數	本帳簿共計　　頁	本帳簿頁數 檢點人蓋章	
啟用日期	公元　　年　　月　　日		

經管人員	負責人		主辦會計		復核		記帳	
	姓名	蓋章	姓名	蓋章	姓名	蓋章	姓名	蓋章

交接記錄	經管人員		接管			交出		
			年	月	日 蓋章	年	月	日 蓋章

備註	

表 2-2　　　　　　　　　　　　帳戶目錄

編號	科目	頁碼	編號	科目	頁碼	編號	科目	頁碼

(二) 會計帳簿啟用規則

　　為了保證帳簿記錄的合規和完整，明確記帳責任和便於日後查核，在啟用新帳簿時必須做好有關啟用記錄。

　　(1) 在帳簿的封面上填寫單位名稱和帳簿名稱，在帳簿的扉頁上填寫「帳簿啟用及交接表」的有關內容，加蓋單位公章和有關個人名章。

　　(2) 啟用訂本式會計帳簿，一般頁碼預先已經印好，不需再填；對於未預先印製

順序號的會計帳簿，則應從第一頁開始到最後一頁為止按順序編定頁碼，不得跳頁、缺碼。啟用活頁式帳簿、帳頁應當按帳戶順序編號，頁碼可以等到裝訂成冊時按實際使用的帳頁順序編定，並在帳戶目錄中，記明每個帳戶的名稱和頁次。

（3）在帳頁上開設帳戶，即填明會計科目的名稱。

（4）「帳簿啟用及交接表」的有關內容填寫完畢后，將印花稅票粘貼在帳簿扉頁的右上角，並劃線註銷，表明該會計帳簿啟用的合法性。對於使用交款書繳納印花稅票的，則在扉頁的右上角註明「印花稅」已交及交款金額。

當記帳人員、會計部門負責人或會計主管人員工作變動時，應先辦妥帳簿移交手續，在「帳簿啟用及交接表」的交接記錄欄內填明交接人員姓名、職別、交接日期和監交人員姓名，由交接雙方簽字並蓋章，以分清責任。一般會計人員辦理交接手續，由會計部門負責人監交，會計部門負責人辦理交接手續，由單位負責人監交。

二、會計帳簿更換

會計帳簿更換是指在會計年度終了進行年度結帳后，必須按規定更換新帳。庫存現金日記帳、銀行存款日記帳、總分類帳和大部分明細帳每年都應更換一次新帳。對於在年度內業務發生量較少，帳簿變動不大的部分明細帳，如固定資產明細帳，可以跨年度連續使用，各種備查帳也可跨年度連續使用，不必每年更換新帳。

更換新帳時，應將各帳戶的年末餘額轉入下一年度新帳簿。餘額轉記到新帳簿時不需要編制記帳憑證而只要在新帳簿有關帳戶新帳頁的第一行「日期」欄內填寫1月1日，摘要欄內填寫「上年結轉」字樣，「餘額」欄內填上該帳戶上年度的餘額，並在「借或貸」欄內註明餘額的方向。年度結帳格式如表2-3所示。

表2-3　　　　　　　　　　　　總帳

會計科目：應收帳款

201×年		憑證		摘要	借方	貸方	借或貸	餘額
月	日	種類	編號					
1	1			上年結轉			借	65,000
				（略）				
				（略）				
12	31			本月合計	35,000	20,000	借	225,000
	31			本季累計	90,000	75,000	借	225,000
	31			本年累計	285,000	215,000	借	225,000
				結轉下年		225,000	平	0

註：月結、季結在帳簿上軋藍線畫一條通欄紅線；年結畫兩條通欄紅線。

三、會計帳簿設置

(一) 日記帳的設置

日記帳亦稱序時帳。它按時間順序，根據原始憑證，依次記錄每一交易與事項，所以它又被稱為日記簿。記錄時，日記帳要為每一交易與事項指出應借帳戶、應貸帳戶和金額。

日記帳可分為普通日記帳和特種日記帳。

1. 普通日記帳

普通日記帳是用來登記全部經濟業務發生情況的日記帳，具有格式統一、使用方便等特點。普通日記帳既適用於設置特種日記帳的企業，也適用於未設置特種日記帳的企業。普通日記帳通常把每天發生的經濟業務按業務發生的先後順序記入帳簿中，依次作為登記分類帳的依據，故又稱分錄日記帳。由於普通日記帳只有「借方、貸方」兩個金額欄，故也稱為兩欄式日記帳。中西會計的會計分錄載體不同，中國會計採用記帳憑證，而西方會計則採用普通日記帳，如表2-4所示。

表2-4　　　　　　　　　　普通日記帳

年		憑證		摘要	對方科目	借方金額									貸方金額									過帳
月	日	種類	號數			億	千	百	十	萬	千	百	十	元	角	分	億	千	百	十	萬	千	百	十	元	角	分	

2. 特種日記帳

特種日記帳是用於記錄某一類經濟業務發生情況的日記帳,這類業務通常屬於重複發生的大量的特定交易類型,如現金的收付、原材料的採購、產品銷售等。特種日記帳的設置取決於企業的業務性質,以及這類業務發生的頻繁程度。通常設置的特種日記帳主要包括庫存現金日記帳和銀行存款日記帳。極少數單位還設置銷貨日記帳和購貨日記帳。國家會計準則規定,企業必須設置現金日記帳和銀行存款日記帳,有外幣業務的單位還需要按幣種不同分別設置外幣現金日記帳和銀行存款日記帳。日記帳一般採用訂本帳,常見的格式有三欄式和多欄式兩種。

(1) 庫存現金日記帳。實際工作中,現金日記帳多採用三欄式,如表2-5所示。設置時,在同一張帳頁上開出「收入」「支出」和「結餘」三個基本的金額欄目,並在金額欄與摘要欄之間插入「對方科目」,以便記帳時標明現金收入的來源科目和現金支出的用途科目。

表2-5　　　　　　　　　　　庫存現金日記帳

年		憑證		摘要	對方科目	收入金額(借方) 億千百十萬千百十元角分	✓	支出金額(貸方) 億千百十萬千百十元角分	✓	借或貸	結存金額(餘額) 億千百十萬千百十元角分	核對
月	日	種類	號數									

(2) 銀行存款日記帳。銀行存款日記帳應按企業在銀行開立的帳戶和幣種分別設置,每個銀行帳戶設置一本日記帳。銀行存款日記帳的格式與現金日記帳基本相同,如表2-6所示。

表 2-6　　　　　　　　　　　　　銀行存款日記帳

年		憑證		摘要	對方科目	現金支票號碼	轉帳支票號碼	借方									核對	貸方									核對	借或貸	餘額								
月	日	種類	號數					億	千	百	十	萬	千	百	十	元	角	分		億	千	百	十	萬	千	百	十	元	角	分			億	千	百	十	萬	千	百	十	元	角	分

（二）明細分類帳的設置

明細分類帳是按照明細科目開設的用來分類登記某一類經濟業務，提供明細核算資料的分類帳戶。明細分類帳所提供的有關經濟活動的詳細資料，是對總分類帳所提總括核算資料的必要補充，同時也是編制會計報表的依據。明細帳的格式應根據各單位經營業務的特點和管理需要來確定，可供選擇的格式主要有三欄式、數量金額式、多欄式和橫線登記式。

1.「三欄式」明細分類帳

「三欄式」明細分類帳的帳戶格式同總分類帳的格式基本相同，它只設「借方」「貸方」和「餘額」三個金額欄，如表 2-7 所示。它適用於只要求提供價值指標的帳戶，如應收帳款、應付帳款、實收資本等帳戶的明細分類帳。

表 2-7　　　　　　　　　　　三欄式明細分類帳

帳戶名稱_____

年 月 日	憑證編號	摘要	借方 億千百十萬千百十元角分	✓	貸方 億千百十萬千百十元角分	✓	借或貸	餘額 億千百十萬千百十元角分	核對

2.「數量金額式」明細分類帳

「數量金額式」明細分類帳，其基本結構為「收入」「發出」和「結存」三欄，在這些欄內再分別設有「數量」「單價」「金額」等項目，以分別登記實物的數量和金額，如表 2-8 所示。

表 2-8　　　　　　　　　　　　數量金額式明細帳

最高存量：_____
最低存量：_____

帳號：_____　頁數：_____　總頁數：_____

編號：_____ 類別：_____ 規格：_____ 單位：_____ 存放地點：_____ 計劃單價：_____

年 月 日	憑證號數	摘要	收入 數量	單價	金額 億千百十萬千百十元角分	發出 數量	單價	金額 億千百十萬千百十元角分	結餘 數量	均價	金額 億千百十萬千百十元角分	核對號

這種格式的明細帳適用於既要進行金額明細核算，又要進行數量明細核算的財產物資項目。如「原材料」「庫存商品」「週轉材料」等帳戶的明細核算。它能提供各種財產物資收入、發出、結存等的數量和金額資料，便於開展業務和加強管理的需要。

3.「多欄式」明細帳

「多欄式」明細帳的格式視管理需要而呈多種多樣，它在同一帳戶中，在借方欄或者貸方欄目下按照明細科目分設若干專欄，集中反映有關明細項目的核算資料，如表2-9所示。一般適用於成本費用、收入成果類的明細帳，如管理費用、生產成本、製造費用、營業外收入、利潤分配等帳戶的明細分類帳。

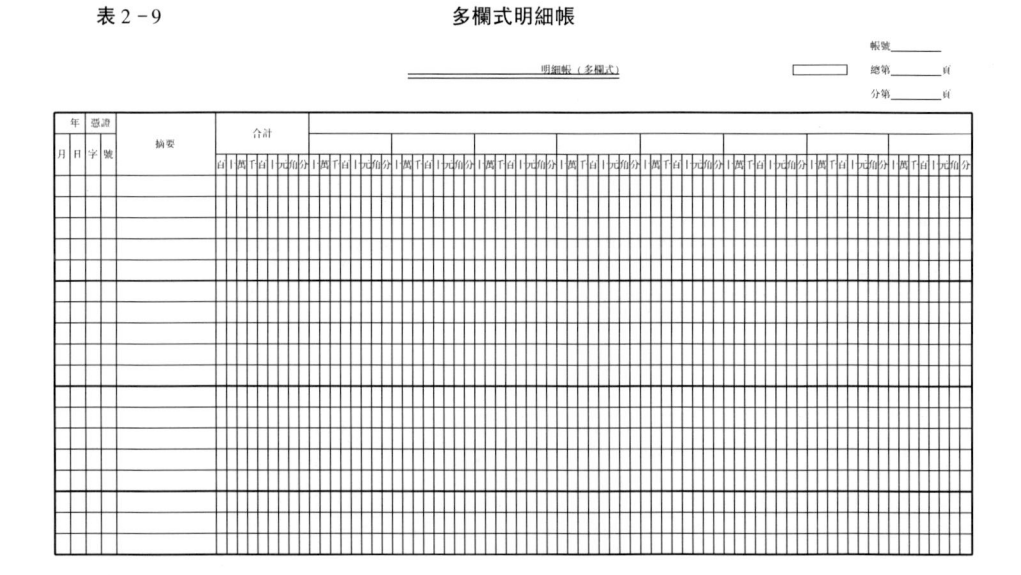

表2-9　　　　　　　　　　　　多欄式明細帳

4. 橫線登記式明細分類帳

橫線登記式明細帳，也稱平行式明細分類帳，是將前後密切相關的經濟業務在同一橫線內進行詳細登記，當經濟業務發生時的一方進行登記後，與之相應的業務則不管什麼時候再發生，均在同一行次的另一方平行登記，以便檢查每筆業務的完成和變動情況；適用於材料採購的付款和收料，備用金業務的支出和報銷收回，應收票據的發生與轉銷等業務。其格式如表2-10和表2-11所示。

表2-10　　　　　　　　　　橫線登記式明細分類帳
其他應收款——備用金明細帳

年		憑證		摘要	借方			年		憑證		摘要	貸方			餘額
月	日	字	號		原借	補付	合計	月	日	字	號		報銷	退	合計	
12	5	記	6	張亮	2,000											

表2-11　　　　　　　　　　橫線登記式明細分類帳
在途物資明細帳

年		憑證號數	摘要	計量單位	發票數量	實收數量	借方			貸方	餘額
月	日						發票價格	運雜費等	合計		
							十萬千百十元角分	十萬千百十元角分	十萬千百十元角分	十萬千百十元角分	十萬千百十元角分

(三) 總分類帳的設置

　　總分類帳是指按照總分類科目設置，按照貨幣計量單位進行登記，用來提供總括核算資料的帳戶，簡稱總帳。總分類帳所提供的核算資料，是編制會計報表的主要依據，任何單位都必須設置總分類帳。總分類帳的帳戶格式，一般採用訂本式三欄帳，如表2-12所示。

表 2-12　　　　　　　　　　　總分類帳

帳戶名稱_____

年		記帳憑證		摘要	借方 十億千百十萬千百十元角分√	貸方 十億千百十萬千百十元角分√	借或貸	餘額 十億千百十萬千百十元角分√
月	日	種類	號數					

設置帳戶的具體操作方法詳見第四章第二節的介紹與示範。

課后小結

主要術語中英文對照

1.	設置帳戶	Setting Up Accounts		2.	多欄帳	Tabular Ledger
3.	日記帳	Journal Ledger		4.	數量金額式	Amount-sum Ledger
5.	總帳	General Ledger		6.	多欄式	Columnar System
7.	明細帳	Subsidiary Ledger		8.	帳簿	Book
9.	三欄式	Three-column Ledger		10.	普通日記帳	General Journal
11.	平行登記式	Parallel Registration Ledger		12.	特種日記帳	Special Journal

復習思考題

什麼是設置帳簿？為什麼要設置帳簿？如何設置帳簿？

練習題

一、單選題

1. 下列帳簿中，與其他帳簿之間不存在相互依存和勾稽關係的是（　　）。
   A. 銀行存款日記帳　　　　　　B. 租入固定資產登記簿
   C. 各種備查帳　　　　　　　　D. 短期借款總帳
2. 下列帳簿中，可以採用多欄帳格式的是（　　）。
   A. 資產類　　　　　　　　　　B. 負債類
   C. 成本類　　　　　　　　　　D. 所有者權益類
3. 下列帳簿中適合採用平行式明細分類帳的是（　　）。
   A. 應收帳款明細帳　　　　　　B. 生產成本明細帳
   C. 其他應收款明細帳　　　　　D. 原材料明細帳
4. 應採用三欄式明細帳的是（　　）。
   A. 應付帳款明細帳　　　　　　B. 生產成本明細帳
   C. 主營業務收入明細帳　　　　D. 在途物資明細帳
5. 年末結帳時，應在「本年累計」行下劃（　　）。
   A. 通欄單紅線　　　　　　　　B. 通欄雙紅線
   C. 半欄單紅線　　　　　　　　D. 半欄雙紅線

二、多選題

1. 帳簿啟用和經管人員一覽表的基本內容包括（　　）。
   A. 啟用日期　　　　　　　　　B. 帳簿頁數
   C. 帳簿編號　　　　　　　　　D. 移交日期
2. 可以跨年度使用的帳簿有（　　）。
   A. 總分類帳簿　　　　　　　　B. 固定資產明細帳
   C. 各種備查帳　　　　　　　　D. 銀行存款日記帳
3. 帳簿組成的基本內容包括（　　）。
   A. 單位名稱　　　　　　　　　B. 帳簿封面
   C. 帳簿扉頁　　　　　　　　　D. 帳頁
4. 下列帳簿中屬於任何會計主體都必須設置的有（　　）。
   A. 庫存現金日記帳　　　　　　B. 銀行存款日記帳
   C. 總分類帳　　　　　　　　　D. 所有帳户的明細分類帳

E. 備查帳
5. 下列各項中，可以採用多欄式明細帳的有（　　）。
   A. 原材料明細帳　　　　　　　B. 製造費用明細帳
   C. 管理費用明細帳　　　　　　D. 主營業務收入明細帳
   E. 應付帳款明細帳

三、判斷題

1. 帳簿中上期的期末餘額轉入本期即為本期的期初餘額。　　　　（　　）
2. 目前，企業的總分類帳戶一般是根據國家有關會計準則規定的會計科目設置的。
   　　　　　　　　　　　　　　　　　　　　　　　　　　　（　　）
3. 在借貸記帳法下，負債類帳戶與成本類帳戶的結構截然相反。　（　　）
4. 庫存現金日記帳與銀行存款日記帳均屬於特種日記帳，當今各企業設置的主要目的是為了加強對庫存現金和銀行存款的管理。　　　　　　　　　（　　）

參考答案

一、單選題

1. B　　　2. C　　　3. C　　　4. A　　　5. B

二、多選題

1. ABCD　　2. BC　　3. BCD　　4. ABC　　5. BCD

三、判斷題

1. √　　　2. √　　　3. √　　　4. √

第二節　復式記帳

一、復式記帳的內容

　　復式記帳的經濟內容是會計要素，它們是相互聯繫、相互依存的，各自具有獨立的含義，又以不同的具體形式存在著。企業發生的經濟業務，都會引起每一種具體形式的價值數量變化，因而設置相應的帳戶進行登記，就使復式記帳組成一個完整、系統的記帳組織體系。有了這樣一個記帳組織體系，不僅反映了資產、負債和所有者權益的增減變化和結存情況，而且還能反映收入、費用和利潤的數額及其形成原因。這是復式記帳能夠全面核算和監督企業經濟活動的根本原因。因此，復式記帳是會計描述經濟業務的一種專門手段。經濟業務就是復式記帳的對象。就工業企業而言，其具體經濟業務內容包括資金籌集業務、供應業務、生產業務、銷售業務和財務成果分配業務。商業企業與工業企業不同，經濟業務比較簡單，沒有複雜生產過程的核算。

二、資金籌集業務的核算

　　資金籌集是企業生產經營活動的首要條件，是資金運動全過程的起點。從企業資金來源來看，不同的企業可以有不同的籌資渠道，但歸納起來主要包括兩個方面：一方面是投資者投入資本金，即實收資本；另一方面是借入資金，如銀行的長短期貸款等。在企業的籌資策略中，合理確定不同的籌資比例，可以有效地降低經營風險，提高權益資本的報酬率，達到資本保值增值的目的。

(一) 投入資本的核算

　　投入資本是所有者權益的基本組成部分，是投資者按照企業章程，或合同、協議的約定，實際投入企業的資本。擁有一定數量的資本金是企業設立開業的基本條件之一，企業的資本金按照投資主體的不同，可分為國家投入資本金、法人資本金、個人資本金和外商資本金；按照投入資本的物資形態不同，可分為貨幣投資、實物投資、證券投資和無形資產投資等。

　　投入資本應按實際確認的投資數額入帳，以貨幣資金投入的資本，應當以實際收到或存入企業的款項作為實收資本入帳，投資者以非貨幣性資產投入的資本，應按投資各方確認的價值作為實收資本入帳。投資者按照出資比例或合同、章程的規定，分享企業的利潤和分擔企業風險及虧損。投資者投入企業的資本應當保全，除法律、行政法規另有規定外，在企業存續過程中不得隨意抽回，企業在經營過程中所取得的收入、發生的費用和財產的盤盈盤虧等，不得直接增減投入資本。

1. 帳戶設置

(1)「實收資本」帳戶。該帳戶用來核算投資者按照企業章程規定投入的資本。該帳戶屬於所有者權益類帳戶，貸方反映企業實際收到的投入資本；借方反映投入資本的減少；期末餘額在貸方，表示期末投入資本的實有數額。本帳戶應按投資者設置明

細分類帳戶進行明細分類核算。

（2）「銀行存款」「庫存現金」「固定資產」「無形資產」「原材料」「庫存商品」等帳戶。按照復式記帳原理要求，為核算投資者實際投入企業經營活動的各項財產物資，還要設置「銀行存款」「庫存現金」「固定資產」「無形資產」「原材料」「庫存商品」等帳戶，用於核算企業按照不同投資方式取得資金來源時，同一筆資金在企業的存在方式，即投入資金的去向和具體占用情況。這些帳戶都屬於資產類帳戶，借方反映投入資產的增加；貸方反映資產的減少；期末餘額在借方，分別表示期末資產的實有數。「固定資產」「無形資產」「原材料」「庫存商品」帳戶分別按照其類別開設明細帳戶進行明細分類核算。

2. 復式記帳

企業在吸收投入資本金時，一方面企業資產總額增加，另一方面企業的所有者權益總額增加，因此企業核算收到投資轉入的資本金時，要在有關資產類帳戶的借方記資產的增加，同時在有關所有者權益類帳戶的貸方記資本金的增加。

企業收到的貨幣資產投資，應按實際收到的款項借記「庫存現金」「銀行存款」等科目，貸記「實收資本」科目。企業收到的非貨幣性資產投資，應按投資各方確認的價值借記「固定資產」「無形資產」「原材料」「庫存商品」等科目，貸記「實收資本」科目。

（二）借入資金的核算

1. 帳戶設置

企業在生產經營過程中，為了補充自有資金的不足，可以舉債借入資金。按照企業借入資金的來源不同，可分為從銀行等金融機構取得的銀行借款和通過發行債券籌集的資金。企業從銀行取得的借款按其償還期限長短不同可分為長期借款和短期借款，償還期限在一年以上的稱為長期借款，償還期在一年以下的稱為短期借款。企業借入的款項必須按照規定用途使用，定期支付利息，並按期歸還。

（1）「短期借款」帳戶。該帳戶用來核算企業向銀行或其他金融機構借入的期限在一年以下的各種借款。該帳戶屬於負債類帳戶，貸方反映借入的各種借款；借方反映歸還的各項借款；期末餘額在貸方，表示期末尚未償還的短期借款的本金。該帳戶應按債權人設置明細帳戶，並按債務種類進行明細分類核算。

（2）「長期借款」帳戶。該帳戶用來核算企業向銀行或其他金融機構借入的期限在一年以上的各種借款。該帳戶屬於負債類帳戶，貸方反映借入的各種長期借款或到期應付利息；借方反映歸還的借款本金或利息；期末餘額在貸方，表示期末尚未償還的長期借款本金或到期一次還本付息的借款利息。該帳戶應按貸款單位設置明細帳戶，並按貸款種類進行明細分類核算。

（3）「應付債券」帳戶。該帳戶用來核算企業為籌集資金而實際發行的債券及應付的利息。該帳戶屬於負債類帳戶，貸方反映發行債券籌集的資金或應付利息；借方反映歸還的債券本金或利息；期末餘額在貸方，表示企業尚未償還的債券本金或到期一次還本付息的債券利息。該帳戶應按債券種類設置明細帳戶，進行明細分類核算。

(4)「財務費用」帳戶。該帳戶核算在籌資過程中發生的各項理財費用，如利息支出（減利息收入）以及支付給金融機構的手續費等。該帳戶屬於損益支出類帳戶，借方反映發生的各項理財費用；貸方反映衝減的各項理財費用（如利息收入）；期末該帳戶的餘額全部轉入「本年利潤」帳戶，結轉后「財務費用」帳戶無餘額。該帳戶應按費用項目設置明細帳戶，進行明細分類核算。

(5)「應付利息」帳戶。在實際會計實務中，短期借款利息實行按月結算、按季支付的方法，長期借款和應付債券在一次還本、分期付息的情況下，為了反映利息的支付和結算情況，按照權責發生制原則，應設置「應付利息」帳戶。該帳戶屬於負債類帳戶，貸方反映按規定提取計入本期成本費用的利息支出；借方反映實際支出數；期末餘額在貸方，表示企業已預先計提但尚未實際支付的利息費用。該帳戶應按費用種類設置明細帳戶，進行明細分類核算。

2. 復式記帳

企業取得借入資金時，一方面企業的負債增加，另一方面企業資產增加，因此這類業務涉及企業資產和負債要素之間的增減變動。

(1) 短期借款的核算。企業收到借入的短期借款時，應按收到借款金額借記「銀行存款」科目，貸記「短期借款」科目。企業按權責發生制原則計提每月的借款利息時，借記「財務費用」科目，貸記「應付利息」科目；季末支付利息時借記「應付利息」科目，貸記「銀行存款」科目。歸還借款本金時借記「短期借款」科目，貸記「銀行存款」科目。

(2) 長期借款的核算。企業收到長期借款存入銀行時，應按收到的款項借記「銀行存款」科目，貸記「長期借款」科目。長期借款的利息支出按資本化標準，可以資本化的利息計入長期資產成本，不能資本化的利息應計入當期損益。計入當期損益時，一次還本付息的借記「財務費用」科目，貸記「長期借款」科目；一次還本、分期計息的，借記「財務費用」科目，貸記「應付利息」科目。償還長期借款本息時，借記「長期借款」科目或同時借記「應付利息」科目，貸記「銀行存款」科目。

(3) 應付債券的核算。企業發行債券時，按籌集的資金數額借記「銀行存款」科目，貸記「應付債券」科目。計提債券應付利息時，一次還本付息的借記「財務費用」科目，貸記「應付債券」科目；一次還本、分期計息的借記「財務費用」科目，貸記「應付利息」科目。償還到期債券本息時，借記「應付債券」科目或同時借記「應付利息」科目，貸記「銀行存款」科目。

(三) 資金籌集業務復式記帳示例

【例2-1】企業吸收 A 企業投資轉入銀行存款 3,000,000 元。

該項業務的發生，引起資產和所有者權益兩個要素發生變化。一方面企業吸收的資本金增加 3,000,000 元，記入「實收資本」帳戶的貸方；另一方面企業的銀行存款增加 3,000,000 元，記入「銀行存款」帳戶的借方。應編制如下會計分錄：

借：銀行存款　　　　　　　　　　　　　　　　　　3,000,000
　　貸：實收資本　　　　　　　　　　　　　　　　　　　3,000,000

【例2-2】企業吸收B企業投資轉入廠房一棟，雙方評估確認價值為2,000,000元。

該項業務的發生引起資產和所有權益兩個要素發生變化。一方面企業廠房增加2,000,000元，記入「固定資產」帳戶的借方；另一方面企業吸收的資本金增加，記入「實收資本」帳戶和貸方。應編制如下會計分錄：

借：固定資產　　　　　　　　　　　　　　　2,000,000
　貸：實收資本　　　　　　　　　　　　　　　2,000,000

【例2-3】企業1月1日從銀行取得為期兩年、年利率為4%、到期一次還本付息的借款300,000元，存入銀行。

該項業務的發生，引起企業資產和負債兩個要素發生變化。一方面企業取得了償還期在一年以上借款，長期借款增加300,000元，記入「長期借款」帳戶的貸方；另一方面，企業資產增加300,000元，記入「銀行存款」帳戶的借方。應編制如下會計分錄：

借：銀行存款　　　　　　　　　　　　　　　300,000
　貸：長期借款　　　　　　　　　　　　　　　300,000

【例2-4】12月末企業計提上述長期借款利息1,000元，計入當期損益。

該項業務的發生引起企業費用和負債兩個要素發生變化。一方面企業利息費用增加，記入「財務費用」帳戶的借方；另一方面企業應付利息增加，記入「長期借款」帳戶的貸方。應編制如下會計分錄：

借：財務費用　　　　　　　　　　　　　　　1,000
　貸：長期借款　　　　　　　　　　　　　　　1,000

【例2-5】企業4月1日由於生產經營週轉的需要，從銀行借入為期3個月、年利率為6%的借款40,000元，並存入銀行。

該項業務的發生，引起企業資產和負債兩個要素發生變化。一方面取得償還期在一年以下的借款，記入「短期借款」帳戶的貸方；另一方面企業資產增加，記入「銀行存款」帳戶的借方。應編制如下會計分錄：

借：銀行存款　　　　　　　　　　　　　　　40,000
　貸：短期借款　　　　　　　　　　　　　　　40,000

【例2-6】4月末企業預提本月負擔的借款利息200元（40,000×6%÷12）。

該項業務是根據權責發生制原則確認利息費用而引起的經濟業務。一方面利息費用增加200元，記入「財務費用」帳戶的借方，另一方面已確認為當期費用但實際尚未支付的利息增加200元，記入「應付利息」帳戶的貸方。應編制如下會計分錄：

借：財務費用　　　　　　　　　　　　　　　200
　貸：應付利息　　　　　　　　　　　　　　　200

5月末、6月末作同樣的會計分錄。

【例2-7】6月30日，企業以銀行存款歸還短期借款本金40,000元並支付全部利息600元（200×3），共計40,600元。

該項業務發生，引起資產和負債兩個要素發生變化。一方面企業用資產償債使銀行存款減少40,600元，記入「銀行存款」帳戶的貸方；另一方面企業償還借款本金

40,000元和利息600元使負債減少，分別記入「短期借款」帳戶和「應付利息」帳戶的借方。應編制如下會計分錄：

  借：短期借款   40,000
    應付利息   600
   貸：銀行存款   40,600

【例2-8】企業發行債券籌集資金600,000元，存入銀行。

該項業務的發生，引起企業資產和負債兩個要素變化。一方面企業發行債券使負債增加600,000元，記入「應付債券」帳戶的貸方；另一方面企業通過籌資使資產增加600,000元，記入「銀行存款」帳戶的借方。應編制如下會計分錄：

  借：銀行存款   600,000
   貸：應付債券   600,000

三、供應過程的核算

企業供應過程主要經濟業務包括固定資產購置業務和材料儲備業務。固定資產作為勞動資料，是構成生產力的主要因素，企業購置一定數量的固定資產，是保證產品生產順利進行的必要條件。另外企業要通過市場購進材料物資，驗收入庫以形成生產儲備，為產品生產提供勞動對象。

（一）固定資產購置業務的核算

1. 帳戶設置

「固定資產」帳戶是用來核算固定資產的增加和減少的帳戶。該帳戶屬於資產類帳戶，其借方反映增加的固定資產的原始價值；貸方反映減少的固定資產的原始價值；餘額在借方，反映企業的所擁有的固定資產的原始價值。

2. 複式記帳

固定資產的購入，一方面使資產總額增加，另一方面由於為取得固定資產而支付款項又使資產總額減少，因此應按固定資產的原始價值記入「固定資產」帳戶的借方，同時記入「銀行存款」帳戶的貸方。

（二）材料儲備業務的核算

材料儲備業務主要是指以貨幣資金購買材料，與供應單位發生貨款的結算，及各種材料採購費用的支付。採購費用是指企業在採購材料過程中所支付的各項費用，包括材料的運輸費、裝卸費、保險費、包裝費、倉儲費，以及運輸途中的合理損耗和入庫前的整理挑選費等。

在實際業務發生時還有一些其他的費用，按道理也應該屬於材料的採購費用。例如，採購人員的差旅費，市內採購材料的運雜費，專設採購機構的經費等。但是為了簡化會計的核算，這些費用就不計入物資採購成本了，而是直接列作管理費用。支出材料的買價加採購費用，構成材料的採購成本。因此，材料貨款的結算、採購費用的支付、材料採購成本的計算，是材料儲備業務核算的主要內容。

幾種材料共同的採購費用必須進行分配。分配標準可以是材料的重量、體積和價

值等。計算公式如下：

$$採購費用分配率 = \frac{實際發生的採購費用}{材料的買價或重量}$$

某種材料應分擔的採購費用 = 該材料的重量或買價 × 採購費用分配率

1. 帳戶設置

（1）「材料採購」帳戶。該帳戶屬於資產類帳戶，在企業採用計劃成本法時用來核算企業購入材料的買價和採購費用，計算確定材料的採購成本。其借方反映購入材料的買價和採購費用；貸方反映入庫材料的採購成本；期末若有餘額在借方，反映企業已購入，但尚未驗收入庫或尚未到達企業的在途材料的實際成本。該帳戶應按材料類別或品種設置明細分類帳戶，以供應單位名稱進行輔助分類核算。

（2）「在途物資」帳戶。該帳戶屬於資產類帳戶，在企業採用實際成本法時用來核算企業購入材料的買價和採購費用，計算確定材料的採購成本。其借方反映購入材料的買價和採購費用；貸方反映入庫材料的採購成本；期末若有餘額在借方，反映企業已購入，但尚未驗收入庫或尚未到達企業的在途材料的實際成本。該帳戶應按材料類別或品種設置明細分類帳戶，以供應單位名稱進行輔助分類核算。

（3）「原材料」帳戶。該帳戶屬於資產類帳戶，用來核算企業庫存材料的增減變動情況。其借方反映入庫材料的成本；貸方反映發出材料的成本；餘額在借方，反映期末庫存材料的成本。該帳戶應按材料類別或品種開設明細帳戶。

（4）「材料成本差異」帳戶。「材料成本差異」帳戶用於核算企業各種材料的實際成本與計劃成本的差異，在材料日常收發按計劃價格計價時，需要設置「材料成本差異」帳戶，作為原材料帳戶的調整帳戶。其借方登記材料實際成本大於計劃價格成本的超支額，貸方登記材料實際成本小於計劃價格成本的節約額。發出耗用材料所應負擔的成本差異，應從本帳戶的貸方轉入各有關生產費用帳戶；超支額用藍字結轉，節約額用紅字結轉。

（5）「應交稅費——應交增值稅」帳戶。該帳戶屬於負債類帳戶，下設「進項稅額」「銷項稅額」等專欄。其中借方「進項稅額」專欄，反映企業購入貨物或接受應稅勞務而支付的、準予從銷項稅額中抵扣的增值稅額；貸方「銷項稅額」專欄，反映企業銷售貨物或提供應稅勞務應向購貨方收取的增值稅額。月末該帳戶若有借方餘額，表示本月多交的或留待抵扣增值稅額，應從貸方轉出；月末若為貸方餘額，表示本月未交增值稅，應從借方轉出；月末結轉后本帳戶無餘額。2012年11月，營業稅改徵增值稅后，該科目還增設「營改抵減銷項稅額」專欄進行有關會計核算。具體業務見第四章第三節。

（6）「應付帳款」帳戶。該帳戶屬於負債類帳戶，用來核算材料採購發生的債務及債務的償還情況。其貸方反映應付未付的購貨款及進項稅額；借方反映已償還給供貨方的供貨款及進項稅額；餘額在貸方，表示尚未償還的供貨款及進項稅額。該帳戶應按供應單位名稱設置明細帳戶。

（7）「應付票據」帳戶。該帳戶屬於負債類帳戶，用來核算企業購買材料、商品和接受勞務等而開出、承兌的商業匯票。其借方反映到期兌付的應付票據本息；貸方反

映開出並承兌的應付票據的面值和利息；餘額在貸方，表示尚未兌付的應付票據本息。

2. 復式記帳

企業從外購入材料時，一方面材料採購成本增加，另一方面則於支付材料貨款或形成應付貨款時，企業貨幣資產減少或負債增加。在支付的總價款中，除了材料的買價和採購費用外，還包括支付的增值稅額，增值稅是價外稅，不能計入材料採購成本中，而應視同企業購入貨物時預付的稅金計入增值稅的「進項稅額」。因此企業購入材料時應按材料的買價和採購費用，借記「材料採購」或「在途物資」科目，按增值稅進項稅額借記「應交稅費——應交增值稅（進項稅額）」科目，同時按實際支付的款項貸記「銀行存款」科目，若材料款項尚未支付，則記入「應付帳款」或「應付票據」科目的貸方。

企業購入的材料驗收入庫時，應結轉入庫材料的實際採購成本，按「材料採購」或「在途物資」帳戶借方歸集的材料採購成本，從「材料採購」或「在途物資」帳戶的貸方轉出，記入「原材料」帳戶的借方。

材料儲備業務核算的基本程序可用圖 2-1 表示。

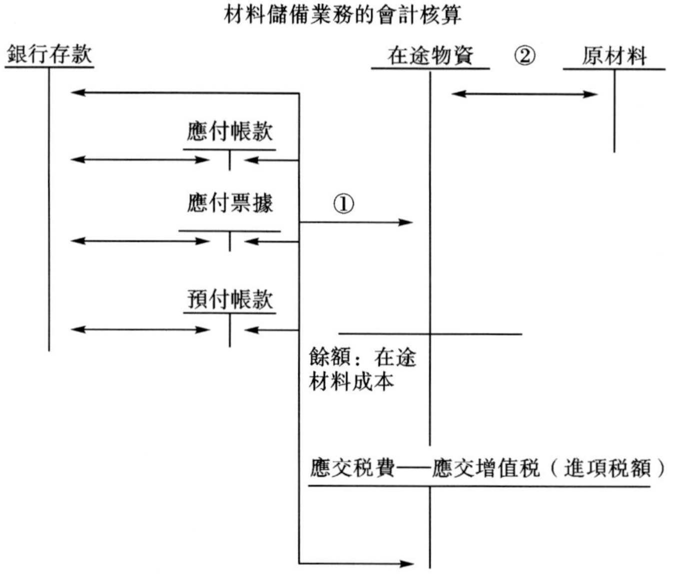

材料儲備業務的會計核算

圖 2-1　材料儲備業務的會計核算

（三）供應過程復式記帳示例

【例 2-9】某公司從外購入生產設備一臺，設備價款 1,600,000 元，用銀行存款支付設備價款，設備不需安裝直接投入使用。

若不考慮增值稅，該業務發生引起資產內部兩個因素變化，一方面購入設備企業固定資產增加 1,600,000 元，記入「固定資產」帳戶的借方。同時支付設備價款使得企業流動資產減少 1,600,000 元，記入「銀行存款」帳戶的貸方。應編制會計分錄

如下：

 借：固定資產   1,600,000
  貸：銀行存款   1,600,000

 若考慮增值稅，2009 年前購置固定資產的進項稅額不可抵扣，應計入固定資產的成本，應編制會計分錄如下：

 借：固定資產   1,872,000
  貸：銀行存款   1,872,000

 2009 年後購置固定資產的增值稅可以抵扣，上例業務購入生產設備的專用增值稅發票經過網上掃描認證後可在當期抵扣，應編制會計分錄如下：

 借：固定資產   1,600,000
   應交稅費——應交增值稅（進項稅額）   272,000
  貸：銀行存款   1,872,000

 【例 2-10】向某公司購進甲材料 400 千克，單價 150 元，總計 60,000 元，增值稅進項稅額 10,200 元，款項用銀行存款支付。

 這項業務的發生，一方面甲材料採購成本增加了 60,000 元，記入「在途物資」帳戶的借方，進項稅額增加了 10,200 元，記入「應交稅費——應交增值稅（進項稅額）」帳戶的借方；另一方面使企業銀行存款減少 70,200 元，記入「銀行存款」帳戶的貸方。應編制會計分錄如下：

 借：在途物資——甲材料   60,000
   應交稅費——應交增值稅（進項稅額）   10,200
  貸：銀行存款   70,200

 【例 2-11】以現金支付上述甲材料的運輸費用 500 元。

 這項業務的發生，一方面甲材料採購成本增加 500 元，另一方面使企業現金減少 500 元。應編制會計分錄如下：

 借：在途物資   500
  貸：庫存現金   500

 【例 2-12】從某公司購進甲材料 200 千克，單價 150 元，計 30,000 元；乙材料 100 千克，單價 200 元，總計 20,000 元。增值稅進項稅額 8,500 元，款項總額 58,500 元尚未支付。

 這項業務的發生，一方面甲材料採購成本增加 30,000 元，乙材料採購成本增加 20,000 元，增值稅進項稅額增加 8,500 元；另一方面負債增加 58,500 元。應編制會計分錄如下：

 借：在途物資——甲材料   30,000
     ——乙材料   20,000
   應交稅費——應交增值稅（進項稅額）   8,500
  貸：應付帳款   58,500

 【例 2-13】以銀行存款支付上述甲、乙材料的運雜費 1,500 元。

這項業務的發生，甲、乙材料採購成本增加 1,500 元，但這 1,500 元的採購費用是甲、乙兩種材料共同發生的，為了正確計算各種材料的採購成本，應對所發生的共同性採購費用選擇一定的分配標準，在各種材料之間進行合理分配。其分配的計算過程如下：

採購費用分配率 = $\dfrac{1,500}{200+100}$ = 5

甲材料應分配的運雜費 = 200 × 5 = 1,000（元）

乙材料應分配的運雜費 = 100 × 5 = 500（元）

根據上述結果得知，甲材料採購費用增加 1,000 元，乙材料採購費用增加 500 元，應編制會計分錄如下：

借：在途物資——甲材料　　　　　　　　　　　　1,000
　　　　　　——乙材料　　　　　　　　　　　　　500
　　貸：銀行存款　　　　　　　　　　　　　　　1,500

【例 2-14】從某公司購入的甲、乙材料均已收到並驗收入庫，結轉其實際採購成本。

這項業務的發生，材料採購成本應從「在途物資」帳戶轉入「原材料」帳戶，庫存材料成本增加。甲、乙材料的採購成本的計算可通過「材料採購成本計算表」來確定。如表 2-13 所示。

表 2-13　　　　　　　　材料採購成本計算表　　　　　　　　單位：元

成本項目	甲材料（200 千克）		乙材料（100 千克）		合計
	總成本	單位成本	總成本	單位成本	
買價	30,000	150	20,000	200	50,000
運雜費	1,000	5	500	5	1,500
採購成本	31,000	155	20,500	205	51,500

根據上述結果，應編制會計分錄如下：

借：原材料——甲材料　　　　　　　　　　　　　31,000
　　　　　——乙材料　　　　　　　　　　　　　20,500
　　貸：在途物資——甲材料　　　　　　　　　　31,000
　　　　　　　——乙材料　　　　　　　　　　　20,500

以上各例原材料驗收入庫採用實際成本法核算。若企業採用計劃成本法核算，且假設材料計劃成本與實際成本相等，則以上各例中的「在途物資」科目可用「材料採購」科目代替。若材料計劃成本與實際成本不相等，同時要計算確定計劃成本與實際成本之間的差異，計入「材料成本差異」科目的借方或貸方。

四、生產過程的核算

生產過程是工業企業的中心環節，是人們利用勞動資料對勞動對象進行加工形成勞動產品的過程，既是產品的製造過程，同時也是物化勞動和活勞動的消耗過程。

生產過程中發生的各項耗費叫生產費用，主要包括各種材料費用、人工費用、動力費用、固定資產折舊費用以及其他各種費用。因此，生產費用是指企業在一定時期內為生產產品而發生的物化勞動和活勞動的耗費。生產費用按其補償方式可分為計入產品成本的費用和期間費用。計入產品成本的費用是指與產品生產相關聯而發生的費用，其最終構成產品成本，按其與產品的關係，又可分為直接費用和間接費用。直接費用是指與產品生產有直接關係的費用，包括直接材料、直接人工費用等。間接費用是指企業生產單位如生產車間為組織和管理生產而發生的共同費用，也稱製造費用，包括間接材料、間接人工和其他間接費用。企業所發生的直接費用可按受益對象即生產的產品直接計入各產品成本中，而間接費用則要通過歸集匯總后，再分配到各種產品成本中，最後各種產品所歸集到的直接材料、直接人工和製造費用才構成該產品成本。期間費用是指企業行政管理部門為組織和管理生產，在一定會計期間發生的各種費用，包括銷售費用、管理費用、財務費用和所得稅費用。期間費用不計入產品成本，直接計入當期損益。

(一) 帳戶設置

為了核算和監督企業生產費用的發生情況，歸集、分配企業在一定時期內為生產產品所發生的生產費用，計算產品成本，要設置和運用以下幾個主要帳戶。

1.「生產成本」帳戶

該帳戶屬於成本類帳戶，用來核算和監督企業生產各種產品所發生的各項生產費用。其借方反映發生的直接材料、直接人工等各項直接費用以及分配轉入的製造費用；貸方反映結轉到「庫存商品」帳戶中去的完工產品的實際成本；該帳戶月末如有餘額在借方，表示尚未完工的在產品成本。該帳戶應按產品品種的成本項目開設明細帳戶。

2.「製造費用」帳戶

該帳戶屬於成本類帳戶，用來核算的監督企業為生產產品和提供勞務而發生的各項間接費用。其借方反映企業為生產產品和提供勞務而發生的間接費用，包括車間管理人員的工資和福利費、折舊費、修理費、辦公費、水電費、機物料消耗、勞動保護費以及季節性和修理期間的停工損失等；貸方反映應轉入「生產成本」帳戶的由各種產品負擔的製造費用；結轉后月末無餘額。該帳戶按車間分費用項目設置明細帳。

3.「管理費用」帳戶

該帳戶屬於損益類帳戶，用來核算和監督企業為組織和管理企業生產經營所發生的各項管理費用。其借方反映各項管理費用的發生額，包括企業的董事會和行政管理部門在企業的經營管理中所發生的，或者應由企業統一負擔的公司經費、工會經費、待業保險費、董事會費、訴訟費、業務招待費、房產稅、車船使用稅、土地使用稅、印花稅、技術轉讓費、排污費、存貨盤虧或盤盈、計提的壞帳準備和存貨跌價準備等；其借方發生額應於月末全部從貸方轉入「本年利潤」帳戶；月末結轉后無餘額。為了分析考核管理費用預算的執行情況，該帳戶應按費用項目設置明細帳。

4.「累計折舊」帳戶

該帳戶屬於資產類帳戶，用來核算企業固定資產因磨損而減少的價值。其貸方反映固定資產折舊的增加數；借方反映固定資產折舊的減少或轉銷數；其餘額在貸方，

表示現有固定資產已提折舊的累計數。其中，生產車間使用的固定資產折舊計入「製造費用」，行政管理部門固定資產折舊計入「管理費用」，專設銷售機構固定資產折舊計入「銷售費用」。該帳戶不進行明細分類核算。「累計折舊」帳戶是「固定資產」帳戶的備抵帳戶，期末「固定資產」帳戶原值餘額減去「累計折舊」帳戶餘額的差額，反映企業期末固定資產的淨值。固定資產淨值減去「固定資產減值準備」后為「固定資產淨額」，資產負債表固定資產項目的期末數應以固定資產淨額列示。

5.「應付職工薪酬」帳戶

該帳戶用於核算企業按照規定應付給職工的各種薪酬。對企業來說，活勞動消耗表現為企業支付給職工的各種薪酬。其中，生產部門人員的薪酬屬於直接生產費用，應計入產品生產成本；車間管理人員的薪酬屬於間接生產費用，應計入產品製造費用；管理部門人員的薪酬屬於期間費用，應計入管理費用；專設銷售機構人員的薪酬屬於期間費用，應計入銷售費用。「應付職工薪酬」帳戶屬於負債類帳戶，其貸方核算按照規定應支付給職工的薪酬，其借方登記實際支付給職工的薪酬，期末貸方餘額反映企業應付未付的職工薪酬。「應付職工薪酬」帳戶可按「職工工資」「職工福利」等項目設置明細帳戶，進行明細核算。

6.「庫存商品」帳戶

該帳戶屬於資產類帳戶，用來核算企業庫存的各種商品的增減變動及結存情況。其借方反映已經完工驗收入庫等原因而增加的各種商品的實際成本；貸方反映由於各種原因如銷售等而減少的各種商品的實際成本；其餘額在借方，表示庫存商品的實際成本。該帳戶應按庫存商品的種類、品種和規格設置明細帳。

(二) 復式記帳

生產過程既是生產費用的耗費過程，又是產品的形成和產品成本的計算過程。會計對這一過程的核算和監督，既要反映生產費用的發生情況，又要按照權責發生制、受益原則等將費用在各種產品之間進行分配，歸集計算各種產品的成本，確定計入各期損益的期間費用，以正確計算當期損益的補償尺度。這一過程核算的基本程序可分為以下幾項。

1. 將本期發生的生產費用計入成本費用類帳戶和期間費用帳戶

(1) 為產品生產而發生的費用，按照產品品種計入各種產品成本，並按成本項目進行歸集。其中直接為產品生產而發生的材料費用，計入產品成本的直接材料成本項目，借記「生產成本」科目，貸記「原材料」等科目；直接為產品生產而發生的人工費用，計入產品成本的直接人工項目，借記「生產成本」科目，貸記「應付職工薪酬」等科目；生產車間為組織和管理產品生產而發生的費用，構成產品成本的製造費用項目，它屬於間接生產費用，為了歸集製造費用，在發生時借記「製造費用」科目，貸記「銀行存款」「應付職工薪酬」等科目，待月末匯總后再分配轉入各產品成本。

(2) 企業行政管理部門為組織和管理生產經營活動而發生的費用屬於期間費用，在發生時借記「管理費用」科目，貸記「銀行存款」等科目。

2. 按照權責發生制原則進行有關帳項調整

為了正確計算各期產品成本和期間費用，應按權責發生制原則進行有關帳項調整，將未在當期支付但應由當期負擔的費用計入本期產品成本和期間費用，如固定資產折舊的計提，按照費用的歸屬對象借記「製造費用」等科目，貸記「累計折舊」等科目；應付利息的計算，借記「財務費用」等科目，貸記「應付利息」等科目。

3. 分配結轉製造費用

月末要將「製造費用」帳戶借方歸集的製造費用總額按照產品品種進行分配。如果企業只生產一種產品則不需要分配，直接將歸集的製造費用總額計入該產品成本；如果企業生產兩種或兩種以上的產品，則需要按一定的標準進行分配計入各種產品成本。一般可選擇的分配標準包括生產工人工資總額、生產工時、產品生產數量等。以生產工時為分配標準時，相關公式如下：

$$製造費用分配率 = \frac{製造費用總額}{各產品生產工時總額}$$

某種產品應負擔的製造費用 = 該產品生產工時 × 製造費用分配率

按照分配結果，借記「生產成本」科目，貸記「製造費用」科目。

4. 計算結轉完工產品成本

製造費用結轉后，「生產成本」帳戶借方即匯總歸集了計入產品成本的本月生產費用，最後，要按照產品的完工情況，在完工產品和在產品之間進行分配，計算完工產品成本和月末在產品成本。其平衡公式如下：

月初在產品成本 + 本月生產費用 = 完工產品成本 + 月末在產品成本

根據以上平衡公式，分配計算完工產品成本和月末在產品成本，結轉完工產品成本時，借記「庫存商品」科目，貸記「生產成本」科目。期末「生產成本」帳戶的餘額即為月末在產品成本。

「管理費用」等帳戶歸集的期間費用，則在月末全部從貸方轉入「本年利潤」帳戶。

生產過程核算的基本程序可用圖 2-2 表示。

生產過程的會計核算

圖 2-2　生產過程的會計核算

圖中程序①為歸集各種直接生產成本；②為歸集生產車間發生的各種間接生產成本；③為歸集管理部門組織管理生產經營過程中發生的各種耗費；④為分配製造費用；⑤為結轉完工產品成本。

(三) 生產過程復式記帳示例

某公司生產 A、B 兩種產品，12 月均無月初在產品。本月生產費用發生情況如下：

【例 2-15】為生產 A 產品領用甲材料 10,000 元，為生產 B 產品領用乙材料 20,000元。

該項業務發生，為生產 A 產品而發生的直接費用增加了 10,000 元，為生產 B 產品而發生的直接材料增加了 20,000 元。應編制會計分錄如下：

借：生產成本——A 產品　　　　　　　　　　　　　10,000
　　　　　　——B 產品　　　　　　　　　　　　　20,000
　貸：原材料——甲材料　　　　　　　　　　　　　10,000
　　　　　　——乙材料　　　　　　　　　　　　　20,000

【例 2-16】為生產 A、B 兩種產品共同耗用丙材料 600 元，按 A、B 產品所耗用的甲、乙材料比例分配。

該項業務發生，為 A、B 兩種產品生產而發生的材料費用共增加了 600 元，為了正確計算各種產品成本，應將這 600 元的材料費用在 A、B 兩種產品之間分配。本企業採用按 A、B 產品所直接耗用的材料比例分配。

$$材料費用分配率 = \frac{600}{10,000+20,000} = 0.02$$

A 產品應負擔的材料費用 = 10,000 × 0.02 = 200（元）

B 產品應負擔的材料費用 = 20,000 × 0.02 = 400（元）

根據分配結果，編制會計分錄如下：

借：生產成本——A 產品　　　　　　　　　　　　　200
　　　　　　——B 產品　　　　　　　　　　　　　400
　貸：原材料——丙材料　　　　　　　　　　　　　600

【例 2-17】生產車間一般耗用材料 500 元，行政管理部門耗用材料 300 元。

該項業務發生，生產車間為組織和管理生產發生了間接材料費用 500 元，應計入製造費用，行政管理部門為組織和管理生產經營發生了費用 300 元，應計入管理費用。該項業務應編制會計分錄如下：

借：製造費用　　　　　　　　　　　　　　　　　　500
　　管理費用　　　　　　　　　　　　　　　　　　300
　貸：原材料　　　　　　　　　　　　　　　　　　800

【例 2-18】從銀行提取現金 30,000 元，以備發放工資。

該項業務發生不涉及生產成本的增減變化，只是資產要素內部的增減變動。應編制會計分錄如下：

借：庫存現金　　　　　　　　　　　　　　　　　　30,000

貸：銀行存款　　　　　　　　　　　　　　　　　　　　　30,000

【例 2－19】 用現金發放職工工資 30,000 元。

　　該項業務發生，企業資產項目「庫存現金」減少 30,000 元，同時應付給職工的工資負債項目「應付職工薪酬」減少 30,000 元。應編制會計分錄如下：

　　借：應付職工薪酬　　　　　　　　　　　　　　　　　　　30,000
　　　　貸：庫存現金　　　　　　　　　　　　　　　　　　　　30,000

【例 2－20】 月末分配本月工資費用 30,000 元，其中 A 產品生產工人工資 8,000 元，B 產品生產工人工資 12,000 元，車間管理人員工資 3,000 元，行政管理人員工資 7,000 元。

　　該項業務發生，為生產 A、B 產品而發生的直接人工費用、生產車間的間接人工費用和企業行政管理部門所發生的管理費用分別增加 8,000 元、12,000 元、3,000 元和 7,000 元，應按歸屬對象記入有關帳戶借方，同時企業應付工資增加 30,000 元，記入「應付職工薪酬」帳戶借方。編制會計分錄如下：

　　借：生產成本——A 產品　　　　　　　　　　　　　　　　8,000
　　　　　　　——B 產品　　　　　　　　　　　　　　　　　12,000
　　　　製造費用　　　　　　　　　　　　　　　　　　　　　 3,000
　　　　管理費用　　　　　　　　　　　　　　　　　　　　　 7,000
　　　　貸：應付職工薪酬　　　　　　　　　　　　　　　　　30,000

【例 2－21】 按工資總額的 14% 計提職工福利費 4,200 元，其中按 A 產品生產工人工資計提的福利費為 1,120 元，按 B 產品生產工人工資計提的福利費為 1,680 元，按生產車間管理人員工資計提的福利費為 420 元，按行政管理部門人員工資計提的福利費為 980 元。

　　該項業務發生，一方面企業有關成本費用增加，應按其歸屬對象記入「生產成本」「製造費用」「管理費用」等帳戶借方；另一方面企業負債增加，應記入「應付職工薪酬」帳戶貸方。應編制會計分錄如下：

　　借：生產成本——A 產品　　　　　　　　　　　　　　　　1,120
　　　　　　　——B 產品　　　　　　　　　　　　　　　　　 1,680
　　　　製造費用　　　　　　　　　　　　　　　　　　　　　　420
　　　　管理費用　　　　　　　　　　　　　　　　　　　　　　980
　　　　貸：應付職工薪酬　　　　　　　　　　　　　　　　　 4,200

　　在實際工作中可不用計提職工福利費，職工福利費實報實銷，直接計入有關的成本費用科目，在進行納稅調整時應計算實際發生的職工福利費不得超過職工工資總額的 14%。

【例 2－22】 用銀行存款支付車間辦公費 500 元、行政管理部門辦公費 1,000 元。

　　該項業務發生，分別使企業製造費用和管理費用增加 500 元和 1,000 元。應編制會計分錄如下：

　　借：製造費用　　　　　　　　　　　　　　　　　　　　　　500
　　　　管理費用　　　　　　　　　　　　　　　　　　　　　 1,000
　　　　貸：銀行存款　　　　　　　　　　　　　　　　　　　 1,500

【例2-23】計提固定資產折舊3,600元，其中計提生產車間固定資產折舊1,600元，計提行政管理部門固定資產折舊2,000元。

該項業務發生，一方面企業固定資產折舊費用增加，應按固定資產的用途分別借記「製造費用」「管理費用」等科目；另一方面企業固定資產損耗價值增加，應貸記「累計折舊」科目。編制會計分錄如下：

借：製造費用　　　　　　　　　　　　　　　　　　　　　　　　1,600
　　管理費用　　　　　　　　　　　　　　　　　　　　　　　　　2,000
　貸：累計折舊　　　　　　　　　　　　　　　　　　　　　　　　3,600

【例2-24】月末攤銷生產設備修理費250元。

該項業務發生，生產車間的設備修理費在前期已支付但應由本月負擔的數額為250元，按其用途進行攤銷。應編制會計分錄如下：

借：製造費用　　　　　　　　　　　　　　　　　　　　　　　　　250
　貸：預付帳款　　　　　　　　　　　　　　　　　　　　　　　　　250

【例2-25】月末匯總本月製造費用，總額為6,270元，按A、B產品生產工時比例進行分配。A產品生產工時為1,000小時，B產品生產工時為1,500小時。製造費用匯總見圖2-3。

製造費用

(3)	500
(6)	3,000
(7)	420
(8)	500
(9)	1,600
(10)	250
本期發生額：	6,270

圖2-3　製造費用圖

該項業務首先應根據製造費用總額按生產工時比例進行分配。

製造費用分配率 = $\dfrac{6,270}{1,000+1,500}$ = 2.508（元/小時）

A產品應負擔的製造費用 = 1,000 × 2.508 = 2,508（元）
B產品應負擔的製造費用 = 1,500 × 2.508 = 3,762（元）
根據分配結果編制會計分錄如下：

借：生產成本——A產品　　　　　　　　　　　　　　　　　　　2,508
　　　　　　——B產品　　　　　　　　　　　　　　　　　　　3,762
　貸：製造費用　　　　　　　　　　　　　　　　　　　　　　　6,270

【例2-26】A產品本月全部完工，B產品本月投產月末均未完工，結轉完工產品成本。

該項業務中，A產品本月全部完工，則其在「生產成本」帳戶借方所歸集的費用

即為完工產品成本（其費用發生情況見圖2-4），應從「生產成本」帳戶貸方轉出，編制會計分錄如下：

借：庫存商品——A產品　　　　　　　　　　　　　　　　　21,828
　　貸：生產成本——A產品　　　　　　　　　　　　　　　　21,828

生產成本——A產品

(1)	10,000	(12)	21,828
(2)	200		
(6)	8,000		
(7)	1,120		
(11)	2,508		
本期發生額	21,828	本月發生額	21,828
月末餘額	0		

圖2-4　A產品費用發生情況圖

B產品月末全部未完工，則不需結轉成本，月末借方餘額即為月末在產品成本（其費用發生情況見圖2-5）。

生產成本——B產品

(1)	20,000	
(2)	400	
(6)	12,000	
(7)	1,680	
(11)	3,762	
本月合計：	37,842	
月末餘額	37,842	

圖2-5　B產品費用發生情況圖

五、銷售過程的核算

　　銷售過程是企業生產經營過程的最后階段，也是產品價值的實現階段。在這一過程中，企業要將製造完工的產成品及時銷售給購買單位，讓渡商品所有權，同時收取銷售貨款，獲得與產品銷售相關的經濟利益流入，即取得銷售收入，一方面滿足社會需要，另一方面實現自己的經營目標，保證再生產的正常進行。取得的銷售收入與產品的銷售成本相比較，若收入大於成本，其差額則為銷售毛利，小於成本則為銷售虧損。銷售過程中在取得銷售收入的同時還要發生各項銷售費用，如產品運輸費、廣告費等，並要按一定比例計算繳納銷售稅金，如城市維護建設稅等。因此銷售過程的業務內容包括產品銷售收入、銷售成本、銷售費用、銷售稅金的確認、計量、取得和補償。

（一）帳戶設置

　　根據銷售過程的業務內容，應設置以下幾個主要帳戶：

1.「主營業務收入」帳戶

該帳戶屬於所有者權益類帳戶，用來核算企業在銷售商品、提供勞務及讓渡資產使用權等日常活動中所產生的收入。其貸方反映企業取得的銷售收入額；借方映銷售收入的減少和轉銷額；月末應將本帳戶的貸方餘額全部從借方轉入「本年利潤」帳戶，結轉後應無餘額。該帳戶應按主營業務收入的種類設置明細帳。

2.「主營業務成本」帳戶

該帳戶屬於損益類帳戶，用來核算企業因銷售商品、提供勞務或讓渡資產使用權等日常活動而發生的實際成本。其借方反映企業本月份已銷售產品的成本；貸方反映結轉到「本年利潤」帳戶的銷售成本數額；結轉后月末無餘額。該帳戶應按主營業務成本的種類設置明細帳。

3.「稅金及附加」帳戶

該帳戶屬於損益類帳戶，用來核算企業日常活動應負擔的銷售稅金及附加，包括消費稅、城市維護建設稅、資源稅和教育費附加等。其借方反映企業按照規定計算應由主營業務負擔的稅金及附加；貸方反映期末結轉到「本年利潤」帳戶的稅金數額；結轉后本帳戶月末無餘額。

4.「銷售費用」帳戶

該帳戶屬於損益類帳戶，用來核算企業在銷售商品過程中發生的各項費用，包括運輸費、裝卸費、包裝費、保險費、展覽費和廣告費，以及為銷售本企業的商品而專設的銷售機構的職工工資及福利費、類似工資性質的費用、業務費等經營費用。其借方反映本月份營業費用的發生額；貸方反映結轉到「本年利潤」帳戶的營業費用數額；結轉后本帳戶月末無餘額。該帳戶應按費用種類設置明細帳。

5.「應收帳款」帳戶

該帳戶屬於資產類帳戶，用來核算企業因銷售商品、產品、提供勞務等，應向購貨單位或接受勞務單位收取的款項。其借方反映應收未收的款項；貸方反映收回的應收款項；期末餘額一般在借方表示尚未收回的應收款項。該帳戶應按購貨單位設置明細帳。

6.「應收票據」帳戶

該帳戶屬資產類帳戶，用來核算企業因銷售商品、產品、提供勞務等而收到的商業匯票。其借方反映企業收到開出、承兌的應收票據面值和利息；貸方反映到期收回或轉銷的應收票據額；其月末借方餘額表示企業持有的商業匯票票面價值和應計利息。

此外還要設置「應交稅費——應交增值稅」等帳戶，其結構在供應過程的核算中已作介紹。

(二) 復式記帳

根據銷售過程的業務內容，企業會計對銷售過程的核算，應反映銷售收入的取得、銷售成本的結轉、銷售稅金的計提和銷售費用的發生情況。

1. 銷售收入的核算

企業由於商品、產品等的銷售而獲得的經濟利益的流入，一方面使得企業收入增

加，同時按照中國稅法規定，企業銷售貨物要繳納增值稅，在銷售時應按稅售價的一定比例計算增值稅的銷項稅額，企業應交增值稅增加；另一方面由於獲得貨幣資金或形成收款的權力使企業資產增加。企業應按收入的確認原則和確定的金額借記「銀行存款」「應收帳款」「應收票據」等科目，貸記「主營業務收入」「應交稅費——應交增值稅（銷項稅額）」科目。若發生銷售退回，則作相反的會計分錄，借記「主營業務收入」「應交稅費——應交增值稅」科目，貸記「銀行存款」「應收帳款」等科目。

2. 銷售成本的核算

為了正確確定企業各會計期間的損益，應按照收入與費用配比的原則結轉各期產品銷售成本。企業應於月末根據本月銷售各種商品、產品的實際成本，計算應結轉的主營業務成本，借記「主營業務成本」科目，貸記「庫存商品」等科目。

3. 銷售稅金及附加的核算

為了正確核算企業日常活動中應負擔的稅金及附加，企業應於月末按照規定計算應由主營業務負擔的稅金，借記「稅金及附加」科目，貸記「應交稅費」科目。

4. 銷售費用的核算

企業在銷售過程中發生的費用均通過「銷售費用」帳戶來歸集，發生的運輸費、裝卸費、包裝費、保險費、展覽費和廣告費，借記「銷售費用」科目，貸記「庫存現金」「銀行存款」等科目；企業發生的為銷售本企業商品而專設的銷售機構的職工工資、福利費、業務費等，則借記「銷售費用」科目，貸記「應付職工薪酬」「銀行存款」等科目。

(三) 銷售過程復式記帳示例

某公司12月銷售了A、B兩種產品，具體業務發生情況如下：

【例2-27】12月3日，銷售A產品397件，每件售價500元，增值稅率為17%，價稅合計共232,245元，款項已通過銀行收訖。

該項業務發生，企業收到銷售貨款，資產項目「銀行存款」增加232,245元，同時由於產品銷售的實現，主營業務收入增加198,500元、應交的增值稅增加33,745元。編制會計分錄如下：

借：銀行存款　　　　　　　　　　　　　　　　　　　232,245
　　貸：主營業務收入　　　　　　　　　　　　　　　198,500
　　　　應交稅費——應交增值稅（銷項稅額）　　　　33,745

【例2-28】12月10日，銷售B產品40件，每件售價650元，增值稅為4,420元，價稅合計30,420元，產品已售出，但款項尚未收到。

該項業務發生，企業實現銷售而使主營業務收入和應交增值稅增加，同時由於尚未收到貨款而使企業債權「應收帳款」項目增加。應編制會計分錄如下：

借：應收帳款　　　　　　　　　　　　　　　　　　　30,420
　　貸：主營業務收入　　　　　　　　　　　　　　　26,000
　　　　應交稅費——應交增值稅（銷項稅額）　　　　4,420

【例2-29】12月22日，銷售A產品20件、B產品10件，A產品每件售價500元，

B產品每件售價650元，增值稅額共計2,805元，價稅合計19,305元，產品已售出，收到對方付來的貨款17,305元存入銀行，同時收到對方開出、承兌的商業匯票一張，面值2,000元。

該項業務發生，企業實現銷售使其主營業務收入增加16,500元，同時應交增值稅增加2,805元；另一方面，企業收到貨款17,305元存入銀行，使銀行存款增加，另外收到一張面值為2,000元的商業匯票，企業債權增加。應編制會計分錄如下：

　　借：銀行存款　　　　　　　　　　　　　　　　　　　17,305
　　　　應收票據　　　　　　　　　　　　　　　　　　　　2,000
　　　　貸：主營業務收入　　　　　　　　　　　　　　　　　　16,500
　　　　　　應交稅費——應交增值稅（銷項稅額）　　　　　　　 2,805

【例2-30】12月28日，用銀行存款支付廣告費30,000元，按10個月分期攤銷。

該項業務發生，企業發生廣告費30,000元，按其歸屬應記入「銷售費用」科目，但按權責發生制原則，該項廣告費不能全部記入當期銷售費用，而應由本月及以後共10個月的期間分攤，因此本月記入銷售費用的廣告費只有3,000元（30,000÷10=3,000）。用銀行存款支付廣告費時編制會計分錄如下：

　　借：預付帳款　　　　　　　　　　　　　　　　　　　30,000
　　　　貸：銀行存款　　　　　　　　　　　　　　　　　　　30,000

【例2-31】12月31日，攤銷應由本月負擔的廣告費3,000元。

　　借：銷售費用　　　　　　　　　　　　　　　　　　　 3,000
　　　　貸：預付帳款　　　　　　　　　　　　　　　　　　　 3,000

【例2-32】12月31日，用現金支付產品搬運費800元。

該項業務發生，企業發生的銷售費用增加800元，同時現金減少800元。應編制會計分錄如下；

　　借：銷售費用　　　　　　　　　　　　　　　　　　　　 800
　　　　貸：庫存現金　　　　　　　　　　　　　　　　　　　　 800

【例2-33】12月31日，按本月銷售的A、B產品結轉已銷產品成本。本月共銷售A產品417件，實際成本為25,200元；銷售B產品50件，實際成本為17,400元。

該項業務引起企業資產和費用兩個要素發生變化，一方面由於銷售使企業的資產項目「庫存商品」減少，另一方面費用項目「主營業務成本」則增加。根據業務資料編制會計分錄如下：

　　借：主營業務成本——A產品　　　　　　　　　　　　　25,200
　　　　　　　　　　——B產品　　　　　　　　　　　　　17,400
　　　　貸：庫存商品——A產品　　　　　　　　　　　　　　25,200
　　　　　　　　　　——B產品　　　　　　　　　　　　　　17,400

【例2-34】12月31日，按規定計算本月應交城市維護建設稅2,868元，應交教育費附加1,229元。

該項業務的發生，使企業應由主營業務負擔的銷售稅金及附加增加，同時企業應

交而未交的稅金增加。編制會計分錄如下：
　　借：稅金及附加　　　　　　　　　　　　　　　　　　　4,097
　　　　貸：應交稅費——應交城市維護建設稅　　　　　　　　2,868
　　　　　　　　——應交教育費附加　　　　　　　　　　　　1,229

六、財務成果的核算

　　企業在銷售過程中收回的資金首先要用於補償生產過程中的資金耗費，這是維持再生產的基本需要，當所獲得的收入大於費用支出時才形成利潤，企業才可不斷擴展地發展下去。按照會計分期的核算前提，企業有必要定期確定財務成果。財務成果的核算內容主要包括利潤形成與利潤分配業務的核算。

（一）利潤的構成和分配

　　1. 利潤的構成
　　利潤是指企業在一定會計期間的經營成果，包括營業利潤、利潤總額和淨利潤。企業利潤的具體形成可用下列公式分階段進行計算。
　　營業利潤＝營業收入－營業成本－稅金及附加－銷售費用－管理費用－財務費用－資產減值損失±公允價值變動損益±投資收益
　　營業收入＝主營業務收入＋其他業務收入
　　營業成本＝主營業務成本＋其他業務成本
　　利潤總額＝營業利潤＋營業外收入－營業外支出
　　淨利潤＝利潤總額－所得稅費用
　　所得稅費用＝應納稅所得額×所得稅稅率
　　應納稅所得額＝利潤總額±納稅調整項目
　　2. 利潤的分配
　　企業實現的淨利潤，要按照國家規定和公司、企業章程的規定進行分配，一般分配程序如下：
　　（1）支付各種稅收的罰款和滯納金；
　　（2）彌補以前年度的虧損；
　　（3）提取法定盈餘公積金；
　　（4）提取法定公益金；
　　（5）支付優先股股利；
　　（6）提取任意盈餘公積金；
　　（7）支付普通股股利。

（二）帳戶設置

　　為了反映企業利潤的形成和分配情況，除了要設置「主營業務收入」「主營業務成本」「稅金及附加」「銷售費用」「管理費用」「財務費用」等帳戶外，還要設置以下帳戶。

1. 「其他業務收入」帳戶

該帳戶屬於所有者權益類帳戶，用來核算企業除主營業務以外的其他銷售或其他業務的收入，如材料銷售、代購代銷、包裝物出租等。其貸方反映企業本月份實現的其他業務收入；借方反映期末轉入「本年利潤」帳戶的其他業務收入總額；月末結轉後本帳戶無餘額。該帳戶應按其他業務的種類設置明細帳戶。

2. 「其他業務成本」帳戶

該帳戶屬於損益類帳戶，用來核算企業除主營業務成本以外的其他銷售或其他業務所發生的支出，如銷售材料、提供勞務等發生的有關成本、費用，以及相關稅金及附加等。其借方反映本月發生其他銷售或其他業務所結轉的成本、發生的支出及計算應繳的相關稅金；期末應將其借方發生額總額從貸方轉入「本年利潤」帳戶，結轉後本帳戶應無餘額。該帳戶應按其他業務的種類設置明細帳戶。

3. 「投資收益」帳戶

該帳戶屬於損益類帳戶，用來核算企業對外投資所取得的收益或發生的損失。其貸方反映企業取行的投資收益，如債券利息收入、股票利息收益等；借方反映企業發生的投資損失；其餘額應於月末全部轉入「本年利潤」帳戶；結轉後本帳戶無餘額。該帳戶按投資收益種類設置明細帳戶。

4. 「營業外收入」帳戶

該帳戶屬於損益類帳戶，用來核算企業發生的與生產經營無直接關係的各項收入，包括固定資產盤盈、處置固定資產淨收益、非貨幣性交易收益、出售無形資產收益、罰款淨收入等。其貸方反映本月價發生的各項營業外收入；月末應將其貸方發生額總額從借方全部轉入「本年利潤」帳戶，結轉后本帳戶無餘額。該帳戶應按收入項目設置明細帳。

5. 「營業外支出」帳戶

該帳戶屬於損益類帳戶，用來核算企業發生的與其生產經營無直接關係的各項支出，如固定資產盤虧、處置固定資產淨損失、出售無形資產損失、債務重組損失、計提的固定資產減值準備、計提的無形資產減值準備、計提的在建工程減值準備、罰款支出、捐贈支出、非常損失等。其借方反映企業本月發生的各項營業外支出；月末應將其借方發生額總額全部從貸方轉入「本年利潤」帳戶；結轉后本帳戶無餘額。該帳戶應按支出項目設置明細帳。

6. 「所得稅費用」帳戶

該帳戶屬於損益類帳戶，用來核算企業按規定從本期損益中減去的所得稅。其借方反映本期發生的所得稅費用；貸方反映實際收到的所得稅返還；其借方餘額應於期末全部轉入「本年利潤」帳戶。結轉后本帳戶無餘額。

7. 「本年利潤」帳戶

該帳戶屬於所有者權益類帳戶，用來核算企業實現的淨利潤或發生的淨虧損。其貸方反映期末轉入的有關收入項目，如主營業務收入、其他業務收入、投資收益、營業外收入等；借方反映期末轉入的各項支出，如主營業務成本、主營業務稅金及附加、其他業務支出、營業費用、管理費用、財務費用、營業外支出、所得稅等；年度終了應將本年收入和支出相抵後結出的本年實現的淨利潤或發生的虧損，即本帳戶的年末

餘額，全部從本帳戶轉入「利潤分配」帳戶；年終結帳后本帳戶無餘額。

8.「利潤分配」帳戶

該帳戶屬於所有者權益類帳戶，用來核算企業利潤的分配和歷年分配后的積存情況，或企業虧損的彌補和歷年彌補后的積存情況。在企業實現盈利的情況下，其貸方反映年終轉入的淨利潤；借方反映企業本年度的利潤分配額；年終貸方餘額表示企業歷年累積的未分配利潤。若為發生虧損的企業，則其借方反映年終轉入的本年度發生的虧損額；貸方反映虧損的彌補數；年終借方餘額反映企業歷年累積的未彌補虧損。該帳戶應按利潤分配項目設置明細帳。

9.「盈餘公積」帳戶

該帳戶屬於所有者權益類帳戶，用來核算企業從淨利潤中提取的盈餘公積。其借方反映盈餘公積的減少數，如轉增資本、彌補虧損等；貸方反映期末按一定比例計提的盈餘公積；期末餘額在貸方，表示企業提取的盈餘公積餘額。該帳戶應按盈餘公積的種類設置明細帳。

10.「應付股利」帳戶

該帳戶屬於負債類帳戶，用來核算企業經董事會、股東大會或類似機構決議確定分配的現金股利或利潤。其貸方反映應支付的現金股利或利潤；借方反映實際支付的現金股利或利潤數；其餘額在貸方，表示企業尚未支付的現金股利或利潤。

(三) 復式記帳

1. 利潤形成的核算

按照企業利潤的構成，月末應將所有損益類帳戶的期末餘額全部轉入「本年利潤」帳戶，其中主營業務收入、其他業務收入、投資收益、營業外收入等收入類帳戶的貸方餘額從其借方轉入「本年利潤」帳戶的貸方；主營業務成本、稅金及附加、其他業務成本、銷售費用、管理費用、財務費用、營業外支出等費用支出類帳戶的借方餘額從其貸方轉入「本年利潤」帳戶的借方。每月月末「本年利潤」帳戶的期末貸方餘額（或借方餘額）即為本年至該月為止累計實現的利潤總額（或虧損總額）。年末將「所得稅費用」帳戶的借方餘額從其貸方轉入「本年利潤」帳戶的借方，其年末貸方餘額（或借方餘額）即為企業本年實現的淨利潤。其會計核算程序可用圖2-6表示。

2. 利潤分配的核算

企業實現的淨利潤，要按一定的程序進行分配。其利潤分配的核算以「利潤分配」帳戶為中心，年終要將「本年利潤」帳戶的餘額轉入「利潤分配」帳戶的貸方。同時，按照利潤分配的程序計提盈餘公積，借記「利潤分配」科目，貸記「盈餘公積」科目；分配投資者現金股利時借記「利潤分配」科目，貸記「應付股利」科目。「利潤分配」帳戶的年終餘額為企業歷年累積的未分配利潤。利潤核算程序可用圖2-7表示。

若企業當年發生的是虧損，則要於年終將「本年利潤」帳戶的借方餘額從其貸方轉入「利潤分配」帳戶的借方。按照虧損彌補的方式不同，作相應的會計處理。企業用以前年度實現的利潤補虧時，不作分錄；用盈餘公積補虧時，借記「盈餘公積」科目，貸記「利潤分配」科目。

本年利潤賬戶

```
主營業務成本 ───→ │ ←─── 主營業務收入
                  │  本年利潤
稅金及附加  ───→ │
其他業務成本 ───→ │ ←─── 其他業務收入
銷售費用   ───→ │
管理費用   ───→ │
財務費用   ───→ │
                  │ ←─── 投資收益
                  ├─ 營業利潤
營業外支出 ───→ │ ←─── 營業外收入
                  ├─ 利潤總額
所得稅費用 ───→ │
                  └─ 净利潤
```

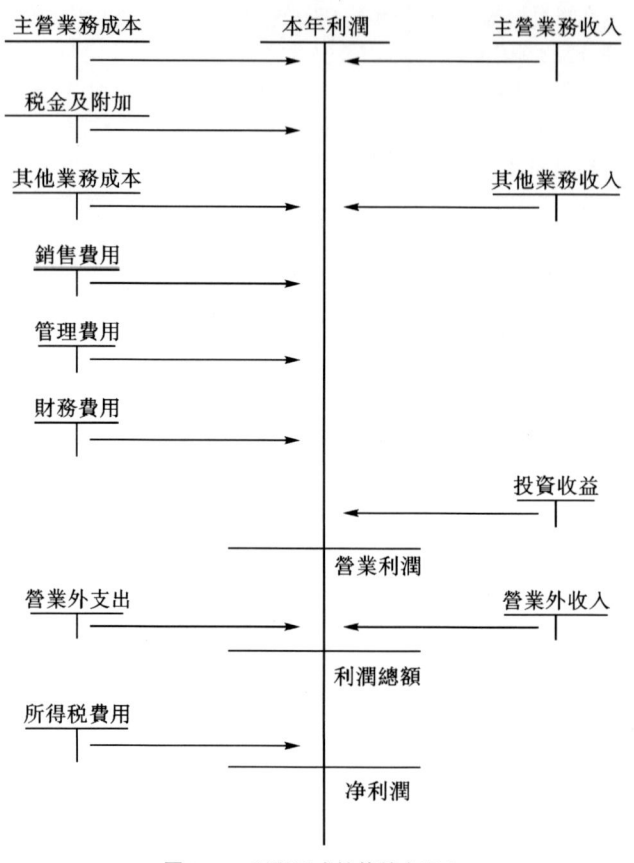

圖2-6 利潤形成核算基本程序

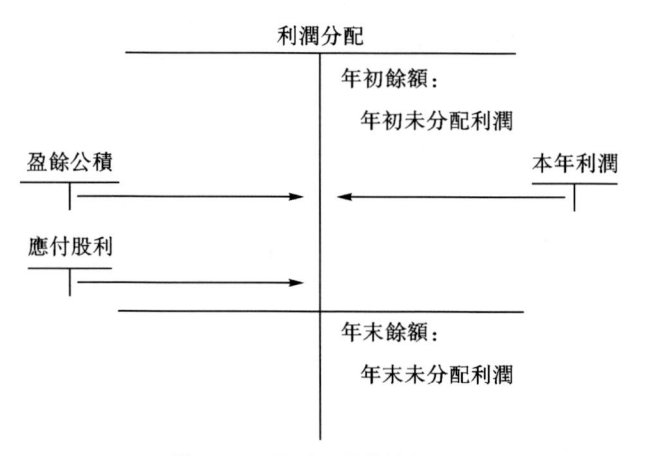

```
              利潤分配
        ─────────────────
          年初餘額：
          年初未分配利潤
盈餘公積 ←───   │   ←─── 本年利潤
應付股利 ←───   │
          年末餘額：
          年末未分配利潤
```

圖2-7 利潤分配核算基本程序

(四) 利潤及利潤分配復式記帳示例

仍以上述公司為例，12 月份「所得稅費用」帳戶月初借方餘額為 528,000 元，「本年利潤」帳戶月初貸方餘額為 1,600,000 元，「利潤分配」帳戶月初貸方餘額為 268,000 元。本月發生以下經濟業務：

【例 2 - 35】收到國庫券利息收入 10,000 元存入銀行。

該項業務發生，使企業對外投資收益增加 10,000 元，同時企業資產增加 10,000 元。編制會計分錄如下：

　　借：銀行存款　　　　　　　　　　　　　　　　　　　10,000
　　　貸：投資收益　　　　　　　　　　　　　　　　　　　10,000

【例 2 - 36】將庫存多餘材料對外銷售，銷售價格 5,000 元，增值稅額 850 元共計 5,850 元貨款已收到存入銀行。

該項業務是企業其他業務收入的核算，企業資產增加的同時，其他業務收入及應交稅費增加。應編制會計分錄如下：

　　借：銀行存款　　　　　　　　　　　　　　　　　　　5,850
　　　貸：其他業務收入　　　　　　　　　　　　　　　　　5,000
　　　　　應交稅費——應交增值稅（銷項稅額）　　　　　　850

【例 2 - 37】結轉已銷材料的實際成本 3,000 元。

該項業務的發生，使企業庫存材料減少 3,000 元，同時支出項目「其他業務成本」增加 3,000 元。編制會計分錄如下：

　　借：其他業務成本　　　　　　　　　　　　　　　　　3,000
　　　貸：原材料　　　　　　　　　　　　　　　　　　　　3,000

【例 2 - 38】用銀行存款支付罰款 1,000 元。

該項業務屬於與生產經營無直接關係的業務，因而其支出計入「營業外支出」。編制會計分錄如下：

　　借：營業外支出　　　　　　　　　　　　　　　　　　1,000
　　　貸：銀行存款　　　　　　　　　　　　　　　　　　　1,000

【例 2 - 39】將一項專利權出售，該專利權的帳面價值為 60,000 元，轉讓價格為 63,000 元，不考慮其他相關稅費。款項已收到存入銀行。

該項業務屬於企業正常生產經營活動以外的業務，因此該項業務的收支不通過主營業務收支項目核算，其淨額記入營業外收支項目。編制會計分錄如下：

　　借：銀行存款　　　　　　　　　　　　　　　　　　　63,000
　　　貸：無形資產　　　　　　　　　　　　　　　　　　　60,000
　　　　　營業外收入　　　　　　　　　　　　　　　　　　3,000

【例 2 - 40】支付銀行短期借款利息 3,000 元，其中已預提 2,000 元。

該項業務中，銀行借款利息是企業的「財務費用」，但其中有 2,000 元的利息已在以前月份預提，因而 3,000 元的利息支出中，2,000 元應衝銷已預提數，另外 1,000 元才記入當期財務費用。編制會計分錄如下：

借：財務費用 1,000
　　應付利息 2,000
　　貸：銀行存款 3,000

【例 2-41】匯總本月有關損益類帳戶餘額，轉入「本年利潤」帳戶，假設具體數據如表 2-14 所示。

表 2-14

會計科目	借方餘額	會計科目	貸方餘額
主營業務成本	42,600	主營業務收入	241,000
稅金及附加	4,097	其他業務收入	5,000
其他業務成本	3,000	投資收益	10,000
銷售費用	3,800	營業外收入	3,000
管理費用	11,280		
財務費用	2,000		
營業外支出	1,000		
合計	67,777	合計	259,000

根據以上帳戶餘額作如下會計分錄：

借：本年利潤 67,777
　　貸：主營業務成本 42,600
　　　　稅金及附加 4,097
　　　　其他業務成本 3,000
　　　　銷售費用 3,800
　　　　管理費用 11,280
　　　　財務費用 2,000
　　　　營業外支出 1,000
借：主營業務收入 241,000
　　其他業務收入 5,000
　　投資收益 10,000
　　營業外收入 3,000
　　貸：本年利潤 259,000

【例 2-42】根據本月利潤總額 191,223（259,000－67,777）元，扣除 10,000 元國債利息免稅項目，進行納稅調整后的應納稅所得額為 181,223 元，按 25% 的稅率計提應交所得稅 45,305.75 元。

該項業務發生，使企業所得稅費用增加 45,305.75 元，負債增加 45,305.75元。編制會計分錄如下：

借：所得稅費用 45,305.75
　　貸：應交稅費——應交所得稅 45,305.75

【例2-43】12月31日，結轉本年所得稅總額573,305.75元。

根據企業利潤結算的要求，年終應將「所得稅費用」帳戶的期末餘額全部轉入「本年利潤」帳戶。「所得稅費用」帳戶月初借方餘額為528,000元，本月發生所得稅費用45,305.75元，因此本年發生所得稅總額573,305.75元。編制會計分錄如下：

借：本年利潤　　　　　　　　　　　　　　　　　573,305.75
　　貸：所得稅費用　　　　　　　　　　　　　　　　573,305.75

結轉所得稅費用后，則可根據「本年利潤」帳戶貸方餘額計算出本年實現的淨利潤1,217,917.25元（1,600,000＋191,223－573,305.75）。

【例2-44】12月31日，按本年實現淨利潤的10%計提法定盈餘公積121,791.73元，按5%計提法定公益金60,895.86元。該項業務由於企業利潤分配，企業所有者權益項目「利潤分配」減少，而另一方面所有者權益項目「盈餘公積」增加，因此所有者權益總額未變，只是内部結構發生變化。編制會計分錄如下：

借：利潤分配——提取法定盈餘公積　　　　　　　121,791.73
　　　　　　——提取法定公益金　　　　　　　　　60,895.86
　　貸：盈餘公積——法定盈餘公積　　　　　　　　121,791.73
　　　　　　　　——法定公益金　　　　　　　　　60,895.86

【例2-45】12月31日，企業宣告按本年淨利的50%分派股利608,958.63元。

該項業務發生，企業由於利潤分配使所有者權益總額減少，另一方面企業負債增加。應編制會計分錄如下：

借：利潤分配——應付普通股股利　　　　　　　　608,958.63
　　貸：應付股利　　　　　　　　　　　　　　　　608,958.63

【例2-46】12月31日，年終決算時將本年實現的淨利潤1,217,917.25元轉入「利潤分配——未分配利潤」帳戶。

根據資料編制如下會計分錄：

借：本年利潤　　　　　　　　　　　　　　　　　1,217,917.25
　　貸：利潤分配——未分配利潤　　　　　　　　　1,217,917.25

【例2-47】12月31日，年終決算時將利潤分配借方科目發生額轉入「利潤分配——未分配利潤」帳戶。

借：利潤分配——未分配利潤　　　　　　　　　　791,646.22
　　貸：利潤分配——提取法定盈餘公積　　　　　　121,791.73
　　　　　　　　——提取法定公益金　　　　　　　60,895.86
　　　　　　　　——應付普通股股利　　　　　　　608,958.63

企業進行利潤分配后，「利潤分配」帳戶年終餘額為694,271.03元（268,000＋1,217,917.25－121,791.73－60,895.86－608,958.63），表示歷年累積的未分配利潤。

課后小結

主要會計科目及專業術語中英文對照

1. 庫存現金	Cash		2. 預收帳款	Advance Received
3. 銀行存款	Bank Deposit		4. 應付職工薪酬	Payroll Payable
5. 其他貨幣資金	Other Monetary Assets		6. 應交稅費	Taxes and Dues Payable
7. 交易性金融資產	Held for Trading Financial Assets		8. 應付利息	Interests Payable
9. 應收帳款	Accounts Receivable		10. 應付股利	Dividend Payable
11. 應收票據	Notes Receivable		12. 長期借款	Long－term Loan
13. 預付帳款	Accounts Prepaid		14. 應付債券	Bonds Payable
15. 應收股利	Dividend Receivable		16. 實收資本	Paid－in Capital
17. 應收利息	Interests Receivable		18. 資本公積	Capital Surplus
19. 材料採購	Materials Purchases		20. 盈餘公積	Earned Surplus
21. 在途物資	Supplies in Transit		22. 未分配利潤	Undistributed Profit
23. 原材料	Raw Materials		24. 本年利潤	Full－year Profit
25. 材料成本差異	Material Cost Variance		26. 利潤分配	Profit Distribution
27. 庫存商品	Commodity Stocks		28. 生產成本	Production Cost
29. 週轉材料	Revolving Materials		30. 製造費用	Manufacturing Expense
31. 長期股權投資	Long－term Investment on Stocks		32. 主營業務收入	Prime Operating Revenue
33. 固定資產	Fixed Assets		34. 其他業務收入	Other Operating Revenue
35. 固定資產清理	Fixed Assets Pending Disposal		36. 投資收益	Investment Income
37. 累計折舊	Accumulated Depreciation		38. 營業外收入	Non－operating Revenue
39. 在建工程	Construction in Progress		40. 主營業務成本	Prime Operating Cost
41. 無形資產	Intangible Assets		42. 其他業務成本	Other Operating Cost
43. 累計攤銷	Accumulated Amortization		44. 銷售費用	Selling Expense
45. 長期待攤費用	Long－term Deferred Expenses		46. 管理費用	Overhead Expense
47. 短期借款	Short－term Loan		48. 財務費用	Financial Expense
49. 應付帳款	Accounts Payable		50. 營業外支出	Non－operating Outlay
51. 應付票據	Notes Payable		52. 所得稅費用	Income Tax Expense

53. 壞帳準備　　　Reserve for Bad Debts & Provision for Bad Debts
54. 壞帳損失　　　Loss from Uncollectible Accounts
55. 持有至到期投資　Held－to－Maturity Investment
56. 未確認融資費用　Unacknowledged Financial Charges
57. 融資租入固定資產　Fixed Assets Acquired Under Finance Leases
58. 稅金及附加　　Taxes and Surcharges

59. 匯兌損益　　　　　　　　Foreign Exchange Gains or Losses
60. 留存收益　　　　　　　　Retained Earnings
61. 存貨　　　　　　　　　　Inventory
62. 備用金　　　　　　　　　Petty Cash Fund
63. 待處理財產損溢　　　　　Profit/Loss on Assets Pending for Disposal

復習思考題

1. 投資者投入資本與向債權人借入資金的帳務處理有何不同？為什麼？
2. 計算材料採購成本的過程中重點要解決什麼問題？會計核算中通過哪個帳戶核算材料採購成本？計劃成本法與實際成本法下所採用的會計科目有何不同？
3. 產品生產成本包括哪些內容？「生產成本」帳戶借方主要登記什麼內容？如何進行製造費用的分配與結轉？如何進行完工產品成本的結轉？
4. 預收款項銷售、現款銷售、賒帳銷售三者的帳務處理有何差別？為什麼？
5. 企業利潤是如何確定的？利潤分配的順序如何？如何進行利潤形成與利潤分配的帳務處理？

練習題

一、單選題

1. 貸記「實收資本」帳戶表示企業（　　）的資本。
   A. 收回　　　　　　　　　　B. 接受捐贈
   C. 借貸　　　　　　　　　　D. 實際收到
2. 若「應付帳款」帳戶期末為借方餘額表示（　　）供應商的貨款。
   A. 實際應付　　　　　　　　B. 實際預付
   C. 實際應收　　　　　　　　D. 實際預收
3. 下列經濟業務中，不會引起資產或權益總額發生變動的經濟業務是（　　）。
   A. 以銀行存款償還應付供應商貨款　　B. 從銀行借款存入銀行
   C. 從某企業賒購材料　　　　　　　　D. 從銀行借款用來還清所欠貨款
4. 結轉完工產品的生產成本，應貸記（　　）科目。
   A.「製造費用」　　　　　　B.「生產成本」
   C.「庫存商品」　　　　　　D.「材料採購」
5. 下列各項中，不可能與「主營業務收入」帳戶發生對應關係的帳戶是（　　）。
   A.「銀行存款」　　　　　　B.「應收帳款」
   C.「應付帳款」　　　　　　D.「預收帳款」

6. 「在途物資」帳戶不可能同（　　）帳戶發生對應關係。
   A.「生產成本」　　　　　　B.「銀行存款」
   C.「應付帳款」　　　　　　D.「預付帳款」
7. 年終結轉后，「利潤分配」帳戶的貸方餘額表示（　　）。
   A. 本年度實現的利潤　　　　B. 未分配的利潤
   C. 本年度發生的虧損　　　　D. 未彌補的虧損
8. 下列各項目中，應計入「銷售費用」帳戶的是（　　）。
   A. 已銷售產品的生產成本　　B. 銷售產品獲得的收入
   C. 為銷售產品而發生的廣告費　D. 因銷售產品而支付的增值稅
9. 銷售過程中的會計核算不涉及（　　）。
   A. 確認和計量銷售收入　　　B. 計算和結轉銷售成本
   C. 記錄同客戶之間的款項結算　D. 確認和計算營業利潤
10. 「本年利潤」帳戶的借方不可能同（　　）帳戶發生對應關係。
    A.「主營業務收入」　　　　B.「投資收益」
    C.「公允價值變動損益」　　D.「資產減值損失」

二、多選題

1. 「財務費用」帳戶核算（　　）。
   A. 利息支出　　　　　　　　B. 利息收入
   C. 銷售收入　　　　　　　　D. 銷售成本
   E. 投資收益
2. 在採購業務中，企業的資金運動形態從貨幣資金轉變為（　　）。
   A. 儲備資金　　　　　　　　B. 生產資金
   C. 商品資金　　　　　　　　D. 固定資金
   E. 財產資金
3. 材料採購成本包括（　　）。
   A. 材料的買價　　　　　　　B. 採購過程中發生的採購費用
   C. 購入材料應負擔的稅金　　D. 入庫前的挑選整理費
   E. 採購材料的保險費
4. 一定時期的生產費用可能計入（　　）。
   A. 本期投產並完工的產品成本　B. 上期投產並完工的產品成本
   C. 本期投產下期完工的產品成本　D. 下期投產並完工的產品成本
5. 固定資產的折舊費貸記「累計折舊」科目，借記（　　）科目。
   A.「管理費用」　　　　　　　B.「原材料」
   C.「庫存商品」　　　　　　　D.「製造費用」
   E.「財務費用」
6. 下列項目應直接計入當期損益，不計入產品成本的有（　　）。
   A. 管理費用　　　　　　　　B. 財務費用

C. 銷售費用　　　　　　　　　D. 製造費用
E. 原材料

7. 下列科目年末一般無餘額的有（　　）。
   A.「管理費用」　　　　　　　B.「本年利潤」
   C.「主營業務收入」　　　　　D.「累計折舊」
   E.「財務費用」

8. 下列項目中，能構成企業營業利潤的有（　　）。
   A. 營業收入　　　　　　　　B. 投資收益
   C. 營業外收入　　　　　　　D. 所得稅費用
   E. 營業外支出

9. 下列各項中，屬於備抵科目的有（　　）。
   A.「應收帳款」　　　　　　　B.「固定資產」
   C.「壞帳準備」　　　　　　　D.「累計折舊」
   E.「應付帳款」

10. （　　）屬於「利潤分配」帳戶核算的內容。
    A. 計提應交所得稅　　　　　B. 計提分配給投資者的利潤
    C. 提取法定盈餘公積　　　　D. 提取任意盈餘公積
    E. 登記轉入年度淨損益

三、判斷題

1. 債權人投入的資本是企業進行生產經營的必要條件。（　　）
2. 「材料採購」帳戶的借方可以歸集計算採購材料的實際成本。（　　）
3. 期末「生產成本」帳戶的借方餘額表示期末在產品成本的數額。（　　）
4. 依據發出存貨的計價方法可確定發出存貨的單位成本。（　　）
5. 實地盤存制下在日常核算中應對各項存貨的收入和發出作連續性的記錄。（　　）
6. 直接材料和直接人工都是直接計入產品成本，不需要分配計入。（　　）
7. 結轉已銷售產品的生產成本時，應貸記「生產成本」帳戶。（　　）
8. 「材料採購」和「生產成本」都屬於成本計算帳戶。（　　）
9. 當年度終了時，應將本年收入和支出在「本年利潤」帳戶中相抵結出淨利潤（或淨虧損），並轉入「利潤分配」帳戶，結轉后「本年利潤」帳戶沒有餘額。（　　）
10. 在提取盈餘公積之前，企業不得向投資者分配利潤。（　　）

四、業務題

【業務題一】
目的：練習籌資業務的會計處理。
資料：某公司201×年發生的部分經濟業務如下：
（1）1月1日，從銀行借入期限為4個月的短期借款200,000元，年利率為6%，

按月計提利息。

(2) 2月，某公司支付本年應付的上年現金股利500,000元。

(3) 3月，某公司收到某投資者投入資金100萬元，款項存入銀行。該投資者在公司註冊資本中應享有的份額為50萬元。

(4) 4月，某公司收到某投資者投入的大型機器設備一臺，投資各方確認的價值為100萬元。

(5) 1~4月，按月計提1月1日的200,000元短期借款的利息。

(6) 5月1日，年初取得的200,000元短期借款到期，償還本金及利息。

要求：分析上述經濟業務並編制相應的會計分錄。

【業務題二】

目的：練習製造企業採購業務的會計處理。

資料：某公司201×年6月份發生的部分經濟業務摘要如下：

(1) 購入不需要安裝的機器設備一臺，買價180,000元，運雜費15,000元，包裝費5,000元，全部款項已用銀行存款支付。

(2) 從A工廠購入甲材料一批200千克，每千克單價975元，材料尚未運達，貨款尚未支付。

(3) 從B工廠一次性購入甲材料300千克和乙材料200千克，甲材料每千克單價990元，乙材料每千克單價500元，運輸途中兩種材料共發生運雜費5,000元，貨款和運雜費均已用銀行存款付清，材料尚未驗收入庫。

(4) 向C工廠預付100千克乙材料貨款，共計50,000元。

(5) 償還所欠A工廠購料款。

(6) 本月從A工廠和B工廠外購的材料全部驗收入庫。

(7) 收到從C工廠外購的乙材料，驗收入庫。材料的實際成本和預付帳款一致。

要求：分析上述經濟業務並編制相應的會計分錄，假定運雜費按照材料重量進行分配。

【業務題三】

目的：練習製造企業製造業務的會計處理以及產品生產成本的計算。

資料：某公司生產甲、乙兩種產品，201×年7月有關產品生產的經濟業務如下：

(1) 根據當月領料憑證，編制領料憑證匯總表如表2-15所示。

表2-15　　　　　　　　　　　領料匯總表

用途	A材料 數量（千克）	A材料 單價（元/千克）	A材料 金額（元）	B材料 數量（千克）	B材料 單價（元/千克）	B材料 金額（元）	金額合計（元）
製造產品耗用							
甲產品	2,000	5.00	10,000				10,000
乙產品				6,000	2.00	12,000	12,000

表2－15(續)

用途	A 材料 數量（千克）	A 材料 單價（元/千克）	A 材料 金額（元）	B 材料 數量（千克）	B 材料 單價（元/千克）	B 材料 金額（元）	金額合計（元）
生產車間一般耗用	1,200	5.00	6,000	2,000	2.00	4,000	10,000
管理部門耗用	1,000	5.00	5,000				5,000
合計	4,200	5.00	21,000	8,000	2.00	16,000	37,000

（2）結算當月應付職工薪酬57,000元。

其中：生產甲產品人員薪酬　　　　　22,800元
　　　生產乙產品人員薪酬　　　　　22,800元
　　　車間管理人員薪酬　　　　　　 3,420元
　　　行政管理人員薪酬　　　　　　 7,980元

（3）按規定標準計提本月固定資產折舊費5,000元，其中生產用固定資產折舊費為3,000元，行政管理部門固定資產折舊費為2,000元。

（4）從銀行提取現金57,000元，並發放當月職工薪酬。

（5）結轉當月製造費用，以生產甲、乙產品人員工資為標準分配製造費用。

（6）假設7月初甲產品在產品成本為10,000元，乙產品沒有月初在產品，本月末甲、乙兩種產品全部完工入庫（包括本月初在產品和本月投產的產品），不存在月末在產品，結轉完工產品的製造成本。

要求：根據上述經濟業務編制會計分錄，並計算本月完工的甲、乙兩產品的成本。

【業務題四】

目的：練習製造企業銷售業務的會計處理。

資料：某公司201×年8月份發生的銷售業務如下：

（1）向A公司銷售甲產品200件，每件售價400元，貨款共計80,000元，產品已經發出，款項已通過銀行收記。

（2）向A公司銷售乙產品150件，每件售價500元，貨款共計75,000元，產品已經發出，款項尚未收到。

（3）收到A公司支付的貨款87,750元，款項已存入銀行。

（4）月末，按產品銷售收入的10%計算甲產品應納消費稅，共計8,000元。

（5）月末，用銀行存款支付本月產品廣告宣傳費10,000元。

（6）結轉本月已售甲產品和乙產品的生產成本。甲產品每件成本250元，乙產品每件成本300元。

要求：根據上述經濟業務編制會計分錄。

【業務題五】

目的：練習製造企業全部經濟業務的會計處理。

資料：某製造企業201×年9月的經濟業務如下：

（1）收到A公司投入的最后一筆資金2,270,000元，款項存入銀行。

（2）收到B公司投入設備一臺，雙方協議確認的價值為650,000元，設備已投入使用。

（3）C公司用商標權向公司投資，經專家評估確認，價值為80,000元。

（4）由於季節性儲備材料需要，向銀行申請借入流動資金300,000元，借款期限3個月，已辦妥借款手續，款項已轉存銀行。

（5）向銀行借入兩年期借款1,000,000元，借款暫時存入銀行。

（6）購入辦公樓一棟，購買價款3,000,000元。款項已用銀行存款支付。

（7）購入生產設備一批，價值2,400,000元，另購入辦公設備一批，價值6,000,000元。通過銀行存款支付款項1,100,000元，餘款於近期支付。

（8）從甲公司購入A材料1,000千克，買價40,000元，增值稅6,800元，對方代墊運費500元，款項尚未支付，材料已驗收入庫。

（9）根據合同規定，向本地乙公司預付貨款30,000元用於採購B材料。

（10）購入C材料5,000千克，買價300,000元，增值稅51,000元，材料驗收入庫，企業開出商業匯票承諾付款。

（11）根據當期領料憑證，編制領料憑證匯總表，如表2－16所示。

表2－16　　　　　　　　　　領料憑證匯總表　　　　　　　金額單位：元

用途	A材料 數量（千克）	A材料 單價	A材料 金額	B材料 數量（千克）	B材料 單價	B材料 金額	金額合計
製造產品耗用 X產品	5,000	20.00	100,000				100,000
Y產品				4,000	12.00	48,000	48,000
製造部門一般耗用				100	12.00	1,200	1,200
合計	5,000	20.00	100,000	4,100	12.00	49,200	149,200

（12）本期根據考勤記錄和產量記錄計算職工的工資如表2－17所示。

表2－17　　　　　　　　　職工工資計算表　　　　　　　　　單位：元

生產工人	X產品工人	36,500
	Y產品工人	23,500
小計		60,000
車間人員		18,000
行政管理人員		42,000
合計		120,000

（13）開出現金支票一張，支付本期工資120,000元。

（14）根據本期職工工資總額計算的職工福利費如表2-18所示。

表2-18　　　　　　　　　　職工福利費計算表　　　　　　　　單位：元

生產工人	X產品工人	5,110
	Y產品工人	3,290
小計		8,400
車間人員		2,520
行政管理人員		5,880
合計		16,800

（15）以現金購買車間辦公用品280元。
（16）以銀行存款支付本期車間水電費共5,800元。
（17）期末結轉本期製造費用。本期發生的製造費用共為27,800元。根據X、Y產品的生產工時比例分配製造費用，X、Y產品的生產工時分別為30,000小時和20,000小時。
（18）本期完工X產品3,000件，Y產品1,000件，均已驗收入庫。其中，期末在產品X產品500件，Y產品200件。X、Y產品期初、期末在產品成本資料如表2-19、表2-20所示。

表2-19　　　　　　　　　　期初在產品成本資料　　　　　　　　單位：元

產品名稱	直接材料	直接人工	製造費用	合　計
X產品	26,000	5,000	2,000	33,000
Y產品	10,000	4,000	1,200	15,200
合計	36,000	9,000	3,200	48,200

表2-20　　　　　　　　　　期末在產品成本資料　　　　　　　　單位：元

產品名稱	直接材料	直接人工	製造費用	合計
X產品	30,000	5,600	2,600	38,200
Y產品	12,000	4,200	1,800	18,000
合計	42,000	9,800	4,400	56,200

（19）銷售給丙公司X產品500件，增值稅專用發票所列示的單價200元，價款為100,000元，增值稅額為17,000元，款項尚未收到。
（20）銷售給丁公司Y產品300件，增值稅專用發票所列示的單價500元，價款為150,000元，增值稅額為25,500元，共計貨款175,500元，對方以商業匯票結算。
（21）預收戊公司貨款50,000元。
（22）銷售一批不需用的材料，共500千克，單價為每千克40元，價款為20,000元，增值稅額為3,400元，共計貨款23,400元，款項已經收到。

(23) 以銀行存款支付銷售產品廣告費 11,182 元。

(24) 期末，結轉本期已銷產品銷售成本。X 產品 500 件的銷售成本為 25,515 元，Y 產品 300 件的銷售成本為 24,933 元。

(25) 月末結轉已銷售材料的成本 12,000 元。

(26) 本期應交城市維護建設稅 3,213 元，應交教育費附加 1,377 元。

(27) 期末以銀行存款繳納上述稅費。

(28) 從下屬單位分得投資利潤 10,000 元，存入銀行。

(29) 企業接受 D 公司現金捐贈 150,000 元，存入銀行。

(30) 在財產清查中發現，企業因火災原因造成盤虧 A 材料一批，實際成本 2,100 元，經批准計入營業外支出。

(31) 開出轉帳支票 1,800 元支付本期銀行借款利息。

(32) 期末結轉本年利潤。

(33) 計算期末利潤總額。

(34) 假設本期不存在納稅調整項目，按稅法規定 25% 的稅率計算應納所得稅額。

(35) 計算本期淨利潤，結轉可供分配的利潤。

(36) 按照本期淨利潤的 10% 提取法定盈餘公積。

(37) 按照本期淨利潤的 5% 提取任意盈餘公積。

(38) 按照本期剩餘利潤的 80% 向投資者分配現金股利。

(39) 結轉已經分配的利潤。

(40) 計算期末企業留存利潤。

參考答案

一、單選題

| 1. D | 2. B | 3. D | 4. B | 5. C |
| 6. A | 7. B | 8. C | 9. D | 10. A |

二、多選題

| 1. AB | 2. AD | 3. ABCDE | 4. AC | 5. AD |
| 6. ABC | 7. ABCE | 8. AB | 9. CD | 10. BCDE |

三、判斷題

| 1. × | 2. √ | 3. √ | 4. √ | 5. × |
| 6. × | 7. × | 8. √ | 9. √ | 10. √ |

四、業務題

【業務題一】略。

【業務題二】略。
【業務題三】略。
【業務題四】略。
【業務題五】
(1) 借：銀行存款　　　　　　　　　　　　　2,270,000
　　　貸：實收資本　　　　　　　　　　　　2,270,000
(2) 借：固定資產　　　　　　　　　　　　　　650,000
　　　貸：實收資本　　　　　　　　　　　　　650,000
(3) 借：無形資產　　　　　　　　　　　　　　 80,000
　　　貸：實收資本　　　　　　　　　　　　　 80,000
(4) 借：銀行存款　　　　　　　　　　　　　　300,000
　　　貸：短期借款　　　　　　　　　　　　　300,000
(5) 借：銀行存款　　　　　　　　　　　　　1,000,000
　　　貸：長期借款　　　　　　　　　　　　1,000,000
(6) 借：固定資產　　　　　　　　　　　　　3,000,000
　　　貸：銀行存款　　　　　　　　　　　　3,000,000
(7) 借：固定資產　　　　　　　　　　　　　8,400,000
　　　貸：銀行存款　　　　　　　　　　　　1,100,000
　　　　　應付帳款　　　　　　　　　　　　7,300,000
(8) 借：原材料　　　　　　　　　　　　　　　 40,500
　　　　應交稅費——應交增值稅（進項稅額）　 6,800
　　　貸：應付帳款　　　　　　　　　　　　　 47,300
(9) 借：預付帳款　　　　　　　　　　　　　　 30,000
　　　貸：銀行存款　　　　　　　　　　　　　 30,000
(10) 借：原材料　　　　　　　　　　　　　　 300,000
　　　　 應交稅費——應交增值稅（進項稅額）　 51,000
　　　貸：應付票據　　　　　　　　　　　　　351,000
(11) 借：生產成本——X產品　　　　　　　　　100,000
　　　　　　　　——Y產品　　　　　　　　　 48,000
　　　　 製造費用　　　　　　　　　　　　　　1,200
　　　貸：原材料　　　　　　　　　　　　　　149,200
(12) 借：生產成本——X產品　　　　　　　　　 36,500
　　　　　　　　——Y產品　　　　　　　　　 23,500
　　　　 製造費用　　　　　　　　　　　　　 18,000
　　　　 管理費用　　　　　　　　　　　　　 42,000
　　　貸：應付職工薪酬——職工工資　　　　　120,000
(13) 借：應付職工薪酬——職工工資　　　　　 120,000
　　　貸：銀行存款　　　　　　　　　　　　　120,000

(14) 借：生產成本——X 產品　　　　　　　　　　　　　5,110
　　　　　　　　——Y 產品　　　　　　　　　　　　　3,290
　　　　製造費用　　　　　　　　　　　　　　　　　　2,520
　　　　管理費用　　　　　　　　　　　　　　　　　　5,880
　　貸：應付職工薪酬——職工福利　　　　　　　　　　16,800
(15) 借：製造費用　　　　　　　　　　　　　　　　　　280
　　貸：庫存現金　　　　　　　　　　　　　　　　　　280
(16) 借：製造費用　　　　　　　　　　　　　　　　　5,800
　　貸：銀行存款　　　　　　　　　　　　　　　　　5,800
(17) 製造費用分配表如表 2-21 所示。

表 2-21　　　　　　　　　製造費用分配表　　　　　　金額單位：元

分配對象		生產工時	分配率	分配金額
生產成本	X 產品	30,000	0.556	16,680
	Y 產品	20,000	0.556	11,120
合計		50,000		27,800

　　借：生產成本——X 產品　　　　　　　　　　　　　16,680
　　　　　　　　——Y 產品　　　　　　　　　　　　　11,120
　　貸：製造費用　　　　　　　　　　　　　　　　　27,800
(18) X 產品、Y 產品生產成本明細分類帳如表 2-22、表 2-23 所示。

表 2-22　　　　　　　　　生產成本明細分類帳
名稱：X 產品　　　　　　　　　　　　　　　　　　　　　單位：元

201×年		憑證號數	摘要	直接材料	直接人工	製造費用	合計
月	日						
9	1		期初在產品成本	26,000	5,000	2,000	33,000
			本月生產費用	100,000	41,610	16,680	158,290
			生產費用累計	126,000	46,610	18,680	191,290
			本期完工產品成本	96,000	41,010	16,080	153,090
			期末餘額	30,000	5,600	2,600	38,200

表 2-23　　　　　　　　　生產成本明細分類帳
名稱：Y 產品　　　　　　　　　　　　　　　　　　　　　單位：元

201×年		憑證號數	摘要	直接材料	直接人工	製造費用	合計
月	日						
9	1		期初在產品成本	10,000	4,000	1,200	15,200

表2-23(續)

201×年		憑證號數	摘要	直接材料	直接人工	製造費用	合計
月	日						
			本月生產費用	48,000	26,790	11,120	85,910
			生產費用累計	58,000	30,790	12,320	101,110
			本期完工產品成本	46,000	26,590	10,520	83,110
			期末餘額	12,000	4,200	1,800	18,000

產品成本計算過程如下：

本期 X 產品完工產品成本 = 33,000 + (100,000 + 36,500 + 5,110 + 16,680)
$\qquad$ - 38,200
$\qquad$ = 153,090 (元)

本期 Y 產品完工產品成本 = 15,200 + (48,000 + 23,500 + 3,290 + 11,120)
$\qquad$ - 18,000
$\qquad$ = 83,110 (元)

編制會計分錄如下：

借：庫存商品——X 產品　　　　　　　　　　　　153,090
　　　　　　——Y 產品　　　　　　　　　　　　83,110
　貸：生產成本——X 產品　　　　　　　　　　　153,090
　　　　　　——Y 產品　　　　　　　　　　　　83,110

(19) 借：應收帳款　　　　　　　　　　　　　　　117,000
　　　貸：主營業務收入　　　　　　　　　　　　100,000
　　　　　應交稅費——應交增值稅（銷項稅額）　17,000

(20) 借：應收票據　　　　　　　　　　　　　　　175,500
　　　貸：主營業務收入　　　　　　　　　　　　150,000
　　　　　應交稅費——應交增值稅（銷項稅額）　25,500

(21) 借：銀行存款　　　　　　　　　　　　　　　50,000
　　　貸：預收帳款　　　　　　　　　　　　　　50,000

(22) 借：銀行存款　　　　　　　　　　　　　　　23,400
　　　貸：其他業務收入　　　　　　　　　　　　20,000
　　　　　應交稅費——應交增值稅（銷項稅額）　3,400

(23) 借：銷售費用　　　　　　　　　　　　　　　11,182
　　　貸：銀行存款　　　　　　　　　　　　　　11,182

(24) 借：主營業務成本——X 產品　　　　　　　　25,515
　　　　　　　　　　——Y 產品　　　　　　　　24,933
　　　貸：庫存商品——X 產品　　　　　　　　　25,515
　　　　　　　　　　——Y 產品　　　　　　　　24,933

(25) 借：其他業務成本　　　　　　　　　　　　　　　　12,000
　　　貸：原材料　　　　　　　　　　　　　　　　　　　　12,000
(26) 借：稅金及附加——應交城市維護建設稅　　　　　　3,213
　　　　　　　　　　——應交教育費附加　　　　　　　　1,377
　　　貸：應交稅費——應交城市維護建設稅　　　　　　　3,213
　　　　　　　　　　——應交教育費附加　　　　　　　　1,377
(27) 借：應交稅費——應交城市維護建設稅　　　　　　　3,213
　　　　　　　　　——應交教育費附加　　　　　　　　　1,377
　　　貸：銀行存款　　　　　　　　　　　　　　　　　　4,590
(28) 借：銀行存款　　　　　　　　　　　　　　　　　　10,000
　　　貸：投資收益　　　　　　　　　　　　　　　　　　10,000
(29) 接受捐贈時：
　　　借：庫存現金　　　　　　　　　　　　　　　　　150,000
　　　　貸：營業外收入　　　　　　　　　　　　　　　150,000
　　　把現金存入銀行時：
　　　借：銀行存款　　　　　　　　　　　　　　　　　150,000
　　　　貸：庫存現金　　　　　　　　　　　　　　　　150,000
(30) 盤虧時：
　　　借：待處理財產損溢——待處理流動資產損溢　　　2,100
　　　　貸：原材料　　　　　　　　　　　　　　　　　　2,100
　　　結轉時：
　　　借：營業外支出　　　　　　　　　　　　　　　　　2,100
　　　　貸：待處理財產損溢——待處理流動資產損溢　　2,100
(31) 借：財務費用　　　　　　　　　　　　　　　　　　1,800
　　　貸：銀行存款　　　　　　　　　　　　　　　　　　1,800
(32) 結轉收入至本年利潤帳戶：
　　　借：主營業務收入　　　　　　　　　　　　　　　250,000
　　　　　其他業務收入　　　　　　　　　　　　　　　 20,000
　　　　　投資收益　　　　　　　　　　　　　　　　　 10,000
　　　　　營業外收入　　　　　　　　　　　　　　　　150,000
　　　　貸：本年利潤　　　　　　　　　　　　　　　　430,000
　　　結轉費用支出至本年利潤帳戶：
　　　借：本年利潤　　　　　　　　　　　　　　　　　130,000
　　　　貸：主營業務成本　　　　　　　　　　　　　　 50,448
　　　　　　其他業務成本　　　　　　　　　　　　　　 12,000
　　　　　　稅金及附加　　　　　　　　　　　　　　　 4,590
　　　　　　銷售費用　　　　　　　　　　　　　　　　 11,182
　　　　　　管理費用　　　　　　　　　　　　　　　　 47,880

| | 財務費用 | 1,800 |
| | 營業外支出 | 2,100 |

(33) 利潤總額 = 430,000 - 130,000 = 300,000（元）
(34) 應納稅額 = 300,000 × 25% = 75,000（元）
　　　計算時：
　　　借：所得稅費用　　　　　　　　　　　　　　　75,000
　　　　貸：應交稅費——應交所得稅　　　　　　　　　75,000
　　　結轉本年利潤時：
　　　借：本年利潤　　　　　　　　　　　　　　　　75,000
　　　　貸：所得稅費用　　　　　　　　　　　　　　75,000
(35) 本期淨利潤（稅後利潤/可供分配利潤）= 300,000 - 75,000 = 225,000（元）
　　　借：本年利潤　　　　　　　　　　　　　　　225,000
　　　　貸：利潤分配——未分配利潤　　　　　　　　225,000
(36) 應提取的法定盈餘公積 = 225,000 × 10% = 22,500（元）
　　　借：利潤分配——提取法定盈餘公積　　　　　　22,500
　　　　貸：盈餘公積——法定盈餘公積　　　　　　　22,500
(37) 應提取的任意盈餘公積 = 225,000 × 5% = 11,250（元）
　　　借：利潤分配——提取任意盈餘公積　　　　　　11,250
　　　　貸：盈餘公積——任意盈餘公積　　　　　　　11,250
(38) 應向投資者分配的現金股利 =（225,000 - 22,500 - 11,250）× 80%
　　　　　　　　　　　　　　= 191,250 × 80%
　　　　　　　　　　　　　　= 153,000（元）
　　　借：利潤分配——應付現金股利或利潤　　　　　153,000
　　　　貸：應付股利　　　　　　　　　　　　　　153,000
(39) 借：利潤分配——未分配利潤　　　　　　　　　186,750
　　　　貸：利潤分配——提取法定盈餘公積　　　　　22,500
　　　　　　　　　　——提取任意盈餘公積　　　　　11,250
　　　　　　　　　　——應付現金股利或利潤　　　　153,000
(40) 未分配利潤 = 可供分配利潤 - 已分配利潤
　　　　　　　= 225,000 - 186,750
　　　　　　　= 38,250（元）

第三節　填制和審核會計憑證

一、會計憑證概述

(一) 會計憑證的概念

會計憑證是記錄經濟業務、明確經濟責任的書面證明，是登記帳簿的依據。「會計憑證—會計帳簿—會計報表」構成了會計報表的三個基本環節，填制和審核會計憑證是會計核算的專門方法之一，也是會計核算工作的起點和基礎，對會計信息質量具有至關重要的影響和作用。

經濟業務發生時，首先由經辦人員取得表明經濟業務發生及其內容的原始憑證，然后將其交由會計人員或相關部門逐項審查認定經濟業務發生或完成的情況，會計人員依據審核無誤的原始憑證填制記帳憑證。會計人員填制的記帳憑證是登記帳簿的唯一依據。例如，企業從外部購買材料，必須由業務經辦人員取得購貨發票，並簽名或蓋章；企業生產中領用材料，應填制領料單等。各種發票、領料單等，都屬於會計憑證。

(二) 會計憑證的種類

會計憑證的形式多種多樣，可以按照不同的標準進行分類。會計憑證按其填制的程序和用途的不同來劃分，可以分為原始憑證和記帳憑證兩類。

1. 原始憑證

原始憑證又稱單據，是指在經濟業務發生或完成時取得或填制的，用以記錄或證明經濟業務的發生或完成情況，明確經濟責任的原始憑據。原始憑證是進行會計核算的原始資料和重要依據。

各種原始憑證都具備一定的基本內容，這些基本內容通常稱為原始憑證的基本要素，主要包括：原始憑證的名稱，填制原始憑證的日期，憑證的編號，接受原始憑證的單位名稱 (抬頭人)，經濟業務內容 (含數量、單價、金額等)，填製單位簽章，有關人員 (部門負責人、經辦人員) 簽章，填制憑證單位名稱或者填制人姓名，憑證附件。

(1) 原始憑證按取得的來源不同分為自製原始憑證和外來原始憑證。

自製原始憑證是指由本單位內部經辦業務的部門或個人，在執行或完成某項經濟業務時自行填制的、僅供本單位內部使用的原始憑證，如收料單、領料單、限額領料單、產品入庫單、產品出庫單、借款單、工資發放明細表、折舊計算表等。

外來原始憑證是指在經濟業務發生或完成時，從其他單位或個人直接取得的原始憑證，如購買材料時取得的增值稅專用發票、銀行轉來的各種結算憑證、對外支付款項時取得的收據、職工出差時取得的飛機票、車船票等。

(2) 原始憑證按填制手續和方法的不同分為一次憑證、累計憑證、匯總原始憑證

和記帳編制憑證。

一次憑證是指在一張記帳憑證中只反映一項經濟業務或同時反映若干項同類經濟業務，填制手續是一次完成的原始憑證。外來原始憑證一般都屬於一次憑證，自製原始憑證中的「收料單」「領料單」「入庫單」等也屬於一次憑證。

累計憑證是指在一張記帳憑證上連續記載一定時期內不斷重複發生的同類經濟業務，填制手續是隨著經濟業務發生而分次完成的原始憑證，如「限額領料單」等。

匯總原始憑證是指將一定時期內若干張反映同類經濟業務的原始憑證加以匯總而填制的憑證，也稱原始憑證匯總表。匯總原始憑證既可以提供企業經營管理所需要的總量指標，又可以簡化記帳憑證的編制手續，如企業月末將月份內所填制的「領料單」「限額領料單」進行匯總編制的「發料憑證匯總表」。

記帳編制憑證是指由會計人員根據帳簿記錄的結果、重新歸類整理而編制的自製原始憑證，如「製造費用分配表」「固定資產折舊計算表」等。

（3）原始憑證按格式不同分為通用憑證和專用憑證。

通用憑證是指由有關部門統一印製、在一定範圍內使用的具有統一格式和使用方法的原始憑證。通用憑證的使用範圍，因製作部門不同而異，可以是某一地區、某一行業，也可以是全國通用。如某省（市）印製的發貨票、收據等在該省（市）通用；由人民銀行製作的銀行轉帳結算憑證在全國通用等。

專用憑證是指由單位自行印製、僅在本單位內部使用的原始憑證。如領料單、差旅費報銷單、折舊計算表、工資費用分配表等。

2. 記帳憑證

記帳憑證又稱記帳憑單，是會計人員根據審核無誤的原始憑證或匯總原始憑證，按照經濟業務的內容加以歸類，並據以確定會計分錄後所填制的會計憑證，是登記帳簿的直接依據。為了概括反映經濟業務的基本情況，滿足登記帳簿的需要，無論是哪一類記帳憑證，都應具備七方面的基本要素：名稱、日期、編號、摘要、會計分錄、附件張數、責任人簽名蓋章。

（1）記帳憑證按用途和格式分為專用記帳憑證和通用記帳憑證。

專用記帳憑證是一種專門用於記錄某一特定種類經濟業務的記帳憑證，按其所反映經濟業務不同又可以分為收款憑證、付款憑證和轉帳憑證三種。在第五章的模擬實訓中我們選用這種格式的記帳憑證進行操作練習。

收款憑證是用來反映貨幣資金收入業務的記帳憑證。根據收款內容的不同，一般按庫存現金和銀行存款分別編制，付款憑證的借方科目通常位於憑證的左上方。

付款憑證是用來反映貨幣資金支出業務的記帳憑證，付款憑證一般也按庫存現金和銀行存款分別編制，收款憑證的貸方科目通常位於憑證的左上方。

轉帳憑證是用來反映不涉及貨幣資金收付業務（即轉帳業務）的記帳憑證。

通用記帳憑證是指適用於所有經濟業務的記帳憑證，無論收款業務、付款業務還是轉帳業務，其記帳憑證的格式相同。通用記帳憑證也稱作標準憑證。在第四章的全套帳務中我們選用這種格式的記帳憑證進行實際演示。

（2）記帳憑證按是否需要經過匯總分為匯總記帳憑證和非匯總記帳憑證。

匯總記帳憑證是根據一定時期內單一的記帳憑證按一定的方法加以匯總而重新填制的憑證，目的是為了簡化登記總帳的工作。匯總記帳憑證包括分類匯總記帳憑證和全部匯總記帳憑證。

分類匯總記帳憑證是按照收款、付款和轉帳憑證分別加以匯總編制的，包括匯總收款憑證、匯總付款憑證和匯總轉帳憑證三種。匯總收款憑證是按「庫存現金」和「銀行存款」的借方分別設置的一種匯總記帳憑證，它匯總一定時期內庫存現金和銀行存款的收款業務；匯總付款憑證是按「庫存現金」和「銀行存款」科目貸方分別設置的一種匯總記帳憑證，它匯總一定時期內庫存現金和銀行存款的付款業務；匯總轉帳憑證是按照轉帳憑證中每一貸方科目分別設置的，用來匯總一定時期內轉帳業務的一種匯總記帳憑證。

全部匯總記帳憑證是根據平時編制的所有記帳憑證按照相同科目歸類匯總其借方、貸方發生額而編制的，一般稱為科目匯總表。在科目匯總表中，分別計算出每一個總帳科目的借方發生額合計數和貸方發生額合計數。由於借貸記帳法的記帳規則是「有借必有貸，借貸必相等」，所以在編制科目匯總表時，全部總帳科目的借方發生額合計數與貸方發生額合計數相等。科目匯總表可根據單位業務量，既可以每月匯總一次、編制一張，也可以每旬匯總一次或每半個月匯總一次。

非匯總記帳憑證是根據原始憑證編制的只反映某項經濟業務即只有一筆會計分錄的記帳憑證。前面介紹的收款憑證、付款憑證、轉帳憑證以及通用記帳憑證均屬於非匯總記帳憑證。

（3）記帳憑證按填制方式不同分為復式記帳憑證和單式記帳憑證。

復式記帳憑證是將一項經濟業務所涉及的全部會計科目集中填制在一張記帳憑證上，為此也稱多科目記帳憑證，前述各種專用記帳憑證和通用記帳憑證都屬於復式記帳憑證。復式記帳憑證的優點是可在一張記帳憑證上完整反映一項經濟業務，便於瞭解該項經濟業務的全貌以及會計科目的對應關係，便於對憑證的分析和審核；缺點是不便於同時匯總每一帳戶的發生額，也不利於會計人員分工記帳。

單式記帳憑證是將一項經濟業務所涉及的每一個會計科目單獨填制記憑證，為此也稱單科目記帳憑證。單式記帳憑證填列的對應科目只作為參考不作為記帳依據。填列借方科目的憑證稱為借項記帳憑證，填列貸方科目的憑證稱為貸項記帳憑證。單式記帳憑證主要適用於科目匯總表的編制，根據單式記帳憑證，將每一帳戶的借項憑證和貸項憑證歸類在一起，加計總數，就能很快地得出每一帳戶的本期借、貸方發生額，以簡化會計核算工作。單式記帳憑證的優點是便於同時匯總計算每一會計科目的發生額，便於會計人員分工記帳；缺點是不便於從一張記帳憑證中集中反映經濟業務的全貌以及會計科目之間的對應關係，同時由於憑證張數較多，填制工作量較大。

3. 原始憑證和記帳憑證的區別

原始憑證和記帳憑證都稱為會計憑證，但就其性質來講截然不同。原始憑證記錄的是經濟信息，它是編制記帳憑證的依據，是會計核算的基礎；而記帳憑證記錄的是會計信息，它是會計核算的起點。原始憑證和記帳憑證的主要區別有：

（1）原始憑證由經辦人員填制，而記帳憑證一律由會計人員填制；

（2）原始憑證是根據發生或完成的經濟業務填制的，而記帳憑證則是根據審核后的原始憑證填制；

（3）原始憑證僅用於記錄、證明經濟業務已經發生或完成，而記帳憑證則要根據會計科目對已經發生或完成的經濟業務進行歸類、整理編制；

（4）原始憑證是記帳憑證的附件和填制記帳憑證的依據，而記帳憑證則是登記帳簿的依據。

由於原始憑證的內容不同，格式各異，種類繁多，對應關係也不直觀，如果直接根據原始憑證記帳，容易發生差錯，也不便於查帳。因此，應先根據原始憑證或匯總原始憑證編制記帳憑證，在記帳憑證摘要中說明經濟業務的內容，確定應借、應貸的帳戶名稱和金額，並將原始憑證作為附件，然后根據記帳憑證登記帳簿。這樣可以減少記帳錯誤，便於核對和查帳，保障記帳工作的質量。

對原始憑證和記帳憑證，其具體分類情況可以歸納如圖 2-8 所示。

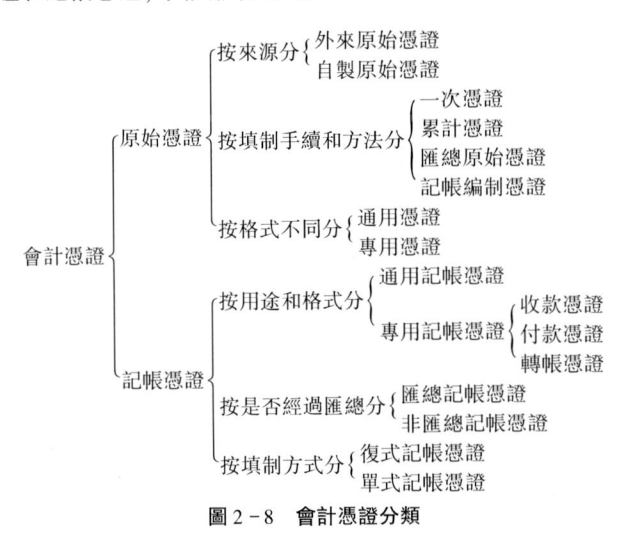

```
                    ┌─ 按來源分 ┌ 外來原始憑證
                    │           └ 自製原始憑證
                    │                        ┌ 一次憑證
          ┌ 原始憑證┤ 按填制手續和方法分 ┤ 累計憑證
          │         │                        │ 匯總原始憑證
          │         │                        └ 記帳編制憑證
          │         └ 按格式不同分 ┌ 通用憑證
會計憑證 ┤                         └ 專用憑證
          │                        ┌ 通用記帳憑證
          │         ┌ 按用途和格式分┤                ┌ 收款憑證
          │         │               └ 專用記帳憑證 ┤ 付款憑證
          └ 記帳憑證┤                               └ 轉帳憑證
                    │ 按是否經過匯總分 ┌ 匯總記帳憑證
                    │                  └ 非匯總記帳憑證
                    └ 按填制方式分 ┌ 復式記帳憑證
                                   └ 單式記帳憑證
```

圖 2-8　會計憑證分類

(三) 會計憑證的作用

會計憑證的作用是提供會計信息，會計人員可以根據會計憑證，對日常大量、分散的各種經濟業務，進行整理、分類、匯總、並經過會計處理，為經濟管理提供有用的會計信息。主要體現在以下幾個方面：

1. 記錄經濟業務，提供記帳依據

會計憑證是記帳的依據，通過會計憑證的填制、復核，按一定方法對會計憑證進行整理、分類、匯總，為會計記帳提供真實、可靠的依據，並通過會計憑證的及時傳遞，對經濟業務及時地進行記錄。

2. 明確經濟責任，強化內部控製

經濟業務發生后，要取得或填制適當的會計憑證，證明經濟業務已經發生或完成；同時要由有關的經辦人員，在憑證上簽字、蓋章，明確業務責任人。通過會計憑證的

填制和審核，使有關責任人在其職權範圍內各司其職、各負其責。

    3. 監督經濟活動，控製經濟運行

通過會計憑證的審核，可以檢查經濟業務的發生是否符合有關的法規、制度，是否符合業務經營、財務收支的方針和計劃、預算的規定，以確保經濟業務的合理、合法和有效性。監督經濟業務的發生、發展，控製經濟業務的有效實施，是發揮會計管理職能的重要內容。

二、原始憑證的填制和審核

（一）原始憑證的填制

    1. 填制要求

（1）記錄真實。原始憑證的填制，必須符合真實性要求，其記載的內容必須與實際情況一致，不得弄虛作假。對於憑證上的日期、經濟業務內容、數量金額等都要由填制人或經辦人根據經濟業務的實際執行和完成情況如實填寫並簽字蓋章，對憑證的真實性和正確性負責，不得偽造、變造。從外單位取得的原始憑證如有遺失，應取得原簽發單位蓋有財務章的證明，並註明原始憑證的號碼、金額和內容等，經單位負責人批准后，可代作原始憑證。對於確實無法取得證明的，如飛機票、火車票等憑證，應由當事人寫明詳細情況，由經辦單位負責人批准后，可代作原始憑證。

（2）內容完整。原始憑證中規定的基本內容和補充資料都要按照規定的格式、內容逐項填寫齊全，不得遺漏或省略。凡是填有大小寫金額的原始憑證，大寫與小寫金額必須相符。幾聯的發票和收據，必須用雙面復寫紙（發票和收據本身具有復寫功能的除外）套寫，並連續編號，註明各聯用途，只能將其中一聯作為登記帳簿的依據。作廢時應當加蓋「作廢」戳記，連同存根一起保存，不得撕毀。經辦業務的有關部門和人員要認真審查原始憑證，簽名蓋章。各種簽名或蓋章必須齊全、清晰，不得模糊不清。對外出具的原始憑證，應當加蓋本單位的財務專用章，自製原始憑證必須由經辦單位的主管或其他指定人員簽名或蓋章。

（3）手續完備。原始憑證的各種填制手續必須完備，符合內部控制的要求，防止錯誤或舞弊的發生。具體需要注意以下五點：①購買實物的原始憑證，必須有驗收證明。②支付款項的原始憑證，必須有收款單位和收款人的收款證明。③發生銷貨退回時，除填制退貨發票外，還必須有退貨驗收證明。退款時必須取得對方的收款收據或匯款銀行的匯出憑證，不得以退貨發票代替收據。④職工公出借款收據，必須附在記帳憑證后面，收回借款時，應另開收據或退還借據副本，不得退還原借款收據。⑤經有關部門辦理的某些特殊業務，應將批准的文件作為原始憑證的附件。如果批准文件需要單獨歸檔的，應在憑證上註明批准機關名稱、日期和文件字號。

（4）書寫規範。原始憑證要用藍色或黑色筆書寫，填寫支票必須使用碳素墨水筆。屬於需要套寫的憑證，必須一次套寫清楚。原始憑證上的文字、數字的填寫應遵循《會計基礎工作規範》的要求，字跡清晰，易於辨認，具體包括以下七個方面：①阿拉伯數字應當一個一個書寫，不得連筆書寫。阿拉伯金額數字前面應當書寫貨幣幣種符

號或者貨幣名稱簡寫。幣種符號與阿拉伯金額數字之間不得留有空白。凡阿拉伯數字前寫有幣種符號的，數字后面不再寫貨幣單位。②所有以元為單位（其他貨幣種類為貨幣基本單位，下同）的阿拉伯數字，除表示單價等情況外，一律填寫到角分；無角分的，角位和分位可寫「00」，或者符號「—」，有角無分的，分位應當寫「0」，不得用符號「—」代替。③漢字大寫數字金額如零、壹、貳、叁、肆、伍、陸、柒、捌、玖、拾、佰、仟、萬、億等，一律用正楷或行書體書寫，不得用 0、一、二、三、四、五、六、七、八、九、十等簡化字代替，不得任意自造簡化字。大寫金額數字到元或者角為止的，在「元」或者「角」字之后應當寫「整」字或者「正」字；大寫金額數字有分的，分字后面不寫「整」字或者「正」字。如小寫金額「￥10,078.30」，大寫金額為「人民幣壹萬零柒拾捌元叁角整」。④大寫金額數字前未印有貨幣名稱的，應當加填貨幣名稱，貨幣名稱與金額數字之間不得留有空白。⑤阿拉伯數字中間有「0」時，漢字大寫金額要寫「零」字；阿拉伯金額數字中間連續有幾個「0」時，漢字大寫金額中可以只寫一個「零」字；阿拉伯金額數字元位是「0」，或者數字中間連續有幾個「0」、元位也是「0」，但角位不是「0」時，漢字大寫金額可以只寫一個「零」字，也可以不寫「零」字。⑥票據如現金支票、銀行轉帳支票的出票日期，必須使用中文大寫。為防止變造票據的出票日期，月為壹、貳、壹拾的，應在其前加「零」，日為壹至玖、壹拾、貳拾、叁拾的，應在其前加「零」。例如，2013 年 2 月 10 日應寫成「貳零壹叁年零貳月零壹拾日」。⑦各種原始憑證不得隨意塗改、刮擦、挖補，如果填寫錯誤，應當由出具單位重開或者按照規定的方法予以更正，更正處應當加蓋出具單位的公章。對於重要的原始憑證，如支票以及各種結算憑證等，一律不得更改。

（5）填制及時。經辦人員應當根據經濟業務的執行和完成情況及時填制原始憑證，並按規定的程序或手續及時送交會計部門，不得拖延或積壓，經過會計部門審核之後，據以編制記帳憑證。

2. 填制方法

（1）一次憑證的填制。一次憑證是經辦人員在經濟業務發生或完成時根據經濟業務的具體內容一次填制完成的。外來原始憑證通常是由外單位經辦人員一次填制完成的，其填制方法和要求與自製一次憑證基本相同。這裡以領料單、增值稅專用發票和支票為例，介紹一次憑證的填制方法。①領料單的填制。領料單是用料部門向倉庫領出材料時填制的原始憑證。領料人應如實填寫領料日期、用途、材料名稱、規格、計量單位、請領數量等內容，經領料部門負責人批准后，向發料人（倉庫保管員）領料，發料人審核用途后，發放材料，填寫實發數量。領料單一般一式三聯，一聯由領料部門留存，一聯留倉庫據以登記材料物資明細帳，一聯交會計部門記帳，填寫時應用雙面復寫紙一次套寫。為明確經濟責任，領料單需經領料部門負責人、領料人、發料人簽字蓋章。②增值稅專用發票的填制。增值稅專用發票是一般納稅人銷售增值稅應稅商品或提供應稅勞務時開具的一種特殊發票，應通過增值稅防偽稅控系統使用。增值稅專用發票的基本聯次統一規定為四聯，各聯次必須按規定用途使用。第一聯為存根聯，由銷貨方留存備查；第二聯為發票聯，由購貨方作為付款的記帳憑證；第三聯為稅款抵扣聯，購貨方作為扣稅憑證；第四聯為記帳聯，銷貨方作為銷售的記帳憑證。

③支票的填制。支票是企業因購買商品、接受勞務或其他事項，委託開戶銀行在見票時無條件支付確定金額給收款人或持票人的票據。支票由出納人員負責填寫，按編號順序使用。支票的基本聯次為兩聯，即存根聯和正聯。簽發支票應當按照規定逐項填寫，並加蓋預留在銀行的印鑒。支票分為現金支票和轉帳支票。填寫現金支票時，使用碳素墨水書寫，正面需要填寫收款人和開戶銀行的名稱、支票號碼、簽發日期（大寫）、簽發人銀行帳號、大小寫金額、用途等項目。反面填寫提款人的姓名、身分證號碼和發證機關名稱。現金支票的用途有一定的限制，一般填寫「備用金」「差旅費」「職工薪酬」「勞務費」等。支票上的大小寫金額和收款人不得更改，其他內容如有更改，必須加蓋預留銀行印鑒加以證明。未按規定填寫支票，被塗改冒領的，由簽發人負責。轉帳支票的填制方法與現金支票基本相同，當企業需要向開戶銀行送交支票，辦理銀行存款收入業務時，還應當填寫進帳單。進帳單填寫的內容包括進帳單的日期、出票人的全稱、開戶銀行和帳號，進帳的大小寫金額，進帳的事由。以上三種一次憑證的具體填制方法詳見第四章第三節對應原始憑證示例。

（2）累計憑證的填制。累計憑證是一次開設、多次使用的原始憑證。以限額領料單為例，採用限額領料單的企業，月初由生產計劃部門根據下達的生產任務和材料消耗定額，為材料領用部門規定月份內領用某種材料的最高額度，材料使用部門在月份內根據需要分次領取。限額領料單一般為一料一單，領料部門每次領料時，在該單內填寫請領數量，經領料部門負責人簽章批准後，去倉庫領料。倉庫發料時，發料人應填寫實發數量及限額結餘數量，領發料雙方同時在單內簽章。月末累計出月實際領用總量和金額，交由會計部門據以記帳。「限額領料單」如表 2－24 所示。

表 2－24　　　　　　　　　　　限額領料單

領料單位：基本生產車間　　　　　　　　　　　　　　　　　編號：100401

用途：生產乙產品　　　　　　201×年 4 月 30 日　　　　　倉庫：1 號倉庫

材料類別	材料編號	材料名稱及規格	計量單位	領用限額	實際領用	單價（元）	金額（元）	備註
型鋼	0462	10 毫米圓鋼	千克	300	295	40	11,800	

日期	請領		實發			限額結餘	退庫	
	數量	領料單位負責人	數量	發料人	領料人		數量	退庫單編號
4 月 1 日	100	孫星	100	李明	王林	200		
4 月 11 日	100	孫星	100	李明	王林	100		
4 月 21 日	95	孫星	95	李明	王林	5		
合計	295		295			5		

供應部門負責人：楊帆　　　　生產計劃部門負責人：劉立　　　　倉庫負責人：賀豐

（3）匯總原始憑證的填制。將一定時期內若干張反映同類經濟業務的一次憑證、累計憑證，按照一定標準匯總填制在一張憑證上。例如，「發料憑證匯總表」是將月份內所填制的若干張「領料單」「限額領料單」按照領料部門和材料用途分類匯總編制的，編制的時間間隔可根據業務量的大小確定；「薪酬結算匯總表」是將企業各部門編制的「薪酬結算單」按人員所在部門和工作崗位分類匯總編制的。「發料憑證匯總表」和「薪酬結算匯總表」詳見第四章第三節。

（4）記帳編制憑證的填制。記帳編制憑證是會計人員根據有關帳簿資料按照經濟業務的要求進行歸類、整理、計算后重新編制的。例如，月末依據明細帳中的會計數據編制的製造費用分配表、固定資產折舊計算表等。這些表格的格式與內容詳見第四章第三節。

(二) 原始憑證的審核

1. 真實性

原始憑證作為會計信息的基本信息源，其真實性對會計信息的質量具有至關重要的影響。其真實性審核包括憑證日期是否真實、業務內容是否真實、數據是否真實等內容的審查。對外來原始憑證，必須有填製單位公章和填制人員簽章；對自製原始憑證，必須有經辦人員的簽名或蓋章。此外，對通用原始憑證，還應審核本身的真實性，以防假冒。

2. 合法性

審核原始憑證所記錄經濟業務是否有違反國家法律法規的情況，是否履行了規定的憑證傳遞和審核程序，是否有貪污腐化等行為。

3. 合理性

審核原始憑證所記錄的經濟業務是否符合企業生產經營活動的需要，是否符合有關的計劃和預算等。

4. 完整性

審核原始憑證各項基本要素是否齊全，是否有漏項情況，日期是否完整，數字是否清晰，文字是否工整，有關人員簽章是否齊全，憑證聯次是否正確等。

5. 正確性

審核原始憑證各項金額的計算及填寫是否正確，包括：阿拉伯數字分位填寫，不得連寫；小寫金額前要標明「￥」字樣，中間不能留有空位；大寫金額前要加「人民幣」字樣，大寫金額與小寫金額要相符；憑證中有書寫錯誤的，應採用正確的方法更正，不能採用塗改、刮擦、挖補等不正確方法。

6. 及時性

原始憑證的及時性是保證會計信息及時性的基礎。為此，要求在經濟業務發生或完成時及時填制有關原始憑證，及時進行憑證的傳遞。審核時應注意審查憑證的填制日期，尤其是支票、銀行匯票、銀行本票等失效性較強的原始憑證，更應仔細驗證其簽發日期。

經審核的原始憑證應根據不同情況進行處理：第一，對於完全符合要求的原始憑

證，應及時據以編制記帳憑證入帳。第二，對於真實、合法、合理但內容不夠完整、填寫有錯誤的原始憑證，應退回給有關經辦人員，由其負責將有關憑證補充完整、更正錯誤或重開後，再辦理正式會計手續。第三，對於不真實、不合法的原始憑證，會計機構、會計人員有權不予接受，並向單位負責人報告。

原始憑證的審核是一項嚴肅、細緻的重要工作，會計人員必須熟悉國家有關法規和制度以及本單位的有關規定，這樣，才能掌握審核和判斷是非的標準，確定經濟業務是否合理、合法，從而做好原始憑證的審核工作，實現正確有效的會計監督。另外，審核人員還必須做好宣傳解釋工作，因為原始憑證所證明的經濟業務需要由有關領導和職工去經辦，只有對他們做好宣傳解釋工作，才能避免發生違法違規的經濟業務。

三、記帳憑證的填制和審核

(一) 記帳憑證的填制

1. 填制要求

(1) 依據真實可靠。記帳憑證必須以審核無誤的原始憑證為依據，記帳憑證可以根據每一張原始憑證單獨填制，也可以根據若干張同類原始憑證匯總填制，還可以根據原始憑證匯總表編制，但不得將不同內容和類別的原始憑證匯總編制在一張記帳憑證上。

(2) 摘要簡明扼要。在記帳憑證的摘要欄內，要簡明扼要地概括出經濟業務的主要內容，不可不填或錯填，既要防止簡而不明，又要避免過於繁瑣。填寫時要針對不同性質經濟業務的特點，同時還要滿足登記帳簿的需要。例如，對於反映實物資產的帳戶，摘要中應註明品種、數量及單價；對於反映貨幣資金的帳戶，應註明結算憑證的號碼等內容。

(3) 日期填寫正確。記帳憑證的日期一般應為會計人員填制記帳憑證當天的日期，也可以根據需要填寫經濟業務發生當天的日期或月末日期。其中收、付款憑證一般應按現金、銀行存款的收、付款日期填寫；轉帳憑證原則上應按收到原始憑證的日期填寫，月末轉帳業務，應按月末日期填寫。

(4) 分錄編制正確。對於每一項經濟業務，都必須按照會計準則進行職業判斷，運用統一規定的會計科目正確編制會計分錄，不得任意更改會計科目的名稱和核算的內容，以確保科目使用的正確性和核算口徑的一致性。必須按規定的會計科目填寫一級會計科目，不得任意簡化或改動，不得只寫科目編號，不寫科目名稱；有關的二級或明細科目要填寫齊全。記帳憑證上的金額登記方向、數字必須正確，符合數字書寫規定，角分位不留空格。記帳憑證應按行次逐項填寫，不能跳行。記帳憑證編制完成后，如有空行，應當從金額欄最后一筆金額下的空行處至合計數上面的空行處劃一條斜線或「S」形線註銷。合計金額欄的第一位數字前要填寫人民幣（￥）等貨幣符號。

(5) 附件數量完整。除期末結帳和更正錯誤的記帳憑證可以不附原始憑證以外，其餘的記帳憑證都應附有原始憑證，並註明所附原始憑證的張數，以便日後查閱。附件張數的計算，一般以原始憑證的自然張數為準。記帳憑證若附有原始憑證匯總表，應將其一併計入附件的張數之內。但報銷差旅費的零散票券，可以粘貼在一張紙上，作為一張原始憑證。如果一張原始憑證同時涉及幾張記帳憑證，可以把原始憑證附在

一張主要的記帳憑證后面，並在其他記帳憑證上註明附有該原始憑證的記帳憑證的編號或者附上該原始憑證的複印件。

（6）編號連續科學。編號的目的是為了分清記帳憑證的先后順序，便於登記帳簿以及日后記帳憑證與會計帳簿之間的核對，並防止散失。記帳憑證應按經濟業務發生順序，按不同種類的記帳憑證連續編號。對於使用通用記帳憑證的企業可採用順序編號法，即按經濟業務發生的先后順序，將所有記帳憑證分月按自然數1、2、3……順序連續編號；對於使用專用記帳憑證的企業，通常可採用「分類編號法」，即按收款憑證、付款憑證和轉帳憑證分收、付、轉三類進行編號。例如，「收字第×號」「付字第×號」「轉字第×號」，或再細分現收、現付、銀收、銀付、轉帳五類進行編號，例如，「現收字第×號」「現付字第×號」「銀收字第×號」「銀付字第×號」「轉字第×號」。此外，還可以採用按憑證總字號順序編號與按類別順序編號相結合的「雙重編號法」。例如，某銀行收款憑證為「總字第×號，銀收字第×號」。對於一筆經濟業務需要編制多張記帳憑證的，可採用分數編號法。例如，一筆經濟業務需要編制兩張記帳憑證，憑證的順序號為20時，其編號為×字第20, 1/2、×字第20, 2/2，前面的整數為總順序號，后面的分數為該項業務的分號，分母表示該項業務的記帳憑證總張數，分子表示該項業務的順序號。不論採用哪種憑證編號方法，每月末最后一張記帳憑證編號的旁邊要加註「全」字，以免憑證散失。

（7）錯誤更正規範。在填制時如果發現記帳憑證有錯誤，應當重新填制正確的記帳憑證。對於已經登記入帳的記帳憑證，在當年內發現填寫錯誤時，可以用紅字填寫一張與原內容相同的記帳憑證，在摘要欄註明「註銷某月某日某號憑證」字樣，同時再用藍字重新編制一張正確的記帳憑證，摘要欄中註明「訂正某月某日某號憑證」字樣。如果會計科目沒有錯誤，只是金額錯誤，也可以將正確數字與錯誤數字之間的差額，另編一張調整的記帳憑證，調增金額用藍字，調減金額用紅字。發現以前年度記帳憑證有錯誤的，應當區分資產負債表日后事項或非日后事項進行會計處理。

2. 填制方法

（1）專用記帳憑證的填制。收款憑證應根據有關庫存現金或銀行存款收款業務的原始憑證填制。收款憑證的設證科目是借方科目，在收款憑證左上方設「借方」科目欄，按收款的性質填寫「庫存現金」或「銀行存款」科目，憑證內反映的是貸方科目，應填寫與庫存現金或銀行存款相對應的總帳科目及所屬的明細科目；「摘要」欄內填寫經濟業務的簡要說明；「金額」欄填寫經濟業務實際發生的數額；同時在收款憑證上填寫所附原始憑證的張數，相關經手人員還要簽名或蓋章。在實際工作中，出納人員根據會計主管人員或指定人員審核批准的收款憑證收款時，要加蓋「收訖」戳記，以避免差錯，審核無誤的收款憑證可據以登記庫存現金和銀行存款日記帳、相關的總帳及明細帳，登記入帳后，在「記帳」欄打上「√」，表示已入帳，以免漏記、重記。

付款憑證應根據有關庫存現金或銀行存款付款業務的原始憑證填制。與收款憑證不同的是，付款憑證的設證科目是貸方科目，在付款憑證左上方所填列的是「貸方科目」；在憑證內所反映的是借方科目，應填寫與庫存現金或銀行存款相對應的總帳科目

及所屬的明細科目,其餘欄目的填列方法與收款憑證均相同。出納人員根據付款憑證付款時,要在憑證上加蓋「付訖」戳記,以避免重複付款。值得注意的是,對於庫存現金與銀行存款之間相互劃轉的業務,記帳憑證的填制有兩種方法:一種方法是只編制付款憑證,而不編制收款憑證,以免重複記帳。例如,將現金送存銀行的業務,只編制現金付款憑證;從銀行提取現金的業務,只編制銀行存款付款憑證。另一種方法是同時填制收款憑證和付款憑證,並在兩張憑證的對方帳戶過帳欄中事先用「√」銷號,在記帳時,收款憑證只記借方帳戶,付款憑證只記貸方帳戶。

　　轉帳憑證應根據現金和銀行存款以外的原始憑證填制。與收款、付款憑證格式不同的是,轉帳憑證不設主體科目欄,將經濟業務所涉及的總帳科目及明細科目全部填列在憑證內,借方科目在先,貸方科目在後,將各會計科目所記應借應貸的金額填列在「借方金額」或「貸方金額」欄內,借、貸方金額合計應該相等。製單人應在填制憑證後簽名蓋章,並在轉帳憑證上填寫所附原始憑證的張數。

　　(2) 通用記帳憑證的填制。通用記帳憑證的填制方法與轉帳憑證的填制方法基本相同。只是在憑證的編號上,採用按照經濟業務的先後順序編號的方法,往往編為記字第×號。通用記帳憑證的填制詳見第四章第四節。

　　(3) 單式記帳憑證的填制。單式記帳憑證是將某項經濟業務所涉及的每個借方科目和貸方科目,分別編制借項憑證和貸項憑證,在一張記帳憑證上只填列一個會計科目。一項經濟業務的會計分錄涉及幾個會計科目,就填幾張記帳憑證。為了保持會計科目間的對應關係,便於核對,單式記帳憑證的編號採用分數編號法,在填制一套會計分錄時編一個總號,再按憑證張數編幾個分號,如第35筆經濟業務涉及兩個會計科目,編號則為35,1/2和35,2/2,如表2-25、表2-26所示。

表 2-25　　　　　　　　　　　借項記帳憑證

對應科目:銀行存款　　　　201×年4月30日　　　　　憑證編號　35,1/2

摘要	一級科目	二級或明細科目	金額	記帳
從光明公司購入 M 材料	材料採購	M 材料	1,090,000	
合計			¥1,090,000	

附件貳張

會計主管:王欣　　　記帳:黃歡　　　出納:李梅　　　審核:周平　　　製單:王曉

表 2-26　　　　　　　　　　　貸項記帳憑證

對應科目:材料採購　　　　201×年4月30日　　　　　憑證編號　35,2/2

摘要	一級科目	二級或明細科目	金額	記帳
從光明公司購入 M 材料	銀行存款	工商銀行	1,090,000	
合計			¥1,090,000	

附件貳張

會計主管:王欣　　　記帳:黃歡　　　出納:李梅　　　審核:周平　　　製單:王曉

(4) 復式記帳憑證的填制。復式記帳憑證是將某項經濟業務所涉及的全部會計科目集中填制在一張記帳憑證上,如上述的專用記帳憑證和通用記帳憑證都屬於復式記帳憑證。其編制方法詳見第四章第四節及第五章第三節。

匯總記帳憑證包括分類匯總記帳憑證和全部匯總記帳憑證,其填制方法在第三章介紹。全部匯總記帳憑證,即科目匯總表的編制詳見第四章第七節。

(二) 記帳憑證的審核

1. 內容是否真實

審核記帳憑證是否有原始憑證為依據,所附原始憑證的內容與記帳憑證的內容是否一致,記帳憑證匯總表的內容與其所依據的記帳憑證的內容是否一致等。

2. 項目是否齊全

審核記帳憑證各項目的填寫是否齊全,如日期、憑證編號、摘要、會計科目、金額、所附原始憑證張數及有關人員簽章等。

3. 科目是否合規

審核記帳憑證的應借、應貸科目是否正確,是否有明確的帳戶對應關係,所使用的會計科目是否符合國家統一的會計準則的規定等。

4. 金額是否精確

審核記帳憑證所記錄的金額與原始憑證的有關金額是否一致、計算是否正確,記帳憑證匯總表的金額與記帳憑證的金額合計是否相等。

5. 書寫是否正確

審核記帳憑證中的記錄是否文字工整、數字清晰,是否按規定進行更正等。

此外,出納人員在辦理收款或付款業務後,應在憑證上加蓋「收訖」或「付訖」的戳記,以避免重收重付。

四、會計憑證的傳遞與保管

(一) 會計憑證的傳遞

會計憑證的傳遞是指從會計憑證的取得或填制時起至歸檔保管過程中,在單位內部有關部門和人員之間的傳送程序。

會計憑證的傳遞要求能夠滿足內部控製制度的要求,使傳遞程序合理有效,同時盡量節約傳遞時間,減少傳遞的工作量。單位應根據具體情況制定每一種憑證的傳遞程序和方法。

會計憑證的傳遞一般包括傳遞程序和傳遞時間兩個方面。

各種會計憑證所記載的經濟業務不同,涉及的部門和人員不同,據以辦理的業務手續也不同。因此,應當為各種會計憑證規定一個合理的傳遞程序,即一張會計憑證,填制後應交到哪個部門、哪個崗位、由誰辦理業務手續,直至歸檔保管為止。如憑證有一式數聯的,還應規定每一聯傳到哪幾個部門、什麼用途等。

各種會計憑證還應根據其辦理業務手續所需的時間,規定它的傳遞時間。其目的是使各個工作環節環環相扣,相互督促,以提高工作效率。

正確組織會計憑證的傳遞，對及時處理業務和加強會計監督具有重要作用。在制定合理的憑證傳遞程序和時間時，通常考慮以下幾點：

第一，要根據經濟業務的特點、企業內部的機構設置和人員分工情況以及管理上的要求等，具體規定各種憑證的聯數和傳遞程序，使有關部門既能按規定手續處理業務，又能利用憑證資料掌握情況，提供數據，協調一致。同時還要注意流程合理，避免不必要的環節，以加快傳遞速度。

第二，要根據有關部門和人員辦理業務的必要手續時間，確定憑證的傳遞時間，時間過緊，會影響業務手續的完成，過鬆則影響工作效率。

第三，要通過調查研究和協商來制定會計憑證的傳遞程序和傳遞時間。原始憑證大多涉及本單位內部各個部門和經辦人員，因此，會計部門應會同有關部門和人員共同協商其傳遞程序和時間。記帳憑證是會計部門的內部憑證，可由會計主管會同制證、出納、記帳等有關人員商定其傳遞程序和時間。

會計憑證的傳遞程序和傳遞時間確定後，可分別為若干主要業務繪製流程圖或流程表，通知有關人員遵守執行。執行中如有不合理的地方，可隨時根據實際情況加以修改。

(二) 會計憑證的保管

會計憑證的保管是指會計憑證記帳后的整理、裝訂、歸檔和存查工作。

會計憑證作為記帳的依據是重要的會計檔案和經濟資料。本單位以及有關部門、單位，可能因各種需要查閱會計憑證，特別是發生貪污、盜竊、違法亂紀行為時，會計憑證還是依法處理的有效證據。因此，任何單位在完成經濟業務手續和記帳之後，必須將會計憑證按規定的立卷歸檔制度形成會計檔案資料，妥善保管，防止丟失，不得任意銷毀，以便於日後隨時查閱。

對會計憑證的保管，既要做到完整無缺，又要便於翻閱查找。其主要要求有：

第一，會計憑證應定期裝訂成冊，防止散失。會計部門在依據會計憑證記帳以后，應定期（每天、每旬或每月）對各種會計憑證進行分類整理，將各種記帳憑證按照編號順序，連同所附的原始憑證一起加具封面、封底，裝訂成冊，並在裝訂線上加貼封簽，由裝訂人員在裝訂線封簽處簽名或蓋章。

第二，會計憑證封面應註明單位名稱、憑證種類、憑證張數、起止號數、年度、月份、會計主管人員、裝訂人員等有關事項，會計主管人員和保管人員應在封面上簽章。

第三，會計憑證應加貼封條，防止抽換憑證。原始憑證不得外借，其他單位如有特殊原因確實需要使用時，經本單位會計機構負責人、會計主管人員批准，可以複製。向外單位提供的原始憑證複製件，應在專設的登記簿上登記，並由提供人員和收取人員共同簽名、蓋章。

第四，原始憑證較多時，可以單獨裝訂，但應在憑證封面註明所屬記帳憑證的日期、編號和種類，同時在所屬的記帳憑證上應註明「附件另訂」及原始憑證的名稱和編號，以便查閱。對各種重要的原始憑證，如押金收據，提貨單等，以及各種需要隨

時查閱和退回的單據，應另編目錄，單獨保管，並在有關的記帳憑證和原始憑證上分別註明日期和編號。

每年裝訂成冊的會計憑證，在年度終了時可暫由單位會計機構保管一年，期滿後應當移交本單位檔案機構統一保管；未設立檔案機構的，應當在會計機構內部指定專人保管。出納人員不得兼管會計檔案。

第五，嚴格遵守會計憑證的保管期限要求，期滿前不得任意銷毀。有關會計憑證保管期限要求詳見第三章第三節。

課后小結

主要術語中英文對照

1. 會計憑證	Accounting Document	2. 記帳編制憑證	Compilation Document
3. 原始憑證	Source Document	4. 收款憑證	Receipt Voucher
5. 記帳憑證	Bookkeeping Document	6. 付款憑證	Payment Voucher
7. 外來原始憑證	Original Voucher Come from Outside	8. 轉帳憑證	Transfer Voucher
9. 自製原始憑證	Self－made Original Voucher	10. 匯總記帳憑證	Summary Bookkeeping Voucher
11. 一次憑證	Onetime Document	12. 科目匯總表	Chart of Accounts
13. 累計憑證	Accumulated Document	14. 單式記帳憑證	Single－entry Voucher
15. 匯總原始憑證	Assembly Source Document	16. 復式記帳憑證	Double－entry Voucher
17. 通用憑證	General Voucher	18. 專用憑證	Special Voucher

復習思考題

1. 什麼是會計憑證？會計憑證如何分類？
2. 原始憑證和記帳憑證有何區別？原始憑證應具備哪些基本要素？填制原始憑證應遵循哪些要求？記帳憑證應包括哪些基本要素？填制記帳憑證應注意哪些問題？
3. 為什麼要對會計憑證進行審核？如何審核？
4. 會計憑證的傳遞和保管有哪些要求？

練習題

一、單選題

1. 會計憑證分為原始憑證和記帳憑證的依據是（　　）。
   A. 填制方式　　　　　　　　　B. 反映經濟業務的方法
   C. 填制程序和用途　　　　　　D. 取得的來源

2. 下列屬於外來原始憑證的是（　　）。
   A. 銀行收帳通知單　　　　　　B. 訂貨單
   C. 領料單　　　　　　　　　　D. 發料憑證匯總表

3. 原始憑證和記帳憑證的相同點是（　　）。
   A. 反映經濟業務的內容相同　　B. 編制時間相同
   C. 所起的作用相同　　　　　　D. 所包含的要素相同

4. 下列關於一次憑證的敘述中，不正確的是（　　）。
   A. 一次憑證是原始憑證的一種
   B. 一次憑證其經濟業務填制手續一次完成，已填列的憑證不能重複使用
   C. 一次憑證是會計人員根據原始憑證填制的記帳憑證
   D. 一次憑證是用於記錄一項或若干項同類性質經濟業務的原始憑證

5. 下列經濟業務需要編制轉帳憑證的是（　　）。
   A. 收到銷售產品的貨款　　　　B. 結轉完工產品生產成本
   C. 從銀行提取現金　　　　　　D. 支付購買材料的貨款

6. 下列項目，不屬於原始憑證基本要素的是（　　）。
   A. 會計科目名稱和記帳方向　　B. 接受憑證單位的名稱
   C. 經辦人員簽名或蓋章　　　　D. 經濟業務的數量、單價和金額

7. 原始憑證不得外借，其他單位如因特殊原因需要使用原始憑證時，經本單位領導批准后方可（　　）。
   A. 購買　　　　　　　　　　　B. 贈閱
   C. 複製　　　　　　　　　　　D. 外借

8. 對於採購員報銷差旅費並交回多餘現金的業務，應編制的專用記帳憑證是（　　）。
   A. 庫存現金收款憑證　　　　　B. 庫存現金付款憑證
   C. 轉帳憑證　　　　　　　　　D. 庫存現金收款憑證和轉帳憑證

9. 對於填寫手續不完備的原始憑證，會計人員按規定應（　　）。
   A. 拒絕受理　　　　　　　　　B. 退回出具單位，要求限期補辦手續
   C. 扣留原始憑證，向本單位領導報告　D. 向本單位財務負責人報告

10. 下列科目可能是收款憑證貸方科目的是（　　）。
    A. 主營業務收入　　　　　　　B. 主營業務成本

C. 製造費用　　　　　　　　　D. 生產成本

二、多選題

1. 填制和審核會計憑證的作用有（　　）。
   A. 反映經濟業務的完成情況　　B. 提供會計信息
   C. 作為登記帳簿的依據　　　　D. 明確經濟責任
   E. 監督企業經濟業務的合理性、合法性

2. 下列關於記帳憑證的敘述中，正確的有（　　）。
   A. 收款憑證是以會計分錄的形式記錄庫存現金、銀行存款收入有關的經濟業務
   B. 付款憑證是以會計分錄的形式記錄庫存現金、銀行存款付出有關的經濟業務
   C. 轉帳憑證是以會計分錄的形式記錄庫存現金、銀行存款收付無關的經濟業務
   D. 收款、付款、轉帳三種記帳憑證都屬於通用記帳憑證
   E. 通用憑證是不分經濟業務的類型，統一使用格式相同的記帳憑證記錄各種經濟業務

3. 記帳憑證是（　　）。
   A. 由經辦業務人員填制的　　　B. 由會計人員填制的
   C. 在經濟業務發生時填制的　　D. 必須附有原始憑證

4. 下列選項中，屬於原始憑證的有（　　）。
   A. 匯總收款憑證　　　　　　　B. 製造費用分配表
   C. 發料憑證匯總表　　　　　　D. 科目匯總表
   E. 購貨合同

5. 下列選項中，不屬於原始憑證的有（　　）。
   A. 領料單與收料單　　　　　　B. 銀行存款餘額調節表
   C. 銷貨發票　　　　　　　　　D. 本期發生額試算平衡表
   E. 材料請購單

6. 各種原始憑證必須具備的內容包括（　　）。
   A. 憑證名稱、填制日期和編號　B. 經濟業務的基本內容
   C. 填制和接受憑證的單位名稱　D. 應借應貸會計科目名稱
   E. 有關人員的簽名、蓋章

7. 可以作為記帳憑證編制依據的有（　　）。
   A. 一次憑證　　　　　　　　　B. 累計憑證
   C. 外來原始憑證　　　　　　　D. 匯總原始憑證
   E. 匯總記帳憑證

8. 原始憑證審核的主要內容有（　　）。
   A. 審核原始憑證所記錄經濟業務內容的合法性
   B. 審核原始憑證所記錄經濟業務是否符合預算
   C. 審核原始憑證填寫內容是否符合規定
   D. 審核原始憑證會計分錄是否正確

E. 審核原始憑證所記錄的經濟業務是否符合實際情況
9. 記帳憑證審核的主要內容有（　　）。
   A. 是否附有原始憑證，所記錄內容與原始憑證是否一致
   B. 應借、應貸會計科目與金額是否正確
   C. 是否有經手人簽名蓋章
   D. 摘要、項目、日期是否填列齊全、清楚
   E. 審核原始憑證所記錄經濟業務的合法性
10. 企業在制定會計憑證傳遞程序時，應考慮的問題有（　　）。
    A. 經濟業務的特點、內部機構設置和人員分工情況
    B. 有關部門和人員對經濟業務辦理必要手續需要的時間
    C. 建立憑證交接的簽收制度
    D. 憑證的數量和帳簿登記的工作量
    E. 方便錯漏帳的查找

三、判斷題

1. 外來原始憑證一般都是一次憑證。（　　）
2. 一次憑證，如「領料單」是指只反映一項經濟業務的原始憑證，其填制手續是一次完成的。（　　）
3. 累計憑證，如「限額領料單」是指在一定時期內連續記載若干項同類經濟業務，其填制手續是隨經濟業務發生而分次完成的憑證。（　　）
4. 對於不真實、不合法的原始憑證，會計人員應當退還給有關經辦人員更正後，再辦理正式手續。（　　）
5. 記帳憑證的填制日期與原始憑證的填制日期應當相同。（　　）
6. 各種會計憑證不得隨意塗改、刮擦、挖補，如填寫發生錯誤，應採用劃線更正法予以更正。（　　）
7. 科目匯總表也是會計憑證，屬於匯總原始憑證。（　　）
8. 為簡化核算，企業可以在月末根據領料單、限額領料單，匯總編制發料憑證匯總表，據以編制記帳憑證，登記有關帳簿。（　　）
9. 出納員趙強 2010 年 3 月 9 日開出一張轉帳支票，在出票日期一欄填寫「二○一○年三月九日」。（　　）
10. 採用專用記帳憑證的企業，銀行存款付款憑證是登記庫存現金日記帳的記帳依據。（　　）

四、業務題

【業務題一】
目的：練習原始憑證的編制與經濟業務的分析。
資料：詳見第四章第二節　分析原始憑證。

【業務題二】

目的：練習記帳憑證的編制。

資料：詳見第四章第三節　編制記帳憑證。

參考答案

一、單選題

1. C　　2. A　　3. A　　4. C　　5. B
6. A　　7. C　　8. D　　9. B　　10. A

二、多選題

1. ABCDE　2. ABCE　3. BD　4. BC　5. BDE
6. ABCE　7. ABCD　8. ABCE　9. ABD　10. ABC

三、判斷題

1. √　　2. ×　　3. √　　4. ×　　5. ×
6. ×　　7. ×　　8. √　　9. ×　　10. √

四、業務題

略。

第四節　登記會計帳簿

一、會計帳簿概述

（一）會計帳簿的概念

會計帳簿，簡稱帳簿，是由專門格式並以一定形式聯結在一起的帳頁所組成的，以會計憑證為依據，對全部經濟業務進行全面、系統、連續、分類地記錄和核算的簿籍，是儲存會計數據資料的重要工具。

設置帳戶是會計核算方法的第一步，填制和審核會計憑證是第二步，登記帳簿則是第三步。在實際工作中，設置帳戶是指在會計帳簿上選擇具體帳頁寫上對應會計科目名稱及期初餘額，以指定帳頁用途，明確帳戶核算功能的過程。

登記帳簿則是指將會計憑證中涉及的具體科目日期、憑證編號、摘要、發生額等信息過到對應科目帳頁上，包括記帳、對帳和結帳三個環節在內的具體會計工作過程。帳簿和帳戶既有聯繫又有區別。帳簿和帳戶所反映的經濟業務內容是一致的，帳戶只是在帳簿中按規定的會計科目設置的戶頭，而帳簿是連續、系統、全面地進行分類記錄、累積和貯存會計信息的載體。簿籍是帳簿的外表形式，帳戶記錄才是帳簿的內容。

（二）會計帳簿的作用

（1）及時提供系統、完整的會計核算資料。會計帳簿與會計憑證不同，會計憑證數量多，資料分散，每張憑證只能記載個別經濟業務，所提供的資料是零星的。為了全面、系統、連續地反映企事業單位的經濟活動和財務收支情況，需要把會計憑證所記載的大量分散的資料加以分類、整理。這一任務可以通過設置和登記會計帳簿來實現。

（2）全面反映財產物資的增減變化。帳簿記錄能夠連續、系統地反映各項財產物資的增減變化及結存情況；通過帳實核對，可以檢查帳實是否相符，從而有利於保證各項財產物資的安全完整，促進資金的合理使用，促使企業改善經營管理。

（3）為考核經營成果和進行經濟活動分析提供依據。根據帳簿記錄的費用、成本和收入、成果資料，可以計算一定時期的財務成果，檢查費用、成本、利潤計劃的完成情況。通過帳簿資料的檢查、分析，可以瞭解企業貫徹有關方針、政策、制度的情況，可以考核各項計劃的完成情況，分析資金使用是否合理，費用開支是否符合標準，經濟效益有無提高，利潤的形成與分配是否符合規定等做出分析、評價，從而找出差距，挖掘潛力，提出改進措施。

（4）為編制會計帳簿提供依據。帳簿記錄既能對經濟活動進行序時核算，又能進行分類核算；既可提供各項總括的核算資料，又可提供明細核算資料。核對無誤的帳簿記錄是編制會計報表的直接依據。

（三）會計帳簿的種類

（1）按外表形式分類，會計帳簿可以分為訂本式帳簿、活頁式帳簿、卡片式帳簿

三類。

訂本式帳簿是將印有順序編號的若干帳頁固定裝訂成冊的帳簿。其優點是可以防止帳頁散失和帳頁被抽換，比較安全；缺點是由於帳頁已被固定裝訂，並有編號，不能隨實際業務的增減變動需要而增減。所以，有一些帳簿（如總帳、往來帳等）必須為每一帳戶預留若干空白帳頁，如預留帳頁不夠用，則會影響帳戶的連續記錄，預留帳頁過多又會造成浪費。同一本帳在同一時間只能由同一人登記，因而不便於分工記帳。訂本式帳簿一般用於具有統馭性的重要帳簿，如總分類帳、庫存現金日記帳和銀行存款日記帳等。

活頁式帳簿是將若干零散帳頁暫時裝訂在活頁帳夾內的帳簿。其優點是可以根據實際業務的需要適當增減帳頁，使用靈活，並便於分工記帳；缺點是帳頁容易散失和被抽換。所以，在採用活頁式帳簿時，必須將空白帳頁連續編寫分號；在會計期末，加寫目錄並按實際使用的帳頁連續編寫總號，固定裝訂成冊后歸檔保管。活頁式帳簿一般適用於一些明細帳，如原材料明細帳、庫存商品明細帳。

卡片式帳簿是由具有不同於一般帳頁格式的卡線表格式帳頁所組成的帳簿，它一般是由分散的卡片所組成，每一卡片用正面和背面兩種不同的格式來記錄同一項財產物資的使用等情況。在使用中可不加裝訂，存放在卡片盒或卡片夾中，使用時可以隨時取放，實際上它是一種特殊的活頁式帳簿。卡片式帳簿除了具有一般活頁式帳簿的特點外，還可以跨年度使用，不需要每年更換新帳。卡片式帳簿多用於記錄內容比較複雜的財產明細帳，如固定資產卡片帳。

（2）按帳頁格式分類，會計帳簿主要分為三欄式帳簿、數量金額式帳簿、多欄式帳簿、橫線登記式帳簿四類。

三欄式帳簿是由設置「借方、貸方、餘額」三個金額欄的帳頁組成的帳簿。三欄式帳簿的帳頁格式是最基本的帳頁格式，其他帳頁格式都是據此增減欄目演變而來的。這種帳頁適用於採用金額核算的「應收帳款」「應付帳款」等帳戶的明細核算。

數量金額式帳簿是指由在「借方、貸方、餘額」三欄內分別設置「數量、單價、金額」三欄的帳頁組成的帳簿。數量金額式帳簿也稱大三欄式帳簿。這種帳簿適用於既要進行金額明細核算、又要進行數量明細核算的財產物資項目，如「原材料」「庫存商品」等帳戶的明細核算。

多欄式帳簿是由在借方金額欄、貸方金額欄或借貸雙方金額欄內再設置多個明細金額欄的帳頁組成的帳簿。這類帳頁多適用於費用、成本、收入、成果類科目的明細核算。

橫線登記式帳簿，也稱平行式帳簿，是指在帳頁的同一橫行內登記同一項經濟業務完成及變動情況的帳簿。一般適用於「材料採購」及「在途物資」「應收票據」「其他應收款」等明細分類核算。

（3）按用途分類，會計帳簿可以分為序時帳簿、分類帳簿、備查帳簿三類。

序時帳簿，也稱日記帳，是對各項經濟業務按其發生時間的先後順序，逐日逐筆進行及時登記的帳簿。序時帳簿按其所記錄的內容不同，分為普通日記帳和特種日記帳。普通日記帳是根據各種經濟業務取得的原始憑證，直接以會計分錄的格式進行序時登記

的帳簿。它具有會計憑證的作用，是過入分類帳的依據。因此，普通日記帳也稱分錄簿。又由於其只有「借方、貸方」兩個金額欄，故也稱為兩欄式日記帳。中西會計的會計分錄載體不同，中國會計採用記帳憑證，而西方會計則採用普通日記帳。特種日記帳是在普通日記帳的基礎發展而來的，它是專門登記某一類經濟業務的日記帳，如庫存現金日記帳、銀行存款日記帳、購貨日記帳、銷貨日記帳等。在會計實務中，通常只對庫存現金和銀行存款設置日記帳，進行序時核算，以加強對貨幣資金的管理。

　　分類帳簿是對各項經濟業務進行分類登記的帳簿。分類帳簿按其反映內容的詳細程度不同，又分為總分類帳簿和明細分類帳簿。總分類帳簿，簡稱總帳，是根據總分類科目開設的帳戶，用來分類登記全部經濟業務，提供總括核算資料的分類帳簿。明細分類帳簿，簡稱明細帳，是根據明細分類科目開設的帳戶，用來登記某一類經濟業務，提供明細核算資料的分類帳簿。在實務中，經濟業務比較簡單、總分類科目為數不多的單位，為了簡化記帳工作，可以設置兼有序時帳簿和分類帳簿作用的聯合帳簿。日記總帳就是典型的聯合帳簿。

　　備查帳簿又稱輔助帳簿，是對序時帳簿和分類帳簿等主要帳簿進行補充登記，提供備查資料的帳簿，如應收票據備查帳簿、應付票據備查帳簿、租入固定資產登記簿、受託加工材料登記簿、代銷商品登記簿、經濟合同執行情況登記簿等。備查帳簿的內容千差萬別，其帳頁沒有固定格式，可根據實際需要靈活確定。備查帳簿與主要帳簿之間不存在嚴密的依存、勾稽關係，每個單位可根據實際需要確定是否設置備查帳簿。

　　現將各帳簿的分類歸納如圖2-9所示。

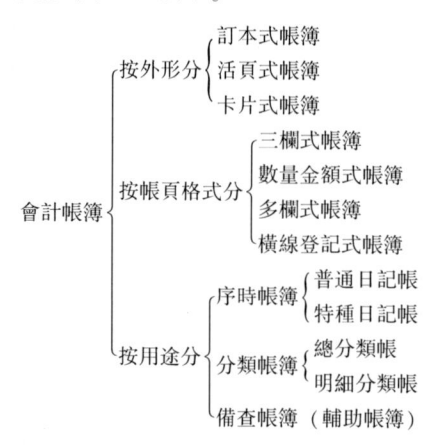

```
                    ┌ 訂本式帳簿
           按外形分 ─┤ 活頁式帳簿
                    └ 卡片式帳簿

                     ┌ 三欄式帳簿
  會計帳簿 按帳頁格式分─┤ 數量金額式帳簿
                     │ 多欄式帳簿
                     └ 橫線登記式帳簿

                    ┌ 序時帳簿 ┬ 普通日記帳
           按用途分 ─┤         └ 特種日記帳
                    │ 分類帳簿 ┬ 總分類帳
                    │         └ 明細分類帳
                    └ 備查帳簿（輔助帳簿）
```

圖2-9　會計帳簿分類

二、登記帳簿的規範性要求

　　（1）根據會計憑證登記帳簿。為了保證帳簿記錄的準確性，必須根據審核無誤的會計憑證，及時登記各種帳簿。登記帳簿時應將會計憑證的日期、編號、摘要、金額等逐項登記入帳，做到數字準確、摘要簡明清楚、登記及時。日記帳可以根據收款憑證、付款憑證登記，明細帳可以根據原始憑證、原始憑證匯總表或記帳憑證登記，總

帳可以根據記帳憑證、科目匯總表、匯總記帳憑證、多欄式日記帳或日記總帳登記。具體登記方法的運用詳見第四章第五節登記日帳、第六節登記明細帳、第八節登記總帳的能力訓練步驟。

（2）帳簿登記完畢，應在記帳憑證「過帳」欄內註明帳簿的頁數或做「∨」符號，表示已登記入帳，以免重登、漏登，也便於查閱、核對，並在記帳憑證上簽名或蓋章。

（3）為了使帳簿記錄清晰，防止塗改，記帳時必須用鋼筆和藍、黑墨水或規定使用的圓珠筆書寫，不能使用鉛筆或不合規定的圓珠筆登帳，紅色墨水只能在以下情況使用：採用紅字更正法衝銷錯帳記錄；使用紅線畫線註銷或畫線結帳；在不設借方欄或貸方欄的多欄式明細帳中，採用紅字登記法，用紅字登記減少發生額；在沒有註明餘額方向的三欄式明細帳中，登記負數餘額；會計制度中規定使用紅字登記的其他記錄。

（4）各種帳簿必須按事先編寫的頁碼，逐頁、逐行順序連續登記，不得隔頁、缺號、跳行，如不慎發生此種情況，應在空頁或空行處用紅色墨水對角劃線註銷，並註明「作廢」字樣，同時由經手人員和會計機構負責人（會計主管人員）在更正處蓋章。對各種帳簿的帳頁不得任意抽換和撕毀，以防舞弊。

（5）「日期」欄內登記記帳憑證的填制日期。年欄，可填寫兩位數字；月欄，只在每頁第一行、辦理月結和變更月份時填寫；日欄，在每頁第一行、變更日期和辦理月結時填寫，日期與上行相同時可以不予填寫。

（6）「憑證號」欄一般登記記帳憑證的分號，如「收×」、「付×」、「轉×」等。如果採用通用記帳憑證，直接登記憑證號。如果採用匯總方式登記總帳，則可以寫「科匯×」或「匯收×」、「匯付×」、「匯轉×」。

（7）「摘要」欄內的說明應簡明扼要，文字要規範，紅字居中書寫（或使用紅色專用章）的有「上年結轉」或「承前頁」「本月合計」「累計」「本年合計」「過次頁」「結轉下年」等；摘要文字可緊靠左線、緊貼底線工整書寫，字高約占行高的二分之一；摘要內容並不是一律照抄記帳憑證的摘要寫法，要根據不同的帳簿，不同的記帳依據，填寫簡明清楚的業務摘要。

（8）「對方科目」欄填寫該筆會計分錄中所登記科目的反向科目名稱。如「借：銀行存款」，「貸：應收帳款」，則「銀行存款」的對方科目是「應收帳款」，而「應收帳款」的對方科目是「銀行存款」。

（9）「金額」欄的數字應與帳頁上標明的位數對準，借貸發生額欄根據記帳憑證的方向正確登記，各帳戶結出餘額後，應在「借或貸」欄內寫明「借」或「貸」。沒有餘額的帳戶在「借或貸」欄內寫「平」字，在「餘額」欄內寫「0」。

（10）每一帳頁登記完畢，應在帳頁的最末一行加計本頁發生額及餘額，並在摘要欄內註明「過次頁」，同時在新帳頁的首行記入上頁加計的發生額和餘額，並在摘要欄內註明「承前頁」，以便對帳和結帳。

（11）帳簿記錄發生錯誤時，不得刮、擦、挖、補，隨意塗改或用褪色藥水更改字跡，應根據錯誤的情況，按規定的方法進行更正。更正錯帳的方法有劃線更正法、紅字更正法和補充登記法。

三、帳簿平行登記原理

平行登記是指對發生的每一筆經濟業務，都要根據相同的會計憑證，一方面記入總分類帳；另一方面還要記入總分類帳戶所屬的明細分類帳戶的一種登帳方法。

(一) 平行登記的要點

(1) 依據相同。依據相同是指對發生的經濟業務，都要以相關的會計憑證為依據，既登記有關總分類帳戶，又登記其所屬的明細分類帳戶。

帳簿登記是根據審核無誤的憑證進行的，無論是登記總帳還是登記明細分類帳，都必須以憑證為依據，而不能在登記了明細帳后根據明細帳的記錄匯總登記總帳，也不能在登記了總帳后根據情況分解總帳上的金額。否則，到了期末，總帳和明細帳的核對工作就失去了實際意義。「依據相同」為平行登記后幾個要點奠定了基礎，使後面的操作有了價值。

(2) 方向相同。方向相同是指將經濟業務記入總分類帳戶和明細分類帳戶時，記帳方向必須相同。即總分類帳戶記入借方，明細分類帳戶也應記入借方；總分類帳戶記入貸方，明細分類帳戶也應記入貸方。

(3) 期間相同。期間相同是指對每項經濟業務在記入總分類帳戶和明細分類帳戶的過程中，可以有先有後，但必須在同一會計期間（如同一個月）全部登記入帳。

(4) 金額相等。金額相等就是指記入總分類帳的金額，必須與記入其所屬的明細分類帳戶之和相等。通過平行登記，總分類帳戶與明細分類帳戶之間在登記金額上就形成了如下關係：

總分類帳戶期初（期末）餘額＝所屬明細分類帳戶期初（期末）餘額之和

總分類帳借方發生額＝所屬明細分類帳戶借方發生額之和

總分類帳貸方發生額＝所屬明細分類帳戶貸方發生額之和

(二) 平行登記的應用

(1) 某工廠 201×年 6 月初「原材料」和「應付帳款」期初餘額如表 2-27 所示。

表 2-27 　　　　　「原材料」和「應付帳款」帳戶期初餘額

帳戶名稱		數量	單價（元）	金額（元）	
總帳	明細帳			總帳	明細帳
原材料				136,000（借）	
	A 材料	10,000 千克	4.60		46,000（借）
	B 材料	20 千克	2,000.00		40,000（借）
	C 材料	2,500 件	20.00		50,000（借）
應付帳款				80,000（貸）	
	中瑞工廠				50,000（貸）
	祥通工廠				20,000（貸）
	宏達工廠				10,000（貸）

(2) 6 月份發生的部分經濟業務如下：

①6 月 3 日，用銀行存款償還上月欠中瑞工廠貨款 50,000 元，欠祥通工廠貨款 20,000 元。

借：應付帳款——中瑞工廠　　　　　　　　　　　　　　50,000
　　　　　　——祥通工廠　　　　　　　　　　　　　　20,000
　貸：銀行存款　　　　　　　　　　　　　　　　　　　70,000

②6 月 5 日，向中瑞工廠購入 A 材料 10,000 千克，每千克 4.6 元，總計 46,000 元；購入 B 材料 60 千克，每千克 2,000 元，總計 120,000 元（暫不考慮增值稅，以下同），材料驗收入庫，貨款以銀行存款付訖。

借：原材料——A 材料　　　　　　　　　　　　　　　　46,000
　　　　　——B 材料　　　　　　　　　　　　　　　　120,000
　貸：銀行存款　　　　　　　　　　　　　　　　　　　166,000

③6 月 12 日，用銀行存款歸還前欠宏達工廠貨款 10,000 元。

借：應付帳款——宏達工廠　　　　　　　　　　　　　　10,000
　貸：銀行存款　　　　　　　　　　　　　　　　　　　10,000

④6 月 20 日，向中瑞工廠購入 A 材料 10,000 千克。每千克 4.6 元，總計 46,000 元。材料驗收入庫，貨款尚未支付。

借：原材料——A 材料　　　　　　　　　　　　　　　　46,000
　貸：應付帳款——中瑞工廠　　　　　　　　　　　　　46,000

⑤6 月 26 日，向宏達工廠購入 C 材料 45,000 件，每件 20 元，總計 900,000 元。材料驗收入庫，貨款尚未支付。

借：原材料——C 材料　　　　　　　　　　　　　　　　900,000
　貸：應付帳款——宏達工廠　　　　　　　　　　　　　900,000

⑥6 月 30 日，生產領用 A 材料 6,000 千克，單價 4.6 元，總計 27,600 元；B 材料 70 千克，單價 2,000 元，總計 140,000 元；C 材料 30,000 件，每件 20 元，總計 600,000 元。

借：生產成本　　　　　　　　　　　　　　　　　　　　767,600
　貸：原材料——A 材料　　　　　　　　　　　　　　　27,600
　　　　　——B 材料　　　　　　　　　　　　　　　　140,000
　　　　　——C 材料　　　　　　　　　　　　　　　　600,000

(3) 根據上述資料，進行平行登記。

①原材料總分類帳戶與所屬明細分類帳戶的平行登記如表 2-28～表 2-31 所示。

表 2－28　　　　　　　　　　　　　原材料總分類帳戶

帳戶名稱：原材料

201×年		憑證		摘要	借方	貸方	借或貸	餘額
月	日	字	號					
6	1	略	略	期初餘額			借	136,000
	5			購進原材料	166,000		借	302,000
	20			購進原材料	46,000		借	348,000
	26			購進原材料	900,000		借	1,248,000
	30			生產領用		767,600	借	480,400
	30			本月合計	1,112,000	767,600	借	480,400

表 2－29　　　　　　　　　　　　　原材料明細分類帳戶

原材料名稱：A 材料　　　　　　　　數量：千克　　　　　　　　單位：元

201×年		憑證		摘要	收入			發出			結存		
月	日	字	號		數量	單價	金額	數量	單價	金額	數量	單價	金額
6	1	略	略	期初餘額							10,000	4.6	46,000
	5			購入	10,000	4.6	46,000				20,000	4.6	92,000
	20			購入	10,000	4.6	46,000				30,000	4.6	138,000
	30			發出				6,000	4.6	27,600	24,000	4.6	110,400
	30			月結	20,000	4.6	92,000	6,000	4.6	27,600	24,000	4.6	110,400

表 2－30　　　　　　　　　　　　　原材料明細分類帳戶

原材料名稱：B 材料　　　　　　　　數量：噸　　　　　　　　　單位：元

201×年		憑證		摘要	收入			發出			結存		
月	日	字	號		數量	單價	金額	數量	單價	金額	數量	單價	金額
6	1	略	略	期初餘額							20	2,000	40,000
	5			購入	60	2,000	120,000				80	2,000	160,000
	30			發出				70	2,000	140,000	10	2,000	20,000
	30			月結	60	2,000	120,000	70	2,000	140,000	10	2,000	20,000

表 2－31　　　　　　　　　　　　　原材料明細分類帳戶

原材料名稱：C 材料　　　　　　　　數量：件　　　　　　　　　單位：元

201×年		憑證		摘要	收入			發出			結存		
月	日	字	號		數量	單價	金額	數量	單價	金額	數量	單價	金額
6	1	略	略	期初餘額							2,500	20	50,000
	26			購入	45,000	20	900,000				47,500	20	950,000
	30			發出				30,000	20	600,000	17,500	20	350,000
	30			月結	45,000	20	900,000	30,000	20	600,000	17,500	20	350,000

② 「應付帳款」總分類帳戶與明細分類帳戶的平行登記如表 2－32～表 2－35 所示。

表 2－32　　　　　　　　　　應付帳款總分類帳戶
帳戶名稱：應付帳款　　　　　　　　　　　　　　　　　單位：元

201×年		憑證		摘要	借方	貸方	借或貸	餘額
月	日	字	號					
6	1	略	略	期初餘額			貸	80,000
	3			還款	70,000		貸	10,000
	12			還款	10,000		平	0
	20			購料		46,000	貸	46,000
	26			購料		900,000	貸	946,000
	30			本月合計	80,000	946,000	貸	946,000

表 2－33　　　　　　　　　　應付帳款明細分類帳戶
帳戶名稱：中瑞工廠　　　　　　　　　　　　　　　　　單位：元

201×年		憑證		摘要	借方	貸方	借或貸	餘額
月	日	字	號					
6	1	略	略	期初餘額			貸	50,000
	3			還款	50,000		平	0
	20			購料		46,000	貸	46,000
	30			月結	50,000	46,000	貸	46,000

表 2－34　　　　　　　　　　應付帳款明細分類帳戶
帳戶名稱：祥通工廠　　　　　　　　　　　　　　　　　單位：元

201×年		憑證		摘要	借方	貸方	借或貸	餘額
月	日	字	號					
6	1	略	略	期初餘額			貸	20,000
	3			還款	20,000		平	0
	30			月結	20,000		平	0

表 2－35　　　　　　　　　　應付帳款明細分類帳戶
帳戶名稱：宏達工廠　　　　　　　　　　　　　　　　　單位：元

201×年		憑證		摘要	借方	貸方	借或貸	餘額
月	日	字	號					
6	1	略	略	期初餘額			貸	10,000
	12			還款	10,000		平	0
	26			購料		900,000	貸	900,000
	30			月結	10,000	900,000	貸	900,000

四、錯帳查找與更正方法

(一) 錯帳的種類

（1）影響借貸平衡的錯帳。這類錯誤產生的原因通常有錯位、移位、記反方向及漏記。①錯位，指的是相鄰數字的顛倒，如47錯記為74。②移位，指的是小數點向左移或向右移，如200.00，小數點向左移動一位，把200.00記成20.00；小數點向右移一位，把200.00記成2,000.00。③記反方向，就是記錯借貸方向，如將借方發生額記到貸方，出現一方重記，而另一方未記；④漏記，就是借貸兩方一方記帳，另一方漏記。以上錯帳在試算平衡時能夠發現。

（2）不影響借貸平衡的錯帳。這類錯誤主要有：①重記整筆業務；②漏記整筆業務；③串戶，即把一個帳戶發生額錯記入另一個帳戶中；④整筆業務中借貸方向剛好相反；⑤幾種錯誤交織，差數相互抵消。以上錯帳在試算平衡時不易被發現。

(二) 錯帳查找方法

（1）全面查找法。全面查找法按照查帳的順序可以分為順查法和逆查法。

順查法是指按照記帳程序，從原始憑證開始，逐筆查到試算平衡表的一種查帳方法。首先，檢查記帳憑證和所附原始憑證記錄的各項內容是否相符、計算上有無差錯等；其次，將記帳憑證和所附原始憑證同有關總帳、日記帳、明細帳逐筆查找核對；最後，檢查試算平衡表是否抄錯。

逆查法是指從試算平衡表追溯到原始憑證，其檢查順序與記帳順序相反。第一，檢查本期發生額及餘額的計算有無差錯；第二，逐筆核對帳簿記錄是否與記帳憑證相符。

（2）個別抽查法。個別抽查法包括餘額試查法、二除法和九除法。

餘額試查法適用於查找總帳與所屬明細帳之間產生的漏記或重記錯誤。總帳與所屬明細帳試算出現差額，可能是因為漏記或重記產生的。如果是漏記，則哪方數額小，漏記就在哪方；如果是重記，則哪方數額大，重記就在哪方。

二除法適用於查找記反方向的錯誤。記帳如果出現記反方向錯誤，即一筆業務借貸發生額記入同一方向，使得一方的合計數增大，而另一方的合計數減少，其差額正好是應記正確數字的2倍。將差額除以2，所得商數可能就是記錯的數字。例如，差數為60元，則60÷2＝30，可以查找是否有一筆30元的業務，借貸金額記在同一方向了。但需注意，如果是單方面漏記帳，則差數即為漏記的金額，這也是有可能的。

九除法適用於查找錯位和移位的錯帳，因數字錯位或移位造成的正誤差數都是9的倍數。例如，原數字是12,580，錯位成12,850，則差額為12,850－12,580＝270，用270÷9＝30，商數30最高位數是十位數，錯位的位數一般是商數所在的位數與高一位位數的錯位，即十位與百位的錯位，而且兩位的差數為3，查找的時候可以將十位與百位兩數差是「3」的數字作為重點查找對象，如本例中原數12,580的十位數數字8與百位數數字5的差即為3，應該作為被查找的對象。而移位的錯誤，即小數點向左移或

向右移，發生縮小或擴大的錯誤時，也可以用九除法進行試查。發生移位錯誤，查找時可將正誤的差數除以 9 或 9 的倍數，即可得到正確數或錯誤數。為此，應注意兩點：一是如果錯移一位，則差數除以 9；如果錯移兩位，則差數除以 99，以此類推。二是小數錯位成大數時，其商數是正確數；當大數錯位成小數時，其商數是錯誤數。例如，將 300.00 錯成 3,000.00，造成不平衡的錯誤，兩數的差為 2,700.00，用 2,700.00÷9＝300.00，則可以用 300.00 直接去查找，300.00 是正確數。又如，將 8,900 錯成 89 時，兩數的差為 8,811，用 8,811÷99＝89，89 就是錯誤數，因 99 是兩位數，所以可以將 89 擴大 100 倍或縮小 100 倍后去查找，這裡用 8,900 去試查。如果經濟業務發生額中沒有 8,900 的，則可以用 0.89 去試查。顯然，這裡 0.89 不是我們要查找的對象。

查找錯帳時，對於已經查過的數字，分別標上正確或錯誤記號，並把錯帳的帳頁號碼、記帳日期、憑證字號、業務內容及差錯情況進行詳細記錄，在查清錯帳后，要及時更正錯帳。錯帳更正的方法有劃線更正法、紅字更正法和補充登記法。

(三) 錯帳更正方法

(1) 劃線更正法。記帳憑證正確，在記帳或結帳過程中發現帳簿記錄中文字或數字有錯誤，應採用劃線更正法。更正時，先在錯誤的文字或數字上劃一紅線註銷，並使原來的字跡仍可辨認，然後在紅線上方空白處用藍字填上正確的文字或數字，並在更正處由記帳人員蓋章。文字錯誤可以只註銷錯字，但數字錯誤必須將整個數字全部註銷。

【例 2－48】會計人員王欣對帳時發現有一筆經濟業務的發生額為 9,800 元，過帳時誤記為 8,900 元，而記帳憑證正確，則劃紅線更正如下：

9,800

~~8,900~~ 王 欣

(2) 紅字更正法。紅字更正法也稱赤字沖帳法、紅字沖銷法或紅筆訂正法。這種方法適用於記帳憑證上的應記方向、科目或金額多記的錯誤，並已登記入帳。更正時，先填制一張與錯誤記帳憑證內容相同的紅字金額記帳憑證，並據以入帳，沖銷錯誤記錄。在紅字金額記帳憑證的摘要欄註明「註銷×月×日第×號憑證」。再用藍字填制一張正確的記帳憑證並據以入帳，更正錯帳記錄。在藍字金額記帳憑證的摘要欄註明「更正×月×日第×號憑證」。

【例 2－49】車間領用原材料 650 元。記帳憑證中將其借方科目記為「管理費用」，並已登記入帳。其錯誤分錄如下：

借：管理費用　　　　　　　　　　　　　　　　650
　貸：原材料　　　　　　　　　　　　　　　　　　　650

更正上述錯誤，應用紅字金額填制一張內容與原來一樣的記帳憑證：

借：管理費用　　　　　　　　　　　　　　　　|650|
　貸：原材料　　　　　　　　　　　　　　　　　　　|650|

然后，重新填制一張正確的記帳憑證：
　　借：製造費用　　　　　　　　　　　　　　　　　　　　　　650
　　　貸：原材料　　　　　　　　　　　　　　　　　　　　　　　　650
將上述兩張記帳憑證登記入帳后，帳簿記錄的錯誤得以更正。

另外，有時在記帳后發現記帳憑證中應借、應貸的帳戶沒有錯，只是所填金額大於應填金額，可填制一張紅字金額記帳憑證，在「金額」欄中填列多計的數額，在「摘要」欄內註明「衝轉第×號憑證多計數」，並據以入帳，以衝銷原來多計的金額。

【例2-50】某單位提取現金5,000元，填制記帳憑證時，將金額記為50,000元，其錯誤分錄如下：
　　借：庫存現金　　　　　　　　　　　　　　　　　　　　　50,000
　　　貸：銀行存款　　　　　　　　　　　　　　　　　　　　　　50,000
為更正上述帳戶中多記的45,000元，應填制一張紅字金額的記帳憑證：
　　借：庫存現金　　　　　　　　　　　　　　　　　　　　　45,000
　　　貸：銀行存款　　　　　　　　　　　　　　　　　　　　　　45,000
將上述更正錯誤的記帳憑證記入有關帳戶后，原帳簿中的錯誤記錄便得到更正。

（3）補充登記法。補充登記法適用於記帳后發現記帳憑證中應借、應貸的會計帳戶正確，但所填的金額小於正確金額的情況。對於這種錯誤，可以採用紅字更正法，也可採用補充登記法。

採用補充登記法時，將少填的金額用藍字填制一張記帳憑證，在「摘要」欄內註明「補記第×號憑證少計數」，並據以登記入帳。這樣便將少記的金額補充登記入帳。

【例2-51】某倉庫收到材料一批，計10,000元，已驗收入庫，貨款未付。填制帳憑證時，將金額誤記為1,000元，並已登記入帳，其錯誤分錄如下：
　　借：在途物資　　　　　　　　　　　　　　　　　　　　　1,000
　　　貸：應付帳款　　　　　　　　　　　　　　　　　　　　　　1,000
為了更正錯誤的記錄，可將少記的9,000元用藍字填制一張記帳憑證：
　　借：在途物資　　　　　　　　　　　　　　　　　　　　　9,000
　　　貸：應付帳款　　　　　　　　　　　　　　　　　　　　　　9,000
將上述更正錯誤的記帳憑證登記入帳后，原帳簿記錄中的錯誤記錄就得到更正。

這筆錯誤分錄也可先用紅字衝銷原1,000元，再用藍字重填一份10,000元的記帳憑證進行更正。

在用紅字更正法和補充登記法更正錯誤時，在更正錯誤的記帳憑證上，應註明被更正記帳憑證的日期和編號，以便核對查考。

表2-36總結了錯帳類型及相應的更正方法與步驟。

表 2-36　　　　　　　　　　錯帳類型及更正步驟

錯帳類型		更正方法	更正步驟	
記帳憑證正確，過帳發生錯誤		劃線更正法	①劃線註銷錯誤記錄 ②更正人蓋章 ③在註銷錯誤記錄之上登記正確記錄	
記帳憑證錯誤並據以過帳	科目等錯誤	紅字更正法	全部衝銷	①填制紅字金額憑證衝銷錯誤憑證 ②填制正確記帳憑證登記入帳
	金額錯誤 多記		部分衝銷	填制紅字金額憑證衝銷多記金額
	金額錯誤 少記	補充登記法	填制藍字金額憑證補記少記金額	

五、對帳與結帳

（一）對帳

登記帳簿包括記帳、對帳、結帳三個環節。對帳是登記帳簿的第二個環節，是指為了保證帳簿記錄的真實可靠，對帳簿和帳戶所記錄的有關數據加以檢查和核對的工作過程，包括帳證核對、帳帳核對和帳實核對。帳實核對又包括帳物核對和帳款核對。作為會計核算的一項重要內容，對帳時應做到帳證相符、帳帳相符、帳實相符（即帳物相符和帳款相符）。

（1）帳證核對是指將帳簿記錄與會計憑證相核對，這是保證帳帳相符、帳實相符的基礎。

（2）帳帳核對是指各種帳簿之間有關數字應核對相符，主要有：總分類帳中，全部帳戶的借方餘額合計數應同全部帳戶的貸方餘額合計數相符；總分類帳中，「庫存現金」「銀行存款」帳戶的餘額數應同相對應的日記帳餘額數核對相符；總分類帳中，各帳戶的月末餘額，與所屬明細分類帳戶月末餘額之和核對相符；會計部門有關財產物資的明細分類帳的餘額，與財產物資保管部門或使用部門相應的明細帳（卡）核對相符。以上核對，可直接進行核對，內容多的可以通過編表進行核對。

（3）帳物核對是指有關財產物資明細帳的結存量應定期同實存量核對相符。

（4）帳款核對是指各種貨幣資金和結算款項的帳面餘額與實存數核對相符，主要有：庫存現金日記帳的帳面餘額應同庫存現金的實際庫存數每日核對相符；銀行存款日記帳的帳面餘額應同銀行對帳單核對相符，每月至少核對一次；各種應收、應付款項等明細分類帳各帳戶的餘額，應定期與有關單位或個人核對相符；已上交的稅費及其他預交款項應按規定時間與有關監交部門核對相符。

以上（3）和（4）又稱為帳實核對，其中，帳物核對一般通過財產清查進行核對；帳款核對一般利用對帳單進行核對。

（二）結帳

結帳是指在一定會計期間經濟業務全部登記入帳的基礎上，計算各帳戶本期發生額和餘額，結束該期帳簿記錄的方法，包括月結、季結和年結。

(1) 結帳的內容和程序如下：

第一步，檢查帳簿記錄的完整性和正確性。結帳前應檢查本期日常經濟業務是否全部入帳，不能為趕編會計報表而提前結帳，也不能先編會計報表後結帳，如發現漏帳、錯帳，應及時補記、更正。

第二步，按照權責發生制的要求，編制期末帳項調整分錄。結帳前應檢查本期應當記入的收入和應調整的費用是否進行登記和調整，編制調整的記帳憑證，並據以登記入帳。

第三步，按照配比原則的要求，計算結轉損益類帳戶，編制各種結帳分錄，確定企業本期經營成果。如編制已售產品成本等記帳憑證，並據以入帳；結轉各收入類帳戶和費用類帳戶，編制結帳分錄並據以入帳；計算所得稅並結轉；年末結轉「本年利潤」和「利潤分配」帳戶等。

第四步，在帳簿上完成結帳畫線手續。期末，完成帳目核對，保證帳證相符、帳帳相符和帳實相符；在本期全部經濟業務登記入帳並核對相符的基礎上，分別按規定計算各種日記帳、明細分類帳、總分類帳的本期發生額和期末餘額，並在帳簿上畫紅線結帳。

(2) 結帳具體操作方法如下：

月度結帳時，在各帳戶的最后一筆數字下，結出本月借方發生額、貸方發生額和期末餘額，在摘要欄內註明「本月合計」字樣，並在該行下端軋藍線畫一條通欄紅線；對需要逐月結轉累計發生額的帳戶，在計算本月發生額及期末餘額后，應在下一行「摘要」欄增加「本月累計」字樣，計算累計發生額及餘額，並在該行下端畫通欄單紅線。

季度結帳時，應在每季末月份月結后，分別計算出本季度發生額和期末餘額，在「摘要」欄內註明「本季度累計」字樣，並在該行下端軋藍線畫通欄單紅線。季結一般是為了減少年終總帳結帳工作量而使用的一種結帳方法。

年度結帳時，應將全年發生額合計數填制於12月份結帳記錄「本月合計」的下面，在「摘要」欄內註明「本年合計」，並在該行下端軋藍線畫兩條緊挨著的通欄紅線。有餘額的帳戶，要在「摘要」欄加蓋「結轉下年」戳記，並把餘額在本年帳簿發生額欄目上反方向登記，使本年帳簿「借或貸」列示為「平」，餘額清零，表示年末封帳。而下年新開帳簿，要在「摘要」欄加蓋「上年結轉」戳記，餘額方向和金額大小與上年實際結存情況相同。上年年末是借方餘額，下年年初結轉數也是借方餘額；上年年末是貸方餘額，下年年初結轉數仍是貸方餘額。

六、帳簿的更換與保管

(一) 帳簿的更換

為了保持帳簿資料的連續性，每年年末都要更換新帳。總帳、日記帳和大部分明細帳，每年更換一次。年初，應將舊帳各帳戶年末餘額轉記到新帳簿各帳戶的第一行中，並在「摘要」欄內加蓋「上年結轉」戳記。舊帳餘額過入新帳時，無須編制記帳

憑證。對於數額變動較小、內容格式特殊的明細帳，如固定資產明細帳和備查帳，可以連續使用多年，不必每年更換新帳。

(二) 帳簿的保管

會計憑證、會計帳簿的會計報表都是企業的會計檔案和歷史資料，必須妥善保管，不得銷毀和丟失。正在使用的帳簿，應由經管帳簿的會計人員負責保管。年末結帳后，會計人員應將活頁帳簿的空白帳頁抽出，並在填寫齊全的「帳簿啟用及經管人員一覽表」「帳戶目錄」前加上封面，固定裝訂成冊，經統一編號后，與各種訂本帳一起歸檔保管。各種帳簿的保管年限和銷毀的審批程序，應按會計制度的規定嚴格執行。有關會計帳簿保管要求詳見第三章。

課后小結

主要術語中英文對照

1. 會計帳簿　Accounts Book　　　2. 活頁帳　Unbound Ledger
3. 序時帳　Chronological Books　　4. 卡片帳　Card Ledger
5. 分類帳　Ledger　　　　　　　　6. 平行登記　Parallel Registration
7. 備查帳　Registers　　　　　　　8. 對帳　Checking the Accounts
9. 訂本帳　Binding Ledger　　　　10. 結帳　Closing the Accounts
11. 劃線更正法 Correction by Drawing a Straight Line
12. 紅字更正法 Correction by Using Red Ink
13. 補充登記法 Correction by Extra Recording

復習思考題

1. 什麼是會計帳簿？會計帳簿有哪些種類？
2. 庫存現金日記帳和銀行存款日記帳的帳頁格式有哪幾種？其記帳依據是什麼？是怎樣登記的？
3. 總分類帳與明細分類帳的記帳依據是否有區別？明細分類帳的帳頁格式有哪幾種？各種帳頁格式的明細分類帳的適用性如何？舉例說明。
4. 登記帳簿有哪些規範性要求？
5. 簡述總分類帳與明細分類的平行登記原理。
6. 登記帳簿發生錯誤時有幾種錯帳更正方法？試說明各種方法的適用條件。
7. 什麼是對帳與結帳？各有何意義？對帳包括哪些內容？結帳包括哪些程序與方法？

練習題

一、單選題

1. 下列帳簿中可以採用卡片式帳簿的是（　　）。
    A. 庫存商品總帳　　　　　　　B. 銀行存款日記帳
    C. 固定資產明細帳　　　　　　D. 原材料明細帳
2. 錯帳的更正方法不包括（　　）。
    A. 劃線更正法　　　　　　　　B. 藍字更正法
    C. 紅字更正法　　　　　　　　D. 補充登記法
3. B公司用轉帳支票歸還原欠A公司的貨款50,000元，會計人員所編記帳憑證的會計分錄為借記「應收帳款」50,000元，貸記銀行存款50,000元，審核完畢並已登記入帳，該記帳憑證（　　）。
    A. 沒有錯誤
    B. 有錯誤，使用劃線更正法更正
    C. 有錯誤，使用紅字更正法更正
    D. 有錯誤，使用補充登記法更正
4. 帳簿中書寫的文字和數字應占格距的（　　）。
    A. 二分之一　　　　　　　　　B. 三分之二
    C. 三分之一　　　　　　　　　D. 四分之一
5. 不需要採用訂本帳的是（　　）。
    A. 總分類帳　　　　　　　　　B. 原材料明細分類帳
    C. 庫存現金日記帳　　　　　　D. 銀行存款日記帳
6. 「代管商品物資登記簿」屬於（　　）。
    A. 流水帳　　　　　　　　　　B. 序時帳
    C. 分類帳　　　　　　　　　　D. 備查帳
7. 某企業結帳日為月末，201×年6月20日會計人員發現應收帳款明細帳中將3,800元誤記為3,600元，但記帳憑證正確無誤。正確的更正方法是（　　）。
    A. 補充登記法　　　　　　　　B. 劃線更正法
    C. 紅字更正法　　　　　　　　D. 重新登記法
8. 下列有關帳項核對中不屬於帳帳核對內容的是（　　）。
    A. 應收帳款總帳借方餘額與所屬明細分類帳餘額合計數的核對
    B. 應收帳款明細分類帳的帳面餘額與有關債務人的相關帳面餘額核對
    C. 應收帳款總帳借方發生額與所屬明細分類帳發生額合計數的核對
    D. 所有總帳的借方餘額合計數與所有總帳貸方餘額合計數的核對
9. 對同一項經濟業務，應當在同一會計期間內，既登記相應的總分類科目，又登記所屬的有關明細分類科目的方法稱為（　　）。

A. 借貸記帳法　　　　　　　B. 試算平衡
C. 復式記帳法　　　　　　　D. 平行登記

二、多選題

1. 屬於帳實核對的有（　　）。
   A. 庫存現金日記帳帳面餘額與實存數的核對
   B. 銀行存款日記帳帳面餘額與銀行對帳單的核對
   C. 各種應收、應付款項明細帳餘額與有關債務人、債權人相關帳面餘額的核對
   D. 各種財產物資明細帳帳面餘額與實存數的核對

2. 下列會計帳簿，屬於按外表形式分類的有（　　）。
   A. 總分類帳簿　　　　　　　B. 卡片式帳簿
   C. 活頁式帳簿　　　　　　　D. 訂本式帳簿
   E. 序時帳簿

3. 下列各項中，屬於企業對帳內容的有（　　）。
   A. 帳證核對　　　　　　　　B. 帳單核對
   C. 帳帳核對　　　　　　　　D. 帳實核對
   E. 帳表核對

4. 下列各項中，屬於總分類帳與所屬明細分類帳戶平行登記的內容有（　　）。
   A. 記帳依據相同　　　　　　B. 記帳時期相同
   C. 記帳方向相同　　　　　　D. 記帳日期相同
   E. 記帳金額相等

三、判斷題

1. 平行登記時，總分類帳戶登記在借方，其所屬明細分類帳戶可以登記在貸方。
（　　）

2. 企業在登記帳簿時，如果發生了跳行、隔頁，必須進行補充登記，這是因為帳簿不能留有空白行和空白頁。（　　）

3. 總分類帳必須根據記帳憑證逐筆登記，明細分類帳應根據原始憑證匯總登記。
（　　）

4. 每一頁帳頁登記完畢，應在帳頁的最末一行加計本頁發生額及餘額，並在摘要欄內註明「過次頁」，同時在新帳頁的首行記入上頁加計的發生額及餘額，並在摘要欄內註明「承上頁」。

5. 對於期末沒有餘額的帳戶，結帳后在「借或貸」欄及餘額欄均不需做任何標示。（　　）

6. 採用劃線更正法時，應僅僅劃去錯誤的文字或數字並更正為正確的文字或數字。
（　　）

7. 設置和登記會計帳簿是編制財務會計報告的基礎，也是連接會計憑證和財務會計報告的中間環節。（　　）

8. 會計帳簿是重要的經濟檔案和歷史資料，應當在會計部門內部指定專人保管，出納也可以兼管。　　　　　　　　　　　　　　　　　　　　　　　　（　　）

四、業務題

【業務題一】

目的：練習銀行存款日記帳的登記。

資料：某公司201×年6月30日銀行存款日記帳餘額為450,000元，該公司7月份發生的貨幣資金收付業務如下（所有業務均不考慮增值稅）：

（1）7月2日，以銀行存款歸還短期借款60,000元。（銀付701號）

（2）7月5日，以銀行存款繳納上月所欠所得稅30,000元。（銀付702號）

（3）7月6日，通過銀行向大華公司預付購料款70,000元。（銀付703號）

（4）7月6日，用庫存現金暫付職工預借的差旅費2,000元。（現付701號）

（5）7月10日，收到甲公司預付貨款100,000元，存入銀行。（銀收701號）

（6）7月10日，收到投資者追加的投入資金80,000元存入銀行。（銀收702號）

（7）7月12日，以銀行存款償還原欠乙公司貨款55,000元。（銀付704號）

（8）7月15日，將庫存現金3,000元存入銀行。（現付702號）

（9）7月18日，以銀行存款支付本月公司應付供電公司電費3,800元。（銀付705號）

（10）7月20日，從銀行提取現金20,000元備用。（銀付706號）

（11）7月26日，本月發出銷售丙產品的售價80,000元，該產品的貨款上月已預收30,000元，餘款於本日收到支票並將其存入銀行。（銀收703號）

（12）7月29日，以銀行存款支付廣告費9,500元。（銀付707號）

要求：

（1）根據上述經濟業務，登記銀行存款日記帳（三欄式）並結出7月末銀行存款餘額。

（2）根據上述經濟業務，登記銀行存款日記帳（多欄式）並結出7月末銀行存款餘額。

【業務題二】

目的：練習總分類帳和明細分類帳的平行登記。

資料：某公司生產甲、乙兩種產品，201×年5月31日「庫存商品」總分類帳戶借方餘額200,000元，明細分類帳戶餘額如表2-37所示。

表2-37　　某公司201×年5月31日「庫存商品」明細分類帳戶餘額

庫存商品名稱	計量單位	數量	單位成本	金額（元）
甲	件	1,000	80	80,000
乙	件	4,000	30	120,000

「生產成本」總分類帳借方餘額50,000元，明細分類帳戶中甲產品的生產成本明

細帳有餘額50,000元，其中，直接材料20,000元，直接人工18,000元，製造費用12,000元，乙產品的生產成本明細帳無餘額。

201×年6月發生有關經濟業務如下：

(1) 6月10日，向A公司銷售甲產品200件，單價170元；銷售乙產品800件，單價60元。貨已發出，款項已通過銀行轉帳收記。

(2) 月末匯總本月生產車間領用材料如表2-38所示。

表2-38　　　　　　　　生產車間領用材料及用途匯總表　　　　　　單位：元

項目	A材料	B材料	合計
生產產品耗用	38,860	30,000	68,860
其中：甲產品	18,860	16,000	34,860
乙產品	20,000	14,000	34,000
車間一般耗用	1,000	—	1,000
合計	39,860	30,000	69,860

(3) 月末結算應付本月生產工人薪酬80,000元（按甲、乙產品的生產工時比例分配，其中甲產品的生產工時為1,800小時，乙產品的生產工時為2,200小時），車間管理人員薪酬15,000元，行政管理人員薪酬25,000元。

(4) 月末計提本月生產車間固定資產折舊2,000元，行政管理部門固定資產折舊1,000元。

(5) 月末分配結轉本月發生的製造費用（按甲、乙產品的生產工時比例分配，甲產品生產工時1,800小時，乙產品生產工時2,200小時）。

(6) 月末甲產品1,600件全部完工，結轉其實際生產成本；乙產品全部未完工。

(7) 月末，結轉A公司銷售甲產品單位成本80元，乙產品單位成本30元。

要求：

(1) 根據以上經濟業務編制專用記帳憑證（用會計分錄代替，並列出「庫存商品」和「生產成本」的明細科目）。

(2) 開設並登記「生產成本」總分類帳（三欄式）和明細分類帳（多欄式）。

(3) 開設並登記「庫存商品」總分類帳（三欄式）和明細分類帳（數量金額式）。

【業務題三】

目的：練習錯帳更正方法。

資料：某公司201×年3月31日對帳時發現下列錯誤：

(1) 3月2日，開出轉帳支票預付公司下季度報刊訂閱費600元，原編制的記帳憑證中記錄為：

借：管理費用　　　　　　　　　　　　　　　　　　600
　　貸：銀行存款　　　　　　　　　　　　　　　　　　600

(2) 計提本月生產車間固定資產折舊2,300元，原編制的記帳憑證中記錄為：

借：製造費用　　　　　　　　　　　　　　　　　　　　　　　　　　2,300
　　貸：累計折舊　　　　　　　　　　　　　　　　　　　　　　　　　　2,300
會計在登帳時「累計折舊」總分類帳戶貸方登記為3,200元。

（3）3月25日，以銀行存款支付本月短期借款利息1,000元，原編制的記帳憑證中記錄為：

借：財務費用　　　　　　　　　　　　　　　　　　　　　　　　　　10,000
　　貸：銀行存款　　　　　　　　　　　　　　　　　　　　　　　　　10,000

（4）3月31日，開出轉帳支票購買公司行政管理部門用電腦一臺4,500元，原編制的記帳憑證記錄為：

借：管理費用　　　　　　　　　　　　　　　　　　　　　　　　　　5,400
　　貸：銀行存款　　　　　　　　　　　　　　　　　　　　　　　　　5,400

（5）3月31日，結轉本月完工甲產品的生產成本65,000元，原編制的記帳憑證中記錄為：

借：庫存商品　　　　　　　　　　　　　　　　　　　　　　　　　　56,000
　　貸：生產成本　　　　　　　　　　　　　　　　　　　　　　　　　56,000

要求：

（1）指出上述錯誤所在與應採用的錯帳更正方法，並更正上述錯誤記錄。

（2）計算上述錯誤對公司3月份營業利潤的影響數額。

參考答案

一、單選題

1. C　　2. B　　3. C　　4. A　　5. B　　6. D
7. B　　8. B　　9. D

二、多選題

1. ABCD　　2. BCD　　3. ACD　　4. ABCE

三、判斷題

1. ×　　2. ×　　3. ×　　4. √　　5. ×　　6. ×
7. √　　8. ×

四、業務題

略。

第五節　成本計算

一、成本計算概述

(一) 成本計算的概念

　　企業在生產經營過程中會發生各種耗費，這些耗費在會計上被稱為費用。企業將生產經營過程中所發生的各項費用歸集到一定的對象上去，即為各對象的成本。

　　成本計算是指對生產經營過程中所發生的各項費用，按照一定的對象和標準進行歸集和分配，以計算確定各對象的總成本和單位成本的一種會計核算方法。

　　企業的生產經營過程可以劃分為供應過程、生產過程和銷售過程三個階段。為了完成各個階段的任務，企業在各個階段都會發生一定的耗費，因此都存在成本計算問題，會計應分別計算各個階段的有關成本。供應過程計算材料採購成本，生產過程計算產品生產成本，銷售過程計算產品銷售成本。

(二) 成本計算的作用

　　通過成本計算，可以確定產品的實際生產成本，便於收入與費用相配比，正確計算企業損益。成本計算作為會計核算的一種專門方法，通過產品成本的確定，為登記帳簿和編制會計報表等其他會計核算方法提供成本依據。成本是一項重要的經濟指標，通過成本計算，可以為成本計劃、成本控製和成本預測等工作提供成本資料，使企業能夠努力挖掘潛力，節約費用開支，強化成本管理。另外，成本計算還可以為企業提供制定產品價格的基礎數據。在會計核算方法體系中，成本計算無疑是非常重要的一個環節，幾乎所有費用的確定，都離不開成本計算。成本計算的正確與否，直接關係到企業經營成果即利潤的確定是否正確的問題。

二、成本計算的一般程序

　　不同的成本計算對象，需要採用不同的成本計算方法，但不論哪種成本計算方法，它們在計算的基本程序方面，一般還是相同的。概括而言成本計算應包括以下幾個基本步驟：

(一) 確定成本計算對象

　　成本計算對象就是指為計算產品成本而確定的生產費用的歸集和分配的範圍。它是計算成本的客體，是生產費用的歸集對象和生產耗費的承擔者。一般而言，勞動耗費的受益者應當作為成本歸屬的對象。例如，製造業在供應過程中，為採購各種材料發生的各種費用，應當以生產的各種產品為成本計算對象來歸集，並及時計算出各種產品的生產成本。在銷售過程中，為銷售產品所發生的各種費用，應當以銷售的各種產品為成本計算對象來歸集，並計算各種產品的銷售成本。

(二) 確定成本計算期

　　成本計算期就是指兩次成本計算之間的間隔期。由於費用和成本是隨經營過程的各個階段的發生和逐步累積形成的，因而從理論上講，成本計算應同生產日期一致，但在實際確定成本計算時還必須考慮企業生產技術和生產組織的特點。在大量大批生產的企業裡，成本計算期與會計期間一致，每月計算一次成本，導致成本計算期與生產週期不一致。而在小批生產、單件生產的情況下，成本計算期與生產週期一致，但產品完工之時不一定是月末，這樣成本計算期與會計期間又不一致。

(三) 確定成本項目

　　成本項目就是指將計入產品成本的各種費用按其經濟用途進行的分類。成本是由生產經營過程中所發生的各種費用組成的。企業在生產經營過程中，所發生的各種費用有不同用途，有的直接用於產品的生產，有的用來管理和組織生產，將計入產品成本的費用按經濟用途進行分類而劃分為若干個成本項目，即為產品成本項目。至於具體到某個企業或生產經營的某個階段，究竟應設置哪些成本項目較為恰當，這要根據不同企業的生產特點和成本管理的要求來確定。通常對於那些在成本中占的比重較大，又制定有定額或費用預算、在管理上要求單獨予以反映和監督的費用，應單獨確定成本項目。反之，可以將費用合併確實一個成本項目予以反映和監督，以簡化核算工作。

(四) 歸集和分配各種費用

　　正確地歸集和分配各種費用是正確地進行成本計算的前提。它一方面要求根據真實的原始數據，按照權責發生制和配比原則的要求，正確地確定各種費用的收益期限及其因果關係，從而正確地歸集和分配各種費用；另一方面在費用的歸集和分配過程中要遵循相關性的要求，遵守國家的相關法律及規章制度的要求。

(五) 設置和登記有關帳戶

　　在成本計算過程中，為系統地歸集、分配各種應計入成本計算對象的費用，應按成本計算對象和成本項目分別設置和登記費用、成本明細分類帳戶，對不同成本計算對象發生的各種費用進行登記，以便於為進行成本計算提供相關的數據資料。

(六) 編制成本計算表

　　各個成本計算對象所歸集的各種費用支出，都要在相應的帳戶中進行歸集和分配，這樣就可以在事先設定的成本計算期，依據帳戶記錄等有關資料編制成本計算表，借以計算確定各成本計算對象的總成本和單位成本，以全面、系統地反映各種成本指標的經濟構成和形成情況。

三、企業經營過程中的成本計算

　　製造業企業的經營過程一般要經過供應、生產和銷售三個階段。不同的階段要計算不同對象的成本，即供應過程要計算存貨（以原材料採購成本的計算最具代表性）採購成本，生產過程要計算產品生產成本，銷售過程要計算產品銷售成本，生產過程和

銷售過程要計算存貨發出的成本等。關於企業經營過程中成本計算的詳細方法，將在后續課程成本會計中專門進行介紹。這裡簡要說明原材料採購成本、產品生產成本、產品銷售成本和存貨發出成本的基本計算方法。

(一) 原材料採購成本的計算

計算原材料採購成本，首先應按材料的品種或類別設置成本計算對象，按材料的品種或類別分別設置明細分類帳戶，用以歸集和分配應計入原材料採購成本的各種費用；然后根據這些帳戶資料，編制各種原材料採購成本計算表，借以計算確定各種原材料的總成本和單位成本。

1. 原材料採購成本的構成

原材料的採購成本一般由買價和其他採購費用兩個成本項目構成。用公式表示為：

原材料採購成本 = 買價 + 採購費用

為了進行材料採購成本的計算，需要加強對材料在採購環節發生的各種費用支出的核算，按照材料採購成本項目收集和整理成本核算資料，包括購入材料的發票、運費單據以及入庫單等。企業應按照材料的種類或類別在月末進行成本計算。

2. 材料採購成本的計算

原材料的買價，一般屬於直接費用，應直接計入相應原材料的採購成本；採購費用中，凡是能直接分清受益對象的，也應直接計入相應原材料的採購成本；凡是不能直接分清受益對象，且費用金額較大，會導致原材料採購成本不實的採購費用，應按原材料的重量、買價、體積等作為分配標準，採用一定的分配方法，間接計入相應原材料的採購成本。

但企業供應部門或原材料倉庫所發生的經常性費用、採購人員的差旅費、採購機構經費以及市內小額的運雜費等，一般不易分清具體的受益對象，且費用金額較小，對原材料採購成本升降水平的影響不大，按重要性原則，這些費用不計入原材料的採購成本，而是作為期間費用處理，列入管理費用。

現舉例說明原材料採購成本的計算方法如下：

【例2－52】江海公司201×年10月20日向天龍公司購進下列材料。共發生採購費用140元，採購費用和稅款均以銀行存款支付。

　　　　甲材料　100千克　單價　50元　計5,000元　增值稅　850元
　　　　乙材料　 20千克　單價100元　計2,000元　增值稅　340元
　　　　合計　　　　　　　　　　　　　 7,000元　增值稅1,190元

這項業務的發生，一方面甲、乙材料的買價可以直接計入甲、乙兩種材料的採購成本帳戶中，另一方面支付的採購費用140元，則需要採用一定的標準在兩種材料之間進行分配。假定本例按材料買價比例進行分配。

採購費用分配率 = 140 ÷ (5,000 + 2,000) = 0.02（元/千克）

甲材料應分攤的採購費用 = 5,000 × 0.02 = 100（元）

乙材料應分攤的採購費用 = 2,000 × 0.02 = 40（元）

甲材料的採購成本 = 5,000 + 100 = 5,100（元）

乙材料的採購成本 = 2,000 + 40 = 2,040（元）
甲材料的單位採購成本 = 5,100 ÷ 100 = 51（元/千克）
乙材料的單位採購成本 = 2,040 ÷ 20 = 102（元/千克）
甲、乙兩種材料的採購成本計算表如表 2－37 所示。

表 2－37

材料名稱	單位	數量	買價	採購費用（元）	總成本（元）	單位成本（元/千克）
甲	千克	100	5,000	100	5,100	51
乙	千克	20	2,000	40	2,040	102
合計			7,000	140	7,140	

(二) 產品生產成本的計算

1. 產品生產成本的構成

產品生產成本的計算就是將生產過程中所發生的直接費用如直接材料、直接人工通過歸集，直接計入產品成本之中，再加上分配計入的製造費用就構成了產品的生產成本。產品成本計算的成本項目，一般包括如下幾項：

（1）直接材料。這是指為直接生產產品而耗費的原材料、輔助材料、備品備件、外購半成品、燃料、動力、包裝物、低值易耗品以及其他直接材料等。

（2）直接人工。這是指直接從事產品生產的工人工資、福利費、獎金、津貼和補貼等。

（3）製造費用。這是指企業各生產單位為組織和管理生產活動所發生的各項間接費用，包括車間管理人員工資和福利費、固定資產折舊費和修理費、機物料消耗費、辦公費、差旅費、水電費、勞動保護費等。

2. 產品生產成本的計算

在計算產品生產成本時，應分清直接費用和間接費用。對於各種直接費用應直接計入有關成本計算對象，對於間接費用則要採用一定的標準進行分配後再計入有關成本計算對象。合理分配製造費用的關鍵在於正確選擇分配標準，常用的分配標準有生產工人工時、生產工人工資、機器工時、有關消耗定額等。

現舉例說明產品生產成本的計算方法如下：

【例 2－53】江河工廠 201×年 10 月生產了 A、B 兩種產品，均為完工產品，資料如下：

A 產品 200 件，耗用材料價值 16,000 元，耗用工時 500 小時，計入人工費用 5,415元；B 產品 400 件，耗用材料價值 200,000 元，耗用工時 3,500 小時，計入人工費用 37,905元；全廠製造費用為 16,000 元。假定本例按人工工時為製造費用的分配標準。

製造費用分配率 = 16,000 ÷（500 + 3,500）= 4（元/小時）

A 產品分配的製造費用 = 500 × 4 = 2,000（元）

B 產品分配的製造費用 = 3,500 × 4 = 14,000（元）

根據上述計算資料，登記 A、B 兩種產品的生產明細分類帳及成本計算表。
A、B 兩種產品生產成本計算如表 2-38 所示。

表 2-38　　　　　　　　　A、B 產品生產成本計算表　　　　　　　　單位：元

成本項目	A 產品（200 件）		B 產品（400 件）	
	總成本	單位成本	總成本	單位成本
直接材料	16,000	80	200,000	500
直接人工	5,415	27.08	37,905	94.76
製造費用	2,000	10	14,000	35
合計	23,415	117.08	251,905	629.76

（三）產品銷售成本的計算

在銷售過程中，企業將生產出的產品對外銷售，取得銷售收入，收回貨幣資金。為了按照配比原則，將本期實現的銷售收入與銷售成本相比較，以便正確計算當期損益，企業應正確地計算並結轉產品的銷售成本。

產品銷售成本的計算，應當以已售產品的品種為計算對象。

由於產品銷售成本是已售產品的生產成本，因此，產品銷售成本的計算實際上就是已售產品的生產成本的結轉。至於在銷售過程中發生的各項銷售費用，屬於期間費用，列入當期損益，不計入產品的銷售成本。

現舉例說明產品銷售成本的計算方法如下：

【例 2-54】續例 2-53，江河工廠月末結轉已售 A 產品的產品成本。本月共銷售 A 產品 100 件，共銷售 B 產品 200 件。

已知 A 產品的單位成本為 117.08 元，B 產品的單位成本為 629.76 元（如表 2-38 所示），因此，A 產品和 B 產品銷售成本計算結果如下：

A 產品銷售成本 = 117.08 × 100 = 11,708（元）
B 產品銷售成本 = 629.76 × 200 = 125,952（元）

（四）存貨發出成本的計算

存貨是指企業在日常活動中持有以備出售的產成品或商品、處在生產過程中的在產品、在生產過程或提供勞務過程中耗用的原材料等。相同的存貨可能是不同時間、不同批次購進或生產的，其單位成本不盡相同。大多數製造企業存貨種類繁多，購進和生產批次頻繁，因此在領用和銷售過程中，很難準確判斷每次發出存貨的單位成本。在實務中，一般根據不同的存貨流轉假設來確定發出存貨的成本。存貨流轉假設主要有先取得的存貨先發出，存貨均勻發出等。在不同的存貨流轉假設基礎上，生產了不同的存貨發出計價方法，如先進先出法和加權平均法等。具體採用何種方法，由企業依據相關法規和自身情況確定。

現舉例說明存貨發出成本的計算方法如下。

【例 2-54】某企業 201×年 7 月份某項存貨的期初及本期購進情況如表 2-39 所示。

表 2-39　　　　　　　　　　某企業存貨資料表

日期	數量（件）	單位成本（元）	總成本（元）
7月1日	1,000	17	17,000
7月7日	2,000	15	30,000
7月16日	1,000	16	16,000
7月22日	2,000	16.5	33,000

假設7月份發出存貨3,000件，按照先進先出法，即先購進的存貨先發出，則3,000件存貨的成本為：

17×1,000+15×2,000=47,000（元）

按照加權平均法，要先計算月初及本月購進存貨的加權平均成本，再計算確定本月發出存貨成本，計算過程如下：

（17×1,000+15×2,000+16×1,000+16.5×2,000）÷（1,000+2,000+1,000+2,000）=16（元/件）

本月發出存貨成本=16×3,000=48,000（元）

課后小結

主要術語中英文對照

1. 成本計算　　Cost calculation
2. 銷售成本　　Selling Cost
3. 採購成本　　Purchase Cost
4. 先進先出法　First In First Out
5. 生產成本　　Production Cost
6. 加權平均法　Weighted Average Method

復習思考題

1. 什麼是成本計算？成本計算的一般程序有哪些？
2. 如何確定材料採購成本、產品生產成本及產品銷售成本？
3. 存貨發出的先進先出法與加權平均法有何不同？

練習題

【業務題一】

目的：練習材料採購成本的計算。

資料：某公司2月28日從A工廠購入甲、乙兩種材料各1,000千克，兩種材料尚

未運達，有關資料顯示：甲材料單價 11 元，乙材料單價 15 元，運輸費 4,000 元，由 A 工廠墊付，貨款尚未支付。

要求：

（1）根據上述資料進行採購費用的分配；

（2）計算確定甲、乙兩種材料的採購成本並進行會計處理。

【業務題二】

目的：練習產品生產成本的計算。

資料：某企業某月基本生產車間生產甲產品耗用原材料 8,000 元，生產乙產品耗用原材料 40,000 元，車間發生機物料消耗 4,500 元，勞動保護費 3,500 元，生產工人薪酬 122,000 元，管理人員薪酬 20,000 元。當月基本生產車間固定資產折舊費為 16,500 元，辦公費為 5,500 元。基本生產車間工人薪酬和製造費用均按產品的實際工時比例分配，本月實際發生的甲產品工時為 6,000 小時，乙產品工時為 4,000 小時。

要求：

（1）將製造費用在甲、乙兩種產品之間進行分配；

（2）計算確定甲、乙兩種產品的生產成本。

【業務題三】

目的：練習存貨發出成本的計算。

資料：某公司 8 月份向 A 公司銷售甲產品 200 件，銷售乙產品 150 件，本月甲、乙產品期初及完工入庫情況如表 2-40 所示。

表 2-40　　　　　　　　　　8 月份完工產品成本情況表

項目	甲產品 數量（件）	甲產品 單位成本（元/件）	甲產品 總成本（元）	乙產品 數量（件）	乙產品 單位成本（元/件）	乙產品 總成本（元）
期初結存	50	180	9,000	100	380	38,000
8 月 5 日完工入庫	50	200	10,000			
8 月 10 日完工入庫				50	400	20,000
8 月 20 日完工入庫	150	220	33,000			
8 月 25 日完工入庫				100	420	42,000

要求：

（1）按照先進先出法計算確定甲、乙兩種產品的銷售成本；

（2）按照加權平均法計算確定甲、乙兩種產品的銷售成本。

參考答案

略。

第六節　財產清查

一、財產清查概述

(一) 財產清查的概念及意義

財產清查是指通過實物資產、庫存現金的實地盤點和對銀行存款、往來款項的核對，來查明各項財產物資、貨幣資金、往來款項的實有數和帳面數是否相符的一種會計核算的專門方法。

財產清查是核算和監督企業經濟活動的重要方法。會計核算的一個最基本的要求就是要保證各項財產的帳面記錄和實際存在完全相符，只有這樣才能保證會計核算資料的真實性和相關性，才能發揮會計加強企業經濟管理，提高企業經濟效益的重要作用。從理論上講，儘管會計核算採用了憑證審核、復式記帳、試算平衡和對帳等一系列嚴密的會計核算方法來保證會計記錄的正確性，但是在實際工作中，由於財產物資自然屬性所造成的自然損耗、自然災害造成的資產損失、收發過程控制不力發生的資產破損、變質和短缺、會計記錄或計算可能出現的差錯，以及不法分子貪污盜竊營私舞弊造成的人為損失等，都可能會導致財產物資的帳簿記錄與實際情況時有不符。為了保證會計信息的真實可靠、保證財產物資的安全完整、提高資產的使用效率，《會計法》規定企業必須建立健全財產清查制度，對各項財產物資進行定期或不定期的盤點和核對，確保帳實相符。財產清查的意義主要有：

1. 通過財產清查，保證會計信息的真實可靠

通過財產清查，可以確定各項資產的實有數額，並通過實存數與帳存數之間的相互核對，揭示財產物資的溢缺情況，便於及時查明發生盤虧的原因及責任，並根據不同的原因調整帳簿記錄，以做到帳實相符，保證會計核算資料的真實可靠，提高會計信息的相關性。

2. 通過財產清查，保證財產物資的安全完整

通過財產清查，發現貪污盜竊等犯罪行為，及時進行調查，追究責任，加以處理。防止人為原因造成財產物資損失浪費、霉爛變質、損壞丟失或者被非法挪用等情況，以確保企業財產物資的安全完整。通過財產清查，建立健全財產物資保管的崗位責任制，保證各項財產物資的安全完整；促使經辦人員自覺遵守結算紀律和國家財政、信貸的有關規定，及時結清債權債務，避免發生壞帳損失。

3. 通過財產清查，提高庫存物資的管理效益

通過財產清查，可以查明各項財產物資盤盈、盤虧的原因和責任，從而找出財產物資管理過程中存在的問題，以便改善經營管理。在財產清查過程中可以查明各項財產物資的儲備、保管和使用情況，查明各項財產物資占用資金的合理程度，以便挖掘各項財產物資的潛力，加速資金週轉，提高資金使用效率。

(二) 財產清查的種類

1. 按財產清查的對象和範圍劃分，財產清查可分為全面清查和局部清查

（1）全面清查是指對全部財產物資進行全面清查、盤點和核對。全面清查範圍廣，參加的部門、人員多，一般來說，在以下幾種情況下，需進行全面清查：年終決算前，為了確保年終決算會計資料真實、正確，需進行一次全面清查；單位撤銷、合併或改變隸屬關係，需進行全面清查；中外合資、國內聯營，需進行全面清查；開展清產核資，需要進行全面清查；單位主要負責人調離工作，需要進行全面清查。

（2）局部清查是指根據需要對一部分財產物資進行的清查、盤點和核對。其清查的主要對象是流動性較大的財產，如現金、原材料、在產品、庫存商品、包裝物和低值易耗品等。局部清查範圍小、內容少、涉及的人也少，但專業性較強。局部清查一般有：對於現金應由出納員在每天業務終了時清查，做到日清月結；對於銀行存款和銀行借款，應由出納員每月同銀行核對一次；對於原材料、在產品、庫存商品除年度清查外，應有計劃的每月重點抽查，對於貴重的財產物資，應每月清查盤點一次；對於往來款項，應在年度內至少核對 1～2 次，有問題應及時核對，及時解決。

2. 按財產清查的時間劃分，財產清查可分為定期清查和不定期清查

（1）定期清查是指根據管理制度的規定或預先計劃安排的時間對財產所進行的清查，這種清查的對象不確定，可以是全面清查也可以是局部清查。其清查的目的在於保證會計核算資料的真實正確，一般是在年末、半年末、季末或月末結帳時進行。

（2）不定期清查是指根據需要所進行的臨時清查。其清查對象是局部清查，如更換出納員時對現金、銀行存款所進行的清查；更換倉庫保管員時對其所保管的財產物資所進行的清查等。其目的在於分清責任，查明情況。

(三) 財產清查前的準備工作

財產清查是一項極為複雜、極為細緻的重要工作。在進行財產清查以前要做好各項準備工作，包括組織準備和部門準備。

1. 組織準備

抽調專職人員組成清查小組。主要擬訂財產清查工作的詳細步驟，確定財產清查對象和範圍；安排財產清查工作的具體步驟，配備財產清查人員；在財產清查過程中，及時掌握工作進度，檢查和監督工作，研究和解決財產清查工作中出現的問題；在財產清查工作結束後，寫出財產清查工作的書面報告，對發生的盤盈、盤虧提出處理意見。

2. 部門準備

（1）財會部門。應在財產清查之前將所有的經濟業務登記入帳，將有關的帳簿登記齊全並結出餘額。總分類帳中反映貨幣資金、財產物資和往來款項的有關科目應與所屬明細分類帳核對清楚，做到帳帳相符，帳證相符，為財產清查提供可靠依據。

（2）財產物資保管部門。應將截止到財產清查時點之前的各項財產物資的出入辦好憑證手續，全部登記入帳，結出各帳戶餘額，並與會計部門的有關總分類帳核對相符，將各種財產物資堆放整齊，掛上標籤，標明品種、規格和結存數量，以便進行實

物盤點。

（3）其他部門。應準備好計量器具，印製好各種登記表冊等。

二、財產物資的盤存制度

財產物資的盤存制度是指規定各種財產物資收入、發出、結存在帳簿中的記錄和確定方法、有關數字之間的聯繫以及財產清查要求的相關制度。一般說來，財產物資的盤存制度有兩種，即實地盤存制和永續盤存制。各單位可根據經營管理的需要和財產物資品種的不同，分別採用不同的方法，以達到弄清帳實，查明原因，提高經營管理水平的目的。

（一）實地盤存制

1. 實地盤存制的概念和應用

實地盤存制就是在日常會計核算中，在帳簿上只登記財產物資的增加數，不登記其減少數，期末根據實地盤點資料，弄清各種財產物資的實有數，然后再倒算出本期的減少數的一種制度。其計算公式為：期初結存數＋本期增加數－期末實存數＝本期減少數。

2. 實地盤存制的優缺點和適用範圍

實地盤存制的優點是核算簡單。其缺點是財產物資的收、發手續不嚴密；不能通過帳簿記錄隨時反映各項財產物資的收、發、結存情況；對財產物資管理不善造成的不合理的短缺、霉爛變質、超定額損耗、貪污盜竊的損失全部都算入本期發出數中，反映的數字不夠準確，不利於加強企業財產物資的保管。

大部分商品零售企業和建築行業採用實地盤存制來確定發出存貨的成本。

（二）永續盤存制

1. 永續盤存制的概念和應用

永續盤存制亦稱帳面盤存制，是指在日常會計核算中，在帳簿上既登記財產物資的增加數，又登記其減少數，並隨時計出結存數並與財產物資的實地盤點數相核對的一種制度。採用永續盤存制，因為要適應帳面資料與實地盤點數相核對的需要，所以庫存財產物資明細帳要按每一財產物資的品種、規格設置。在各種財產物資明細帳中，都有登記收、發、結存數量和金額，以便隨時計出各種財產物資的結存數量和金額。其計算公式為：期初結存數＋本期增加額－本期減少額＝期末實存數。

2. 永續盤存制的優缺點和適用範圍

永續盤存制的優點是核算手續嚴密，能及時反映各項財產物資的收、發、結存情況。在永續盤存制下，要定期進行實物盤點，以查明各項財產物資的帳面數與實有數是否相等，有利於加強企業對各項財產物資的管理。永續盤存制的缺點是庫存財產物資明細分類核算的工作量較大，表現在明細帳設置種類多、登記工作量大、計算和結轉銷售成本工作量大等幾方面。

永續盤存制和實地盤存制比較，在控制和保護財產物資安全方面有明顯的優越性。所以在實際工作中，多數企業都採用永續盤存制。

三、財產清查的方法

財產清查是複雜細緻、涉及面廣，同時又是非常重要的一項工作。財產清查工作進行得如何，直接關係到會計信息的準確與否。因此，針對不同財產物資的清查，應採取相應的方法有的放矢地進行，以保證清查結果及時、準確地得到。常用的財產清查方法有實地盤點法、技術推算盤點法、抽樣盤點法、核對法和查詢法。下面就實物資產、庫存現金、銀行存款、往來款項等，說明各自在清查時所採用的方法。

(一) 實物資產的清查

實物資產主要包括存貨和固定資產兩類資產。實物資產的清查是財產清查的重要環節。由於各項實物資產的實物形態、體積重量、堆放方式等不盡相同，因而所採用的清查方法也不同。實物數量的清查方法主要有以下三種：

1. 實地盤點法

這種方法適用範圍較廣，大多數實物資產一般都可採用這種方法。具體方法是通過逐一清點或用計量器具來確定其實存數量，如庫存商品數量的清點、燃料油的稱量等。

2. 技術推算盤點法

對於那些大量成堆、難以逐一清點的實物資產，也可以採用技術推算盤點的方法。如量方、計尺等來確定其實存數量。

3. 抽樣盤點法

對於那些單位價值較小，但數量多，重量比較均勻特別是已經包裝好的實物資產，一般不便於逐一點數，則可以通過抽樣的方法檢查單位實物資產的質量與數量，以確定該實物資產的質量與數量。

在財產物資清查過程中，實物保管人員與盤點人員須同時在場清查，以明確經濟責任。清查盤點的結果，應及時登記在「盤存單」(如表 2-41 所示) 上，由盤點人和實物保管人簽字或蓋章。實物資產盤存單是記錄實物盤點結果的書面文件，也是反映財產物資實有數的原始憑證。為了進一步查明盤點結果同帳簿餘額是否一致，還應根據「盤存單」和帳簿記錄編制「實存帳存對比表」(如表 2-42 所示)。

表 2-41

			(單位名稱)				編號：	
			盤存單					
盤點時間：			財產類別：			存放地點：		
編號	名稱	計量單位		數量	單價	金額	備註	
盤點人簽字或蓋章：				實物保管人簽字或蓋章：				

表 2-42　　　　　　　　　　　實存帳存對比表
　　　　　　　　　　　　　　　年　月　日

編號	類別及名稱	計量單位	單價	實存		帳存		對比結果			
								盤盈		盤虧	
				數量	金額	數量	金額	數量	金額	數量	金額

「實存帳存對比表」是根據「盤存單」和有關帳簿的記錄資料編制的原始憑證，其所反映的實存帳存之間的差異，是調整帳簿記錄的依據，也是分析差異原因，明確經濟責任的依據。

(二) 庫存現金的清查

庫存現金的清查採用實地盤點法，通過對庫存現金的實地盤點確定庫存現金的實有數，然後與現金日記帳的帳面結存數餘額相核對，以查明帳實是否相符。

盤點時，要由清查人員和出納員共同負責。盤點之前，出納員應將現金及付款憑證全部登記入帳，並結出餘額，盤點時，由清查人員逐一清點，由出納員監督。如發生盤盈或盤虧，應由盤點人員和出納員共同核實。現金盤點可以定期進行，亦可以不定期進行。一般每月月末必須進行盤點，平時應做1～2次突然性的臨時盤點，盤點中同時要關注出納員有無違反現金管理規定的行為，特別注意是否有短缺，或者以借條、白條抵充現金的現象，是否超過庫存限額等。盤點結束後，應根據盤點結果及時填寫「現金盤點表」(如表 2-43 所示)，對現金的長款、短款的原因認真調查，提出意見，並由檢查人員和出納員共同簽章認可。「現金盤點表」是明確經濟責任的依據，也是調整帳實不符的原始憑證。

表 2-43　　　　　　　　　　　現金盤點表
單位名稱　　　　　　　　　　　年　月　日

實存金額	帳存金額	對比結果		備註
		盤盈	盤虧	

盤點人簽章：　　　　　　　　　　出納員簽章：

(三) 銀行存款的清查

1. 銀行存款的清查方法

銀行存款的清查與實物和現金的清查方法不同，它是採用與銀行核對帳目的方法來進行的，即將企業單位的銀行存款日記帳與從銀行取得的對帳單逐筆核對，以查明銀行存款的收入、付出和結餘的記錄是否正確。開戶銀行送來的銀行對帳單是銀行在

收付企業單位存款時復寫的帳頁，它完整地記錄了企業單位存放在銀行款項的增減變動情況及結存餘額，是進行銀行存款清查的重要依據。

在實際工作中，企業銀行存款日記帳餘額與銀行對帳單餘額往往不一致，其主要原因：第一是雙方帳目發生錯帳、漏帳。所以在與銀行核對帳目之前，應先仔細檢查企業單位銀行存款日記帳的正確性和完整性，然後再將其與銀行送來的對帳單逐筆進行核對。第二是正常的「未達帳項」。所謂「未達帳項」，是指由於雙方記帳時間不一致而發生的一方已經入帳，而另一方尚未入帳的款項。

2. 銀行存款餘額調節表的編制

企業單位與銀行之間的未達帳項，有以下四種情況：

（1）企業已收款入帳，而銀行尚未收款入帳。如企業將銷售產品收到的支票送存銀行，根據銀行蓋章退回的「進帳單」回單聯登記收款入帳；而銀行則不能馬上記增加，要等款項收妥後才能記帳。如果此時對帳，則形成企業已收，銀行尚未收款入帳的未達帳款。

（2）企業已付款入帳，而銀行尚未付款入帳。如企業開出一張現金支票購辦公用品，企業根據現金支票存根、發貨票及入庫單等憑證，登記付款入帳；而持票人此時尚未到銀行兌現，銀行因尚未收到付款憑證，沒有付款入帳。如果此時對帳，則形成企業已付，銀行尚未付款入帳的未達帳款。

（3）銀行已收款入帳，而企業尚未收款入帳。如外地某單位給企業匯來貨款，銀行收到匯款後登記入帳，而企業由於尚未收到匯款憑證而未登記入帳。如果此時對帳，則形成銀行已收，企業尚未收款入帳的未達帳款。

（4）銀行已付款入帳，而企業尚未付款入帳。如銀行在季末已將短期借款利息劃出，並已付款入帳，而企業尚未接到付款通知，而未付款入帳。如果此時對帳，則形成銀行已付，企業尚未付款入帳的未達帳款。

上述任何一種情況發生，都會使單位和銀行的帳簿記錄出現不一致。因此，在核對帳目時必須注意有無未達帳項。如果發現有未達帳項，應編制「銀行存款餘額調節表」，對未達帳項進行調整，再確定單位與銀行雙方記帳是否一致，雙方的帳面餘額是否相符。

現舉例說明「銀行存款餘額調節表」的具體編制方法。

【例2－55】假設某企業201×年3月31日銀行存款日記帳的月末餘額為50,000元，銀行對帳單餘額為61,000元，經逐筆核對，發現有下列未達帳項：

（1）將轉帳支票3,000元送存銀行，企業已記款增加，銀行尚未記帳。

（2）企業開出現金支票6,000元，企業已記存款減少，銀行尚未記帳。

（3）企業委託銀行托收的貨款10,000元已經收到，銀行已記存款增加，企業尚未記帳。

（4）銀行為企業支付的電費2,000元，銀行已記存款減少，企業尚未記帳。

根據上述未達款項，編制「銀行存款餘額調節表」如表2－44所示。

表 2－44　　　　　　　　　　銀行存款餘額調節表

企業名稱：　　　　　　　　　201×年3月31日　　　　　　　　　　單位：元

項目	金額	項目	金額
企業日記帳餘額	50,000	銀行對帳單餘額	61,000
加：銀行已收企業未收	10,000	加：企業已收銀行未收	3,000
減：銀行已付企業未付	2,000	減：企業已付銀行未付	6,000
調節后餘額	58,000	調節后餘額	58,000

主管會計：　　　　　　　　　填表人：

　　如果調節后雙方餘額相等，則一般說明雙方記帳沒有差錯；若不相等，則表明企業方或銀行方或雙方記帳有差錯，應進一步核對，查明原因予以更正。調節后餘額是企業真正可以動用的銀行存款實有數。

　　需要注意的是，銀行存款餘額調節表只是為核對銀行存款餘額而編制的，不能作為記帳的原始憑證，也不作任何帳務處理。當然，如果在銀行存款清查過程中發現了錯帳或漏帳，應及時進行必要的帳務處理。

（四）往來款項的清查

　　往來帳項的清查，主要包括應收款、應付款、暫收款等款項的清查。其清查方法與銀行存款的清查一樣，仍採用同對方單位核對帳目的方法。應將本單位往來帳目核對清楚，確認準確無誤后，再向對方填發對帳單，對帳單位應按明細帳逐筆抄寫一式兩聯。其中一聯作為回單，對方單位如核對相符，應蓋章后退回。如核對不符，應將不符情況在回單上註明。收到回單后，應填制往來帳項對帳單。通過往來款項的清查，要及時催收該收回的帳款，償還該償付的帳款，對呆帳和懸帳也應及時研究處理。

四、財產清查結果的處理

（一）財產清查結果的處理步驟

　　財產清查的結果可能是帳實相符即實存數等於帳存數，也可能是帳實不符，如果實存數大於帳存數則稱為盤盈，如果實存數小於帳存數則稱為盤虧。

　　財產清查結果的處理一般指的是對帳實不符的處理。其具體步驟如下：

　　1. 核准數字，分析差異，查明原因

　　核准貨幣資金、財產物資及債權債務的盤虧數字，對各項差異產生的原因進行分析，明確經濟責任，提出處理意見，按照規定的程序報經有關部門批准后，予以認真嚴肅處理。

　　2. 調整帳目，帳實相符

　　財會部門對於財產清查中所發現的差異以及對差異的處理，必須及時地進行帳簿記錄的調整。具體應分兩步進行：第一步，應將已經查明的財產盤盈、盤虧和損失等，根據有關原始憑證（如財產物資盤存單等）編制記帳憑證，據以記入有關帳戶，使各項財產的帳存數同實存數完全一致；第二步，按照差異發生的原因及報經批准的結果，

根據有關批文編制記帳憑證，據以登記入帳。

對於財產物資盤盈、盤虧和毀損及其處理情況，應設置「待處理財產損溢」帳戶（T型帳戶結構如圖2-10所示）進行反映，該帳戶可以按資產的類別和項目，分別設置「待處理流動資產損溢」和「待處理固定資產損溢」兩個明細帳戶進行明細核算。企業清查的各種財產的損溢，應於期末前查明原因，並根據企業的管理權限，報經批准後，在期末結帳前處理完畢，因此該帳戶期末通常無餘額。

(二) 財產清查結果的帳務處理

1. 財產物資盤盈的核算

造成財產物資盤盈的原因主要有：在保管過程可能發生的自然增量；記錄時可能發生的錯記、漏記或計算上的錯誤；在收發領退過程中發生的計量、檢驗不準確等。一旦發生財產盤盈，在一定程度上將引起企業單位的資產增加，有關費用（成本）減少，最終導致盈利的增加。對於盤盈的財產除要查明原因，分清責任外，還要按規定的程序進行處理。盤盈的流動資產，經批准後通常衝減「管理費用」帳戶；盤盈的固定資產應作為前期差錯記入「以前年度損益調整」，不通過「待處理財產損溢」帳戶核算。

借方	待處理財產損溢	貸方
期初餘額：期初尚未批准處理的財產盤虧數		期初餘額：期初尚未批准處理的財產盤盈數
發生額：本期發生待處理財產的盤虧數，及經批准后的已處理財產盤盈的轉銷數和毀損數		發生額：本期發生待處理財產的盤盈數，及經批准后的已處理財產盤虧、毀損的轉銷數
期末餘額：期末尚未批准處理的財產盤虧數		期末餘額：期末尚未批准處理的財產盤盈

圖2-10 「待處理財產損溢」帳戶結構

現舉例說明財產物資盤盈的帳務處理如下：

【例2-56】四達公司在財產清查中，盤盈鋼材1噸，價值3,000元，在批准之前，作會計分錄：

借：原材料——鋼材　　　　　　　　　　　　　3,000
　　貸：待處理財產損溢——待處理流動資產損溢　　　　　3,000

經查明，盤盈的鋼材系為計量儀器不準造成溢餘，批准衝減管理費用。根據批准意見，作會計分錄：

借：待處理財產損溢——待處理流動資產損溢　　　3,000
　　貸：管理費用　　　　　　　　　　　　　　　　　　3,000

2. 財產物資盤虧或毀損的核算

造成財產盤虧、毀損的原因很多，如在保管過程發生的自然損耗；記錄過程發生的錯記、重記、漏記或計算上錯誤；在收發領退中發生計量或檢驗不準確；管理不善或工作人員失職而造成的損失、變質、霉爛或短缺；不法分子貪污盜竊、營私舞弊；

自然灾害；等等。一旦發生盤虧、毀損，在一定程度上引起企業資產減少，有關費用（成本）增加，最終導致盈利減少。對於盤虧、毀損除要查明原因，分清責任外，也要按規定的程序進行處理。流動資產一般處理辦法是：屬於管理不善、收發計量不準確以及因自然損耗而產生的定額內的損耗，轉銷記入「管理費用」帳戶；由於責任人過失而產生的損耗記入「其他應收款」帳戶由過失人賠償；因非常損失造成的短缺、毀損，在扣除保險公司的賠償和殘料價值后的淨損失，列入營業外支出。固定資產的處理是按其帳面淨值轉入「營業外支出」帳戶。

現舉例說明財產物資盤虧的帳務處理如下：

【例2-57】某公司在清查過程中發現盤虧機器一臺，帳面原值60,000元，已提折舊34,000元。盤點材料過程發現盤虧材料80千克，每千克成本100元，其中10千克為計量差錯導致，其餘70千克由倉庫管理員王剛失職造成。做出批准前、后的會計處理。

對於固定資產，批准前會計分錄：

借：待處理財產損溢——待處理固定資產損溢　　　　26,000
　　累計折舊　　　　　　　　　　　　　　　　　　34,000
　貸：固定資產　　　　　　　　　　　　　　　　　60,000

批准后會計分錄：

借：營業外支出　　　　　　　　　　　　　　　　　26,000
　貸：待處理財產損溢——待處理固定資產損溢　　　26,000

對於原材料，批准前會計分錄：

借：待處理財產損溢——待處理流動資產損溢　　　　8,000
　貸：原材料　　　　　　　　　　　　　　　　　　8,000

批准后會計分錄：

借：管理費用　　　　　　　　　　　　　　　　　　1,000
　　其他應收款——王剛　　　　　　　　　　　　　7,000
　貸：待處理財產損溢——待處理流動資產損溢　　　8,000

除財產物資外，現金清查也通過「待處理財產損溢」帳戶進行批准前和批准后的帳務處理。一般來說，現金長款，屬於應付其他單位或個人的，記入「其他應付款」帳戶，屬於無法查明原因的，記入「營業外收入」帳戶；現金短款，屬於責任人或保險公司賠償的，記入「其他應收款」帳戶，屬於管理責任或無法查明原因的，應增加企業的管理費用。

同時，對於往來款項清查結果的帳務處理，在財產清查過程中發現的確實無法收回的應收款項，不通過「待處理財產損溢」帳戶核算，按中國會計準則規定採用備抵法核算，直接借記「壞帳準備」科目，貸記「應收帳款」等科目，如果採用直接轉銷法，則借記「資產減值損失」科目，貸記「應收帳款」等科目；對於無法支付的應付款項，也不通過「待處理財產損溢」帳戶核算，直接轉入當期損益，借記「應付帳款」等科目，貸記「營業外收入」科目。

課后小結

主要術語中英文對照

1. 財產清查	Property Check		2. 銀行對帳單	Bank Statement
3. 實地盤存制	Physical Inventory System		4. 不定期清查	Non‐periodic Checking Method
5. 永續盤存制	Perpetual Inventory System		6. 定期清查	Periodic Checking Method
7. 銀行存款餘額調節表	Bank Reconciliation		8. 未達帳項	Outstanding Items
9. 全面清查	Complete Check		10. 局部清查	Partial Check

復習思考題

1. 實物資產、庫存現金、銀行存款與往來款項的清查方法有什麼不同？
2. 對於清查結果應如何進行處理？

練習題

一、單選題

1. 對於現金的清查，應將其結果及時填列（　　）。
   A. 盤存單　　　　　　　　　　B. 實存帳存對比表
   C. 現金盤點報告表　　　　　　D. 對帳單
2. 銀行存款的清查方法是（　　）。
   A. 日記帳與總帳核對　　　　　B. 日記帳與收付款憑證核對
   C. 日記帳與銀行對帳單核對　　D. 銀行明細帳與總帳核對
3. 採用實地盤存制，平時帳簿記錄中沒有反映（　　）。
   A. 財產物資的增加數　　　　　B. 財產物資的減少數
   C. 財產物資的增加數和減少數　D. 財產物資的盤盈數
4. 對債權債務的清查應採用的方法是（　　）。
   A. 詢證核對法　　　　　　　　B. 實地盤點法
   C. 技術推算盤點法　　　　　　D. 抽樣盤點法
5. 年終結轉后，「利潤分配」帳戶的貸方餘額表示（　　）。
   A. 本年度實現的利潤　　　　　B. 未分配的利潤
   C. 本年度發生的虧損　　　　　D. 未彌補的虧損

二、多選題

1. 財產物資的盤存制度有（　　）。
   A. 收付實現制　　　　　　　　B. 權責發生制
   C. 永續盤存制　　　　　　　　D. 實地盤存制
   E. 崗位責任制

2. 可以採用實地盤存制進行清查的項目有（　　）。
   A. 固定資產　　　　　　　　　B. 庫存商品
   C. 銀行存款　　　　　　　　　D. 往來款項
   E. 現金

3. 財產清查結果的處理步驟有（　　）。
   A. 核准數字，查明原因　　　　B. 調整憑證，使帳實相符
   C. 調整帳簿，使帳實相符　　　D. 進行批准後的帳務處理

4. 下列選項中，（　　）屬於「利潤分配」帳戶核算的內容。
   A. 計提應交所得稅　　　　　　B. 計提分配給投資者的利潤
   C. 提取法定盈餘公積　　　　　D. 提取任意盈餘公積
   E. 支付現金股利

5. 對於盤虧的財產物資，經批准後進行帳務處理，可能涉及的借方帳戶有（　　）。
   A. 「管理費用」　　　　　　　B. 「營業外支出」
   C. 「營業外收入」　　　　　　D. 「其他應收款」
   E. 「待處理財產損溢」

三、判斷題

1. 為了反映和監督各單位在財產清查過程中查明的各種資產的盈虧或毀損及報廢的轉銷數額，應設置「待處理財產損溢」帳戶，該帳戶屬於資產類性質的帳戶。（　　）

2. 不論採用何種盤存制度，帳面上都應反映存貨的增減變動及其結存情況。（　　）

3. 不論採用何種盤存制度，期末都需要對財產物資進行清查。（　　）

4. 當年度終了時，應將本年收入和支出在「本年利潤」帳戶中相抵結出淨利潤（或淨虧損），並轉入「利潤分配」帳戶，結轉後「本年利潤」帳戶沒有餘額。（　　）

5. 登記帳戶完成之後，從期末各帳戶的記錄中可以全面系統地瞭解企業當期經濟業務的總體情況。（　　）

6. 試算平衡工作可以確保會計處理工作的準確無誤。（　　）

四、業務題

【業務題一】
目的：練習銀行存款餘額調節表的編制。

資料：某企業銀行存款日記帳月末餘額為124,950元，銀行對帳單的餘額為129,885元，經核對，發現有下列未達帳項：

(1) 企業已入帳，銀行尚未入帳的銷貨款轉帳支票11,200元；
(2) 企業購材料開出轉帳支票9,100元，銀行尚未入帳；
(3) 銀行已入帳，企業未入帳的銀行代收銷售款6,790元；
(4) 銀行已入帳，企業未入帳的銀行存款利息245元。

要求：根據以上未達帳項，編制銀行存款餘額調節表。

【業務題二】

目的：練習未達帳項的查找與調節。

資料：201×年6月25—30日銀行存款日記帳和銀行對帳單內容如「銀行存款日記帳」（見表2-45）與「中國工商銀行××分行對帳單」（見表2-46）所示。

表2-45　　　　　　　　　　　銀行存款日記帳

201×年		憑證號數	摘要	結算憑證		對方科目	借方	貸方	餘額
月	日			種類	號數				
6	25	(略)	餘額			(略)			200,000
	26		收東風廠貨款	轉支	762,114		13,960		213,960
	27		支付購貨款	轉支	8,064			16,920	197,040
	27		支付購貨款	轉支	8,065			75,000	122,040
	28		收大明廠貨款	轉支	30,236		22,800		144,840
	28		收恒運公司貨款	轉支	21,425		10,000		154,840
	29		支付水費					8,300	146,540
	30		支付購貨款	轉支	8,067			24,000	122,540

表2-46　　　　　　　　　　中國工商銀行××分行對帳單

戶名：某企業　　　　　　　　　　　　　　　　　　　帳號：2,711,421—25

201×年		憑證號數	摘要	結算憑證		對方科目	借方	貸方	餘額
月	日			種類	號數				
6	25	(略)	餘額			(略)			200,000
	26		存入銷貨款	轉支	762,114			13,960	213,960
	27		收到海通公司貨款	委收	7,621			118,000	331,960
	28		代付電話費				12,900		319,060
	29		支付貨款	轉支	8,064		16,920		302,140
	29		支付水費				8,300		293,840
	30		存款利息					3,500	297,340
	30		支付貨款	轉支	8,067		24,000		273,340

要求：根據上述資料確定未達帳項，編制 6 月 30 日銀行存款餘額調節表。

【業務題三】

目的：練習庫存材料清查結果的帳務處理。

資料：201×年 12 月進行材料清查，發現有四種材料與帳面數量不符。

（1）甲材料帳面餘額為 4,800 千克，單價 5 元，共計 24,000 元；實存為 4,790 千克，盤虧 10 千克。經查系材料定額內損耗，批准後轉入期間費用。

（2）乙材料帳面餘額為 6,500 千克，單價 6 元，共計 39,000 元；實存為 6,590 千克，盤盈 90 千克。經查系材料收發過程中計量誤差累計所致，批准後衝減期間費用。

（3）丙材料帳面餘額為 398 千克，單價 45 元，共計 17,910 元，清查時發現全部毀損，廢料估價 148 元已驗收入庫。經查是由於暴風雨襲擊倉庫所致，批准後將淨損失作為營業外支出處理。

（4）丁材料帳面餘額為 365 千克，單價 16 元，共計 5,840 元，實存為 360 千克，盤虧 5 千克。經查系保管人員責任心不強造成的損失，批准後責令其賠償，賠款尚未收到。

（5）戊材料帳面餘額為 400 千克，單價 14 元，共計 5,600 元；實存為 410 千克，盤盈 10 千克。經查系材料自然升溢造成，批准後衝減管理費用。

要求：根據以上經濟業務，編制會計分錄。

【業務題四】

目的：練習固定資產清查的核算。

資料：某企業 201×年 8 月對固定資產進行清查，發現以下帳實不符。

（1）盤盈機器設備一臺，重置價值為 9,700 元，經鑒定為七成新，經批准按其淨值轉作以前年度損益調整。

（2）盤虧機器設備一臺，帳面原值為 65,000 元，已提取折舊為 4,000 元，經批准按其淨值轉作營業外支出。

要求：根據以上經濟業務編制會計分錄。

【業務題五】

目的：練習應收、應付款項清查的核算。

資料：某工業企業 201×年 12 月清查往來帳項時，發現以下業務長期掛帳。

（1）長期掛帳的應付甲廠貨款的尾數 32 元，由於對方機構撤銷無法支付，經批准作為企業營業外收入處理。

（2）沒收逾期未退回的包裝物押金 480 元，經批准作為企業營業外收入處理。

（3）職工張某暫借款 45 元，由於該職工調出企業無法收回，經批准作為期間費用處理。

（4）由於對方單位撤銷，應收而無法收回的企業銷貨款 400 元，經批准作為期間費用處理。

要求：根據上述經濟業務編制會計分錄（該企業採用直接轉銷法核算壞帳）。

參考答案

一、單選題

1. C 2. C 3. B 4. A 5. B

二、多選題

1. CD 2. ABE 3. ACD 4. BCD 5. ABD

三、判斷題

1. × 2. × 3. √ 4. √ 5. √ 6. ×

四、業務題

略。

第七節　編制會計報表

一、會計報表概述

（一）會計報表的概念

　　企業在一定時期內所發生的各種經濟業務，通過日常會計記錄、期末帳項調整，雖然全面、系統地在帳簿中進行了記錄，但它們比較分散，不能集中、概括地說明企業經濟活動的全貌。因此，有必要根據信息使用者的共同需要，將企業帳簿中的資料進行歸集、加工和匯總，使之成為簡明、綜合、系統的指標體系，並以表格的方式予以反映，這項工作就是編制會計報表。編制會計報表是會計核算的專門方法之一。

　　會計報表是綜合反映企業某一特定日期的財務狀況和某一特定時期的經營成果及現金流動情況的書面文件。會計報表體系由會計報表和會計報表附註兩大部分構成。企業對外提供的會計報表包括資產負債表、利潤表、現金流量表和所有者權益變動表四張報表。會計報表附註是對會計報表的補充說明，也是會計報表體系的重要組成部分。

　　會計報表所提供的指標，比其他會計資料提供的信息更為綜合、系統和全面地反映企業經濟活動的情況和結果。因此會計報表對企業本身及其主管部門，對企業的債權人和投資者，以及財稅、銀行、審計等部門來說，都是一種十分重要的經濟資料。

（二）會計報表的分類

　　不同性質的經濟單位由於會計核算的內容不一樣，經濟管理的要求及其所編制會計報表的種類也不盡相同。就企業而言，其所編制的會計報表也可按不同的標誌劃分為不同的類別。

　　會計報表分類情況見表2-47所示。

表2-47　　　　　　　　　　　會計報表分類表

分類標誌	分類結果	基本內容
經濟內容	反映財務狀況報表	綜合反映資產、負債和所有者權益的會計報表，如資產負債表
	反映經營成果報表	反映一定時期內收入和費用的報表，如利潤表
	反映現金流量報表	反映一定時期內現金流量的報表，如現金流量表
資金運動形態	靜態報表	綜合反映資產、負債和所有者權益的會計報表
	動態報表	反映一定時期內資金耗費和資金收回的報表，如現金流量表等
層次	主表	反映企業經營活動及其成果的主要情況的報表
	附表	對主要報表中某一項目或某些項目的經濟內容進行具體補充說明的報表

表2-47(續)

分類標誌	分類結果		基本內容
時間	年報		全面反映企業全年的經營成果、年末的財務狀況以及年內現金流量的報告，是年度經營活動的總結性報表，每年年度終了編制一次，所有會計報表都必須報送年審
	中報	半年報	反映企業半年的經營成果和財務狀況的報表
		季報	反映企業一個季度的經營成果與季末財務狀況的報表，每季度終了編制一次
		月報	反映企業本月份經營成果與月末財務狀況的報表，每月終了時編制一次，所有者權益變動表可不編制月報表
編製單位	單位會計報表		由企業在自身會計核算的基礎上，對帳簿記錄進行加工而編制的財務報表，它只反映個別單位的經營活動情況
	匯總會計報表		由企業主管部門或上級機關，根據所屬單位報送的財務報表，連同本單位財務報表匯總編制的綜合性會計報表
會計主體	個別會計報表		以單個的獨立法人作為會計主體的財務報表，它是編制合併報表的基礎
	合併會計報表		以母公司及其子公司組成會計主體，以控股公司和子公司單獨編制的個別財務報表為基礎，由控股公司編制的反映抵銷集團內部往來帳項後的集團合併財務狀況和經營成果的財務報表

(三) 會計報表的編制要求

為了使會計報表能夠最大限度地滿足各有關方面的需要，實現編制會計報表的基本目的，充分發揮會計報表的作用，企業編制的會計報表應當真實可靠、全面完整、編報及時、便於理解。

1. 真實可靠

會計報表各項目的數據必須建立在真實可靠的基礎之上，使企業會計報表能夠如實地反映企業的財務狀況、經營成果和現金流動情況。因此，會計報表必須根據核實無誤的帳簿及相關資料編制，不得以任何方式弄虛作假。如果會計報表所提供的資料不真實或者可靠性很差，則不僅不能發揮會計報表的應有作用，而且還會由於錯誤的信息，導致會計報表使用者對企業的財務狀況、經營成果和現金流動情況做出錯誤的評價與判斷，致使報表使用者做出錯誤的決策。

2. 全面完整

企業會計報表應當全面地披露企業的財務狀況、經營成果和現金流動情況，完整地反映企業財務活動的過程和結果，以滿足各有關方面對財務會計信息資料的需要。為了保證會計報表的全面完整，企業在編制會計報表時，應當按照《企業會計準則》規定的格式和內容填報。特別對某些重要事項，應當按照要求在會計報表附註中進行說明，不得漏編漏報。

3. 編報及時

企業會計報表所提供的信息資料，應當具有很強的時效性。只有及時編制和報送

183

會計報表，才能為使用者提供決策所需的信息資料。否則，即使會計報表的編制非常真實可靠、全面完整且具有可比性，但由於編報不及時，也可能失去其應有的價值。隨著市場經濟和信息技術的迅速發展，會計報表的及時性要求將變得日益重要。

4. 便於理解。便於理解是指會計報表提供的信息可以為使用者所理解。企業對外提供的會計報表是為廣大會計報表使用者提供企業過去、現在和未來的有關資料，為企業目前或潛在的投資者和債權人提供決策所需的會計信息。因此，編制的會計報表應清晰明了。如果提供的會計報表晦澀難懂，不可理解，使用者就不能據以做出準確的判斷，所提供的會計報表的作用也會大大減少。當然，會計報表的這一要求是建立在會計報表使用者具有一定會計報表閱讀能力的基礎上的。

此外，會計報表應當由單位負責人和主管會計工作的負責人、會計機構負責人簽名並蓋章；設置總會計師的單位還須由總會計師簽名並蓋章。分別對會計報表的真實性、合法性負責。單位負責人是本單位會計行為的第一責任人，對本單位的會計報表的真實性、合法性負責；有關會計負責人員也應承擔相應的責任。

以上各點必須同時做到，才能發揮會計報表應有的作用。

二、資產負債表的編制

(一) 資產負債表的概念

資產負債表是指總括反映企業在某一特定日期（如月末、季末、半年末、年末等）的各項資產、負債和所有者權益情況的會計報表。由於資產負債表綜合反映了企業的財務狀況，故又稱之為財務狀況表。

資產負債表是一張靜態報表，是根據「資產 = 負債 + 所有者權益」這一會計等式反映的「資產」「負債」和「所有者權益」三個會計要素的相互關係，依據一定的分類標準和順序，把企業在一定日期的資產、負債、所有者權益項予以適當排列，並根據帳簿記錄編制而成的。作為反映企業財務狀況的基本報表，資產負債表可以反映：

(1) 企業在某一時日所掌握的資源以及這些資源的分佈與結構。這是衡量、分析企業生產經營能力及抵禦風險能力的重要資料。

(2) 企業資金來源的構成。企業的資金來源有兩個：一個是債權人，另一個是所有者。某一特定日期企業究竟有多少負債及所有者權益，具體構成如何，資產負債表反映得一清二楚。

(3) 企業的償債能力。通過資產負債表有關項目的對比與分析，可以反映企業的償債能力。例如，將流動資產與流動負債對比，可以反映企業短期償債能力；將負債總額與所有者權益對比，可以反映企業的資本結構是否合理，瞭解企業所面臨的財務風險。

(4) 企業財務狀況的變動趨勢。財務狀況由財務實力及變現能力構成，前者是指企業運用資源適應經濟環境的能力，後者是指資產轉換成現金或負債到期清償所需的時間。實際工作中，利用資產負債表數據計算相應指標，可衡量特定日期企業財務狀

況的好壞；將不同時點上企業的財務狀況進行比較，就可看出其變動的趨勢。

(二) 資產負債表的格式

資產負債表由表頭、表身和表尾等部分組成。表頭部分應列明報表名稱、編製單位名稱、編制日期和金額計量單位；表身部分反映資產、負債和所有者權益的內容；表尾部分為補充說明。其中，表身部分是資產負債表的主體和核心。

資產負債表的格式主要有帳戶式和報告式兩種。根據中國《企業會計準則》的規定，中國企業的資產負債表採用帳戶式結構。

帳戶式資產負債表分左右兩方，左方為資產項目，按資產的流動性大小排列；流動性大的資產如「貨幣資金」「交易性金融資產」等排在前面，流動性小的資產如「可供出售金融資產」「持有至到期投資」「固定資產」等排在后面。右方為負債及所有者權益項目，一般按要求清償時間的先後順序排列；「短期借款」「交易性金融負債」等需要在一年以內或者超過一年的一個經營週期內償還的流動負債排在前面，「長期借款」「應付債券」等在一年以上或者長於一年的一個營業週期以上才需償還的長期負債排在中間，在企業清算之前不需要償還的所有者權益項目排在后面。帳戶式資產負債表中的資產各項目的合計等於負債和所有者權益各項目的合計，即資產負債表左方和右方平衡。因此，通過帳戶式資產負債表，可以反映資產、負債、所有者權益之間的內在關係，即「資產＝負債＋所有者權益」。

一般企業資產負債表的基本格式參見表 2－49。

(三) 資產負債表的編制方法

1. 資產負債表編制的基本方法

資產負債表的各項目均需填列「年初餘額」和「期末餘額」兩欄。

在中國，資產負債表的「年初餘額」欄各項目數字，應根據上年末資產負債表「期末餘額」欄內所列數字填列。如果本年度資產負債表規定的各個項目的名稱和內容同上年度不相一致，應對上年年末資產負債表各項目的名稱和數字按照本年度的規定進行調整，填入報表中的「年初餘額」欄內。

資產負債表中的「期末餘額」欄內各項數據主要來自會計帳簿記錄，有的可以根據相關帳戶的期末餘額填列，有的應按有關帳戶合併分析或調整計算后填列。其資料來源有以下幾個方面：

(1) 根據總帳帳戶餘額直接填列。例如，「短期借款」「應收股利」「交易性金融資產」「可供出售金融資產」「交易性金融負債」等項目都是根據總帳科目的期末餘額直接填列。

(2) 根據幾個總帳帳戶餘額計算填列。例如，「貨幣資金」項目需要根據「庫存現金」「銀行存款」「其他貨幣資金」科目的期末餘額合計數計算填列。

(3) 根據有關明細帳戶餘額分析計算填列。例如，「應付帳款」項目需要根據「應付帳款」「預付帳款」科目所屬相關明細科目的期末貸方餘額計算填列。

(4) 根據總帳帳戶和明細帳戶餘額分析計算填列。例如，「長期借款」項目需要根據「長期借款」總帳科目期末餘額，扣除「長期借款」科目所屬明細科目中反映的將

於1年內到期的長期借款部分，分析計算填列。

2. 資產負債表主要項目的填列方法

根據《企業會計準則》的規定，資產負債表各項目的具體填列方法如下：

(1)「貨幣資金」項目，反映企業庫存現金、銀行結算戶存款、外埠存款、銀行匯票存款、銀行本票存款、信用卡存款、信用證保證金存款等的合計數。本項目應根據「庫存現金」「銀行存款」「其他貨幣資金」科目的期末餘額合計數填列。

(2)「交易性金融資產」項目，反映企業為交易目的所持有的債券投資、股票投資、基金投資等交易性金融資產的公允價值。本項目應根據「交易性金融資產」科目的期末餘額填列。

(3)「應收票據」項目，反映企業收到的未到期收款也未向銀行貼現的應收票據，包括商業承兌匯票和銀行承兌匯票。本項目應根據「應收票據」科目的期末餘額填列。已向銀行貼現和已背書轉讓的應收票據不包括在本項目內，其中已貼現的商業承兌匯票應在會計報表附註中單獨披露。

(4)「應收帳款」項目，反映企業因銷售商品、產品和提供勞務等而應向購買單位收取的各種款項，減去已計提的壞帳準備后的淨額。本項目應根據「應收帳款」科目所屬各明細科目的期末借方餘額合計數，減去「壞帳準備」科目中有關應收帳款計提的壞帳準備期末餘額后的金額填列。如「預收帳款」科目所屬有關明細科目有借方餘額的，也應包括在本項目內；如「應收帳款」科目所屬明細科目期末有貸方餘額，則應在本表「預收帳款」項目內填列。

(5)「預付帳款」項目，反映企業預付給供應單位的款項。本項目應根據「預付帳款」科目所屬各明細科目的期末借方餘額合計填列。如「應付帳款」科目所屬明細科目有借方餘額的，也應包括在本項目內；如「預付帳款」科目所屬有關明細科目期末有貸方餘額的，應在本表「應付帳款」項目內填列。

(6)「應收利息」項目，反映企業因債權投資而應收取的利息。企業購入到期還本付息債券應收的利息，不包括在本項目內。本項目應根據「應收利息」科目的期末餘額填列。

(7)「應收股利」項目，反映企業因股權投資而應收取的現金股利，企業應收其他單位的利潤，也包括在本項目內。本項目應根據「應收股利」科目的期末餘額填列。

(8)「其他應收款」項目，反映企業對其他單位和個人的應收和暫付的款項，減去已計提的壞帳準備后的淨額。本項目應根據「其他應收款」科目的期末餘額，減去「壞帳準備」科目中有關其他應收款計提的壞帳準備期末餘額后的金額填列。

(9)「存貨」項目，反映企業期末在庫、在途和在加工中的各項存貨的可變現淨值，包括各種材料、商品、在產品、半成品、包裝物、低值易耗品、分期收款發出商品、委託代銷商品、受託代銷商品等。本項目應根據「在途物資」「原材料」「週轉材料」「自製半成品」「庫存商品」「分期收款發出商品」「委託加工物資」「委託代銷商品」「受託代銷商品」「生產成本」等科目的期末餘額合計，減去「代銷商品款」「存貨跌價準備」科目期末餘額后的金額填列。材料採用計劃成本核算，以及庫存商品採用計劃成本或售價核算的企業，還應按加或減材料成本差異、商品進銷差價后的金額

填列。

（10）「一年內到期的非流動資產」項目，反映企業將於一年內到期的非流動資產。本項目應根據有關科目的期末餘額分析計算填列。

（11）「其他流動資產」項目，反映企業除以上流動資產項目外的其他流動資產，本項目應根據有關科目的期末餘額填列。如其他流動資產價值較大的，應在會計報表附註中披露其內容和金額。

（12）「可供出售金融資產」項目，反映企業持有的劃分為可供出售金融資產的證券。本項目根據「可供出售金融資產」科目的期末餘額填列。

（13）「持有至到期投資」項目，反映企業持有的劃分為持有至到期投資的證券。本項目根據「持有至到期投資」科目的期末餘額減去「持有至到期投資減值準備」科目的期末餘額后填列。

（14）「長期應收款」項目，反映企業持有的長期應收款的可收回金額。本項目應根據「長期應收款」科目的期末餘額，減去「壞帳準備」科目所屬相關明細科目期末餘額，再減去「未確認融資收益」科目期末餘額后的金額分析計算填列。

（15）「長期股權投資」項目，反映企業不準備在 1 年內（含 1 年）變現的各種股權性質的投資的可收回金額。本項目應根據「長期股權投資」科目的期末餘額，減去「長期投資減值準備」科目中有關股權投資減值準備期末餘額后的金額填列。

（16）「投資性房地產」項目，反映企業持有的投資性房地產。本項目應根據「投資性房地產」科目的期末餘額，減去「投資性房地產累計折舊」「投資性房地產減值準備」所屬有關明細科目期末餘額后的金額分析計算填列。

（17）「固定資產」項目，反映企業的固定資產可收回金額。本項目應根據「固定資產」科目的期末餘額，減去「累計折舊」「固定資產減值準備」科目期末餘額后的金額填列。

（18）「在建工程」項目，反映企業期末各項未完工程的實際支出，包括交付安裝的設備價值，未完建築安裝工程已經耗用的材料、工資和費用支出、預付出包工程的價款、已經建築安裝完畢但尚未交付使用的工程等的可收回金額。本項目應根據「在建工程」科目的期末餘額，減去「在建工程減值準備」科目期末餘額后的金額填列。

（19）「工程物資」項目，反映企業各項工程尚未使用的工程物資的實際成本。本項目應根據「工程物資」科目的期末餘額填列。

（20）「固定資產清理」項目，反映企業因出售、毀損、報廢等原因轉入清理但尚未清理完畢的固定資產的帳面價值，以及固定資產清理過程中所發生的清理費用和變價收入等各項金額的差額。本項目應根據「固定資產清理」科目的期末借方餘額填列，如「固定資產清理」科目期末為貸方餘額，以「—」號填列。

（21）「無形資產」項目，反映企業各項無形資產的期末可收回金額。本項目應根據「無形資產」科目的期末餘額，減去「累計攤銷」「無形資產減值準備」科目期末餘額后的金額填列。

（22）「遞延所得稅資產」項目，反映企業確認的遞延所得稅資產。本項目應根據「遞延所得稅資產」科目期末餘額分析填列。

(23)「其他非流動資產」項目，反映企業除以上資產以外的其他長期資產。本項目應根據有關科目的期末餘額填列，如其他長期資產價值較大的，應在會計報表附註中披露其內容和金額。

(24)「短期借款」項目，反映企業借入尚未歸還的1年期以下（含1年）的借款。本項目應根據「短期借款」科目的期末餘額填列。

(25)「交易性金融負債」項目，反映企業為交易而發生的金融負債，包括以公允價值計量且其變動計入當期損益的金融負債。本項目應根據「交易性金融負債」等科目的期末餘額分析填列。

(26)「應付票據」項目，反映企業為了抵付貨款等而開出、承兌的尚未到期付款的應付票據，包括銀行承兌匯票和商業承兌匯票。本項目應根據「應付票據」科目的期末餘額填列。

(27)「應付帳款」項目，反映企業購買原材料、商品和接受勞務供應等而應付給供應單位的款項。本項目應根據「應付帳款」科目所屬各有關明細科目的期末貸方餘額合計填列，如「預付帳款」科目所屬有關明細科目期末有貸方餘額的，也應包括在本項目內；如「應付帳款」科目所屬各明細科目期末有借方餘額，應在本表「預付帳款」項目內填列。

(28)「預收款項」項目，反映企業預收購買單位的帳款。本項目應根據「預收帳款」科目所屬各有關明細科目的期末貸方餘額合計填列。如「應收帳款」科目所屬明細科目有貸方餘額的，也應包括在本項目內；如「預收帳款」科目所屬有關明細科目有借方餘額的，應在本表「應收帳款」項目內填列。

(29)「應付職工薪酬」項目，反映企業應付未付的職工薪酬。本項目應根據「應付職工薪酬」科目期末貸方餘額填列。如「應付職工薪酬」科目期末為借方餘額，以「—」號填列。

(30)「應交稅費」項目，反映企業期末未交、多交或未抵扣的各種稅費。本項目應根據「應交稅費」科目的期末貸方餘額填列。如「應交稅費」科目期末為借方餘額，以「—」號填列。

(31)「應付利息」項目，反映企業應付未付的利息。本項目應根據「應付利息」科目的期末貸方餘額填列。

(32)「應付股利」項目，反映企業尚未支付的現金股利。本項目應根據「應付股利」科目的期末餘額填列。

(33)「其他應付款」項目，反映企業所有應付和暫收其他單位和個人的款項。本項目應根據「其他應付款」科目的期末餘額填列。

(34)「一年內到期的非流動負債」項目，反映企業承擔的將於一年內到期的非流動負債。本項目應根據有關非流動負債科目的期末餘額分析計算填列。

(35)「其他流動負債」項目，反映企業除以上流動負債以外的其他流動負債。本項目應根據有關科目的期末餘額填列，如「待轉資產價值」科目的期末餘額可在本項目內反映。如其他流動負債價值較大的，應在會計報表附註中披露其內容及金額。

(36)「長期借款」項目，反映企業借入尚未歸還的1年期以上（不含1年）的借

款本息。本項目應根據「長期借款」科目的期末餘額填列。

（37）「應付債券」項目，反映企業發行的尚未償還的各種長期債券的本息。本項目應根據「應付債券」科目的期末餘額填列。

（38）「長期應付款」項目，反映企業除長期借款和應付債券以外的其他各種長期應付款。本項目應根據「長期應付款」科目的期末餘額，減去「未確認融資費用」科目期末餘額后的金額填列。

（39）「預計負債」項目，反映企業預計負債的期末餘額。本項目應根據「預計負債」科目的期末餘額填列。

（40）「遞延所得稅負債」項目，反映企業確認的遞延所得稅負債。本項目應根據「遞延所得稅負債」科目期末餘額分析填列。

（41）「其他非流動負債」項目，反映企業除以上非流動負債項目以外的其他非流動負債。本項目應根據有關科目的期末餘額填列。如其他非流動負債價值較大的，應在會計報表附註中披露其內容和金額。

（42）「實收資本」（或「股本」）項目，反映企業各投資者實際投入的資本（或股本）總額。本項目應根據「實收資本」（或「股本」）科目的期末餘額填列。

（43）「資本公積」項目，反映企業資本公積的期末餘額。本項目應根據「資本公積」科目的期末餘額填列。

（44）「盈餘公積」項目，反映企業盈餘公積的期末餘額。本項目應根據「盈餘公積」科目的期末餘額填列。

（45）「未分配利潤」項目，反映企業尚未分配的利潤。本項目應根據「本年利潤」科目和「利潤分配」科目的餘額計算填列。未彌補的虧損，在本項目內以「—」號填列。

下面舉例說明一般企業資產負債表的編制方法。

【例 2-58】江淮公司 201×年 12 月 31 日總帳及明細帳帳戶餘額如表 2-48 所示。

表 2-48　　　　　　　　　　科目餘額表　　　　　　　　　　單位：元

借方餘額		貸方餘額	
庫存現金	2,000	短期借款	50,000
銀行存款	786,135	應付票據	100,000
其他貨幣資金	7,300	應付帳款	953,800
應收票據	66,000	其他應付款	50,000
應收帳款	600,000	應付職工薪酬	180,000
壞帳準備	-1,800	應交稅費	226,731
預付帳款	100,000	應付股利	32,215.85
其他應收款	5,000	長期借款	1,160,000
材料採購	275,000	實收資本	5,000,000

表2－48(續)

借方餘額		貸方餘額	
原材料	45,000	盈餘公積	124,770.40
庫存商品	2,122,400	未分配利潤	190,717.75
週轉材料	38,050		
材料成本差異	4,250		
其他流動資產	90,000		
長期股權投資	250,000		
固定資產	2,401,000		
累計折舊	-170,000		
固定資產減值準備	-30,000		
工程物資	150,000		
在建工程	578,000		
無形資產	600,000		
累計攤銷	-60,000		
遞延所得稅資產	9,900		
其他長期資產	200,000		
合計	8,068,235	合計	8,068,235

根據上述資料，編制江淮公司201×年12月31日的資產負債表，如表2－49所示。

表2－49　　　　　　　　　**資產負債表**　　　　　　　　　會企01表

編製單位：江淮公司　　　　　201×年12月31日　　　　　　　單位：元

資產	期末餘額	年初餘額	負債及所有者權益	期末餘額	年初餘額
流動資產：			流動負債：		
貨幣資金	795,435	略	短期借款	50,000	略
交易性金融資產			交易性金融負債		
應收票據	66,000		應付票據	100,000	
應收帳款	598,200		應付帳款	953,800	
預付款項	100,000		預收款項		
應收利息			應付職工薪酬	180,000	
應收股利			應交稅費	226,731	
其他應收款	5,000		應付利息		
存貨	2,484,700		應付股利	32,215.85	
一年內到期的非流動資產			其他應付款	50,000	

表2-49(續)

資產	期末餘額	年初餘額	負債及所有者權益	期末餘額	年初餘額
其他流動資產	90,000		一年內到期的非流動負債		
流動資產合計	4,139,335		其他流動負債		
非流動資產：			流動負債合計	1,592,746.85	
可供出售金融資產			非流動負債：		
持有至到期投資			長期借款	1,160,000	
長期應收款			應付債券		
長期股權投資	250,000		長期應付款		
投資性房地產			專項應付款		
固定資產	2,201,000		預計負債		
在建工程	578,000		遞延所得稅負債		
工程物資	150,000		其他非流動負債		
固定資產清理			非流動負債合計	1,160,000	
生產性生物資產			負債合計	2,752,746.85	
油氣資產			所有者權益（或股東權益）：		
無形資產	540,000		實收資本（或股本）	5,000,000	
開發支出			資本公積		
商譽			減：庫存股		
長期待攤費用			盈餘公積	124,770.40	
遞延所得稅資產	9,900		未分配利潤	190,717.75	
其他非流動資產	200,000				
非流動資產合計：	3,928,900		所有者權益(或股東權益)合計	5,315,488.15	
資產總計	8,068,235		負債及所有者權益總計	8,068,235	

三、利潤表的編制

(一) 利潤表的概念

利潤表又稱損益表，是反映企業在一定會計期間經營成果的報表。利潤表是一張動態報表。它基於收入、費用、利潤三個會計要素的相互關係，將一定期間的收入與同期的費用進行配比，從而確定企業當期的淨利潤（或淨虧損）。

利潤表所報告的財務信息對信息使用者具有舉足輕重的作用。通過利潤表反映的收入、費用等情況，能夠反映企業生產經營的收益和成本耗費情況，表明企業生產經營的最終財務成果；同時，通過利潤表提供的不同時期的比較指標（本月數、本年累計數、上年數），可以分析企業的獲利能力及其發展趨勢，瞭解投資者投入資本的完整性。由於利潤是企業經營管理業績的綜合體現，又是進行利潤分配的主要依據，因此利潤表也是一張主要的會計報表。

(二) 利潤表的格式

利潤表通過一定的表格來反映企業的經營成果,利潤表的格式主要有多步式利潤表和單步式利潤表兩種。

單步式利潤表是將本期的所有收入和費用分別相加合計,然后將兩者相減,一次計算出企業的淨利潤額。

多步式利潤表是將企業淨利潤額的計算分解為多個步驟,從而分別反映企業營業性收益和非營業性收益對經營成果實現過程的影響,通常採用上下加減的報告結構。

中國企業的利潤表採用多步式。多步式利潤表由營業利潤、利潤總額和淨利潤幾個部分構成。這幾個部分的構成項目及其相互關係表示如下:

營業利潤 = 營業收入 – 營業成本 – 稅金及附加 – 銷售費用 – 管理費用 – 財務費用 – 資產減值損失 + 公允價值變動收益 + 投資收益

利潤總額 = 營業利潤 + 營業外收入 – 營業外支出

淨利潤 = 利潤總額 – 所得稅費用

單獨列示每股收益

一般企業利潤表的基本格式參見表 2-39。

(三) 利潤表的編制方法

1. 利潤表編制的基本方法

利潤表的各項目均需填列「本月數」和「本年累計數」兩欄。

利潤表中的「本月數」欄反映各項目的本月實際發生數,根據本月實際的淨發生額填列。在編制年報時,應將該欄改為「上年數」,填列上年全年累計實際發生數。如果上年度利潤表的項目名稱和內容與本年度利潤表不一致,應對上年報表項目的名稱和數字按本年度的規定進行調整,填入報表的「上年數」欄。

利潤表中的「本年累計數」欄,反映各項目自年初起至本月末止的累計實際發生數。

平時採用「表結法」結算利潤的企業,本欄各項目金額可直接根據相應的收入類、成本費用類帳戶的期末餘額填列;平時採用「帳結法」結算利潤的企業,本欄各項目可根據上月利潤表中的「本年累計數」金額加上本月利潤表的「本月數」金額之和填列。

利潤表各項目應根據損益類帳戶的本期發生額分析計算填列。利潤表的基本填列方法可歸納為以下兩種:

(1) 根據帳戶的發生額分析填列。利潤表中的大部分項目都可以根據帳戶的發生額分析填列,如銷售費用、稅金及附加、管理費用、財務費用、營業外收入、營業外支出、所得稅費用等。

(2) 根據報表項目之間的關係計算填列。利潤表中的某些項目需要根據項目之間的關係計算填列,如營業利潤、利潤總額、淨利潤等。

2. 利潤表各項目的具體填列方法

利潤表項目的具體填列方法包括：

（1）「營業收入」項目，反映企業經營業務所取得的收入總額。本項目應根據「主營業務收入」帳戶和「其他業務收入」帳戶的發生額合計填列。

（2）「營業成本」項目，反映企業經營業務發生的實際成本。本項目應根據「主營業務成本」帳戶和「其他業務成本」的發生額合計填列。

（3）「稅金及附加」項目，反映企業經營業務應負擔的消費稅、城市維護建設稅、資源稅、土地增值稅和教育費附加等。本項目應根據「稅金及附加」帳戶的發生額分析填列。

（4）「銷售費用」項目，反映企業在銷售商品和商品流通企業在購入商品等過程中發生的費用。本項目應根據「銷售費用」帳戶的發生額分析填列。

（5）「管理費用」項目，反映企業發生的管理費用。本項目應根據「管理費用」帳戶的發生額分析填列。

（6）「財務費用」項目，反映企業發生的財務費用。本項目應根據「財務費用」帳戶的發生額分析填列。

（7）「資產減值損失」項目，反映企業因資產減值而發生的損失。本項目應根據「資產減值損失」帳戶的發生額分析填列。

（8）「公允價值變動淨收益」項目，反映企業資產因公允價值變動而發生的損益。本項目應根據「公允價值變動損益」帳戶的發生額分析填列。如為淨損失，以「—」號填列。

（9）「投資淨收益」項目，反映企業以各種方式對外投資所取得的收益。本項目應根據「投資收益」帳戶的發生額分析填列。如為投資損失，以「—」號填列。

（10）「營業利潤」項目，反映企業實現的營業利潤。如為虧損，以「—」號填列。

（11）「營業外收入」項目，反映企業發生的與其生產經營無直接關係的各項收入。本項目應根據「營業外收入」帳戶的發生額分析填列。

（12）「營業外支出」項目，反映企業發生的與其生產經營無直接關係的各項支出。本項目應根據「營業外支出」帳戶的發生額分析填列。

（13）「利潤總額」項目，反映企業實現的全部利潤。如為虧損，以「—」號填列。

（14）「所得稅費用」項目，反映企業按規定從本期損益中減去的所得稅。本項目應根據「所得稅費用」帳戶的發生額分析填列。

（15）「淨利潤」項目，反映企業實現的淨利潤。如為淨虧損，以「—」號填列。

（16）「基本每股收益」和「稀釋每股收益」項目，反映企業根據每股收益計算的兩種每股收益指標的金額填列。

下面舉例說明一般企業利潤表的編制方法。

【例 2－59】天和公司 201×年 12 月的有關帳戶發生額資料如表 2－50 所示。

表2-50　　　　　　　　　　有關帳戶發生額　　　　　　　　　　單位：元

帳戶名稱	借方	貸方
主營業務收入		50,000,000
主營業務成本	42,000,000	
稅金及附加	900,000	
銷售費用	4,400,000	
管理費用	2,000,000	
財務費用	400,000	
投資收益		200,000
營業外收入		600,000
營業外支出	200,000	
所得稅費用	231,000	

根據上述資料，編制該公司201×年12月份的利潤表，如表2-51所示。

表2-51　　　　　　　　　　利潤表　　　　　　　　　　會企02表
編製單位：天和公司　　　　　　201×年12月　　　　　　　　單位：元

項目	行次	本期金額	上期金額
一、營業收入		50,000,000	略
減：營業成本		42,000,000	
稅金及附加		900,000	
銷售費用		4,400,000	
管理費用		2,000,000	
財務費用		400,000	
資產減值損失			
加：公允價值變動淨收益			
投資收益		200,000	
其中：對聯營企業和合營企業的投資收益			
二、營業利潤		500,000	
加：營業外收入		600,000	
減：營業外支出		200,000	
其中：非流動資產處置損失			
三、利潤總額		900,000	
減：所得稅費用		231,000	

表2-51(續)

項目	行次	本期金額	上期金額
四、淨利潤		669,000	
五、每股收益			
(一)基本每股收益			
(二)稀釋每股收益			

四、現金流量表的編制

(一) 現金流量表的概念

現金流量表是反映企業一定會計期間現金和現金等價物流入和流出情況的報表，屬於動態報表。企業編制現金流量表的主要目的，是為會計報表使用者提供企業一定會計期間內現金和現金等價物流入和流出的信息，以便於會計報表使用者瞭解和評價企業獲取現金和現金等價物的能力，並據以預測企業未來現金流量。所以，現金流量表在評價企業經營業績、衡量企業財務資源和財務風險以及預測企業未來前景方面，有著十分重要的作用。現金流量表有助於評價企業支付能力、償債能力和週轉能力；有助於預測企業未來現金流量；有助於分析企業收益質量及影響現金淨流量的因素。

現金流量表是以現金為基礎編制的，這裡的現金是廣義的概念，它包括現金及現金等價物。具體由庫存現金、可以隨時用於支付的銀行存款、其他貨幣資金和現金等價物等幾個部分組成。其中，現金等價物是指企業持有的期限短、流動性強、易於轉換為已知金額現金、價值變動風險很小的投資。現金等價物雖然不是現金，但當企業需要時可以隨時變現為已知金額現金，具有很強的支付能力，因而可視同為現金。

(二) 現金流量表的格式

現金流量表分為三部分，第一部分為表頭，第二部分為正表，第三部分為補充資料。

表頭概括地說明報表名稱、編製單位、編制日期、報表編號、貨幣名稱、計量單位等。正表反映現金流量表的各個項目內容。正表有五項：一是經營活動產生的現金流量。二是投資活動產生的現金流量。三是籌資活動產生的現金流量。四是匯率變動對現金的影響。五是現金及現金等價物淨增加額。其中，經營活動產生的現金流量，是按直接法編制的。補充資料有三項：一是將淨利潤調節為經營活動產生的現金流量。二是不涉及現金收支的投資和籌資活動。三是現金及現金等價物淨增加情況。

上述這些項目中，有很多項目之間存在勾稽關係。主要包括：正表第一項經營活動產生的現金流量淨額，與補充資料第一項經營活動產生的現金流量淨額，應當核對相符。正表中的第五項，與補充資料中的第三項金額應當一致。正表中的數字是流入與流出的差額，補充資料中的數字是期末數與期初數的差額，計算依據不同，但結果應當一致，兩者應當核對相符。

一般企業的現金流量表基本格式參見表 2－52。

表 2－52　　　　　　　　　　　現金流量表　　　　　　　　　　　會企 03 表
編製單位：　　　　　　　　　　　年度　　　　　　　　　　　　　單位：元

項目	本期金額	上期金額
一、經營活動產生的現金流量 銷售商品、提供勞務收到的現金 收到的稅費返還 收到的其他與經營活動有關的現金 現金流入小計 購買商品、接受勞務支付的現金 支付給職工以及為職工支付的現金 支付的各項稅費 支付的其他與經營活動有關的現金 現金流出小計 經營活動產生的現金流量淨額		
二、投資活動產生的現金流量 收回投資所收到的現金 取得投資收益所收到的現金 處置固定資產、無形資產和其他長期資產所收回的現金淨額 處置子公司及其他營業單位收到的現金淨額 收到的其他與投資活動有關的現金 現金流入小計 購建固定資產、無形資產和其他長期資產所支付的現金 投資所支付的現金 取得子公司及其他營業單位支付的現金淨額 支付的其他與投資活動有關的現金 現金流出小計 投資活動產生的現金流量淨額		
三、籌資活動產生的現金流量 吸收投資所收到的現金 借款所收到的現金 收到的其他與籌資活動有關的現金 現金流入小計 償還債務所支付的現金 分配股利、利潤或償付利息所支付的現金 支付的其他與籌資活動有關的現金 現金流出小計 籌資活動產生的現金流量淨額		
四、匯率變動對現金及現金等價物的影響		
五、現金及現金等價物淨增加額 加：期初現金及現金等價物餘額		

表2-52(續)

項目	本期金額	上期金額
六、期末現金及現金等價物餘額		
補充資料：		
1. 將淨利潤調節為經營活動現金流量 淨利潤 加：資產減值準備、油氣資產折舊、生產性生物資產折舊 無形資產攤銷 長期待攤費用攤銷 處置固定資產、無形資產和其他長期資產的損失 固定資產報廢損失 公允價值變動損失 財務費用 投資損失 遞延所得稅資產減少 遞延所得稅負債增加 存貨的減少 經營性應收項目的減少 經營性應付項目的增加 其他 經營活動產生的現金流量淨額		
2. 不涉及現金收支的重大投資和籌資活動 債務轉為資本 一年內到期的可轉換公司債券 融資租入固定資產		
3. 現金及現金等價物淨增加情況 現金的期末餘額 減：現金的期初餘額 加：現金等價物的期末餘額 減：現金等價物的期初餘額 現金及現金等價物淨增加額		

(三) 現金流量表的編制方法

現金流量表通常將企業一定期間內的現金流量劃分為經營活動產生的現金流量、投資活動產生的現金流量和籌資活動產生的現金流量三類。

1. 經營活動產生的現金流量

經營活動是指企業投資活動和籌資活動以外的所有交易和事項。經營活動的現金流入主要是指銷售商品或提供勞務、稅費返還等所收到的現金。經營活動的現金流出主要是指購買貨物、接受勞務、製造產品、廣告宣傳、推銷產品、繳納稅款等所支出的現金。通過經營活動產生的現金流量的計算，可以反映企業經營活動對現金流入和

流出淨額的影響程度。

　　2. 投資活動產生的現金流量

　　投資活動是指企業固定資產、無形資產和其他長期資產的購建和處置，以及不包括在現金等價物範圍內的投資及其處置活動。投資活動的現金流入主要包括收回投資收到現金，分得股利、利潤或取得債券利息收入收到的現金，以及處置固定資產、無形資產和其他長期資產收到的現金等。投資活動的現金流出則是指購建固定資產、無形資產和其他長期資產所支付的現金，以及進行權益或債權性投資等所支付的現金。因為現金等價物已視同現金，所以投資活動產生的現金流量中不包括將現金轉換為現金等價物這類投資產生的現金流量。通過投資活動產生的現金流量的計算，可以分析企業經由投資獲取現金流量的能力，以及投資產生的現金流量對企業現金流量淨額的影響程度。

　　3. 籌資活動產生的現金流量

　　籌資活動是指導致企業資本及債務規模和構成發生變化的活動。籌資活動的現金流入主要包括吸收權益性投資以及發生債券或借款所收到的現金。籌資活動的現金流出主要包括償還債務或減少資本所支付的現金，發生籌資費用所支付的現金，分配股利、利潤或償付利息所支付的現金等。通過籌資活動產生的現金流量的計算，可以分析企業籌資能力，以及籌資產生的現金流量對企業現金流量淨額的影響程度。

　　現金流量表包括經營活動產生的現金流量、投資活動產生的現金流量、籌資活動產生的現金流量三大部分。其中經營活動產生的現金流量有直接法和間接法兩種編制方法。

　　（1）直接法是指按現金收入和支出的主要類別直接反映企業經營活動產生的現金流量，如銷售商品、提供勞務收到的現金，或購買商品、接受勞務支付的現金等，即按現金收入和支出的來源直接反映的。在直接法下，一般是以利潤表的營業收入為起算點，調整與經營活動有關的項目的增減變動，然后計算出經營活動產生的現金流量。

　　（2）間接法是指以淨利潤為起算點，調整不涉及現金的收入、費用、營業外收支等有關項目，據此計算出經營活動產生的現金流量。按間接法計算的經營活動的現金流量，有助於分析影響現金流量的原因以及從現金流量角度分析企業淨利潤的質量。因此，中國《企業會計準則》在要求企業按直接法編制經營活動的現金流量的同時，還要求企業在補充資料中按間接法將淨利潤調節為經營活動的現金流量。

　　本課程只要求學生理解現金流量表的基本原理和結構，其編制方法在后續課程財務會計中學習。因此，本書沒有單獨舉例講解現金流量表的編制。

五、所有者權益變動表的編制

（一）所有者權益變動表的概念

　　所有者權益變動表是反映企業在某一特定日期所有者權益增減變動情況的報表。

　　所有者權益變動表全面反映了企業的所有者權益在年度內的變化情況，不僅包括所有者權益總量的增減變動，還包括所有者權益變動的重要結構性信息，特別是反映

直接計入所有者權益的利得和損失，讓報表使用者準確理解所有者權益變動的根源，進而對企業的資本保值增值情況做出正確判斷，從而提供對決策有用的信息。

(二) 所有者權益變動表的格式

所有者權益變動表包括表頭、正表兩部分。其中，表頭說明報表名稱、編製單位、編制日期、報表編號、貨幣名稱和計量單位等；正表是所有者權益變動表的主體，具體說明所有者權益變動表的各項內容，包括股本（實收資本）、資本公積、法定和任意盈餘公積、法定公益金和未分配利潤等。每個項目中，又分為年初餘額、本年增減額、本年減少數和年末餘額四小項，每個項目中，又分別具體情況列示其不同內容。

一般企業所有者權益變動表的格如表2-53所示。

表2-53　　　　　　　　　　　所有者權益變動表

會企04表

編製單位：　　　　　　　　　　年度　　　　　　　　　　單位：元

項目	本年金額					上年金額				
	實收資本（或股利）	資本公積	減：庫存股	盈餘公積	未分配利潤	所有者權益合計	實收資本（或股利）	資本公積	減：庫存股	盈餘公積	未分配利潤	所有者權益合計
一、上年年末餘額											
加：會計政策變更											
前期差錯更正											
二、本年年初餘額											
三、本年增減變動金額（減少「—」號填列）											
（一）淨利潤											
（二）直接計入所有者權益的利得和損失											
1. 可供出售金融資產公允價值變動淨額											
2. 權益法下被投資單位其他所有者權益變動的影響											
3. 與計入所有者權益項目相關的所得稅影響											
4. 其他											
上述（一）和（二）小計											
（三）所有者投入和減少資本											
1. 所有者投入資本											
2. 股份支付計入所有者權益的金額											
3. 其他											

表2-53(續)

項目	本年金額					上年金額				
	實收資本（或股利）	資本公積	減：庫存股	盈餘公積	未分配利潤	所有者權益合計	實收資本（或股利）	資本公積	減：庫存股	盈餘公積	未分配利潤	所有者權益合計
（四）利潤分配												
1. 提取盈餘公積					—							
2. 對所有者（或股東）的分配												
3. 其他												
（五）所有者權益內部結轉												
1. 資本公積轉增資本（或股本）												
2. 盈餘公積轉增資本（或股本）												
3. 盈餘公積彌補虧損												
四、本年年末餘額												

（三）所有者權益變動表的編制方法

所有者權益變動表的填列方法如下：

1.「上年年末餘額」項目

該項目反映企業上年資產負債表中實收資本（或股本）、資本公積、庫存股、盈餘公積、未分配利潤的年末餘額。

（1）「會計政策變更」項目，反映企業採用追溯調整法處理的會計政策變更的影響金額。

（2）「前期差錯更正」項目，反映企業採用追溯重述法處理的會計差錯更正的累積影響金額。

2.「本年增減變動額」項目

（1）「淨利潤」項目，反映企業當年實現的淨利潤（或淨虧損）金額。

（2）「直接計入所有者權益的利得和損失」項目，反映企業當年直接計入所有者權益的利得和損失金額。

①「可供出售金融資產公允價值變動淨額」項目，反映企業持有的可供出售金融資產當年公允價值變動的金額。

②「權益法下被投資單位其他所有者權益變動的影響」項目，反映企業對按照權益法核算的長期股權投資，在被投資單位除當年實現的淨損益以外其他所有者權益當年變動中應享有的份額。

③「與計入所有者權益項目相關的所得稅影響」項目，反映企業根據《企業會計準則第18號——所得稅》規定應計入所有者權益項目的當年所得稅影響金額。

3.「所有者投入和減少資本」項目

該項目反映企業當年所有者投入的資本和減少的資本。

(1)「所有者投入資本」項目,反映企業接受投資者投入形成的實收資本(或股利)和資本溢價或股本溢價。

(2)「股份支付計入所有者權益的金額」項目,反映企業處於等待期中的權益結算的股份支付當年計入資本公積的金額。

4.「利潤分配」項目

該項目反映企業當年的利潤分配金額。

(1)「提取盈餘公積」項目,反映企業按照規定提取的盈餘公積。

(2)「對所有者(或股東)的分配」項目,反映對所有者(或股東)分配的利潤(或股利)金額。

5.「所有者權益內部結轉」項目

該項目反映企業構成所有者權益組成部分之間的增減變動情況。

(1)「資本公積轉增資本(或股本)」項目,反映企業以資本公積轉增資本或股本的金額。

(2)「盈餘公積轉增資本(或股本)」項目,反映企業以盈餘公積轉增資本或股本的金額。

(3)「盈餘公積彌補虧損」項目,反映企業以盈餘公積彌補虧損的金額。

六、會計報表附註的列示

(一)會計報表附註的作用

會計報表附註是對資產負債表、利潤表、現金流量表和所有者權益變動表等報表中列示項目的文字描述或明細資料,以及對未能在這些報表中列示項目的說明等。它是對會計報表的補充,也是會計報表體系的重要組成部分。

會計報表附註應當披露會計報表的編制基礎,相關信息應當與資產負債表、利潤表、現金流量表和所有者權益變動表等報表中列示的項目相互參照。

(二)會計報表附註的內容

按照《企業會計準則》規定,會計報表附註一般應當披露下列內容:

1. 企業的基本情況

企業的基本情況包括企業註冊地、組織形式和總部地址;企業的業務性質和主要經營活動;母公司以及集團最終母公司的名稱;財務報表的批准報出者和財務報告批准報出日。

2. 財務報表的編制基礎

財務報表的編制基礎包括會計年度、記帳本位幣、會計計量基礎、現金和現金等價物的構成等。

3. 遵循企業會計準則的聲明

企業應當聲明編制的財務報表符合企業會計準則的要求，真實、完整地反映了企業的財務狀況、經營成果和現金流量等有關信息。

4. 重要會計政策和會計估計

企業應當披露採用的重要會計政策和會計估計，不重要的會計政策和會計估計可以不披露。在披露重要會計政策和會計估計時，應當披露重要會計政策的確定依據和財務報表項目的計量基礎，以及會計估計中所採用的關鍵假設和不確定因素。

5. 會計政策和會計估計變更以及差錯更正的說明

企業應當按照《企業會計準則第28號——會計政策、會計估計變更和差錯更正》及其應用指南的規定，披露會計政策和會計估計變更以及差錯更正的有關情況。

6. 企業對報表重要項目的說明

企業應當按照資產負債表、利潤表、現金流量表、所有者權益變動表及其項目列示的順序，採用文字和數字描述相結合的方式披露報表重要項目的構成或當期增減變動情況。報表重要項目的明細金額合計，應當與報表項目金額相銜接。

7. 其他需要說明的重要事項

對已在資產負債表、利潤表、現金流量表和所有者權益變動表中列示的重要項目的進一步說明，包括終止經營稅後利潤的金額及其構成情況、或有和承諾事項、資產負債表日後非調整事項、關聯方關係及其交易等需要說明的事項。另外，企業應當在附註中披露在資產負債表日後、財務報表批准報出前提議或宣布發放的股利總額和每股股利金額。

七、會計報告的復核、報送、審批與匯總

(一) 會計報告的復核

復核是保證會計報告質量的一項重要措施。企業會計報告編制完成後，在報送之前，必須由單位會計主管人和單位負責人進行復核。會計報告復核的內容主要包括：報表所列金額與帳簿記錄是否一致；報表的項目是否填列齊全；報表的各項數字計算是否正確；內容是否完整，相關報表之間的有關數字的勾稽關係是否正確且銜接一致；會計報表的附註是否符合有關要求；其他報告資料是否合法、合理、有效。經審查無誤後，對會計報告應依次編定頁數、加具封面、裝訂成冊、加蓋公章。封面應註明企業的名稱、地址、主管部門、開業年份、報告所屬年度和月份、送出日期等。

(二) 會計報告的報送

企業的會計報告必須由企業領導、總會計師、會計主管人員和製表人員簽名蓋章后才能報出。單位負責人對會計報告的合法性、真實性負法律責任。

應向哪些單位報送會計報告，這與各單位的隸屬關係、經濟管理和經濟監督的需要有關。國有企業一般要向上級主管部門、開戶銀行、財政、稅務和審計機關報送會計報告。同時應向投資者、債權人以及其他與企業有關的報告使用者提供會計報告。股份有限公司還應向證券交易和證券監督管理機構提供會計報告。根據法律和國家有

關規定要求，對會計報告必須進行審計的單位應先委託會計師事務所進行審計，並將註冊會計師出具的審計報告，隨同會計報告按照規定期限報送有關部門。

(三) 會計報告的審批

上級主管部門或總公司、財政、稅務和金融部門，對各企業報送的會計報告應當認真審核。主要審核會計報告的編制是否符合會計準則和會計制度的有關規定，審查和分析會計報告的指標內容，以便對報送單位的財務活動情況進行監督。在審核過程中，如果發現報告編制有錯誤或不符合要求，應及時通知原單位進行更正，錯誤較多的應當重新編報。如果發現有違反法律和財經紀律、弄虛作假的現象，應查明原因，及時糾正，嚴肅處理。會計報告審核后，要進行批覆。年度決算報告除經上級主管部門審核批覆外，還應由財政部門審批。企業要認真研究、執行上級主管部門對報告的批覆意見，並在會計上進行相應處理。

(四) 會計報告的匯總

國有企業會計報告報送上級主管部門后，上級主管部門要將所屬單位上報的會計報告合併，編制匯總會計報告。匯總會計報告是上級根據所屬單位上報的會計報告匯總編制，用來總括反映所屬單位財務狀況和經營成果的書面文件。在匯編會計報告時，必須先審核后匯總。匯總會計報告的格式和基層單位會計報告的格式基本相同。編制方法是根據所屬單位的會計報告和匯編單位本身的會計報告，經過合併、分析計算、匯總而填列的。各級企業主管部門編好匯總會計報告后，應按規定的期限逐級上報，並及時報送同級財政、計劃、稅務等國家綜合部門，以便及時提供國家宏觀管理所需的會計信息。

課后小結

主要術語中英文對照

1.	報表附註	Statement Notes	2.	財務狀況	Financial Position
3.	資產負債表、平衡表	Balance Sheet	4.	經營成果	Operating Result
5.	利潤表	Profit Statement	6.	帳戶式	Account Form
7.	收益表	Income Statement	8.	報告式	Report Form
9.	損益表	Profit and Loss Statement	10.	多步式	Multiple Steps
11.	盈利表	Statement of Earnings	12.	單步式	Simple Step
13.	經營表	Operations Statement	14.	合併報表	Consolidated Statement
15.	現金流量表	Statement of Cash Flows	16.	營運資金	Operating Capital
17.	所有者權益變動表	Statement of Changes in Owner's Equity			
18.	財務狀況變動表	Statement of Changes in Financial Position			

19. 會計年度　　　　　　　　　　　Fiscal Year & Financial Year

復習思考題

1. 什麼是會計報表？會計報表由哪些內容組成？有哪些分類？
2. 什麼是資產負債表？其結構和內容如何？如何編制資產負債表？
3. 什麼是利潤表？中國的利潤表採用什麼格式？如何編制利潤表？
4. 什麼是現金流量表？現金指的是什麼？編制現金流量表的會計基礎是什麼？主要內容有哪些？
5. 什麼是所有者權益變動表？報表主要項目內容有哪些？

練習題

一、單選題

1. 資產負債表是反映企業在（　　）財務狀況的報表。
   A. 某一特定時期　　　　　　B. 某一特定會計期間
   C. 一定時間　　　　　　　　D. 某一特定日期
2. 反映企業某一期間經營成果的會計報表是（　　）。
   A. 資產負債表　　　　　　　B. 利潤表
   C. 現金流量表　　　　　　　D. 所有者權益變動表
3. 資產負債表編制過程中，可以根據有關帳簿記錄直接填列的項目是（　　）。
   A. 貨幣資金　　　　　　　　B. 存貨
   C. 短期借款　　　　　　　　D. 未分配利潤
4. 下列項目中屬於會計科目的是（　　）。
   A. 貨幣資金　　　　　　　　B. 存貨
   C. 未分配利潤　　　　　　　D. 固定資產
5. 企業對外報送的報表不包括（　　）。
   A. 資產負債表　　　　　　　B. 利潤表
   C. 所有者權益變動表　　　　D. 銷售費用表
6. 會計報表編制的根據是（　　）。
   A. 原始憑證　　　　　　　　B. 記帳憑證
   C. 科目匯總表　　　　　　　D. 帳簿記錄
7. 依據中國的會計準則，利潤表所採用的格式為（　　）。
   A. 單步式　　　　　　　　　B. 多步式
   C. 帳戶式　　　　　　　　　D. 混合式

8. 資產負債表中的「存貨」項目，應根據（　　　）。
   A.「存貨」帳戶的期末借方餘額直接填列
   B.「原材料」帳戶的期末借方餘額直接填列
   C.「原材料」「生產成本」和「庫存商品」等帳戶的期末借方餘額之和減去「存貨跌價準備」帳戶的期末餘額后的金額填列
   D.「原材料」「在產品」「庫存商品」等帳戶的期末借方餘額之和填列

二、多項選擇題

1. 會計報告按其編報時間不同，分為（　　　）。
   A. 中期會計報告　　　　　　B. 月度會計報告
   C. 季度會計報告　　　　　　D. 年度會計報告
2. 資產負債表中，根據若干總帳帳戶期末餘額計算填列的項目有（　　　）。
   A. 貨幣資金　　　　　　　　B. 存貨
   C. 長期借款　　　　　　　　D. 資本公積
   E. 應收帳款
3. 下列項目中，屬於資產負債表中的流動資產項目的有（　　　）。
   A. 貨幣資金　　　　　　　　B. 存貨
   C. 固定資產　　　　　　　　D. 資本公積
   E. 應付帳款
4. 下列關於多步式利潤表的各種說法中，正確的說法有（　　　）。
   A. 可以反映一定時期的經營成果
   B. 能夠產生一些中間性的收益信息
   C. 有利於瞭解企業一定日期的償債能力
   D. 一般按照損益類帳戶的發生額分析填列
   E. 利潤表能反映利潤分配狀況
5. 下列項目中，屬於會計報表按其反映經濟內容的不同分類的有（　　　）。
   A. 資產負債表　　　　　　　B. 利潤表
   C. 靜態報表　　　　　　　　D. 動態報表
   E. 所有者權益變動表
6. 下列各項中，能夠通過資產負債表反映的有（　　　）。
   A. 某一時點的財務狀況　　　B. 某一時點的償債能力
   C. 某一期間的經營成果　　　D. 某一期間的獲利能力
   E. 某一期間的現金流量狀況

三、判斷題

1. 中國會計準則規定的利潤表格式為帳戶式，這種格式有利於預測企業未來的盈利能力。　　　　　　　　　　　　　　　　　　　　　　　　　　　（　　　）
2. 企業資產負債表中「未分配利潤」項目填列的金額一定等於「利潤分配」帳戶

的年末貸方餘額。   (   )

3. 資產負債表中的「應收帳款」「預付款項」「應付帳款」和「預收款項」項目填列的金額不會出現負數。   (   )

4. 通過利潤表可以看出，企業當期發生的營業外支出越多，當期的營業利潤就越低（假定其他條件不變）。   (   )

5. 中國的資產負債表是根據「資產＝負債＋所有者權益」這一會計恆等式為依據編制的。   (   )

6. 企業的會計處理基礎是權責發生制，會計報表也都是以權責發生制為基礎的。   (   )

7. 資產負債表是一種靜態報表，可以依據有關帳戶的餘額直接填列。   (   )

8. 現金流量表中的現金及現金等價物淨增加額與資產負債表中貨幣資金的增加額應該相等。   (   )

四、業務題

【業務題一】

目的：練習資產負債表的編制。

資料：某公司各總帳餘額如表 2-54 所示。

表 2-54　　　某公司 201× 年 12 月 31 日總帳各帳戶餘額表　　　單位：元

帳戶名稱	借方金額	帳戶名稱	貸方餘額
庫存現金	35,000	壞帳準備	5,000
銀行存款	60,000	存貨跌價準備	46,000
交易性金融資產	56,000	累計折舊	52,000
應收帳款	64,000	短期借款	34,000
其他應收款	4,000	應付帳款	14,000
預付帳款	42,000	應付職工薪酬	57,000
應收股利	37,000	應付利息	7,000
生產成本	97,000	應付股利	8,000
原材料	96,000	應交稅費	5,000
庫存商品	78,000	應付票據	3,600
應收利息	13,000	預收帳款	16,000
長期股權投資	90,000	長期借款	12,000
固定資產	820,000	股本	800,000
無形資產	60,000	資本公積	28,000
		盈餘公積	56,000
		未分配利潤	408,400
合計	1,552,000	合計	1,552,000

其中有關帳戶的明細帳戶餘額如下：

「預付帳款」明細帳戶餘額：

A公司：80,000元（借方）　　　　　　B公司：38,000元（貸方）

「預收帳款」明細帳戶餘額：

C公司：42,000元（貸方）　　　　　　D公司：26,000元（借方）

「應收帳款」明細帳戶餘額：

E公司：82,000元（借方）　　　　　　F公司：18,000元（貸方）

長期借款12,000元須在6個月內償還。

要求：（1）編制該公司201×年12月31日的資產負債表。

　　　（2）列示出需要經過調整和計算的項目計算過程。

【業務題二】

目的：練習利潤表的編制。

資料：某公司各損益類帳戶發生額或淨額如表2－55所示。

表2－55　　　　　　某公司201×年損益類帳戶發生額　　　　　　單位：元

帳戶名稱	本期金額
主營業務收入	5,600,000
主營業務成本	3,200,000
稅金及附加	600,000
銷售費用	720,000
管理費用	680,000
財務費用	360,000
其他業務收入	960,000
其他業務成本	680,000
投資收益	480,000
營業外收入	70,000
營業外支出	40,000
資產減值損失	200,000
所得稅費用	50,000

要求：編制該公司201×年的利潤表。

【業務題三】

目的：練習經濟業務的處理與利潤表的編制。

資料：某企業201×年發生下列經濟業務：

（1）企業銷售庫存商品甲2,000件，每件售價500元，貨款收到並已存入銀行；

（2）企業銷售庫存商品乙5,000件，每件售價60元，貨款尚未收到；

（3）計算銷售乙產品應納的消費稅，消費稅稅率為10%；

（4）結轉甲、乙兩種庫存商品的銷售成本，甲產品600,000元，乙產品240,000元；

（5）管理部門人員王剛出差回來報銷差旅費8,000元（出差前預支10,000元）；

（6）以現金支票支付廣告費60,000元；

（7）經批准，轉銷因意外發生火災導致的材料盤虧金額3,000元；

（8）支付第四季度短期借款利息費用6,000元，10月份、11月份已經分別預提利息費用2,000元；

（9）計算出應交的所得稅費用是90,000元；

（10）將所有的損益類帳戶結轉至本年利潤帳戶。

要求：

（1）對以上經濟業務做出相應的會計處理；

（2）計算本期實現的營業利潤，寫出計算過程；

（3）根據上述資料編制本年的利潤表。

【業務題四】

目的：練習資產負債表的編制。

資料：某公司201×年1月1日資產負債表各項目金額如表2-56所示。

表2-56　　　　　　　　　　　資產負債表

編製單位：某公司　　　　　201×年1月1日　　　　　　　　　單位：元

資產	期末餘額	年初餘額	負債及所有者權益	期末餘額	年初餘額
流動資產：			流動負債：		
貨幣資金	950,000	略	短期借款	340,000	略
交易性金融資產	560,000		交易性金融負債		
應收票據	57,000		應付票據	200,000	
應收帳款	717,000		應付帳款	380,000	
預付款項	480,000		預收款項	480,000	
應收利息			應付職工薪酬	114,000	
應收股利			應交稅費	50,000	
其他應收款	13,000		應付利息		
存貨	1,347,000		應付股利	80,000	
一年內到期的非流動資產			其他應付款		
其他流動資產			一年內到期的非流動負債		
流動資產合計	4,124,000		其他流動負債		
非流動資產：			流動負債合計	1,644,000	
可供出售金融資產			非流動負債：		
持有至到期投資	200,000		長期借款	200,000	
長期應收款			應付債券	2,000,000	

表2-56(續)

資產	期末餘額	年初餘額	負債及所有者權益	期末餘額	年初餘額
長期股權投資	800,000		長期應付款	460,000	
投資性房地產			專項應付款		
固定資產	8,680,000		預計負債		
在建工程	460,000		遞延所得稅負債	120,000	
工程物資	2,000,000		其他非流動負債		
固定資產清理			非流動負債合計	2,780,000	
生產性生物資產			負債合計	4,424,000	
油氣資產			所有者權益（或股東權益）：		
無形資產	200,000		實收資本（或股本）	8,000,000	
開發支出			資本公積	280,000	
商譽			減：庫存股		
長期待攤費用			盈餘公積	560,000	
遞延所得稅資產			未分配利潤	3,200,000	
其他非流動資產					
非流動資產合計：	12,340,000		所有者權益(或股東權益)合計	12,040,000	
資產總計	16,464,000		負債及所有者權益總計	16,464,000	

本年發生如下經濟業務：

（1）收到A公司前欠購貨款200,000元，存入銀行；

（2）接受投資者B公司追加投資款1,000,000元，已存入銀行；

（3）行政管理部門劉星出差預借差旅費5,000元，以現金支付；

（4）以銀行存款繳納所得稅40,000元；

（5）向C公司採購甲材料50,000千克，貨款580,000元，採購乙材料10,000千克，貨款300,000元，貨款均已通過銀行支付，增值稅稅率為17%；

（6）以銀行存款支付甲、乙材料的運輸費共計6,000元（按材料重量比例分配，增值稅稅率為11%）；

（7）上述採購的甲、乙材料已驗收入庫；

（8）劉星回來報銷差旅費6,500元，以現金1,500元補足劉星墊付的差旅費；

（9）以銀行存款共計585,000元購入一套生產設備，當即投入使用，增值稅稅率為17%；

（10）因違反購貨合同，支付違約金10,000元，已用銀行存款支付；

（11）開出支票從銀行提取現金5,000元作備用金使用；

（12）以現金購買辦公用品7,800元；

（13）向D公司銷售A產品1,500件，每件售價150元，銷售B產品2,500件，每件收件250元，貨款均未收到，增值稅稅率為17%；

(14) 以銀行存款支付廣告費 5,000 元；

(15) 收回 D 公司本月購買 A、B 產品的銷貨款；

(16) 發出材料匯總如下：生產 A 產品 3,000 件領用甲材料 2,000 千克，金額 230,000 元；生產 B 產品 2,000 件領用乙材料 6,000 千克，金額 192,000 元，製造車間一般耗用材料金額 35,000 元；行政管理部門領用輔助材料金額 5,000 元；

(17) 計提固定資產折舊，其中製造車間 28,000 元，行政管理部門 10,000 元；

(18) 分配薪酬費用，其中 A 產品生產工人薪酬 24,000 元，B 產品生產工人薪酬 58,000 元，製造車間管理技術人員薪酬 19,000 元，行政管理部門人員薪酬 12,000 元；

(19) 結轉發生的製造費用，按生產工人薪酬比例分配計入 A、B 產品成本；

(20) 生產 A 產品 3,000 件，B 產品 2,000 件已全部生產完工驗收入庫；

(21) 結轉已銷 A 產品 1,500 件，B 產品 2,500 件的銷售成本。A 產品單位銷售成本 95 元，B 產品單位銷售成本 160 元；

(22) 按銷售收入的 10% 計算應交的消費稅；

(23) 將損益類帳戶發生額結轉至「本年利潤」帳戶；

(24) 經計算本年應交所得稅費用為 30,000 元，結轉所得稅費用至「本年利潤」帳戶；

(25) 按稅後利潤的 10% 提取法定盈餘公積；

(26) 經股東大會批准向投資人分配利潤 50,000 元；

(27) 年末結轉本年利潤及利潤分配各明細帳戶至「利潤分配——未分配利潤」帳戶。

要求：

(1) 根據上述資料編制相應會計分錄；

(2) 編制該公司本年末的資產負債表。

參考答案

一、單選題

1. D 2. B 3. C 4. D 5. D 6. D
7. B 8. C

二、多選題

1. AD 2. AB 3. AB 4. ABD 5. ABE 6. AB

三、判斷題

1. × 2. × 3. √ 4. × 5. √ 6. ×
7. × 8. ×

四、業務題

【業務題一】

表 2-57　　　　　　　　　　　　　　　**資產負債表**

編製單位：某公司　　　　　　201×年 12 月 31 日　　　　　　　　　　單位：元

資產	期末餘額	年初餘額	負債及所有者權益	期末餘額	年初餘額
流動資產：			流動負債：		
貨幣資金	95,000	略	短期借款	34,000	略
交易性金融資產	56,000		交易性金融負債		
應收票據			應付票據	3,600	
應收帳款	103,000		應付帳款	52,000	
預付款項	80,000		預收款項	60,000	
應收利息	13,000		應付職工薪酬	57,000	
應收股利	37,000		應交稅費	5,000	
其他應收款	4,000		應付利息	7,000	
存貨	225,000		應付股利	8,000	
一年內到期的非流動資產			其他應付款		
其他流動資產			一年內到期的非流動負債	12,000	
流動資產合計	613,000		其他流動負債		
非流動資產：			流動負債合計	238,600	
可供出售金融資產			非流動負債：		
持有至到期投資			長期借款		
長期應收款			應付債券		
長期股權投資	90,000		長期應付款		
投資性房地產			專項應付款		
固定資產	768,000		預計負債		
在建工程			遞延所得稅負債		
工程物資			其他非流動負債		
固定資產清理			非流動負債合計		
生產性生物資產			負債合計	238,600	
油氣資產			所有者權益（或股東權益）：		
無形資產	60,000		實收資本（或股本）	800,000	
開發支出			資本公積	28,000	
商譽			減：庫存股		
長期待攤費用			盈餘公積	56,000	
遞延所得稅資產			未分配利潤	408,400	
其他非流動資產					
非流動資產合計	918,000		所有者權益（或股東權益）合計	1,292,400	
資產總計	1,531,000		負債及所有者權益總計	1,531,000	

資產負債表中各項目的計算：

貨幣資金＝35,000＋60,000＝95,000（元）

應收帳款＝82,000＋26,000－5,000＝103,000（元）

預付款項＝80,000＋0＝80,000（元）

存貨＝97,000＋96,000＋78,000－46,000＝225,000（元）

應付帳款＝14,000＋38,000＝52,000（元）

預收帳款＝18,000＋42,000＝60,000（元）

【業務題二】

表 2－58　　　　　　　　　　利潤表　　　　　　　　　　會企 02 表

編製單位：某公司　　　　　　201×年　　　　　　　　　單位：元

項目	行次	本期金額	上期金額
一、營業收入		6,560,000	略
減：營業成本		3,880,000	
稅金及附加		600,000	
銷售費用		720,000	
管理費用		680,000	
財務費用		360,000	
資產減值損失		200,000	
加：公允價值變動淨收益			
投資收益		480,000	
其中：對聯營企業和合營企業的投資收益			
二、營業利潤		600,000	
加：營業外收入		70,000	
減：營業外支出		40,000	
其中：非流動資產處置損失			
三、利潤總額		630,000	
減：所得稅費用		50,000	
四、淨利潤		580,000	
五、每股收益			
（一）基本每股收益			
（二）稀釋每股收益			
六、其他綜合收益			
七、綜合收益總額		580,000	

【業務題三】
1. 帳務處理
(1) 借：銀行存款　　　　　　　　　　　　　　　1,170,000
　　　貸：主營業務收入　　　　　　　　　　　　1,000,000
　　　　　應交稅費——應交增值稅　　　　　　　　170,000
(2) 借：應收帳款　　　　　　　　　　　　　　　　351,000
　　　貸：主營業務收入　　　　　　　　　　　　　300,000
　　　　　應交稅費——應交增值稅　　　　　　　　　51,000
(3) 借：稅金及附加　　　　　　　　　　　　　　　 30,000
　　　貸：應交稅費——應交消費稅　　　　　　　　　30,000
(4) 借：主營業務成本——甲　　　　　　　　　　　600,000
　　　　　　　　　　——乙　　　　　　　　　　　240,000
　　　貸：庫存商品——甲　　　　　　　　　　　　600,000
　　　　　　　　　——乙　　　　　　　　　　　　240,000
(5) 借：管理費用　　　　　　　　　　　　　　　　　8,000
　　　　庫存現金　　　　　　　　　　　　　　　　　2,000
　　　貸：其他應收款　　　　　　　　　　　　　　 10,000
(6) 借：銷售費用　　　　　　　　　　　　　　　　 60,000
　　　貸：銀行存款　　　　　　　　　　　　　　　 60,000
(7) 借：營業外支出　　　　　　　　　　　　　　　　3,000
　　　貸：待處理財產損溢　　　　　　　　　　　　　3,000
(8) 借：財務費用　　　　　　　　　　　　　　　　　2,000
　　　　應付利息　　　　　　　　　　　　　　　　　4,000
　　　貸：銀行存款　　　　　　　　　　　　　　　　6,000
(9) 借：所得稅費用　　　　　　　　　　　　　　　 90,000
　　　貸：應交稅費——應交所得稅　　　　　　　　　90,000
(10) 結轉損益類帳戶：
　　借：本年利潤　　　　　　　　　　　　　　　1,033,000
　　　貸：稅金及附加　　　　　　　　　　　　　　 30,000
　　　　　主營業務成本　　　　　　　　　　　　　840,000
　　　　　管理費用　　　　　　　　　　　　　　　　8,000
　　　　　銷售費用　　　　　　　　　　　　　　　 60,000
　　　　　財務費用　　　　　　　　　　　　　　　　2,000
　　　　　營業外支出　　　　　　　　　　　　　　　3,000
　　　　　所得稅費用　　　　　　　　　　　　　　 90,000
　　借：主營業務收入　　　　　　　　　　　　　1,300,000
　　　貸：本年利潤　　　　　　　　　　　　　　1,300,000

2. 計算本期實現的營業利潤

營業利潤 = 1,300,000 - 30,000 - 600,000 - 240,000 - 8,000 - 60,000 - 2,000 = 360,000（元）

3. 根據上述資料編制利潤表如表 2-59 所示。

表 2-59　　　　　　　　　　　　　　利潤表

編製單位：某公司　　　　　　　201×年　　　　　　　　　　　　　　單位：元

項目	行次	本期金額	上期金額
一、營業收入		1,300,000	略
減：營業成本		840,000	
稅金及附加		30,000	
銷售費用		60,000	
管理費用		8,000	
財務費用		2,000	
資產減值損失			
加：公允價值變動淨收益			
投資收益			
其中：對聯營企業和合營企業的投資收益			
二、營業利潤		360,000	
加：營業外收入			
減：營業外支出		3,000	
其中：非流動資產處置損失			
三、利潤總額		357,000	
減：所得稅費用		90,000	
四、淨利潤		267,000	
五、每股收益			
（一）基本每股收益			
（二）稀釋每股收益			
六、其他綜合收益		267,000	
七、綜合收益總額		267,000	

【業務題四】

1. 會計分錄

（1）借：銀行存款　　　　　　　　　　　　　　　　200,000
　　　　貸：應收帳款　　　　　　　　　　　　　　　　200,000
（2）借：銀行存款　　　　　　　　　　　　　　　　1,000,000
　　　　貸：實收資本　　　　　　　　　　　　　　　1,000,000
（3）借：其他應收款　　　　　　　　　　　　　　　　5,000

	貸：庫存現金		5,000
（4）	借：應交稅費	40,000	
	貸：銀行存款		40,000
（5）	借：在途物資——甲材料	580,000	
	——乙材料	300,000	
	應交稅費——應交增值稅（進項稅額）	149,600	
	貸：銀行存款		1,029,600
（6）	借：在途物資——甲材料	4,504.51	
	——乙材料	900.90	
	應交稅費——應交增值稅（進項稅額）	594.59	
	貸：銀行存款		6,000
（7）	借：原材料——甲材料	584,504.51	
	——乙材料	300,900.90	
	貸：在途物資——甲材料		584,504.51
	——乙材料		300,900.90
（8）	借：管理費用	6,500	
	貸：其他應收款		5,000
	庫存現金		1,500
（9）	借：固定資產	500,000	
	應交稅費——應交增值稅（進項稅額）	85,000	
	貸：銀行存款		585,000
（10）	借：營業外支出	10,000	
	貸：銀行存款		10,000
（11）	借：庫存現金	5,000	
	貸：銀行存款		5,000
（12）	借：管理費用	7,800	
	貸：庫存現金		7,800
（13）	借：應收帳款	994,500	
	貸：主營業務收入		850,000
	應交稅費——應交增值稅（銷項稅額）		144,500
（14）	借：銷售費用	5,000	
	貸：銀行存款		5,000
（15）	借：銀行存款	994,500	
	貸：應收帳款		994,500
（16）	借：生產成本——A產品	230,000	
	——B產品	192,000	
	製造費用	35,000	
	管理費用	5,000	

	貸：原材料	462,000
(17)	借：製造費用	28,000
	管理費用	10,000
	貸：累計折舊	38,000
(18)	借：生產成本——A產品	24,000
	——B產品	58,000
	製造費用	19,000
	管理費用	12,000
	貸：應付職工薪酬	113,000
(19)	借：生產成本——A產品	24,000
	——B產品	58,000
	貸：製造費用	82,000
(20)	借：庫存商品——A產品	278,000
	——B產品	308,000
	貸：生產成本——A產品	278,000
	——B產品	308,000
(21)	借：主營業務成本——A產品	142,500
	——B產品	400,000
	貸：庫存商品——A產品	142,500
	——B產品	400,000
(22)	借：稅金及附加	85,000
	貸：應交稅費	85,000
(23)	借：主營業務收入	850,000
	貸：本年利潤	850,000
	借：本年利潤	683,800
	貸：主營業務成本	542,500
	稅金及附加	85,000
	管理費用	41,300
	銷售費用	5,000
	營業外支出	10,000
(24)	借：所得稅費用	30,000
	貸：應交稅費	30,000
	借：本年利潤	30,000
	貸：所得稅費用	30,000
(25)	借：利潤分配——提取盈餘公積	13,620
	貸：盈餘公積	13,620
(26)	借：利潤分配——應付股利	50,000
	貸：應付股利	50,000

（27）借：利潤分配——未分配利潤　　　　　　　　　　　63,620
　　　　貸：利潤分配——提取盈餘公積　　　　　　　　　13,620
　　　　　　利潤分配——應付股利　　　　　　　　　　50,000
　　　借：本年利潤　　　　　　　　　　　　　　　　　　136,200
　　　　貸：利潤分配——未分配利潤　　　　　　　　　　136,200

2. 編制資產負債表如表 2-60 所示。

表 2-60　　　　　　　　　　　　　**資產負債表**

編製單位：某公司　　　　　　201×年 12 月 31 日　　　　　　　　單位：元

資產	期末餘額	年初餘額	負債及所有者權益	期末餘額	年初餘額
流動資產：			流動負債：		
貨幣資金	1,454,600	略	短期借款	340,000	略
交易性金融資產	560,000		交易性金融負債		
應收票據	57,000		應付票據	200,000	
應收帳款	517,000		應付帳款	380,000	
預付款項	480,000		預收款項	480,000	
應收利息			應付職工薪酬	227,000	
應收股利			應交稅費	34,305.41	
其他應收款	13,000		應付利息		
存貨	1,813,905.41		應付股利	130,000	
一年內到期的非流動資產			其他應付款		
其他流動資產			一年內到期的非流動負債		
流動資產合計	4,895,505.41		其他流動負債		
非流動資產：			流動負債合計	1,791,305.41	
可供出售金融資產			非流動負債：		
持有至到期投資	200,000		長期借款	200,000	
長期應收款			應付債券	2,000,000	
長期股權投資	800,000		長期應付款	460,000	
投資性房地產			專項應付款		
固定資產	9,142,000		預計負債		
在建工程	460,000		遞延所得稅負債	120,000	
工程物資	2,000,000		其他非流動負債		
固定資產清理			非流動負債合計	2,780,000	
生產性生物資產			負債合計	4,571,305.41	
油氣資產			所有者權益（或股東權益）：		
無形資產	200,000		實收資本（或股本）	9,000,000	
開發支出			資本公積	280,000	
商譽			減：庫存股		
長期待攤費用			盈餘公積	573,620	
遞延所得稅資產			未分配利潤	3,272,580	
其他非流動資產					
非流動資產合計：	12,802,000		所有者權益（或股東權益）合計	13,126,200	
資產總計	17,697,505.41		負債及所有者權益總計	17,697,505.41	

第三章　會計基本程序

　　會計基本程序包括會計資料組織程序與會計資料保管程序等重要內容。會計資料組織程序是指帳務處理程序，也稱會計核算組織程序，是指對會計數據的記錄、歸類、匯總、呈報的步驟和方法，即從整理原始憑證，填制記帳憑證，登記日記帳、明細分類帳、總分類帳，到最後編制會計報表的工作程序和方法。帳務處理程序的基本模式可以概括為：原始憑證—記帳憑證—會計帳簿—會計報表。目前，中國企事業單位會計採用的帳務處理程序主要有五種：記帳憑證帳務處理程序；科目匯總表帳務處理程序；匯總記帳憑證帳務處理程序；多欄式日記帳帳務處理程序；日記總帳帳務處理程序。一般情況下，前三種帳務處理程序較常用。會計資料保管程序是指會計檔案規檔、保管、查閱、複製、交接以及銷毀的過程。

第一節　會計資料組織程序

一、記帳憑證帳務處理程序

　　記帳憑證帳務處理程序是指對發生的經濟業務事項，都要根據原始憑證或匯總原始憑證編制記帳憑證，然後直接根據記帳憑證逐筆登記總分類帳的一種帳務處理程序。它是會計核算中最基本的一種帳務處理程序。它的特點是根據記帳憑證逐筆登記總分類帳。

　　採用記帳憑證帳務處理程序，一般設置庫存現金日記帳、銀行存款日記帳、總分類帳和明細分類帳。其中日記帳一般採用三欄式；總帳採用三欄式，並按照各個總帳科目（一級科目）開設帳頁；明細帳則可視業務特點和管理需要，採用三欄式、數量金額式或多欄式。記帳憑證可用一種通用格式，也可將收款憑證、付款憑證和轉帳憑證同時應用。

　　記帳憑證帳務處理程序的核算步驟是：①根據原始憑證編制原始憑證匯總表；②根據審核無誤的原始憑證或者原始憑證匯總表，編制記帳憑證（專用記帳憑證包括收款、付款和轉帳憑證三類）；③根據收、付款憑證逐日逐筆登記特種日記帳（包括庫存現金、銀行存款日記帳）；④根據原始憑證、原始憑證匯總表和記帳憑證登記有關的明細分類帳；⑤根據記帳憑證逐筆登記總分類帳；⑥月末，將特種日記帳的餘額以及各種明細帳的餘額合計數，分別與總帳中有關帳戶的餘額核對相符；⑦月末，根據經核對無誤的總帳和有關明細帳的記錄，編制會計報表（如圖3－1所示）。

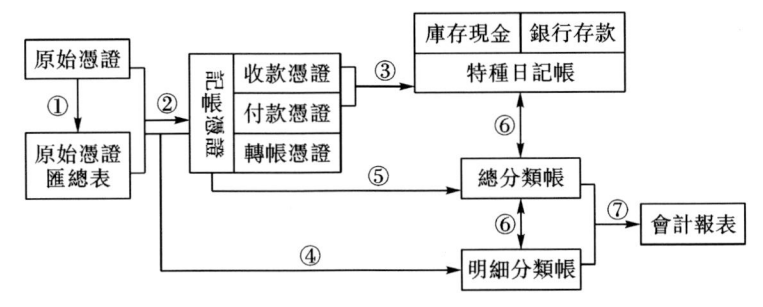

圖 3－1　記帳憑證帳務處理程序

　　記帳憑證帳務處理程序簡單明了，易於理解，總分類帳可以較詳細地反映經濟業務的發生情況。其缺點是登記總分類帳的工作量較大。該財務處理程序適用於規模較小、經濟業務量較少的單位。記帳憑證帳務處理程序的具體應用詳見第五章。

二、科目匯總表帳務處理程序

　　科目匯總表帳務處理程序又稱記帳憑證匯總表帳務處理程序，它是根據記帳憑證定期編制科目匯總表，再根據科目匯總表登記總分類帳的一種帳務處理程序。它的特點主要是先定期把全部記帳憑證按科目匯總，編制科目匯總表，然后根據科目匯總表登記總分類帳。

　　採用科目匯總表帳務處理程序，可採用通用格式記帳憑證，也可採用專用格式記帳憑證。在選用專用格式記帳憑證時，經濟業務量相對較少的單位可選擇收款憑證、付款憑證和轉帳憑證三種格式，經濟業務量較多的單位可以採用現金收款憑證、銀行存款收款憑證、現金付款憑證和銀行存款付款憑證及轉帳憑證五種格式。經濟業務發生后，根據經濟業務的性質分別編制不同的記帳憑證。帳簿的設置與格式均與記帳憑證帳務處理程序相同。此外，還要編制科目匯總表，科目匯總表的性質和作用與記帳憑證匯總表相似，但兩者的結構和編制方法不同。科目匯總表不分對應科目進行匯總，而是將所有科目的本期借方、貸方發生額匯總在一張科目匯總表內，然后據以登記總帳。為了便於登記總帳，科目匯總表上的科目排列，應按總分類帳上科目排列的順序來定。一般情況下，也可根據科目編碼的順序來定，編碼較小的排在前面，編碼大的排在后面。科目匯總表的匯總時間不宜過長，業務量多的單位可每天匯總一次，業務量不多的單位可選擇 5 天、10 天或 15 天匯總一次，以便對發生額進行試算平衡，及時瞭解資金運動狀況。

　　科目匯總表帳務處理程序的核算步驟是：①根據原始憑證編制原始憑證匯總表；②根據原始憑證或原始憑證匯總表編制記帳憑證；③根據收款憑證、付款憑證逐筆登記現金日記帳和銀行存款日記帳；④根據原始憑證、原始憑證匯總表和記帳憑證登記各種明細分類帳；⑤根據各種記帳憑證編制科目匯總表；⑥根據科目匯總表登記總分類帳；⑦期末，現金日記帳、銀行存款日記帳和明細分類帳的餘額同有關總分類帳的餘額核對相符；⑧期末，根據總分類帳和明細分類帳的記錄，編制會計報表（如圖

3-2 所示)。

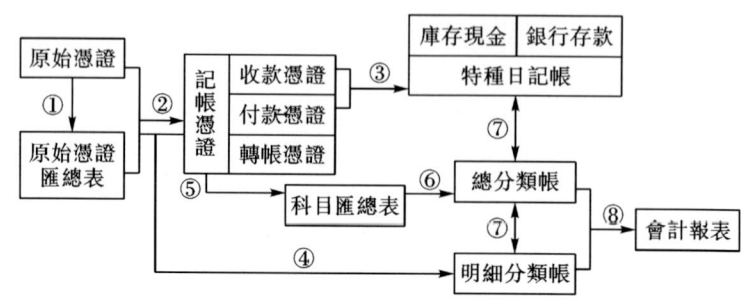

图 3-2 科目匯總表帳務處理程序

　　科目匯總表帳務處理程序採取匯總登記總分類帳的方式，大大簡化了登記總帳的工作量；通過科目匯總表的編制，將各科目本期借、貸方發生額的合計數進行試算平衡，可以及時發現填制憑證和匯總過程中的錯誤，從而保證了記帳工作的質量。但這種帳務處理程序不分對應科目進行匯總，不能反映各科目的對應關係，不便於對經濟業務進行分析和檢查；如果記帳憑證較多，根據記帳憑證編制科目匯總表本身也是一項很複雜的工作，如果記帳憑證較少，運用科目匯總表登記總帳又起不到簡化登記總帳的作用。因此，這種帳務處理程序一般適用於規模較大、經濟業務較多的企業和單位。科目匯總表帳務處理程序的具體應用詳見第四章。

三、匯總記帳憑證帳務處理程序

　　匯總記帳憑證帳務處理程序是根據原始憑證或原始憑證匯總表編制記帳憑證，定期根據記帳憑證分類編制匯總收款憑證、匯總付款憑證和匯總轉帳憑證，再根據匯總記帳憑證登總分類帳的一種帳務處理程序。它的特點是先定期將記帳憑證匯總編制成各種匯總記帳憑證，然后根據各種匯總記帳憑證登記總分類帳。匯總記帳憑證帳務處理程序是在記帳憑證帳務處理程序的基礎上發展起來的，它與記帳憑證帳務處理程序的主要區別是在記帳憑證和總分類帳之間增加了匯總記帳憑證。

　　採用這種帳務處理程序，帳簿的設置與格式均與記帳憑證帳務處理程序相同。此外，應編制記帳憑證匯總表，一般每隔 5 天或 10 天編制一次，每月匯總編制一張，月終結出合計數，據以登記總分類帳。匯總記帳憑證應分為匯總收款憑證、匯總付款憑證和匯總轉帳憑證三種，並分別根據收款、付款、轉帳三種記帳憑證匯總填制。

　　匯總收款憑證和匯總付款憑證，均應以「庫存現金」和「銀行存款」帳戶為中心設置，因為這兩個帳戶的收付發生狀況，反映了庫存現金存量和銀行存款存量的變動狀況，單位應及時掌握。具體來說，匯總收款憑證，應根據庫存現金和銀行存款的收款憑證，分別以該兩帳戶的借方設置，並按與該兩帳戶對應的貸方帳戶歸類匯總。匯總付款憑證則方向相反。如果庫存現金和銀行存款之間相互劃轉的業務，則視同轉帳憑證處理。

　　匯總轉帳憑證，一般按有關帳戶的貸方分別設置，並以對應科目的借方帳戶歸類

匯總，因此，匯總轉帳憑證只能是一貸一借或一貸多借，而不能相反。這樣，既反映了經營過程中各種存量變動情況，又與單位資金運動的方向相一致。為簡化會計核算，如在一個會計期間內，某一貸方科目的轉帳憑證不多，可直接根據轉帳憑證登記總分類帳。

匯總記帳憑證帳務處理程序的核算步驟是：①根據原始憑證編制原始憑證匯總表；②根據原始憑證或原始憑證匯總表編制收款憑證、付款憑證和轉帳憑證；③根據收款憑證、付款憑證逐筆登記現金日記帳和銀行存款日記帳；④根據原始憑證、原始憑證匯總表或收款憑證、付款憑證、轉帳憑證登記各種明細分類帳；⑤根據收款憑證、付款憑證、轉帳憑證定期編制匯總收款憑證、匯總付款憑證和匯總轉帳憑證；⑥期末，根據匯總收款憑證、匯總付款憑證和匯總轉帳憑證登記總分類帳；⑦期末，現金日記帳、銀行存款日記帳和明細分類帳的餘額同有關總分類帳的餘額核對相符；⑧期末，根據總分類帳和明細分類帳的記錄，編制會計報表（如圖3－3所示）。

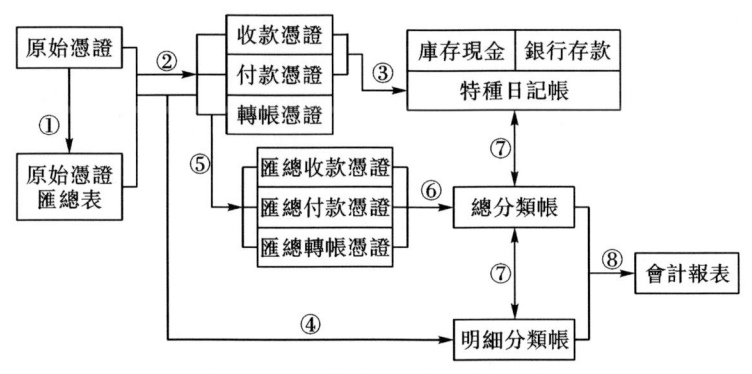

圖3－3　匯總記帳憑證帳務處理程序

匯總記帳憑證帳務處理程序減輕了登記總分類帳的工作量，由於按照帳戶對應關係匯總編制記帳憑證，便於瞭解帳戶之間的對應關係。其缺點是：按每一貸方科目編制匯總轉帳憑證，不利於會計核算的日常分工，並且當轉帳憑證較多時，編制匯總轉帳憑證的工作量較大。這一帳務處理程序適用於規模較大、經濟業務較多的單位。

四、多欄式日記帳帳務處理程序

多欄式日記帳務處理程序是指根據多欄式庫存現金日記帳、多欄式銀行存款日記帳和轉帳憑證登記總分類帳的一種帳務處理程序。其特點是：根據多欄式現金日記帳和多欄式銀行存款日記帳登記總分類帳。對於轉帳業務，可以根據轉帳憑證逐筆登記總分類帳，也可根據轉帳憑證編制轉帳憑證科目匯總表，據以登記總分類帳。

在這種帳務處理程序下，由於現金日記帳和銀行存款日記帳都是按其對應帳戶設置專欄，起到了匯總收款憑證和匯總付款憑證的作用，在月終就可以直接根據這些日記帳的本月收付發生額和各對應帳戶的發生額登記總分類帳。登記時，應根據多欄式日記帳「收入合計欄」的本月發生額，分別記入現金、銀行存款總分類帳的借方，並

將收入欄下各對應帳戶的本月發生額合計數記入有關總分類帳戶的貸方；同時，根據多欄式日記帳「付出合計欄」的本月發生額，分別記入現金、銀行存款總分類帳戶的貸方，並將付出欄下的每個對應帳戶的本月發生額合計數記入各有關總分類帳戶的借方。對於現金和銀行存款之間的相互劃轉的業務，因已分別包括在現金日記帳和銀行存款日記帳的收入和支出合計數內，所以無須再根據有關對應帳戶的專欄登記總分類帳，以免重複。對於轉帳業務，則根據轉帳憑證科目匯總表或直接根據轉帳憑證登記總分類帳。

多欄式日記帳帳務處理程序的核算步驟是：①根據原始憑證編制原始憑證匯總表；②根據原始憑證或原始憑證匯總表編制記帳憑證；③根據收款憑證、付款憑證逐筆登記多欄式現金日記帳和多欄式銀行存款日記帳；④根據原始憑證、原始憑證匯總表和記帳憑證登記各種明細分類帳；⑤期末，根據多欄式日記帳和轉帳憑證科目匯總表（或轉帳憑證）登記總分類帳；⑥期末，明細分類帳與總分類帳核對相符；⑦期末，根據總分類帳和明細分類帳的記錄，編制會計報表（如圖3-4所示）。

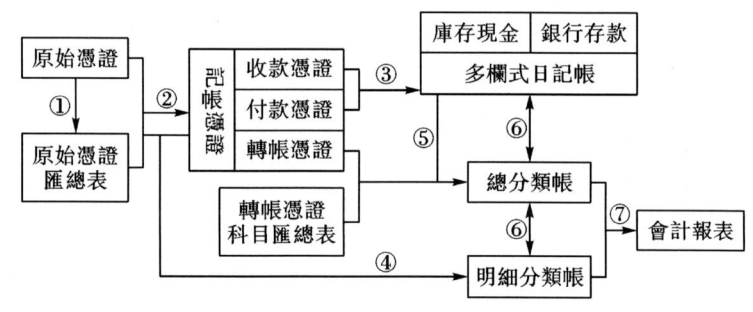

圖3-4　多欄式日記帳帳務處理程序

採用多欄式日記帳帳務處理程序，可以簡化總分類帳的登記工作。但是，如果企業經濟業務繁雜，則必然會造成日記帳欄目過多，帳頁龐大，不便於登記。所以，該種帳務處理程序只適用於企業規模雖大、業務雖多但所用會計科目較少的單位。

五、日記總帳帳務處理程序

日記總帳帳務處理程序是指根據記帳憑證逐筆登記日記總帳的一種帳務處理程序。其主要特點是：預先設置日記總帳，然后直接根據記帳憑證逐筆登記日記總帳。

採用日記總帳帳務處理程序，所有帳目都必須在日記總帳中進行順序登記，並分科目進行總分類核算，所以，它既是日記帳，又是總分類帳。對收款和付款業務，應根據收款和付款憑證逐日登記或按月匯總登記；對轉帳業務，則根據轉帳憑證，逐日、逐筆登記。每月登記完畢后，結算出各欄的合計數和各科目的借方和貸方餘額，並核對相符。

日記總帳帳務處理程序的核算步驟是：①根據原始憑證編制原始憑證匯總表；②根據原始憑證或原始憑證匯總表填制記帳憑證；③根據收款憑證、付款憑證登記現金記帳和銀行存款日記帳；④根據記帳憑證和原始憑證或原始憑證匯總表登記各種明

細帳；⑤根據各種記帳憑證逐筆登記日記總帳；⑥月末，將日記帳和明細帳的餘額與日記總帳的餘額相核對；⑦月末，根據日記總帳和明細帳的資料編制會計報表（如圖3-5所示）。

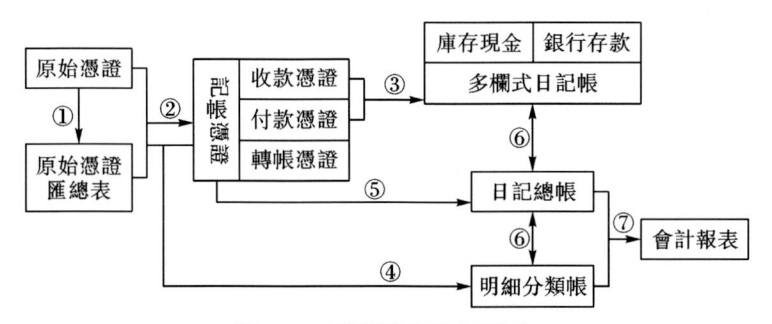

圖3-5 日記總帳帳務處理程序

採用日記總帳帳務處理程序的優點是：處理會計憑證比較簡單，不需要匯總就可在日記總帳上全面瞭解各個帳戶之間的對應關係，便於瞭解經濟業務的來龍去脈；其缺點是：所有會計科目全部集中於一張帳頁上，不便於記帳的分工，在實際操作時較為困難，只適用於一些經濟業務簡單，使用會計科目不多的小型企業。

課后小結

主要術語中英文對照

1. 帳務處理程序　　Bookkeeping Procedure
2. 科目匯總表　　Chart of Accounts
3. 匯總記帳憑證　　Summary Bookkeeping Voucher
4. 日記總帳　　Journal and General Ledger
5. 記帳憑證帳務處理程序　　Bookkeeping Procedure using Vouchers
6. 匯總記帳憑證帳務處理程序　　Bookkeeping Procedure Using Summary Vouchers
7. 科目匯總表財務處理程序　　Bookkeeping Procedure Using Chart of Accounts
8. 多欄式日記帳帳務處理程序　　Bookkeeping Procedure Using Columnar Journal
9. 日記總帳帳務處理程序　　Bookkeeping Procedure Using Journal and General Ledger

復習思考題

1. 什麼是帳務處理程序？各種帳務處理程序的主要區別是什麼？各種帳務處理程序的適用範圍及其優缺點有哪些？
2. 科目匯總表帳務處理程序與匯總記帳憑證帳務處理程序的區別與聯繫是什麼？
3. 匯總記帳憑證帳務處理程序與多欄式日記帳帳務處理程序的區別與聯繫是什麼？

練習題

一、單選題

1. 科目匯總表的缺點是不能反映（　　）。
   A. 借方發生額　　　　　　　　B. 貸方發生額
   C. 帳戶發生額　　　　　　　　D. 帳戶對應關係
2. 直接根據記帳憑證逐筆登記總分類帳的帳務處理程序是（　　）。
   A. 記帳憑證帳務處理程序
   B. 匯總記帳憑證帳務處理程序
   C. 科目匯總表帳務處理程序
   D. 日記總帳帳務處理程序
3. 下列關於匯總記帳憑證帳務處理程序的說法中，錯誤的是（　　）。
   A. 根據記帳憑證定期編制匯總記帳憑證
   B. 根據原始憑證或匯總原始憑證登記總帳
   C. 根據匯總記帳憑證登記總帳
   D. 匯總轉帳憑證應當按照每一帳戶的貸方分別設置，並按其對應的借方帳戶歸類匯總
4. 關於科目匯總表帳務處理程序，下列說法中，正確的是（　　）。
   A. 登記總帳的直接依據是記帳憑證
   B. 登記總帳的直接依據是科目匯總表
   C. 編制財務報表的直接依據是科目匯總表
   D. 與記帳憑證帳務處理程序相比較，增加了一道編制匯總記帳憑證的程序
5. 關於記帳憑證帳務處理程序，下列說法中，不正確的是（　　）。
   A. 根據記帳憑證逐筆登記總分類帳，是最基本的帳務處理程序
   B. 簡單明了，易於理解，總分類帳可以較詳細地反映經濟業務發生情況
   C. 登記總分類帳的工作量較大
   D. 適用於規模較大、經濟業務量較多的單位
6. 匯總記帳憑證是依據（　　）編制的。
   A. 記帳憑證　　　　　　　　　B. 原始憑證
   C. 原始憑證匯總表　　　　　　D. 各種總帳
7. 匯總記帳憑證帳務處理程序的優點是（　　）。
   A. 詳細反映經濟業務的發生情況
   B. 可以做到試算平衡
   C. 反映帳戶之間的對應關係
   D. 處理程序簡單
8. 下列選項中，不屬於科目匯總表帳務處理程序優點的是（　　）。

A. 科目匯總表的編制和使用較為簡便，易學易做

B. 可以清晰地反映科目之間的對應關係

C. 可以大大減少登記總分類的工作量

D. 科目匯總表可以起到試算平衡的作用，保證總帳登記的正確性

9. 匯總記帳憑證帳務處理程序的特點是根據（　　）登記總帳。

  A. 記帳憑證　　　　　　　　B. 匯總記帳憑證

  C. 科目匯總表　　　　　　　D. 原始憑證

10. 匯總記帳憑證帳務處理程序與科目匯總表帳務處理程序的相同點是（　　）。

  A. 登記總帳的依據相同

  B. 記帳憑證的匯總方法相同

  C. 保持了帳戶間的對應關係

  D. 簡化了登記總帳的工作量

11. 下列選項中，屬於記帳憑證帳務處理程序優點的是（　　）。

  A. 總分類帳反映經濟業務較詳細

  B. 減輕了登記總分類帳的工作量

  C. 有利於會計核算的日常分工

  D. 便於核對帳目和進行試算平衡

12. 各種帳務處理程序之間的主要區別在於（　　）。

  A. 總帳的格式不同

  B. 編制會計報表的依據不同

  C. 登記總帳的依據和方法不同

  D. 會計憑證的種類不同

二、多選題

1. 不同帳務處理程序所具有的相同之處有（　　）。

  A. 編制記帳憑證的直接依據相同

  B. 編制財務報表的直接依據相同

  C. 登記明細分類帳簿的直接依據相同

  D. 登記總分類帳簿的直接依據相同

2. 在中國，常用的帳務處理程序主要有（　　）。

  A. 記帳憑證帳務處理程序

  B. 匯總記帳憑證帳務處理程序

  C. 多欄式日記帳帳務處理程序

  D. 科目匯總表帳務處理程序

3. 下列選項中屬於匯總記帳憑證帳務處理程序優點的有（　　）。

  A. 能保持帳戶間的對應關係

  B. 便於查對帳目

  C. 能減少登記總帳的工作量

D. 能起到試算平衡作用
4. 帳務處理程序是指（　　）相結合的方式和方法。
   A. 會計憑證　　　　　　　　B. 會計帳簿
   C. 財務報告　　　　　　　　D. 會計科目
5. 各種帳務處理程序下，登記明細帳的依據可能有（　　）。
   A. 原始憑證　　　　　　　　B. 匯總原始憑證
   C. 記帳憑證　　　　　　　　D. 匯總記帳憑證
6. 在匯總記帳憑證帳務處理程序下，月末應與總帳核對的內容有（　　）。
   A. 銀行存款日記帳　　　　　B. 財務報表
   C. 明細帳　　　　　　　　　D. 記帳憑證
7. 對於匯總記帳憑證帳務處理程序，下列說法中，錯誤的有（　　）。
   A. 登記總帳的工作量大
   B. 不能體現帳戶之間的對應關係
   C. 明細帳與總帳無法核對
   D. 當轉帳憑證較多時，匯總轉帳憑證的編制工作量較大
8. 在常見的帳務處理程序中，共同的帳務處理工作有（　　）。
   A. 均應填制和取得原始憑證
   B. 均應編制記帳憑證
   C. 均應填制匯總記帳憑證
   D. 均應設置和登記總帳
9. 在記帳憑證帳務處理程序下，不能作為登記總帳直接依據的有（　　）。
   A. 原始憑證　　　　　　　　B. 記帳憑證
   C. 匯總原始憑證　　　　　　D. 匯總記帳憑證
10. 採用匯總記帳憑證帳務處理程序，轉帳憑證的會計分錄應為（　　）。
    A. 一借多貸　　　　　　　　B. 多借多貸
    C. 一借一貸　　　　　　　　D. 多借一貸

三、判斷題

1. 匯總記帳憑證帳務處理程序就是將各種原始憑證匯總後填制記帳憑證，據以登記總帳的帳務處理程序。　　　　　　　　　　　　　　　　　　　　　　　（　　）
2. 科目匯總表帳務處理程序能科學地反映帳戶的對應關係且便於帳目核對。
　　　　　　　　　　　　　　　　　　　　　　　　　　　　　　　　（　　）
3. 科目匯總表帳務處理程序的主要特點是根據記帳憑證編制科目匯總表，並根據科目匯總表填制財務報表。　　　　　　　　　　　　　　　　　　　（　　）
4. 庫存現金日記帳和銀行存款日記帳不論在何種帳務處理程序下，都是根據收款憑證和付款憑證逐日逐筆順序登記的。　　　　　　　　　　　　　　（　　）
5. 各種帳務處理程序的共同點之一是編制財務報表的方法相同。　　（　　）
6. 科目匯總表帳務處理程序可以反映帳戶之間的對應關係，但不能起到試算平衡

的作用。   (   )

7. 科目匯總表帳務處理程序又稱為記帳憑證匯總表帳務處理程序。 (   )

8. 匯總轉帳憑證是按每一貸方科目分別設置的記帳憑證。   (   )

9. 在所有帳務處理程序中，帳簿組織是核心，會計憑證的種類、格式和填製方法都要與之相適應。   (   )

10. 各種帳務處理程序的不同之處在於登記明細帳的直接依據不同。 (   )

四、不定項選擇題

（一）某公司採用科目匯總表帳務處理程序，201×年3月份發生的部分經濟業務如下：

3日，銷售部員工張文出差，預借現金1,500元；

4日，行政部門以現金800元購買辦公用品一批；

6日，銷售產品一件，售價900元，增值稅153元，產品已發出，貨款通過現金收訖，該產品的成本550元同時結轉；

8日，用庫存現金支付第一生產車間維修費用200元；

10日，領用甲材料一批60,000元，其中，生產產品用55,000元，行政管理部門用3,000元，車間管理用2,000元。

要求：根據上述資料，回答1～3題：

1. 根據上述經濟業務按月編製的科目匯總表中，「庫存現金」帳戶發生額分別為（   ）。

   A. 借方發生額1,053元   B. 借方發生額900元
   C. 貸方發生額2,500元   D. 貸方發生額2,300元

2. 根據上述經濟業務按月編製的科目匯總表中，所有帳戶的發生額合計分別為（   ）。

   A. 借方發生額63,553元   B. 借方發生額64,103元
   C. 貸方發生額63,553元   D. 貸方發生額64,103元

3. 3月10日領用甲材料的會計分錄涉及的帳戶有（   ）。

   A. 原材料   B. 生產成本
   C. 管理費用   D. 製造費用

（二）惠達公司採用科目匯總表帳務處理程序，並採取全月一次匯總的方法編製科目匯總表。201×年7月，該公司根據記帳憑證編製的科目匯總表如表3-1所示。

表3-1   **科目匯總表**   金額單位：元
                          201×年7月   科匯07號

會計科目	本期發生額	
	借方	貸方
銀行存款	251,000	249,200

表3-1(續)

會計科目	本期發生額	
	借方	貸方
應收帳款	100,000	
原材料	50,000	90,000
生產成本	170,000	210,000
製造費用	60,000	60,000
庫存商品	210,000	220,000
固定資產	21,000	
累計折舊		4,600
固定資產清理	56,300	
應付職工薪酬	40,000	40,000
應交稅費	66,500	76,000
本年利潤	E	F
主營業務收入	300,000	300,000
主營業務成本	220,000	220,000
銷售費用	20,000	20,000
財務費用	700	700
管理費用	4,600	4,600
營業外收入	56,300	56,300
營業外支出	11,000	11,000
所得稅費用	25,000	25,000
合計	G	H

要求：根據上述材料，回答4~8題：

4. 下列表述中正確的有（　　）。
　　A. 字母E的金額為281,300元　　B. 字母E的金額為356,300元
　　C. 字母F的金額為256,300元　　D. 字母F的金額為356,300元
5. 下列表述中不正確的有（　　）。
　　A. 所有總帳的本月發生額均只有一行記錄
　　B. 所有明細帳的本月發生額均只有一行記錄
　　C. 所有總帳的「憑證號碼」一欄均為「科匯07」
　　D. 所有明細帳的「憑證號碼」一欄均為「科匯07」
6. 下列表述中正確的有（　　）。
　　A. 本月營業利潤為54,700元　　B. 本月營業利潤為45,300元

C. 本月利潤總額為 100,000 元　　　D. 本月淨利潤為 75,000 元
7. 下列表述中正確的是（　　）。
　　A. 本月所有者權益減少 356,300 元　　B. 本月所有者權益減少 256,300 元
　　C. 本月所有者權益增加 75,000 元　　D. 本月所有者權益增加 100,000 元
8. 字母 G 和 H 的金額均為（　　）元。
　　A. 1,768,700
　　　　　　　　　　　　B. 1,943,700
　　C. 918,300
　　　　　　　　　　　　D. 1,000,000

參考答案

一、單選題

| 1. D | 2. A | 3. B | 4. B | 5. D | 6. A |
| 7. C | 8. B | 9. B | 10. D | 11. A | 12. C |

二、多選題

| 1. ABC | 2. ABD | 3. AC | 4. ABC | 5. ABC |
| 6. AC | 7. ABC | 8. ABD | 9. ACD | 10. CD |

三、判斷題

| 1. × | 2. × | 3. × | 4. √ | 5. √ |
| 6. × | 7. √ | 8. √ | 9. √ | 10. × |

四、不定項選擇題

| 1. AC | 2. BD | 3. ABCD | 4. AD | 5. BCD |
| 6. ACD | 7. C | 8. B |

第二節　會計資料保管程序

一、會計檔案概述

會計檔案是指單位在進行會計核算等過程中接收或形成的，記錄和反映單位經濟業務事項的，具有保存價值的文字、圖表等各種形式的會計資料，包括通過計算機等電子設備形成、傳輸和存儲的電子會計檔案。

為了加強會計檔案管理，統一會計檔案管理制度，根據《中華人民共和國會計法》和《中華人民共和國檔案法》的規定，財政部、國家檔案局聯合發布了《會計檔案管理辦法》，並於 2016 年 1 月 1 日起正式實施。

各單位（包括國家機關、社會團體、企業、事業單位、按規定應當建帳的個體工商戶和其他組織）必須加強對會計檔案管理工作的領導，建立會計檔案的立卷、歸檔、保管、查閱和銷毀等管理制度，保證會計檔案妥善保管、有序存放、方便查閱、嚴防毀損、散失和洩密。各級人民政府財政部門和檔案行政管理部門共同負責會計檔案工作的指導、監督和檢查。

會計檔案的內容是指會計檔案的範圍。會計檔案的具體內容包括以下四大類：

（1）會計憑證類。會計憑證類包括原始憑證、記帳憑證、匯總記帳憑證和其他會計憑證。

（2）會計帳簿類。會計帳簿類包括總帳、明細帳、日記帳、固定資產卡片、輔助帳簿和其他會計帳簿。

（3）會計報告類。會計報告類包括月度、季度、年度會計報告，即會計報表、附表、附註及文字說明等。

（4）其他會計資料類。其他會計資料類包括銀行存款餘額調節表、銀行對帳單、納稅申報表、會計檔案移交清冊、會計檔案保管清冊、會計檔案銷毀清冊、會計檔案鑒定意見書及其他具有保存價值的會計資料。

二、會計檔案的歸檔

根據《會計檔案管理辦法》，各單位每年形成的會計檔案，都應由會計機構按照歸檔的要求，負責整理立卷，裝訂成冊，編制會計檔案保管清冊。

當年形成的會計檔案，在會計年度終了，可暫由本單位財務會計部門保管一年。期滿之後，原則上應由財務會計部門編造清冊，移交本單位的檔案部門保管；未設立檔案部門的，應當在財務會計部門內指定專人保管。

移交本單位檔案機構保管的會計檔案，原則上應當保持原卷冊的封裝，個別需要拆封重新整理的，檔案機構應當會同會計機構和經辦人共同拆封整理，以分清責任。

各單位對會計檔案應當科學管理，做到妥善保管、存放有序、查找方便。同時，嚴格執行安全和保密制度，不得隨意堆放，嚴防毀損、散失和洩密。會計檔案的重要

程度不同，其保管期限也有所不同。各種會計檔案的保管期限，根據其特點，分為永久、定期兩類。永久檔案即長期保管、不可以銷毀的檔案；定期檔案根據保管期限分為 10 年、30 年兩種。會計檔案的保管期限，從會計年度終了后的第一天算起。

《會計檔案管理辦法》規定了中國企業和其他組織、預算單位等會計檔案的保管期限，該辦法規定的會計檔案保管期限為最低保管期限，具體可以分為：

（1）需要永久保存的會計檔案。包括會計檔案保管清冊、會計檔案銷毀清冊，年度財務報告、財政總預算、行政單位和事業單位決算、稅收年報（決算）。

（2）保管期限為 25 年的會計檔案。包括庫存現金和銀行存款日記帳，稅收日記帳（總帳）和稅收票證分類出納帳。

（3）保管期限為 15 年的會計檔案。包括會計憑證類，總帳、明細帳、日記帳和輔助帳簿（不包括庫存現金和銀行存款日記帳），會計移交清冊，行政單位和事業單位的各種會計憑證，各種完稅憑證和繳退庫憑證，財政總預算撥款憑證及其他會計憑證，農牧業稅結算憑證。

（4）保管期限為 10 年的會計檔案。包括國家金庫編送的各種報表及繳庫退庫憑證，各收入機關編送的報表，財政總預算保管行政單位和事業單位決算、稅收年報、國家金庫年報、基本建設撥貸款年報，稅收會計報表（包括票證報表）。

（5）保管期限為 5 年的會計檔案。包括固定資產卡片，銀行存款餘額調節表，銀行對帳單，財政總預算會計月、季度報表，行政單位和事業單位會計月、季度報表。

（6）保管期限為 3 年的會計檔案。包括月、季度財務報告，財政總預算會計旬報。

表 3-2 和表 3-3 為《會計檔案管理辦法》規定的各類會計檔案的保管期限，各類會計檔案的保管原則上應當按照該表期限執行。各單位會計檔案的具體名稱如有同該表中所列檔案名稱不符的，可以比照類似檔案的保管期限辦理。

表 3-2　　　　　　　　企業和其他組織會計檔案保管期限表

序號	檔案名稱	保管期限	備註
一	會計憑證		
1	原始憑證	30 年	
2	記帳憑證	30 年	
二	會計帳簿		
3	總帳	30 年	
4	明細帳	30 年	
5	日記帳	30 年	
6	固定資產卡片		固定資產報廢清理后保管 5 年
7	其他輔助性帳簿	30 年	
三	會計報告		
8	月度、季度、半年度財務會計報告	30 年	

表3-1(續)

序號	檔案名稱	保管期限	備註
9	年度財務會計報告	永久	
四	其他類		
10	銀行存款餘額調節表	10年	
11	銀行對帳單	10年	
12	納稅申報表	10年	
13	會計檔案移交清冊	30年	
14	會計檔案保管清冊	永久	
15	會計檔案銷毀清冊	永久	
16	會計檔案鑒定意見書	永久	

表3-3 財政總預算、行政單位、事業單位和稅收會計檔案保管期限表

序號	檔案名稱	保管期限 財政總預算	保管期限 行政單位事業單位	保管期限 稅收會計	備註
一	會計憑證				
1	國家金庫編送的各種報表及繳庫退庫憑證	10年		10年	
2	各收入機關編送的報表	10年			
3	行政單位和事業單位的各種會計憑證		30年		包括：原始憑證、記帳憑證和傳票匯總表
4	財政總預算撥款憑證和其他會計憑證	30年			包括：撥款憑證和其他會計憑證
二	會計帳簿				
5	日記帳		30年	30年	
6	總帳	30年	30年	30年	
7	稅收日記帳（總帳）			30年	
8	明細分類、分戶帳或登記簿	30年	30年	30年	
9	行政單位和事業單位固定資產卡片				固定資產報廢清理後保管5年
三	財務會計報告				
10	政府綜合財務報告	永久			下級財政、本級部門和單位報送的保管2年
11	部門財務報告		永久		所屬單位報送的保管2年

表3-2(續)

序號	檔案名稱	保管期限 財政總預算	保管期限 行政單位事業單位	保管期限 稅收會計	備註
12	財政總決算	永久			下級財政、本級部門和單位報送的保管2年
13	部門決算		永久		所屬單位報送的保管2年
14	稅收年報（決算）			永久	
15	國家金庫年報（決算）	10年			
16	基本建設撥、貸款年報（決算）	10年			
17	行政單位和事業單位會計月、季度報表		10年		所屬單位報送的保管2年
18	稅收會計報表			10年	所屬稅務機關報送的保管2年
四	其他會計資料				
19	銀行存款餘額調節表	10年	10年		
20	銀行對帳單	10年	10年	10年	
21	會計檔案移交清冊	30年	30年	30年	
22	會計檔案保管清冊	永久	永久	永久	
23	會計檔案銷毀清冊	永久	永久	永久	
24	會計檔案鑒定意見書	永久	永久	永久	

三、會計檔案的查閱、複製和交接

(一) 會計檔案的查閱和複製

各單位應建立健全會計檔案的查閱、複製登記制度。各單位保存的會計檔案不得借出。如有特殊需要，經本單位負責人批准，可以提供查閱或者複製，並辦理登記手續。查閱或者複製會計檔案的人員，嚴禁在會計檔案上涂畫、拆封或抽換。借出的會計檔案，會計檔案管理人員要按期如數收回，並辦理註銷借閱手續。

(二) 會計檔案的交接

單位因撤銷、解散、破產或者其他原因而終止的，在終止和辦理註銷登記手續之前形成的會計檔案，應當由終止單位的業務主管部門或財產所有者代管或移交有關檔案館代管。

單位分立後原單位存續的，其會計檔案應當由分立後的存續方統一保管，其他方可查閱、複製與其業務相關的會計檔案；單位分立後原單位解散的，其會計檔案應經

各方協商后由其中一方代管或移交檔案館代管，各方可查閱、複製與其業務相關的會計檔案。單位分立中未結清的會計事項所涉及的原始憑證，應當單獨抽出由業務相關方保存，並按規定辦理交接手續。

單位因業務移交其他單位辦理所涉及的會計檔案，應當由原單位保管，承接業務單位可查閱、複製與其業務相關的會計檔案，對其中未結清的會計事項所涉及的原始憑證，應當單獨抽出由業務承接單位保存，並按規定辦理交接手續。

單位合併后原各單位解散或一方存續其他方解散的，原各單位的會計檔案應當由合併后的單位統一保管；單位合併后原各單位仍存續的，其會計檔案仍應由原各單位保管。

建設單位在項目建設期間形成的會計檔案，應當在辦理竣工結算后移交給建設項目的接受單位，並按規定辦理交接手續。

單位之間交接會計檔案的，交接雙方應當辦理會計檔案交接手續。移交會計檔案的單位，應當編制會計檔案移交清冊，列明應當移交的會計檔案名稱、卷號、冊數、起止年度和檔案編號、應保管期限、已保管期限等內容。

交接會計檔案時，交接雙方應當按照會計檔案移交清冊所列內容逐項交接，並由交接雙方的單位負責人負責監交。交接完畢后，交接雙方經辦人應當在會計檔案移交清冊上簽名或者蓋章。

中國境內所有單位的會計檔案不得攜帶出境。駐外機構和境內單位在境外設立的企業（簡稱境外單位）的會計檔案，應當按照《會計檔案管理辦法》和國家有關規定進行管理。

四、會計檔案的銷毀

會計檔案保管期滿需要銷毀時，可以按以下程序銷毀：

（1）由本單位檔案機構提出銷毀意見，編制會計檔案銷毀清冊。會計檔案銷毀清冊是銷毀會計檔案的記錄和批報文件，一般應包括銷毀會計檔案的名稱、卷號、冊數、起止年度和檔案編號、應保管期限、已保管期限、銷毀時間等內容。

（2）單位負責人應當在會計檔案銷毀清冊上簽署意見。

（3）銷毀會計檔案時，應當由單位檔案機構和會計機構共同派員監銷。國家機關銷毀會計檔案時，應當由同級財政部門、審計部門派員參加監銷。財政部門銷毀會計檔案時，應當由同級審計部門派員參加監銷。

（4）監銷人在銷毀會計檔案前，應當按照會計檔案銷毀清冊所列內容清點核對所要銷毀的會計檔案；銷毀后，應當在會計檔案清冊上簽名蓋章，並將監銷情況報告本單位負責人。

對於保管期滿但未結清的債權債務原始憑證以及涉及其他未了事項的原始憑證，不得銷毀，應單獨抽出，另行立卷，由檔案部門保管到未了事項完結為止。單獨抽出立卷的會計檔案，應當在會計檔案銷毀清冊和會計檔案保管清冊中列明。

正在項目建設期間的建設單位，其保管期滿的會計檔案不得銷毀。

課后小結

主要術語中英文對照

1. 會計檔案　　　　Accounting File　　　2. 永久檔案　　　　Permanent File
3. 定期檔案　　　　Term File

復習思考題

1. 什麼是會計檔案？包括哪些內容？
2. 中國是如何規定會計檔案的保管期限的？

練習題

一、單選題

1. 會計檔案的保管期限，應從（　　）。
   A. 移交檔案管理部門之日算起
   B. 會計年度終了后的第一天算起
   C. 年度會計報表簽發日算起
   D. 下一會計年度首月末之日算起
2. 某企業按規定需銷毀會計檔案，監銷人員的派出單位應為（　　）。
   A. 本企業檔案機構和會計機構　　B. 財政部門
   C. 審計部門　　　　　　　　　　D. 主管部門
3. 未設立檔案機構的單位，會計檔案保管部門和人員應是（　　）。
   A. 人事部門的相關人員　　　　　B. 會計部門的出納人員
   C. 會計部門的非出納人員　　　　D. 會計部門的任何人員
4. 按規定保管期限應超過30年的會計檔案是（　　）。
   A. 記帳憑證　　　　　　　　　　B. 會計移交清冊
   C. 會計檔案銷毀清冊　　　　　　D. 輔助帳簿
5. 應永久保管的會計檔案是（　　）。
   A. 原始憑證　　　　　　　　　　B. 年度財務會計報告（決算）
   C. 總帳　　　　　　　　　　　　D. 日記帳
6. 原始憑證和記帳憑證的保管期限為（　　）年。
   A. 15　　　　　　　　　　　　　B. 25
   C. 3　　　　　　　　　　　　　 D. 10

7. 下列會計資料中，屬於會計檔案的是（　　）。
   A. 庫存現金日記帳　　　　　　B. 公司財務制度
   C. 購銷合同　　　　　　　　　D. 年度財務預算
8. 企業財務報告的保管期限為（　　）。
   A. 5 年　　　　　　　　　　　B. 15 年
   C. 25 年　　　　　　　　　　 D. 永久
9. 各種會計檔案的保管期限，根據其特點分為永久、定期兩類。定期保管期限分為（　　）兩種。
   A. 10 年、20 年　　　　　　　B. 15 年、20 年
   C. 5 年、20 年　　　　　　　 D. 10 年、30 年
10. 企業總帳的保管期限為（　　）。
    A. 15 年　　　　　　　　　　B. 3 年
    C. 25 年　　　　　　　　　　D. 永久

二、多選題

1. 不能銷毀的會計檔案有（　　）。
   A. 項目正在建設的建設單位保管期已滿的會計檔案
   B. 保管期滿但未結清的債權債務原始憑證
   C. 會計檔案銷毀清冊
   D. 已保管 10 年的明細帳
2. 應當在會計檔案銷毀清冊上簽名的有（　　）。
   A. 會計機構負責人　　　　　　B. 鑒定小組負責人
   C. 單位負責人　　　　　　　　D. 監銷人
3. 屬於會計檔案的有（　　）。
   A. 記帳憑證匯總表　　　　　　B. 備查帳
   C. 會計報表附註　　　　　　　D. 銀行對帳單
4. 企業的下列會計檔案中，保管期限為 30 年的應有（　　）。
   A. 往來款項明細帳　　　　　　B. 存貨總帳
   C. 銀行存款餘額調節表　　　　D. 長期股權投資總帳
5. 會計檔案銷毀清冊中應列明所銷毀會計檔案的（　　）等內容。
   A. 起止年度和檔案編號　　　　B. 應保管期限
   C. 已保管期限　　　　　　　　D. 銷毀時間

三、判斷題

1. 單位財務會計部門可以保管會計檔案 2 年，期滿後再移交本單位的檔案部門保管。　　　　　　　　　　　　　　　　　　　　　　　　　　　　　　　　（　　）
2. 各單位的會計檔案不得借出，但經批准後可以複製。　　　　　　（　　）
3. 會計檔案的保管期限分為永久保管和定期保管兩種。其中，定期保管又分為 3

年、5 年、10 年、15 年和 25 年。 （　）
4. 本單位的會計檔案機構為方便保管會計檔案，可以根據需要對其拆封重新整理。
（　）
5. 會計帳簿類會計檔案的保管期限均為 15 年。 （　）
6. 各種會計檔案的保管期限，從會計年度開始後的第一天算起。 （　）
7. 保管期滿但尚未結清的債權債務原始憑證，不得銷毀，應單獨抽出立卷。
（　）
8. 銀行存款餘額調節表、銀行對帳單是會計檔案。 （　）
9. 正在項目建設期間的建設單位，其保管期滿的會計檔案也不得銷毀。（　）
10. 固定資產報廢清理后的固定資產卡片等會計檔案保管期限為 3 年。（　）

參考答案

一、單選題

1. B　　2. A　　3. C　　4. C　　5. B
6. A　　7. A　　8. D　　9. D　　10. A

二、多選題

1. ABCD　2. BCD　3. ABCD　4. ABD　5. ABCD

三、判斷題

1. ×　　2. √　　3. ×　　4. √　　5. ×
6. ×　　7. √　　8. √　　9. √　　10. ×

第四章 工業企業科目匯總表全套帳務處理

第一節 概述

一、項目名稱

廣州百威電器有限公司全盤手工帳務處理。

二、項目期間

201×年12月。

三、項目程序

科目匯總表帳務處理程序如圖4-1所示。

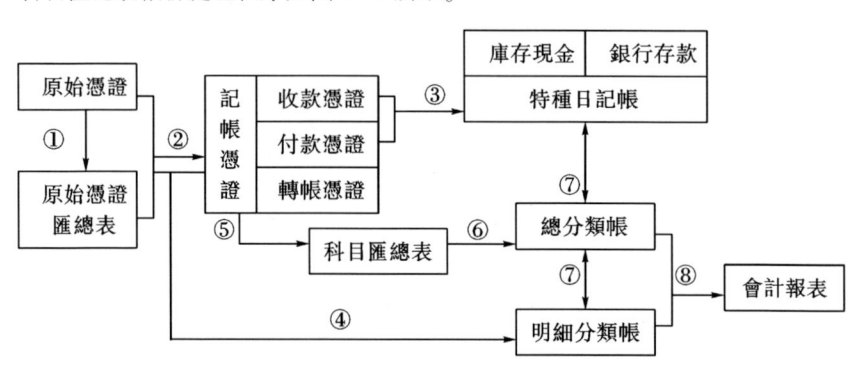

圖4-1 科目匯總表帳務處理程序圖

四、項目資料

項目資料如表4-1所示。

表 4-1　　　　　　　　　　　　　　　項目資料

序號	資料名稱	數量（頁）	備註
1	記帳憑證	49	通用格式
2	收款憑證/付款憑證/轉帳憑證	8/16/30	專用格式（備選格式）
3	日記帳	3	明細分類帳
4	三欄式明細帳	48	
5	數量金額帳	7	
6	多欄式明細帳	8	
7	在途物資專用格式明細帳	1	
8	固定資產專用格式明細帳	4	
9	增值稅專用格式明細帳	2	
10	科目匯總表	4	
11	總分類帳	39	
12	試算平衡表	4	
13	資產負債表	1	
14	利潤表	1	
15	現金流量表	1	
16	所有者權益變動表	1	
17	銀行存款餘額調節表	1	
18	記帳憑證封面、封底	2	
19	日記帳封面、封底	2	A4 紙 2 張
20	明細帳封面、封底	2	A4 紙 2 張
21	總帳封面、封底	2	A4 紙 2 張
22	會計報表封面、封底	2	A4 紙 2 張
23	檔案袋	1 個	

五、項目模擬企業概況

企業名稱：百威電器有限公司。

企業類型：電器製造業。

企業性質：民營企業。

經營範圍：製造影碟機、功放機、音響器材、電子配件。

納稅人登記號：880, 215, 176, 547, 736。

開戶銀行：中國工商銀行花都支行（帳號：370-998, 305）。

地址：花港大道盛豐工業區 168 號。

聯繫電話：020-86867888。

法定代表人：劉少明。

六、項目模擬企業財務人員崗位設置

項目模擬企業財務人員崗位設置如表 4-2 所示。

表 4-2　　　　　　　　　　項目模擬企業財務人員崗位設置

崗位	姓名	職責
會計主管	丁英	負責財務科的全面工作、審核業務和會計報表的編制
出納員	張浩	現金日記帳和銀行存款日記帳的登記
製單會計	李勇	記帳憑證的填制、科目匯總表的編制和總帳的登記
記帳會計	王欣	明細帳的登記

七、項目模擬企業會計政策及會計核算方法說明

廣州百威電器有限公司為一般納稅人，增值稅稅率為 17%，所得稅稅率為 25%，城市維護建設稅稅率為 7%，教育費附加徵收率為 3%；稅後利潤按 10% 提取法定盈餘公積，按 5% 提取公益金，並按剩餘利潤的 80% 向投資者分配利潤。

購買材料的運雜費按買價標準分配，製造費用以生產工人工資為分配標準；材料和庫存商品計價採用加權平均法，在產品成本按定額成本計算，設 12 月產品全部完工入庫；所得稅費用的確認採用資產負債表債務法，並假設不存在納稅調整項目。

固定資產採用直線法計提折舊，生產用固定資產年折舊率為 3.2%，非生產用固定資產年折舊率為 2.4%。企業上年支付保險費 43,200.00 元，支付報刊費 2,400.00 元，均在 1 年內平均攤銷，已攤銷 11 個月。短期借款年利率為 6.9%。水費每噸 1.7 元，電費每度 0.83 元。

第二節　設置帳戶

一、能力目標

(1) 能選用不同格式的帳簿；
(2) 能根據期初餘額設置總帳；
(3) 能根據期初餘額設置日記帳；
(4) 能根據期初餘額設置明細帳。

二、能力訓練任務

(1) 根據期初餘額設置總帳；
(2) 根據期初餘額設置日記帳；
(3) 根據期初餘額設置明細帳。

三、能力訓練步驟

(1) 選擇格式正確的帳簿；
(2) 按科目表順序在帳頁上方正中間位置加蓋科目章或手寫科目代碼與名稱；
(3) 將對應科目的餘額過入帳頁第一行，標明時間、摘要與餘額方向；
(4) 帳簿中科目的順序按科目代碼排列，代碼小的排在前面。

四、能力訓練項目

根據廣州百威電器有限公司201×年12月帳戶期初餘額表，為百威公司建帳。

1. 帳戶期初餘額表（見表4-3）

表4-3　　　　　　　　　帳戶期初餘額表　　　　　　　金額單位：元

序號	科目代碼	會計科目名稱	帳頁格式 總帳	帳頁格式 明細帳	借或貸	期初餘額/備註
1	1001	庫存現金	J		借	730.00
	100101	人民幣		R	借	730.00
2	1002	銀行存款	J		借	590,600.50
	100201	工行存款		R	借	590,600.50
3	1012	其他貨幣資金	J		借	100,000.00
	101201	存出投資款		J	借	100,000.00
4	1101	交易性金融資產	J	J		
	110101	中金嶺南股票		J		添加的明細帳

表4－3(續)

序號	科目代碼	會計科目名稱	帳頁格式 總帳	帳頁格式 明細帳	借或貸	期初餘額/備註
5	1121	應收票據	J			
	112101	尊浪貿易公司		J		添加的明細帳
6	1122	應收帳款	J		借	73,000.00
	112201	多多樂公司		J	借	73,000.00
	112202	友和對臺貿易公司		J		添加的明細帳
7	1123	預付帳款	J		借	3,800.00
	112301	太平洋保險公司		J	借	3,600.00
	112302	南方日報社		J	借	200.00
8	1231	其他應收款	J			
	123101	丁英		J		添加的明細帳
9	1241	壞帳準備	J		貸	1,980.00
	124101	應收帳款		J	貸	1,980.00
10	1402	在途物資	J			
	140201	線材		J		添加的明細帳
11	1403	原材料	J		借	129,678.00
	140301	電子元件		S	借	48,000.00
	140302	板材		S	借	70,600.00
	140303	線材		S	借	6,078.00
	140304	其他		S	借	5,000.00
12	1406	庫存商品	J		借	620,800.00
	140601	功放機		S	借	420,800.00
	140602	影碟機		S	借	200,000.00
13	1601	固定資產	J		借	1,429,876.35
	160101	生產用固定資產		Z	借	1,200,000.00
	160102	非生產用固定資產		Z	借	229,876.35
14	1602	累計折舊	J	Z	貸	196,200.00
	160201	生產用固定資產		Z	貸	130,800.00
	160202	非生產用固定資產		Z	貸	65,400.00
15	2001	短期借款	J			
	200101	工商銀行		J		添加的明細帳

表4－3(續)

序號	科目代碼	會計科目名稱	帳頁格式 總帳	帳頁格式 明細帳	借或貸	期初餘額/備註
16	2202	應付帳款	J		貸	3,520.00
	220201	隆科公司		J	貸	3,520.00
	220202	自來水公司		J		添加的明細帳
	220203	供電公司		J		添加的明細帳
	220204	高寶貿易有限公司		J		添加的明細帳
17	2205	預收帳款	J			
	220501	南海江華家電公司		J		添加的明細帳
18	2211	應付職工薪酬	J		貸	87,663.32
	221101	職工工資		D	貸	74,607.08
	221103	工會經費		D	貸	11,937.13
	221104	職工教育經費		D	貸	1,119.11
19	2221	應交稅費	J		貸	16,091.20
	222101	應交增值稅		Z		添加的明細帳
		進項稅額、轉出未交增值稅、銷項稅額、進項稅額轉出				
	222102	未交增值稅		J	貸	14,628.36
	222103	應交所得稅		J		添加的明細帳
	22210301	應交個人所得稅		J		添加的明細帳
	22210302	應交企業所得稅		J		添加的明細帳
	222104	應交城市維護建設稅		J	貸	1,023.99
	222105	應交教育費附加		J	貸	438.85
	222106	應交養老保險		J		添加的明細帳
	222107	應交失業保險		J		添加的明細帳
20	2231	應付利息	J			
	223101	花都工行		J		添加的明細帳
21	2232	應付股利	J			
	223201	劉少明		J		添加的明細帳
	223202	路德有限公司		J		添加的明細帳
22	4001	實收資本	J		貸	1,700,000.00
	400101	劉少明		J	貸	1,700,000.00
	400102	路德有限公司		J		添加的明細帳

243

表4–3(續)

序號	科目代碼	會計科目名稱	帳頁格式 總帳	帳頁格式 明細帳	借或貸	期初餘額/備註
23	4002	資本公積	J		貸	52,760.80
	400201	資本溢價		J	貸	52,760.80
24	4101	盈餘公積	J		貸	96,541.50
	410101	法定盈餘公積	J	J	貸	64,361.00
	410102	公益金	J	J	貸	32,180.50
25	4103	本年利潤	J	J	貸	825,409.75
26	4104	利潤分配	J		貸	183,000.00
	410401	提取盈餘公積		J		添加的明細帳
	410402	提取公益金		J		添加的明細帳
	410403	應付股利		J		添加的明細帳
	410404	未分配利潤		J	貸	183,000.00
27	5001	生產成本	J		借	214,681.72
	500101	功放機6901		D	借	128,809.03
	500102	影碟機1609		D	借	85,872.69
28	5101	製造費用	J	D		
		職工薪酬、折舊費、保險費、水電費				
29	6001	主營業務收入	J			
	600101	功放機6901		J		添加的明細帳
	600102	影碟機1609		J		添加的明細帳
30	6051	其他業務收入	J			
	605101	材料銷售		J		添加的明細帳
31	6111	投資收益	J			
	611101	交易稅費		J		添加的明細帳
32	6301	營業外收入	J			
	630101	罰款收入		J		添加的明細帳
33	6401	主營業務成本	J			
	640101	功放機6901		J		添加的明細帳
	640102	影碟機1609		J		添加的明細帳
34	6402	其他業務成本	J			
	640201	材料銷售		J		添加的明細帳

表4-3(續)

序號	科目代碼	會計科目名稱	帳頁格式 總帳	帳頁格式 明細帳	借或貸	期初餘額/備註
35	6405	稅金及附加	J			
	640501	城市維護建設稅		J		添加的明細帳
	640502	教育費附加		J		添加的明細帳
36	6601	銷售費用	J			
	660101	廣告費		J		添加的明細帳
37	6602	管理費用	J	D		
		辦公費、差旅費、電話費、招待費、職工薪酬、折舊費、報刊費、水電費				
38	6603	財務費用	J			
	660301	借款利息		J		添加的明細帳
39	6801	所得稅費用	J			
	680101	當期所得稅費用		J		添加的明細帳

說明:「R」為日記帳,「J」為三欄帳,「D」為多欄帳,「S」為數量金額帳,「Z」為專用格式明細帳。

2. 月初原材料明細帳（見表4-4）

表4-4　　　　　　　　　月初原材料明細帳　　　　　　　金額單位:元

材料名稱	類別	規格型號	計量單位	數量	單價	金額
二極管	電子元件	BZV55C	個	600	80	48,000.00
線路板	板材	LL103B	片	1,412	50	70,600.00
影碟機線材	線材	GDZJ20C	套	1,013	6	6,078.00
錫條	其他	GDLS3C	段	200	25	5,000.00
合計						129,678.00

3. 月初庫存商品明細帳（見表4-5）

表4-5　　　　　　　　　月初庫存商品明細帳　　　　　　　金額單位:元

產品名稱	數量（臺）	總成本	單位成本
功放機	800	420,800.00	526.00
影碟機	500	200,000.00	400.00
合計		620,800.00	

4. 月初在產品成本明細帳（見表 4-6）

表 4-6　　　　　　　　月初在產品成本明細帳　　　　　金額單位：元

成本項目	直接材料	直接人工	製造費用	合計
功放機	70,000.00	36,000.00	22,809.03	128,809.03
影碟機	50,000.00	23,000.00	12,872.69	85,872.69

5. 設置完成的部分帳戶

（1）總帳（見圖 4-2～圖 4-6）。

1001 庫存現金總帳

201×年 月	日	憑證編號	摘要	借方金額 千百十萬千百十元角分	貸方金額 千百十萬千百十元角分	借或貸	餘額 千百十萬千百十元角分	核對
12	1		期初餘額			借	7 3 0 0 0	

圖 4-2

1002 銀行存款總帳

201×年 月	日	憑證編號	摘要	借方金額 千百十萬千百十元角分	貸方金額 千百十萬千百十元角分	借或貸	餘額 千百十萬千百十元角分	核對
12	1		期初餘額			借	5 9 0 6 0 0 5 0	

圖 4-3

1012 其他貨幣資金總帳

201×年 月	日	憑證編號	摘要	借方金額 千百十萬千百十元角分	貸方金額 千百十萬千百十元角分	借或貸	餘額 千百十萬千百十元角分	核對
12	1		期初餘額			借	1 0 0 0 0 0 0 0	

圖 4-4

1101 交易性金融資產總帳

201×年 月	日	憑證編號	摘要	借方金額 千百十萬千百十元角分	貸方金額 千百十萬千百十元角分	借或貸	餘額 千百十萬千百十元角分	核對

備註：期初餘額為 0 的帳戶，只在帳頁上方正中間寫科目名稱，帳頁內第一行為空白。

圖 4-5

1122 應收帳款總帳

201×年		憑證編號	摘要	借方金額 千百十萬千百十元角分	貸方金額 千百十萬千百十元角分	借或貸	餘額 千百十萬千百十元角分	核對
月	日							
12	1		期初餘額			借	7 3 0 0 0 0 0	

圖 4－6

（2）日記帳（見圖 4－7 和圖 4－8）。

100101 庫存現金日記帳

人民幣

201×年		憑證編號	摘要	對方科目	借方金額 千百十萬千百十元角分	貸方金額 千百十萬千百十元角分	借或貸	餘額 千百十萬千百十元角分	核對
月	日								
12	1		期初餘額				借	7 3 0 0 0	

圖 4－7

100201 銀行存款日記帳

工行存款

201×年		憑證編號	摘要	對方科目	借方金額 千百十萬千百十元角分	貸方金額 千百十萬千百十元角分	借或貸	餘額 千百十萬千百十元角分	核對
月	日								
12	1		期初餘額				借	5 9 0 6 0 0 5 0	

圖 4－8

（3）明細帳（見圖 4－9 和圖 4－10）。

101201 其他貨幣資金明細帳

帳戶名稱：存出投資款

201×年		憑證編號	摘要	借方金額 千百十萬千百十元角分	貸方金額 千百十萬千百十元角分	借或貸	餘額 千百十萬千百十元角分	核對
月	日							
12	1		期初餘額			借	1 0 0 0 0 0 0 0	

圖 4－9

110101 交易性金融資產明細帳

帳戶名稱：中金嶺南股票

201×年		憑證編號	摘要	借方金額 千百十萬千百十元角分	貸方金額 千百十萬千百十元角分	借或貸	餘額 千百十萬千百十元角分	核對
月	日							

備註：明細帳為活頁帳，期初沒有餘額的帳戶可在以後遇到時再添加。

圖 4－10

第三節　分析原始憑證

一、能力目標

（1）能正確判斷原始憑證種類；
（2）能規範填制各種原始憑證；
（3）能辨析原始憑證的真實、合法、有效性；
（4）能分析各種原始憑證所代表的經濟業務內容。

二、能力訓練任務

（1）根據原始憑證分析經濟業務內容；
（2）根據經濟業務內容編制會計分錄；
（3）根據會計分錄判斷專用記帳憑證格式。

三、能力訓練項目要求

分析201×年廣州百威電器有限公司12月份原始憑證並進行帳務處理（見圖4-11~圖4-100）。

1-1　　　　　　　　　深圳增值稅專用發票　　　　　NO.01332956
　　　　　　　　　　　　發票聯　　　　　開票日期：201×年12月3日

購貨單位	名稱	廣州百威電器有限公司	密碼區	4168642＋＊－＋548＋－＜667/7 2＞978－45430＞428＊＊5＞＞＜ 0＊/＋4＜01＜2－＞713611332 －9424＋7＞＞2＋＊＜08－7＞＞4/
	納稅人識別號	880215176547736		
	地址、電話	花港大道盛豐工業區168號 020-86867888		
	開戶銀行及帳號	中國工商銀行花都支行 370-998305		

貨物或應稅勞務名稱	規格型號	計量單位	數量	單價	金額	稅率（％）	稅額
影碟機線材	GDZJ20C	套	5000	6.8	34,000	17％	5,780.00
合計					¥34,000		¥5,780.00

價稅合計（大寫）	⊕叁萬玖仟柒佰捌拾元整	（小寫）　¥39,780.00

銷貨單位	名稱	隆科電子有限公司	備註
	納稅人識別號	440306731128999	
	地址、電話	深圳寶安沙井鎮興業路13號 0755-33652865	
	開戶銀行及帳號	中國工商銀行寶安支行 062-321006	

收款人：胡美琴　　復核：餘玲　　開票人：餘玲　　銷貨單位（章）：

第二聯　發票聯　購貨方記帳憑證

圖4-11

1-2　　　　　　　　　　中國工商銀行信匯憑證（回單）　①

委託日期 201×年12月3日　　　　　　　　　第05066號

匯款人	全稱	廣州百威電器有限公司	收款人	全稱	隆科電子有限公司
	帳號或地址	370-998305		帳號或地址	062-321006
	匯出地點	廣東省廣州市（縣）	匯出行名稱	工商銀行花都支行	匯入地點	廣東省深圳市（縣）	匯入行名稱	工商銀行寶安支行

金額	人民幣（大寫）⊕叁萬玖仟柒佰捌拾元整	千	百	十	萬	千	百	十	元	角	分
					¥ 3	9	7	8	0	0	0

匯款用途：支付影碟機線材款

上列款項已根據委託辦理，如需查詢，請持此聯來面洽。　　匯出行蓋章

單位主管　　會計　　復核　　記帳　　　　　　　　　　201×年12月3日

圖 4-12

借：在途物資——線材（影碟機線材）　　　　　34,000
　　應交稅費——應交增值稅（進項稅額）　　　 5,780
　貸：銀行存款——工行存款　　　　　　　　　39,780
（編制付款憑證，銀付字第01號；或編制通用記帳憑證，記字第01號）

2-1　　　　　　　　　　中國工商銀行進帳單（回單或收帳通知）　①

201×年12月5日　　　　　　　　　　第28220200號

付款人	全稱	路德有限公司	收款人	全稱	廣州百威電器有限公司
	帳號	037852903		帳號	370-998305
	開戶銀行	工商銀行花都支行		開戶銀行	工商銀行花都支行

人民幣（大寫）	⊕叁佰叁拾萬元整	千	百	十	萬	千	百	十	元	角	分
		¥ 3	3	0	0	0	0	0	0	0	0

票據種類		
票據張數		收款人開戶行蓋章
單位主管　會計　復核		

圖 4-13

2-2

華都會計師事務所有限公司

[201×] 驗字第002號

驗資報告

華都會計師事務所
有限公司驗資專用章

百威電器有限公司全體股東：

　　我們接受委託，審驗了貴公司截至201×年12月5日止申請變更登記的註冊資本的實收情況。按照國家相關法律、法規的規定和有關決議、章程的要求出資，提供真實、合法、完整的驗資資料，保證資產的安全、完整是全體股東及貴公司的責任。我們的責任是對貴公司註冊資本的實收情況發表審驗意見。我們的審驗是依據《獨立審計實務公告第1號——驗資》進行的。在審驗過程中，我們結合貴公司的實際情況，實施了檢查等必要的審驗程序。根據有關部門協議、章程規定，貴公司申請變更的註冊資本為人民幣500萬元，由劉少明、路德有限公司於201×年12月5日之前繳足。經我們審驗，截至201×年12月5日止，貴公司已收到全體股東繳納的註冊資本，合計人民幣伍佰萬元整（￥5,000,000.00），全部以貨幣出資。

　　本驗資報告僅供貴公司申請變更登記及據以向全體股東簽發出資證明時使用，不應將其視為是對貴公司驗資報告日後資本保全、償債能力和持續經營能力等的保證。因使用不當造成的後果，與執行本驗資業務的註冊會計師及會計師事務所無關。

　　附：註冊資本實收情況明細表

華都會計師事務所有限公司　　　　　　　主任會計師：張力

中國　　　廣州　　　　　　　　　中國註冊會計師：王華

二○一×年十二月五日

圖4-14

2-3　　　　　　　　　**註冊資本實收情況明細表**
　　　　　　　　　　截至201×年12月5日

公司名稱：廣州百威電器有限公司　　　　　　　　　　貨幣單位：萬元

股東名稱	申請的註冊資本		實際出資情況					其中：實繳資本	
	金額	比例（%）	貨幣	實物	淨資產	其他	合計	金額	比例（%）
劉少明	170	34.00	170				170	170	34.00
路德公司	330	66.00	330				330	330	66.00
合計	500	100	500				500	500	100

華都會計師事務所有限公司　　　　　　　中國註冊會計師：王華

圖4-15

　　借：銀行存款——工行存款　　　　　　　　　3,300,000
　　　　貸：實收資本——路德有限公司　　　　　　　3,300,000
　　（編制收款憑證，銀收字第01號；或編制通用記帳憑證，記字第02號）

3－1　　廣州百威電器有限公司材料入庫單

日期：201×－12－05　　供應商：隆科電子有限公司 單號：CG201×－12－05－0001

品名規格	單位	數量	單價（元）	金額（元）	採購費用（元）	實際入庫數量	金額（元）
影碟機線材	套	5,000	6.8	34,000.00	——	5,000	34,000.00
合計		5,000		34,000.00	——	5,000	34,000.00

審核：　　採購員：葉建輝　　保管員：陳志慶　　記帳：

圖 4－16

借：原材料——線材（影碟機線材）　　34,000

　貸：在途物資——線材（影碟機線材）　　34,000

（編制轉帳憑證，轉字第 01 號；或編制通用記帳憑證，記字第 03 號）

4－1

中國工商銀行
現金支票存根（粵）
Ⅶ Ⅱ 01018889
附加信息

出票日期 201×年 12 月 6 日

收款人：廣州百威電器有限公司	
金額：¥3,000.00	
用途：備用金	

單位主管　　會計

中國工商銀行　　現金支票　　Ⅶ Ⅱ 01018889

出票日期（大寫）貳零壹×年壹拾貳月零陸日　付款行名稱：工行花都支行

收款人：廣州百威電器有限公司　　出票人帳號：370－998305

人民幣（大寫）	⊕叁仟元整	千	百	十	萬	千	百	十	元	角	分
					¥	3	0	0	0	0	0

用途備用金

上列款項請從我帳戶內支付

出票人簽章

百威電器有限公司財務專用章　　劉少明之印　　00－1879－45678

復核　　記帳

（由企業會計填制，右邊交給銀行提取現金，左邊企業留存作為原始憑證）

圖 4－17

借：庫存現金——人民幣　　3,000

　貸：銀行存款——工行存款　　3,000

（編制付款憑證，銀付字第 02 號；或編制通用記帳憑證，記字第 04 號）

基礎會計

5-1　　　　　　中國工商銀行廣東省分行營業部廣州市電子繳稅回單

INDUSTRIAL AND COMMERCIAL BANK OFCHINA　　GUANGZHOU　　NO.0609011012140307

日期：201×年12月6日　　　　清算日期：201×年12月6日

網站：www.icbc.om.cn　　　　　　　　　　　　打印日期：201×年12月6日

服務熱線電話：95588

付款人	全稱	廣州百威電器有限公司	收款人	全稱	廣州市花都區國家稅務局
	帳號	370-998305		帳號	08459778535001
	開戶銀行	工商銀行花都支行		開戶銀行	中華人民共和國國家金庫花都支庫

金額	人民幣（大寫）	⊕壹萬肆仟陸佰貳拾捌元參角陸分	千	百	十	萬	千	百	十	元	角	分
						¥1	4	6	2	8	3	6

內容	扣繳國稅款	電子稅票號	0182008000015859	納稅人編碼	018200008190	納稅人名稱	廣州百威電器有限公司

稅種	所屬期	納稅金額	備註	稅種	所屬期	納稅金額	備註
增值稅	1×1101-1×1130	14,628.36					

圖 4-18

5-2　　　　　　中華人民共和國　　　　　国
　　　　　稅收電子轉帳專用完稅證

（2008）粵國　　0000000200150

填發日期：201×年12月6日　　　　　　電子交易流水號：01164280

納稅人代碼：880215176547736	徵收機關：花都區國家稅務局徵收組
納稅人全稱：廣州百威電器有限公司	收款銀行：廣州市工行花都支行
納稅人繳款帳號：370-998305	國　庫：花都金庫 08459778535001

稅種（品目名稱）	預算科目、預算級次	稅收所屬時期	實繳金額
增值稅 商業零售	股份制企業增值稅 中央75%，市區25%	201×年11月1日至 201×年11月30日	14,628.36
金額合計　（大寫）⊕壹萬肆仟陸佰貳拾捌元叄角陸分			¥14,628.36

稅務機關 （蓋章）	收款銀行 （蓋章）	經手人　吳麗珍 （蓋章）	備註	正常稅款 （201×）粵國0000000200150 稅收轉帳專用完稅證（電腦平推） POS機繳款

此憑證不得用於收取現金稅款，僅作納稅人電子轉帳完稅憑證（電腦打印　手工填寫無效）

圖 4-19

　　借：應交稅費——未交增值稅　　　　　　　　　　14,628.36
　　　貸：銀行存款——工行存款　　　　　　　　　　14,628.36
　　（編制付款憑證，銀付字第03號；或編制通用記帳憑證，記字第05號）

6－1　　　　　中國工商銀行廣東省分行營業部廣州市電子繳稅回單
INDUSTRIAL AND COMMERCIAL BANK OFCHINA　　GUANGZHOU　　NO. 0054635012140963

付款人	全稱	廣州百威電器有限公司		收款人	全稱	廣州市花都區國家稅務局
	帳號	370－998305			帳號	08459778535001
	開戶銀行	工商銀行花都支行			開戶銀行	中華人民共和國國家金庫花都支庫

金額	人民幣（大寫）	⊕壹仟肆佰陸拾貳元捌角肆分	千	百	十	萬	千	百	十	元	角	分
						¥	1	4	6	2	8	4

內容	扣繳國稅款	電子稅票號	320060913069689	納稅人編碼	718145719	納稅人名稱	廣州百威電器有限公司

稅種	所屬期	納稅金額	備註	稅種	所屬期	納稅金額	備註
城市維護建設稅（市區）	1×1101－1×1130	1,023.99	地稅				
教育費附加（城鎮）	1×1101－1×1130	438.85	地稅				

日期：201×年12月6日　　　　　　　　　　　　　清算日期：201×年12月6日
網站：www.icbc.om.cn　　　　　　　　　　　　 打印日期：201×年12月6日
服務熱線電話：95588

圖4－21

6－2　　　　　　　　　　中華人民共和國　　　　　（地）
　　　　　　　　　　稅收電子轉帳專用完稅證

隸屬關係：其他　　　　　填發日期：201×年12月6日

　　　　　　　　　　　　　　　　　　（201×－1）粵地02600438431 號
所屬類型：私營有限責任公司　　　　徵收機關：廣州地稅局新華分局

收款單位（人）	納稅代碼	176547736	開戶銀行	
	全　稱	廣州百威電器有限公司	帳　號	
	地　址	花港大道盛豐工業區168號	收款銀行	工商銀行花都支行

所屬時期　201×年11月1日至201×年11月30日　　帳號　370－998305

品目名稱	預算科目		計稅金額或課稅數量	稅率或單位稅額	扣除額	實繳金額
	編碼	級次				
城市維護建設稅　城市維護建設稅（市區）			14,628.36	7%		¥1,023.99
教育費附加　城鎮			14,628.36	3%		¥ 438.85
金　額　合　計	（大寫）⊕壹仟肆佰陸拾貳元捌角肆分					¥1,462.84

黃靖芳 填票人（蓋章）	廣州市花都區地方稅務局新華稅務分局（蓋章）	收款銀行（蓋章）	備註	正常稅款（201×－1）粵地－026－00438431 稅收轉帳專用完稅證（電腦平推）POS機繳款

逾期不繳按稅法規定加收滯納金

圖4－21

借：應交稅費——應交城市維護建設稅　　　　　　1,023.99
　　　　　——應交教育費附加　　　　　　　　　　438.85

貸：銀行存款——工行存款　　　　　　　　　　　　　　1,462.84

（編制付款憑證，銀付字第04號；或編制通用記帳憑證，記字第06號）

7-1　　　　　　　　廣州百威電器有限公司現金借款單　　　　NO.3201010
　　　　　　　　　　　　　　201×年12月6日

借款人：丁英	現金付訖		
借款用途：出差備用			
借款數額：人民幣（大寫）⊕壹仟元整			¥1000.00
單位負責人所屬部門：經理辦	借款人（簽章）	丁英	201×年12月06日
單位負責人批示：同意借款		簽字：劉少明	201×年12月06日
會計或出納員簽章：張浩			

圖4-22

　　借：其他應收款——丁英　　　　　　　　　　　　　　　1,000.00
　　　　貸：庫存現金——人民幣　　　　　　　　　　　　　1,000.00

（編制付款憑證，現付字第01號；或編制通用記帳憑證，記字第07號）

8-1　　　4400062140　　廣東增值稅專用發票　　NO.01754191
　　　　　　　　　　　　　　發票聯　　　　　　開票日期：201×年12月7日

購貨單位	名稱	廣州百威電器有限公司	密碼區	>/72422503/95671/5348/ 4/453/5< >8/410/22122*2 *4<29446>0163491360// 145<3>>2+*<08-7>>2-
	納稅人識別號	880215176547736		
	地址、電話	花港大道盛豐工業區168號 020-86867888		
	開戶銀行及帳號	中國工商銀行花都支行 370-998305		

貨物或應稅勞務名稱	規格型號	計量單位	數量	單價	金額	稅率（%）	稅額
帶鋼	YL501	噸	30	5000	150,000.00	17%	25,500.00
二極管	BZV55C	個	700	82	57,400.00	17%	9,758.00
合計					¥207,400.00		¥35,258.00
價稅合計（大寫）	⊕貳拾肆萬貳仟陸佰伍拾捌元整				（小寫）¥242,658.00		

銷貨單位	名稱	佛山市順德區樂從鎮高賓貿易有限公司	備註
	納稅人識別號	440681708079765	
	地址、電話	順德區樂從鎮沿江路 28869178	
	開戶銀行及帳號	中國工商銀行樂從支行 049-568972	

收款人：石美琳　　　復核：胡慧楠　　開票人：鄭秀梅　　銷貨單位（章）：

第二聯 發票聯 購貨方記帳憑證

圖4-23

8-2
4403124730

貨物運輸業增值稅專用發票　　　　NO. 00430387

發　票　聯　　　　開票日期：201×年12月7日

承運人及納稅人識別號	廣發貨物運輸有限公司 44030088774662X	密碼區	0212＞/72＊6783671/57808/4/453/ 5＜＞8/410/2353322＊2＊4＜291＞01 623691890//1423＜3＞＞2＋＊＜01－6 ＞＞809921340065＋＋4352190＊87
實際受票方及納稅人識別號	廣州百威電器有限公司 880215176547736		
收貨人及納稅人識別號	廣州百威電器有限公司 880215176547736	發貨人及納稅人識別號	高寶貿易有限公司 440681708079765
起運地、經由、到達地	南海—廣州		
費用項目及金額	費用項目　金額 運費　　1081.08	運輸貨物信息	201×年12月7日運達 帶鋼 二極管
合計金額	￥1081.08	稅率 11%	稅額 ￥118.92　機器編號　889990002
費稅合計（大寫）	⊕壹仟貳佰元整		（小寫）￥1,200.00
車種車號	粵 A9987	車船噸位 35t	備註
主管稅務機關及代碼	廣東廣州市白雲區國家稅務局 442087300		

收款人：王剛　　　復核人：胡一萍　　　開票人：蘭新　　　承運人：（章）

第二聯：發票聯　實際受票方記帳憑證

圖 4-24

8-3　　　　　　　　　　　**運費分配表**

單位名稱：百威電器有限公司　　日期：201×年12月7日　　　　製單：李勇

材料名稱	購進金額	分配率	分配金額（元）
帶鋼	150,000.00	0.005,212,536	781.88
二極管	57,400.00	0.005,212,536	299.20
合計	207,400.00		1,081.08

備註：分配率＝1,081.08÷（150,000＋57,400）＝0.005,212,536

圖 4-25

8-4　　　　　　　　　　**廣州百威電器有限公司材料入庫單**

日期：201×-12-07　　　供應商：高寶貿易有限公司　　　單號：CG201×-12-07-0001

品名規格	單位	數量	單價（元）	金額（元）	採購費用（元）	實際入庫數量	金額（元）
帶鋼	噸	30	5000	150,000.00	781.88	30	150,781.88
二極管	個	700	82	57,400.00	299.20	700	57,699.20
合計				207,400.00	1,081.08		208,481.08

審核：　　　採購員：葉建輝　　　保管員：陳志慶　　　記帳：

圖 4-26

借：原材料——板材（帶鋼） 150,781.88
　　　　——電子元件（二極管） 57,699.20
　　應交稅費——應交增值稅（進項稅額） 35,258.00
　　　　　　——應交增值稅（營改增抵減的銷項稅額） 118.92
　　貸：應付帳款——高寶貿易有限公司 243,858.00
（編制轉帳憑證，轉字第02號；或編制通用記帳憑證，記字第08號）

9－1　　　　　　　　　　　工資結算單

所屬期間：201×年11月份　　發放日期：201×年12月8日　　　　　單位：元

序號	姓名	部門	基本工資	責任津貼	崗位津貼	其他補貼	缺勤應扣	應發工資	代扣款項 養老保險	代扣款項 失業保險	代扣個人所得稅	實發工資
01	王杰	廠部	1,450	380	400	159	30	2,359	180	22.5	32.5	2,124.00
02	林燕	廠部	1,350	350	400	148	-	2,248	173	21.72	28.6	2,024.68
⋮	⋮	⋮	⋮	⋮	⋮	⋮	⋮	⋮	⋮	⋮	⋮	⋮
60	周華	車間	520	220	310	130	-	1,180	98.8	12.5	-	1,068.70
合計			41,744.08	13,246	11,167	8,885	435	74,607.08	7,030	878.00	276.08	66,423.00

會計主管：丁英　　　　　出納：張浩　　　　　製單：王欣

圖 4－27

9－2　　　　　　　　　中國工商銀行轉帳支票存根

支票號碼　　NO 3789546721
科目
對方科目
簽發日期201×年12月8日

| 金額：¥66,423.00 |
| 用途：發工資 |
| 備註： |

單位主管：　　　　　　會計：張浩
復　　核：丁英　　記帳：

圖 4－28

借：應付職工薪酬——職工工資 74,607.08
　　貸：銀行存款——工行存款 66,423.00
　　　　應交稅費——應交養老保險 7,030.00
　　　　　　　　——應交失業保險 878.00
　　　　　　　　——應交個人所得稅 276.08

（編制付款及轉帳憑證，銀付字第05號及轉字第03號；或編制通用記帳憑證，記字第09號）

10-1

中國工商銀行特種轉帳貸方傳票

201×年12月9日（32）　　　粵工字　　NO. 0050267

付款人	全稱	中國工商銀行花都支行	收款人	全稱	廣州百威電器有限公司
	帳號	02000130		帳號	370-998305
	開戶銀行	貸款戶		開戶銀行	工商銀行花都支行

金額	人民幣（大寫）	⊕叁拾萬元整	千	百	十	萬	千	百	十	元	角	分
				¥	3	0	0	0	0	0	0	0

原憑證金額		賠償金		科目（貸）_____ 對方科目（借）_____ 會計　　復核　　記帳　　制票

圖 4-29

10-2

中國工商銀行貸款合同

立合同單位：中國工商銀行花都支行（以下簡稱貸款方）
　　　　　　廣州百威電器有限公司（以下簡稱借款方）
　　　　　　廣州金威集團有限公司（以下簡稱保證方）
為明確責任，恪守合同，特簽訂本合同，共同信守。
一、貸款種類：短期流動資金借款；
二、借款金額：人民幣叁拾萬元整；
三、借款用途：採購原材料；
四、借款利率：年利率6.9%，利隨本清，如遇國家調整利率，按調整后的規定計算；
五、貸款期限：借款時間自201×年12月9日至201×年6月9日止，共計六個月；
六、還款資金來源：產品銷售收入；
七、還款方式：轉帳。

圖 4-30

借：銀行存款——工行存款　　　　　　　　　　　　　300,000
　　貸：短期借款——工行借款　　　　　　　　　　　　300,000
（編制收款憑證，銀收字第02號；或編制通用記帳憑證，記字第10號）

11-1　　　　　　　　　　　商品銷售發票　　　　　　　1440106260695

開票日期：201×年12月9日　　　　　　　　　　　　　NO 15342580

單位名稱	廣州百威電器有限公司			稅務登記代碼		440506221066889				
品名	規格	單位	數量	單價	金額					備註
					萬	千	百	十	元	角	分	
辦公用品							6	3	0	0	0	
金額合計（大寫）	⊕萬⊕仟陸佰叁拾零元零角零分				¥		6	3	0	0	0	
銷售單位	（加蓋財務專用章或發票專用章）		開戶銀行	屈臣氏用品商店有限公司			結算方式		銀行口現金■	
			帳號	322457891			電話		87520367	

開票地址：　　　　　　　　　開票人：許磊　　　　　　　收款人：張楚楚

圖 4-31

借：管理費用——辦公費　　　　　　　　　　　　　630.00
　　貸：庫存現金——人民幣　　　　　　　　　　　　　630.00
（編制付款憑證，現付字第 02 號；或編制通用記帳憑證，記字第 11 號）

12-1　　　　　　　中國工商銀行進帳單（回單或收帳通知）①

201×年 12 月 9 日　　　　　　　第 28220200 號

付款人	全稱	華訊杰有限公司	收款人	全稱	廣州百威電器有限公司
	帳號	33000265335		帳號	370-998305
	開戶銀行	工商銀行南海分行		開戶銀行	工商銀行花都支行

人民幣（大寫）	⊕壹拾柒萬伍仟伍佰元整	千	百	十	萬	千	百	十	元	角	分
			¥	1	7	5	5	0	0	0	0

票據種類	
票據張數	
單位主管　會計　復核	收款人開戶行蓋章

圖 4-32

12-2　　　　　　　　　　銷售產品發貨單　　　　　　　運輸方式：自提

購貨單位：華訊杰有限公司　　201×年 12 月 6 日　　　　編號：061204

產品名稱	規格型號	計量單位	數量	單價	金額	備註
功放機	6901	臺	100	1500	150,000.00	

銷售負責人：李春林　　發貨人：陳志慶　　提貨人：楊谷　　製單：陳志慶

圖 4-33

12-3　　4400061140　　廣東增值稅專用發票　　NO.03955068
　　　　　　　　　　　此聯不作報銷、扣稅憑證使用　　開票日期：201×年 12 月 9 日

購貨單位	名稱	華汛杰有限公司	密碼區	> * / * 587944 + -44// * 410 64 + 6300354 </38745 < 4 + /855211 < < 56 + -8448653 23566 - 87 * -237 > * /56
	納稅人識別號	44012528645311		
	地址、電話	廣東南海新世紀工業園 25 號 86497522		
	開戶銀行及帳號	中國工商銀行南海分行 33000265335		

貨物或應稅勞務名稱	規格型號	計量單位	數量	單價	金額	稅率(%)	稅額
功放機	6901	臺	100	1500	150,000.00	17%	25,500.00
合計					¥150,000.00		¥25,500.00
價稅合計（大寫）	⊕壹拾柒萬伍仟伍佰元整					（小寫）¥175,500.00	

銷貨單位	名稱	廣州百威電器有限公司	備註	
	納稅人識別號	880215176547736		
	地址、電話	花港大道盛豐工業區 168 號 020-86867888		
	開戶銀行及帳號	中國工商銀行花都支行 370-998305		

第三聯　記帳聯　銷貨方記帳憑證

收款人：張浩　　復核：丁英　　開票人：李勇　　銷貨單位（章）：

圖 4-34

借：銀行存款——工行存款　　　　　　　　　　　　175,500.00
　　貸：主營業務收入——功放機6901　　　　　　　　150,000.00
　　　　應交稅費——應交增值稅（銷項稅額）　　　　25,500.00
（編制收款憑證，銀收字第03號；或編制通用記帳憑證，記字第12號）

13-1　　　　　　　廣州百威電器有限公司差旅費報銷單　　　記帳憑證附件

姓名：丁英　　　　　　　　　　　　　　　　　　　　201×年12月11日

起止日期	起止地點	車費	飛機費	途中補助	住宿費	外勤補助	雜費	合計	單據
12月9日	花都	150.00		240.00	160.00	100.00	60.00	710.00	7
12月10日	深圳	150.00						150.00	1
合計		300.00		240.00	160.00	100.00	60.00	860.00	8
合計報銷金額	（大寫）捌佰陸拾元整					（小寫）¥860.00			
主管意見	同意　劉少明　1X-12-11					報銷人簽章：丁英 1X-12-11			
備註	已借現金（小寫）　¥1,000.00				退回現金（小寫）　¥140.00				

復核：　　　　　　　　記帳：　　　　　　　　出納：張浩

圖4-35

13-2　　　　　　　　　　　收款收據　　　　　　　　NO. 4015213
　　　　　　　　　　　　201×年12月11日

繳款單位（或繳款人）	丁英		現金收訖						
款項內容	歸還多借的差旅費								
人民幣（大寫）	×拾×萬×仟壹佰肆拾零元零角零分	十萬	千	百	十	元	角	分
					¥	1	4	0	0	0

第三聯 記帳聯

收款單位：廣州百威電器有限公司　　　會計：　　　　出納：張浩

圖4-36

借：管理費用——差旅費　　　　　　　　　　　　860.00
　　庫存現金——人民幣　　　　　　　　　　　　140.00
　　貸：其他應收款——丁英　　　　　　　　　　1,000.00
（編制收款及轉帳憑證，現收字第01號及轉字第04號；或編制通用記帳憑證，記字第13號）

基礎會計

14－1

中國人民銀行支付系統專用憑證　　NO.000078628760

報文種類：CMT100　　交易種類：HVPS　　貨計　　業務種類：11　　支付交易序號：01X7031
發起行行號：313303000072　　匯款人開戶行行號：　　委託日期：
匯款人帳號：11011345670
匯款人名稱：多多樂有限公司
匯款人地址：增城市朱村鎮山田城北路58號
接受行行號：370　　收款人開戶行行號：中國工商銀行花都支行　　收報日期：201×－12－11
收款人帳號：370－998305　　　　　　　　　　　　　　　　　　　　　　（蓋章）
收款人名稱：廣州百威電器有限公司
收款人地址：花港大道盛豐工業區168號
貨幣名稱、金額（大寫）⊕柒萬叁仟元整
貨幣名稱、金額（大寫）￥73,000.00
附言：前欠貨款
報文狀態：已入帳
流水號：515934　　　　　　　　　打印時間：201×－12－11
第01次打印！

第二聯　作為客戶通知單　　　　會計　　　　復核　　　　記帳

圖4－37

　　借：銀行存款——工行存款　　　　　　　　　73,000
　　　　貸：應收帳款——多多樂有限公司　　　　　　　　73,000
（編制收款憑證，銀收字第04號；或編制通用記帳憑證，記字第14號）

15－1　　　　4400061140　　廣東增值稅專用發票　　NO.03955068
　　　　　　　　　　　　此聯不作報銷、扣稅憑證使用　　開票日期：201×年12月13日

購貨單位	名稱	廣東省友和對臺貿易公司	密碼區	893＊／＊5879＊＜／3＋621
	納稅人識別號	440104190376331		0／＊00＞0／／45＊02＋－11
	地址、電話	廣州市米市路58號 83334115		7610＜186053＜＋－2＜35
	開戶銀行及帳號	中國銀行廣州分行 850000211308093001		＞66－87＊－237＞＊／56／5 689＞45

貨物或應稅勞務名稱	規格型號	計量單位	數量	單價	金額	稅率（％）	稅額
影碟機1609	DIGTAL	臺	150	1,200	180,000.00	17％	30,600.00
合計					￥180,000.00		￥30,600.00

價稅合計（大寫）	⊕貳拾壹萬零陸佰元整	（小寫）￥210,600.00

銷貨單位	名稱	廣州百威電器有限公司	備註
	納稅人識別號	880215176547736	
	地址、電話	花港大道盛豐工業區168號 020－86867888	
	開戶銀行及帳號	中國工商銀行花都支行 370－998305	

收款人：　　　　復核：　　　　開票人：李勇　　　　銷貨單位（章）：

第三聯　記帳聯　銷貨方記帳憑證

圖4－38

15－2

廣州百威電器有限公司
現金支付證明　　　　　　　　　NO. 298766

201×年12月13日

茲向 廣東大眾運輸公司 支付現金陸佰元整，特此證明。		
事由：代墊友和對臺貿易公司影碟機運費		現金付訖
數額：人民幣（大寫）⊕陸佰元整		￥600.00
支付部門：銷售科（蓋章）	經辦人（簽章）趙一鳴　201×年12月13日	
財務主管批示：情況屬實	簽字：丁英　201×年12月13日	
單位負責人批示：同意用現金墊支	簽字：劉少明　201×年12月13日	
會計或出納員簽章：張浩		

附：運費發票（不作為百威公司原始憑證）

4403124730　　　　　　**貨物運輸業增值稅專用發票**　　　　NO. 00430387

發票聯　　　　開票日期：201×年12月13日

承運人及納稅人識別號	廣東大眾運輸公司 440568915780568	密碼區	0412 ＞/72 ＊ 6734671/57123/6/483/7 ＜ ＞ 8/800/23545672 ＊ 20 ＜ 201 ＞ 67894391890//1423 ＜ 34 ＞ ＞ 2 ＋ ＊ ＜ 01－6 ＞ ＞789021340065 ＋ ＋4368030 ＊ 8098＞2＊0	
實際受票方及納稅人識別號	友和對臺貿易公司 440104190376331			
收貨人及納稅人識別號	友和對臺貿易公司 440104190376331	發貨人及納稅人識別號	廣州百威電器有限公司 880215176547736	
起運地、經由、到達地	花都—米市			
費用項目及金額	費用項目 運費	金額 540.54	運輸貨物信息	201×年12月7日運達影碟機
合計金額	￥540.54	稅率　11%	稅額　￥59.46	機器編號　000000106005
費稅合計（大寫）	⊕陸佰元整		（小寫）￥600.00	
車種車號	粵 A8721	車船噸位	5t	備註	完稅憑證號： （004）5687941
主管稅務機關及代碼	廣東廣州市海珠區國家稅務局 443520891				

第二聯：發票聯　實際受票方記帳憑證

收款人：王立　　　復核人：陳慧　　　開票人：劉凱軍　　　承運人：（章）楊梅

圖 4－39

15-3　　　　　　　　　　　托收憑證（受理回單）1
　　　　　　　　　　　　　委託日期　201×年12月13日

業務類型	委託收款（□郵劃、□電劃√）托收承付（□郵劃、□電劃）				
付款人	全稱	廣東省友和對臺貿易公司	收款人	全稱	廣州百威電器有限公司
	帳號	中國銀行廣州分行 850000211308093001		帳號	中國工商銀行花都支行 370-998305
	地址	廣州市米市路58號		地址	花港大道盛豐工業區168號
金額	人民幣 （大寫）	貳拾壹萬壹仟貳佰圓整	億千百十萬千百十元角分 　　　　　¥ 2 1 1 2 0 0 0 0		
款項內容	貨款	托收憑證名稱		附寄單證張數	壹張
商品發運情況	已發運		合同名稱號碼	201×1213	
備註：驗單付款 復核　　　記帳		款項收妥日期 201×年2月13日 （3個月后）		收款人開戶銀行簽章 年　月　日	

此聯作收款人開戶銀行給收款人按期受理回單

圖 4-40

15-4　　　　　　　　　　　銷售產品發貨單　　　　　　運輸方式：自提
　購貨單位：友和對臺貿易公司　　201×年12月13日　　　編號：061205

產品名稱	規格型號	計量單位	數量	單價	金額	備註
影碟機	DIGTAL1609	臺	150	1200	180,000.00	

銷售負責人：李春林　　發貨人：陳志慶　　提貨人：黃山　　製單：陳志慶

圖 4-41

　借：應收帳款——友和對臺貿易公司　　　　　　　211,200.00
　　貸：主營業務收入——影碟機1609　　　　　　　180,000.00
　　　　應交稅費——應交增值稅（銷項稅額）　　　 30,600.00
　　　　庫存現金——人民幣　　　　　　　　　　　　　 600.00

（編制轉帳及付款憑證，轉字第05號及現付字第03號；或編制通用記帳憑證，記字第15號）

16－1 　　　　　　　　　　　　固定資產交接單
　　　　　　　　　　　　　　201×年12月13日

移交單位		接受單位	財務處
固定資產名稱	聯想計算機	規格	VIII860
技術特徵		數量	2
附屬物			
建造企業	聯想計算機集團	出廠或建成年月	201×.11
安裝單位	廣州國美電器	安裝完工年月	201×.12.13
原值	￥7,600.00	其中安裝費	
移交單位負責人		接受單位負責人	劉少明

圖4－42

16－2　　　4400062140　　　　廣東增值稅專用發票　　　NO. 08623453
　　　　　　　　　　　　　　　　　　抵扣聯　　　　　　開票日期：201×年12月13日

購貨單位	名稱	廣州百威電器有限公司	密碼區	46003＊／＊59＊＜／356＋687 0／＊78＞0／／－＋5＊02＋－145 610＜1＊－／4573＜＋－2＜350 0427＞66－87＊－237＞＊／54	
	納稅人識別號	880215176547736			
	地址、電話	花港大道盛豐工業區168號 020－86867888			
	開戶銀行及帳號	中國工商銀行花都支行 370－998305			

貨物或應稅勞務名稱	規格型號	計量單位	數量	單價	金額	稅率（％）	稅額
聯想電腦	XPIII	臺	2	3800.00	7,600.00	17％	1,292.00
合計					￥7,600.00		￥1,292.00
價稅合計（大寫）	⊕捌仟捌佰玖拾貳元整				（小寫）￥8,892.00		

銷貨單位	名稱	廣州國美電器有限公司	備註
	納稅人識別號	440568974321683	
	地址、電話	天河路456號 87597598	
	開戶銀行及帳號	建設銀行天河支行 458973213587	

第四聯　抵扣聯　購貨方記帳憑證

收款人：鄧林　　　復核：張立　　　開票人：肖業偉　　　銷貨單位（章）：

圖4－43

基礎會計

16-3

中國工商銀行	中國工商銀行　轉帳支票　ⅩⅡ04015623
轉帳支票存根（粵） ⅩⅡ04015623 附加信息_____ _____ _____ 出票日期201×年12月13日 收款人：國美電器有限公司 金額：￥8,892.00 用途：購買電腦 單位主管　　會計	出票日期（大寫）貳零壹×年壹拾貳月壹拾叁日　付款行名稱：工行花都支行 收款人：廣州百威電器有限公司　　出票人帳號：370-998305 人民幣（大寫）⊕捌仟捌佰玖拾貳元整　千百十萬千百十元角分 　　　　　　　　　　　　　　　　￥　　 8 8 9 2 0 0 用途購貨款 上列款項請從我帳戶內支付 百威電器有限公司財務專用章　劉少明之印　00-1879-45678 出票人簽章 復核　　　　　　記帳

（由企業會計填制，左邊企業留存，右邊交銀行轉帳）

圖 4-44

借：固定資產——非生產用（聯想電腦）　　　7,600.00
　　應交稅費——應交增值稅（進項稅額）　　　1,292.00
　貸：銀行存款——工行存款　　　　　　　　　8,892.00
（編制付款憑證，銀付字第06號；或編制通用記帳憑證，記字第16號）

17-1　　　　4400061140　　廣東增值稅專用發票　　NO.03955068
　　　　　　　　　　　　　此聯不作報銷、扣稅憑證使用　開票日期：201×年12月13日

購貨單位	名稱	廣東尊浪貿易公司	密碼區	899＜08492＋7＞＞783＞＊ 5341＜／-576105＊60＜2 ＋7915634783-6＜250＊ -＞657/1362＊＊47028
	納稅人識別號	445222617600081		
	地址、電話	揭陽市棉湖路266號 0663-5689568		
	開戶銀行及帳號	中國銀行揭陽分行 380555989456		

貨物或應稅勞務名稱	規格型號	計量單位	數量	單價	金額	稅率（％）	稅額
錫條	GDLS3C	段	150	40	6,000.00	17%	1020.00
合計					￥6,000.00		￥1,020.00

價稅合計（大寫）	⊕柒仟零貳拾元整	（小寫）￥7,020.00

銷貨單位	名稱	廣州百威電器有限公司	備註
	納稅人識別號	880215176547736	
	地址、電話	花港大道盛豐工業區168號 020-86867888	
	開戶銀行及帳號	中國工商銀行花都支行 370-998305	

第三聯　記帳聯　銷貨方記帳憑證

收款人：　　　復核：　　　開票人：李勇　　　銷貨單位（章）：

圖 4-45

17－2　　　　　　　　　　　銀行承兌匯票　　　　2

出票日期（大寫）貳零壹×年壹拾貳月壹拾叁日　　匯票號碼 89765

出票人全稱	廣東尊浪貿易公司	收款人	全稱	廣州百威電器有限公司
出票人帳號	1312456547623		帳號	中國工商銀行花都支行 370－998305
付款行全稱	中國銀行揭陽分行		地址	花港大道盛豐工業區 168 號
金額	人民幣（大寫）柒仟零貳拾圓整			億 千 百 十 萬 千 百 十 元 角 分 　　　　　　¥ 7 0 2 0 0 0
匯款到期日（大寫）	貳零壹×年叁月壹拾叁日	付款行	行號	中國工商銀行花都支行
承兌協議編號	201×12999		地址	花港大道盛豐工業區 18 號
本匯票請你行承兌，到期無條件付款。 　　　　出票人簽章	本匯票已經承兌，到期由本行付款。 承兌日期　　　承兌行簽章 　　　　　　　年　月　日 備註：		復核	記帳

此聯收款人開戶銀行隨托收憑證寄付款行作借方憑證

圖 4－46

　　借：應收票據——尊浪貿易公司　　　　　　　　　　7,020.00
　　　貸：其他業務收入——材料銷售　　　　　　　　　　6,000.00
　　　　　應交稅費——應交增值稅（銷項稅額）　　　　　1,020.00
（編制轉帳憑證，轉字第 06 號；或編制通用記帳憑證，記字第 17 號）

18－1　　　　　　　　　　　**事業服務性收款收據**

　　　　　　　　　　　　財準印（2004）003－121 號　　　　　　NO. 037002

交款單位及個人：廣州百威電器有限公司　　　　　　收款日期：201×年 12 月 15 日

項目	單位	數量	單價	金額 十 萬 千 百 十 元 角 分	說明
廣告費				2 6 0 0 0 0	①本收據限用於事業單位非經營性收費，其他無效。②本收據需加蓋收款單位和收款人印章。
	轉　帳			廣州眾達廣告有限公司財務專用章	
合計人民幣（大寫）⊕拾⊕萬貳仟陸佰零元零角零分					

圖 4－47

18－2 　　　　　　　廣州百威電器有限公司費用報銷單　　　　記帳憑證附件

201×年 12 月 15 日

發生日期		報銷內容	單據張數	金額								備註
月	日			百	十	萬	千	百	十	元	角	分	
12	15	廣告費	1				2	6	0	0	0	0	
			轉帳										
合計人民幣（大寫）⊕貳仟陸佰元整						¥	2	6	0	0	0	0	
主管意見	同意 丁英 201×－12－15			報銷人簽章：劉少明									
已借現金：				退回現金：									

復核：　　　　　　　　　　記帳：　　　　　　　　　　　　　出納：張浩

圖 4－48

18－3 　　　　　　　中國工商銀行轉帳支票存根

支票號碼　　NO 022568971
科目　　　　　　　　　　
對方科目　　銷售費用
簽發日期 201×年 12 月 15 日

收款人：廣州百威電器有限公司
金額：¥ 2,600.00
用途：支付廣告費
備註：

單位主管：　　　　　會計：張浩
復　核：丁英　　　記帳：

圖 4－49

借：銷售費用——廣告費　　　　　　　　　　　　　　2,600.00
　　貸：銀行存款——工行存款　　　　　　　　　　　2,600.00
（編制付款憑證，銀付字第 07 號；或編制通用記帳憑證，記字第 18 號）

19-1　　　　　✈中國電信　　廣東省電信有限公司收費專用發票　　地稅監
　　　　　　　　CHINATELECOM　　　　　發　票　聯
客戶名稱：廣州百威電器有限公司　　客戶號碼：86867888　　　發票代碼：244010541291
開戶銀行：　　　　　　　　　　　　銀行帳號：　　　　　　　　發票號碼：23913388
計費週期：201×年12月　　　　　　　　　　　　　　　　　　　201×年12月20日填開

項目	金額（元）	項目	金額（元）	項目	金額（元）
電話基本月租	28.00				
功能使用費	6.00				
區內電話費	285.60				
長途電話費	2,842.40				

合計（大寫）人民幣叁仟壹佰陸拾貳元整　　　　　　　　　（小寫）3,162.00

備註：本月消費總額 3,162.00 元　　享受優惠總額 0.00 元　　本月積分：3162 分，累計積分 18652 分

收款員：1129401003　　　　　　　　　　　　　收款單位（蓋章）：
說明：本發票經收款單位和收款員蓋章方為有效　　　　　　　（本發票手寫無效）
　　　超過拾萬元無效

圖 4-50

19-2　　　　　　　　　　　委託收款憑證（付款通知）　　5
委郵　　　　　　　　委託日期：201×年12月20日　　　委託號碼：

付款人	全稱	廣州百威電器有限公司	收款人	全稱	廣東省電信廣州分公司
	帳號	370-998305		帳號	370-546798
	開戶銀行	中國工商銀行花都支行		開戶銀行	中國工商銀行花都支行

委收金額	人民幣（大寫）	⊕叁仟壹佰陸拾貳元整	千	百	十	萬	千	百	十	元	角	分
						¥	3	1	6	2	0	0

項目內容	電話費	委託收款憑證	電話費發票	附寄單證張數	1 張

備註：	付款單位注意： 根據結算辦法，上列委託收款，如在付款期限內未拒付時，即視同意付款，以此聯代付款通知。 如需提前付款或多付款時，應另寫書面通知送銀行辦理。 如系全部或部分拒付，應在付款期限內另填拒付理由書送銀行辦理。

單位主管　　　會計　　　復核　　　記帳　　　付款人開戶行蓋章　201×年12月20日

圖 4-51

　　借：管理費用——電話費　　　　　　　　　　　　　3,162.00
　　　　貸：銀行存款——工行存款　　　　　　　　　　3,162.00
　　（編制付款憑證，銀付字第 08 號；或編制通用記帳憑證，記字第 19 號）

基礎會計

20-1　　　　　　　　　　　上海證券中央登記清算公司
客戶名稱：廣州百威電器有限公司　　日期：201×年12月20日

036792 買	成交過戶交割憑單預	③通知聯
股東編號：456781 電腦編號：25789 公司編號：258	成交證券：中金嶺南 成交數量：3,000 成交價格：23.68	
申請編號：697 申報時間：10：00 成交時間：11：30	成交金額：71,040.00 標準佣金：50 過戶費用：215	
上次餘額：4,000（股） 本次成交：3,000（股） 本次餘額：7,000（股） 本次庫存：	印花稅：497 應收金額： 附加費用：120 實付金額：71922	

圖 4-52

借：交易性金融資產——中金嶺南股票　　　　　71,040.00
　　投資收益　　　　　　　　　　　　　　　　　　882.00
　　貸：其他貨幣資金——存出投資款　　　　　　　71,922.00
（編制轉帳憑證，轉字第09號；或編制通用記帳憑證，記字第20號。）

21-1　　　　　　　　　廣東省醫療機構門診收費收據
系列號：01958095　　　　201×年12月21日　　　　　　KZ66967880

姓名：張小兵		結算方式：現金			
藥品項目	金額	醫療項目	金額	醫療項目	金額
西藥		診查費		治療費	
中成藥		急診留觀床位費		其中　輸血費	
中草藥		檢查費	370.00	輸氧費	
		其中　CT		手術	
		MRI		其他	
		檢驗費		特需服務	
合計人民幣（大寫）		零萬零仟叁佰柒拾零元零角零分　￥370.00			
醫保/公醫記帳金額：			個人繳費金額：		

收費單位（蓋章）：眼科中心　　　審核員：　　　　　收費員：1101

圖 4-53

21-2　　　　　　　　　廣州百威電器有限公司費用報銷單　　　　　記帳憑證附件
　　　　　　　　　　　　　201×年12月21日

發生日期		報銷內容	單據張數	金額									備註
月	日			百	十	萬	千	百	十	元	角	分	
12	21	醫藥費	1					3	7	0	0	0	
合計人民幣（大寫）⊕叁佰柒拾元整				¥				3	7	0	0	0	
主管意見　同意　丁英　201×-12-21				報銷人簽章：張小兵　201×-12-21								
已借現金：				退回現金：								

復核：　　　　　　　　記帳：　　　　　　　　　　出納：張浩

圖 4-54

借：管理費用——職工福利費　　　　　　　　　　　370.00
　　貸：庫存現金——人民幣　　　　　　　　　　　　370.00
（編制付款憑證，現付字第04號；或編制通用記帳憑證，記字第21號。當前實務操作中，職工福利費已不再預提，實報實銷，但計稅時超過工資總額14%的部分應補交企業所得稅）

22-1　　　　　　　　　廣東省地方稅收通用定額發票
　　　　　　GENERAL QUOTA INVOICE FOR GUANGDONG LOCAL TAXATION
　　　　　　　　　　　　　　　發票聯
　　　　　　　　　　　　　　　INVOICE

發票代碼　244000600431
CODE　　　　　　　　　　　　　　　　　　　500
發票號碼 26127119
NO.　　　　　　　　　　　　　　　　　伍佰圓
開票日期：201×年12月22日　　　　　　　　　　　　收款單位（蓋章）
DATE　　　　　　　　　　　　　　　　　　　　　　PAYEE（SEAL）
（樣板）

圖 4-55

22-2　　　　　　　　　廣州百威電器有限公司費用報銷單　　　　　記帳憑證附件
　　　　　　　　　　　　　201×年12月22日

發生日期		報銷內容	單據張數	金額									備註
月	日			百	十	萬	千	百	十	元	角	分	
12	22	招待費	4					5	6	5	0	0	
			現金付訖										
合計人民幣（大寫）⊕伍佰陸拾伍元整				¥				5	6	5	0	0	
主管意見　同意　劉少明　201×-12-22				報銷人簽章：丁英　201×-12-22								
已借現金：				退回現金：								

復核：　　　　　　　　記帳：　　　　　　　　　　出納：張浩

圖 4-56

借：管理費用——業務招待費　　　　　　　　　　　565.00
　　貸：庫存現金——人民幣　　　　　　　　　　　　　565.00
（編制付款憑證，現付字第05號；或編制通用記帳憑證，記字第22號，計稅時業務招待費按60%進行納稅調整，為簡化核算，本例從略，不對相關數據進行納稅調整）

23-1

國稅	南方日報社訂報發票 144010520072	新■ 續□
	發票聯	東南報01-00188345

客戶名稱：廣州百威電器有限公司　　電話：86867284　　聯繫人：＿＿＿＿＿
投遞地址：花港大道盛豐工業區168號　　　　　　　201×年12月23日填發

月份名稱	起止訂期	訂閱份數	月份單價	超過仟元無效	金額 百 拾 元 角 分	注意事項
南方都市報	201×年1/1至201×年31/12（下一年全年）	壹	30		3 6 0 0 0	1. 本發票只限於訂閱南方日報報業集團系列報刊。2. 本發票限於201×年12月底前填開方為有效。3. 發票四聯編號及填寫內容必須一致。
合計：人民幣（大寫）⊕叁佰陸拾元零角零分				合計	3 6 0 0 0	

聯絡站：花都　　訂單類別：XQ　　投遞方式　信箱□ 辦公室□ 訂戶家□ 報箱□ 一樓保安（收發）■ 其他□
付款方式：現金■ 轉帳□　　線編：D203

圖4-57

借：預付帳款——南方日報社　　　　　　　　　　360.00
　　貸：庫存現金——人民幣　　　　　　　　　　　　360.00
（編制付款憑證，現付字第06號；或編制通用記帳憑證，記字第23號）

24-1

罰款通知單

財務科：
　　生產車間工人楊勝利違章操作，經總經理辦公會議研究決定，對其罰款250元。請財務科足額收取罰款為盼。特此通知。

總經理辦公室
201×年12月27日

圖4-58

24－2　　　　　　　　　　　收款收據　　　　　　　　NO. 4015214

收款日期　201×年12月27日

繳款單位（或繳款人）	楊勝利	現金收訖							
款項內容	違章操作罰款								
人民幣（大寫）	×拾×萬×仟貳佰伍拾零元零角零分	十萬	萬	千	百	十	元	角	分
			¥		2	5	0	0	0

收款單位：廣州百威電器有限公司　　　　會計：　　　　　出納：張浩

圖 4－59

借：庫存現金——人民幣　　　　　　　　　　　　　250.00
　　貸：營業外收入——罰款收入　　　　　　　　　　250.00
（編制收款憑證，現收字第02號；或編制通用記帳憑證，記字第24號）

25－1　　　　中國太平洋財產保險股份有限公司
　　　　　　CHINA PACIFIC PROPERTY INSURANCE CO. LTD
　　　　　　財產保險綜合保險單（正本）NO. 02－0027572
　　　　　　　　　　　　　　　　　　　　　　　　保險單號：

鑒於廣州百威電器有限公司（以下稱被保險人）已向本公司投報財產保險綜合險以及附加險，並按本保險條款約定繳納保險費，本公司持簽發本保險單並同意依照財產保險綜合險條款和附加險條款以及特別約定條件在本保險單保險責任期限內，承擔被保險人下列標的的保險責任。

	承保標的項目	標的坐落地址	以何種價值承保	保險金額（元）	費率（%）	保險費（元）
綜合險		花港大道盛豐工業區168號廠房		36,0000.00	1%	3,600.00
	特約保險標的					
總保險金額（大寫）⊕叁拾陸萬元整					(小寫) ¥360,000.00	
附加險						
總保險費（大寫）叁仟陸佰元整						
保險責任期限：自201×年1月1日零時起至201×年1月1日二十四時止（下一年全年）						
特別約定						
注意：被保險人收到本保險單后請即核對，如有錯誤立即通知公司。財產保險投保單、投保標的明細表、風險情況表連同本保險單皆為本保險合同不可分割的組成部分。					中國太平洋財產保險股份有限公司廣州分公司 201×年12月1日	

經理：　　　統計：　　　會計：　　　復核：陳晨　　　製單：李薇　　　核保：

圖 4－60

25－2

中國工商銀行轉帳支票存根

支票號碼　　NO 024993279

科目　　　　　　　　　　

對方科目　　預付帳款

簽發日期 201×年 12 月 26 日

收款人：廣州百威電器有限公司
金額：￥ 3,600.00
用途：支付財產保險費
備註：

單位主管：　　　　會計：張浩

　復　　核：丁英　　記帳：

圖 4－61

借：預付帳款——太平洋財產保險公司　　　　　　　3,600.00
　貸：銀行存款——工行存款　　　　　　　　　　　3,600.00
（編制付款憑證，銀付字第 10 號；或編制通用記帳憑證，記字第 25 號）

26－1　　　　**中國工商銀行信匯憑證（收帳通知）**　①

委託日期 201×年 12 月 28 日　　　　　　第 356248 號

匯款人	全稱	南海江華家電有限公司	收款人	全稱	廣州百威電器有限公司
	帳號或地址	560－564966		帳號或地址	370－998305
	匯出地點	廣東省佛山市南海區	匯出行名稱	工商銀行南海支行	匯入地點	廣東省廣州市（縣）	匯入行名稱	工商銀行花都支行
金額	人民幣（大寫）⊕柒萬肆仟肆佰元整	千 百 十 萬 千 百 十 元 角 分 ￥ 7 4 4 0 0 0 0
匯款用途：預付購貨款	
上列款項已根據委託辦理，如需查詢，請持此聯來面洽。	匯出行蓋章
單位主管　會計　復核　記帳	201×年 12 月 28 日

圖 4－62

26－2

購銷合同書

201×年12月25日　　　　　　　合同編號：201X1225001

購貨方名稱	南海江華家電有限公司	銷貨方名稱	廣州百威電器有限公司
電話及地址	85636428 南海丹竈區 56 號	電話及地址	86867888 花港大道盛豐工業區 168 號
開戶銀行及帳號	工商銀行南海分行 560－564966	開戶銀行及帳號	工商銀行花都支行 370－998305

品名	規格型號	計量單位	數量	單價	金額	備註
功放機	6901	臺	200	1600	320,000.00	（不含稅價）

合計（大寫）⊕叁拾貳萬元整

合同條款：1. 交貨日期及方式：預付款到帳后三天內發貨，貨到餘款付清。
　　　　　2. 結算方式：信匯。
　　　　　3. 質量保證：質量不合格三個月內可退貨。
　　　　　4. 違約責任：購貨方到期不付款，每月按貨款及價稅總額 6% 支付罰金，銷貨方不能如期供貨按貨款 30% 補付對方。

購貨方：南海江華家電有限公司（蓋章）　　　銷貨方：百威電器有限公司（蓋章）
購貨方代表簽名：石寧　　201×-12-25　　　銷貨方代表簽名：李春林　201×-12-25

圖 4-63

借：銀行存款——工行存款　　　　　　　　　74,400.00
　　貸：預收帳款——南海江華家電公司　　　　　74,400.00

（編制收款憑證，銀收字第 05 號；或編制通用記帳憑證，記字第 26 號）

27－1

（此聯交銀行轉帳，不做原始憑證）

中國工商銀行轉帳支票　　Ⅶ Ⅱ 24301287

出票日期（大寫）貳零壹×年壹拾貳月叁拾日　　付款行名稱：南海江華家電有限公司
收款人：廣州百威電器有限公司　　　　　　　　出票人帳號：560－564966

人民幣（大寫）	⊕叁拾萬元整	千	百	十	萬	千	百	十	元	角	分
		¥	3	0	0	0	0	0	0	0	0

用途　銷貨款
上列款項請從
我帳戶內支付
出票人簽章

南海江華家電有限公司財務專用章

肖平之印　　02-2578-3916

　　　　　　　　　　　復核　　　　　　記帳

圖 4-64

基礎會計

27-2

中國工商銀行進帳單（回單或收帳通知）①

201×年12月30日　　　　第56487920號

付款人	全稱	南海江華家電有限公司	收款人	全稱	廣州百威電器有限公司
	帳號	560564966		帳號	370-998305
	開戶銀行	工商銀行南海分行		開戶銀行	工商銀行花都支行

人民幣（大寫）	⊕叁拾萬元整	千	百	十	萬	千	百	十	元	角	分
		¥	3	0	0	0	0	0	0	0	0

票據種類	
票據張數	
單位主管　　會計　　復核	收款人開戶行蓋章

圖 4-65

27-3　　　　　　　　　　銷售產品發貨單　　　　　　　運輸方式：自提

購貨單位：南海江華家電有限公司　201×年12月30日　　　　編號：101206

產品名稱	規格型號	計量單位	數量	單價	金額	備註
功放機	6901	臺	200	1,600	320,000.00	

銷售負責人：李春林　　發貨人：陳志慶　　提貨人：鐘開　　製單：陳志慶

圖 4-66

27-4　　4400061140　　廣東增值稅專用發票　　NO.06487952
　　　　　　　　　　此聯不作報銷、扣稅憑證使用　　開票日期：201×年12月30日

購貨單位	名稱	南海江華家電有限公司	密碼區	>*/*58737>/*944+-44/ /*4106987/6/*-20104< /38745<4+/855204+/-0 11<<56+-84486537*-+3 7>>3235+*-66-87*-237 >*/56
	納稅人識別號	44012357894612		
	地址、電話	南海丹竈區56號85636428		
	開戶銀行及帳號	工行南海分行560-564966		

貨物或應稅勞務名稱	規格型號	計量單位	數量	單價	金額	稅率（％）	稅額
功放機	6901	臺	200	1,600	320,000.00	17％	54,400.00
合計					¥320,000.00		¥54,400.00

價稅合計（大寫）	⊕叁拾柒萬肆仟肆佰元整	（小寫）¥374,400.00

銷貨單位	名稱	廣州百威電器有限公司	備註
	納稅人識別號	880215176547736	
	地址、電話	花港大道盛豐工業區168號 020-86867888	
	開戶銀行及帳號	中國工商銀行花都支行 370-998305	

收款人：張浩　　　復核：丁英　　　開票人：李勇　　　銷貨單位（章）：

圖 4-67

借：銀行存款——工行存款　　　　　　　　　　　300,000.00
　　預收帳款——南海江華家電公司　　　　　　　74,400.00
　貸：主營業務收入——功放機6901　　　　　　　320,000.00
　　應交稅費——應交增值稅（銷項稅額）　　　　54,400.00
（編制收款及轉帳憑證，銀收字第06號及轉字第07號；或編制通用記帳憑證，記字第27號）

28－1（本單為樣板，12月其餘15份領料單略）

廣州百威電器有限公司領料單

領料部門：生產車間
用途：生產功放機　　　　　201×年12月1日　　　　編號：LL201×-12-0001

材料名稱及規格	計量單位	數量 請領	數量 實領	價格 單價	價格 金額
二極管 BZV55C	個	20	20	81.31	1,626.20
線路板 LL103B	片	500	500	50.00	25,000.00
備註：				合計	26,626.20

記帳：　　　　審批人：李長華　　　領料人：錢華明　　　發料人：陳志慶

第二聯　記帳聯

圖4－68

28－2（根據上述16份領料單編制「發料匯總表」如下，本「匯總表」可作「記帳憑證附件」）

廣州百威電器有限公司發料憑證匯總表

201×年12月31日　　　　　　　　　　　　附單據16帳

領料部門	材料名稱	用途	計量單位	領用數量	單價	金額（元）
生產車間	二極管	生產功放機	個	400	81.31	32,524.00
生產車間	線路板	生產功放機	片	600	50.00	30,000.00
生產車間	帶鋼	生產影碟機	噸	5	5,026.06	25,130.30
生產車間	影碟機線材	生產影碟機	套	5,000	6.67	33,350.00
廠部	錫條	銷售	段	150	25.00	3,750.00
合計						124,754.30

會計主管：丁英　　　　　　　　　　　　　　　製表：王欣

圖4－69

借：生產成本——功放機6901　　　　　　　　　62,524.00
　　　　　　——影碟機1609　　　　　　　　　58,480.30
　　其他業務成本——材料銷售　　　　　　　　　3,750.00

貸：原材料——電子元件（二極管）		32,524.00
——板材（線路板）		30,000.00
——板材（帶鋼）		25,130.30
——線材（影碟機線材）		33,350.00
——其他（錫條）		3,750.00

（編制轉帳憑證，轉字第08號；或編制通用記帳憑證，記字第28號）

29-1　　　　　　　　　　　工資結算匯總表

201×年12月31日　　　　　　　　　　　　　　單位：元

部門人員	職工人數	基本工資	責任津貼	崗位津貼	其他補貼	缺勤應扣	應發工資
生產功放機工人	20	12,571	4,688	5,387	2,510	156	25,000
生產影碟機工人	32	17,080	7,834	8,831	3,880	125	37,500
車間管理人員	3	4,120	1,556	1,955	820	151	8,300
廠部管理人員	5	5,320	2,287	3,373	1,245	25	12,200
合計	60	39,091	16,365	19,546	8,455	457	83,000

會計主管：丁英　　　　　　　　　　　　　　　　　　　製表：王欣

圖 4-70

29-2　　　　　　　　　　工資費用分配匯總表

201×年12月31日　　　　　　　　　　　　　　單位：元

應借帳戶　　部門	生產成本—功放機	生產成本—影碟機	製造費用	管理費用	合計
生產功放機工人	25,000.00				25,000.00
生產影碟機工人		37,500.00			37,500.00
車間管理人員			8,300.00		8,300.00
廠部管理人員				12,200.00	12,200.00
合計	25,000.00	37,500.00	8,300.00	12,200.00	83,000.00

會計主管：丁英　　　　　　　　　　　　　　　　　　　製表：王欣

圖 4-71

借：生產成本——功放機6901	25,000.00
——影碟機1609	37,500.00
製造費用——職工薪酬	8,300.00
管理費用——職工薪酬	12,200.00
貸：應付職工薪酬——職工工資	83,000.00

（編制轉帳憑證，轉字第09號；或編制通用記帳憑證，記字第29號）

30－1　　　　　　　　　　　工會經費提取計算表
　　　　　　　　　　　　　201×年12月31日　　　　　　　　　　單位：元

車間及部門人員	應付工資	提取比例（2%）	應提工會經費
生產功放機工人	25,000.00	2%	500.00
生產影碟機工人	37,500.00	2%	750.00
車間管理人員	8,300.00	2%	166.00
廠部管理人員	12,200.00	2%	244.00
合計	83,000.00	2%	1,660.00

會計主管：丁英　　　　　　　　　　　　　　　　　製表：王欣

圖 4－72

　　借：生產成本——功放機6901　　　　　　　　　　500.00
　　　　　　　　——影碟機1609　　　　　　　　　　750.00
　　　　製造費用——職工薪酬　　　　　　　　　　　166.00
　　　　管理費用——職工薪酬　　　　　　　　　　　244.00
　　　貸：應付職工薪酬——工會經費　　　　　　　　1,660.00
（編制轉帳憑證，轉字第10號；或編制通用記帳憑證，記字第30號）

31－1　　　　　　　　　　職工教育經費提取計算表
　　　　　　　　　　　　　201×年12月31日　　　　　　　　　　單位：元

車間及部門人員	應付工資	提取比例（1.5%）	應提職工教育經費
生產功放機工人	25,000.00	1.5%	375.00
生產影碟機工人	37,500.00	1.5%	562.50
車間管理人員	8,300.00	1.5%	124.50
廠部管理人員	12,200.00	1.5%	183.00
合計	83,000.00	1.5%	1,245.00

會計主管：丁英　　　　　　　　　　　　　　　　　製表：王欣

圖 4－73

（從業人員技術素質要求高、培訓任務重、經濟效益較好的企業也可按2.5%提取職工教育經費）

　　借：生產成本——功放機6901　　　　　　　　　　375.00
　　　　　　　　——影碟機1609　　　　　　　　　　562.50
　　　　製造費用——職工薪酬　　　　　　　　　　　124.50
　　　　管理費用——職工薪酬　　　　　　　　　　　183.00
　　　貸：應付職工薪酬——職工教育經費　　　　　　1,245.00
（編制轉帳憑證，轉字第11號；或編制通用記帳憑證，記字第31號）

32－1　　　　　　　　　　　　　固定資產折舊計算表
　　　　　　　　　　　　　　　201×年12月31日　　　　　　　　　　　單位：元

固定資產項目	原值	年折舊率	年折舊額	月折舊額	備註
生產用：廠房機器設備	1,200,000.00	3.2%	38,400.00	3,200.00	
非生產用：辦公用房設備	229,876.35	2.4%	5,517.03	459.75	
合計	1,429,876.35		43,917.03	3,659.75	

　　會計主管：丁英　　　　　　　　　　　　　　　　　製表：王欣

圖 4－74

　　借：製造費用——折舊費　　　　　　　　　　　　　3,200.00
　　　　管理費用——折舊費　　　　　　　　　　　　　　459.75
　　　貸：累計折舊——生產用固定資產　　　　　　　　3,200.00
　　　　　　　　——非生產用固定資產　　　　　　　　　459.75
（編製轉帳憑證，轉字第12號；或編製通用記帳憑證，記字第32號）

33－1　　　　　　　　　　　　　預付費用攤銷計算表
　　　　　　　　　　　　　　　201×年12月31日　　　　　　　　　　　單位：元

預付費用項目	預付費用總額	計劃攤銷期	已攤銷額	本期攤銷額	未攤銷額
保險費	43200.00	12	39,600.00	3,600.00	0.00
報刊費	2400.00	12	2,200.00	200.00	0.00
合計	45600.00		41,800.00	3,800.00	0.00

　　會計主管：丁英　　　　　　　　　　　　　　　　　製表：王欣

圖 4－75

　　借：製造費用——保險費　　　　　　　　　　　　　3,600.00
　　　　管理費用——報刊費　　　　　　　　　　　　　　200.00
　　　貸：預付帳款——太平洋保險公司　　　　　　　　3,600.00
　　　　　　　　——南方日報社　　　　　　　　　　　　200.00
（編製轉帳憑證，轉字第13號；或編製通用記帳憑證，記字第33號）

34－1　　　　　　　　　　　　　水、電費用分配表
　　　　　　　　　　　　　　　201×年12月31日　　　　　　　　　　　單位：元

使用情況／費用項目	廠部 數量	單價	金額	車間 數量	單價	金額	合計
水費（噸）	200	1.70	340.00	513	1.70	872.10	1,212.10
電費（度）	2,558	0.83	2,123.14	23,472	0.83	19,481.76	21,604.90
合計			2,463.14			20,353.86	22,817.00

　　會計主管：丁英　　　　　　　　　　　　　　　　　製單：王欣

圖 4－76

借：管理費用——水電費　　　　　　　　　　　　　　　　2,463.14
　　製造費用——水電費　　　　　　　　　　　　　　　　20,353.86
　貸：應付帳款——自來水公司　　　　　　　　　　　　　1,212.10
　　　　　　——供電公司　　　　　　　　　　　　　　21,604.90
（編制轉帳憑證，轉字第14號；或編制通用記帳憑證，記字第34號）

35-1　　　　　　　　　　　短期借款利息計算表
　　　　　　　　　　　　　201×年12月31日　　　　　　　　　單位：元

借款項目	借款日期	金額	年利率	應提利息	備註
流動資金	201×年12月9日	300,000.00	6.9%	1,322.50	23天
合計		300,000.00		1,322.50	

會計主管：丁英　　　　　　　　　　　　　　　　　　　　製表：王欣

圖4-77

借：財務費用——借款利息　　　　　　　　　　　　　　　1,322.50
　貸：應付利息——花都工行　　　　　　　　　　　　　　1,322.50
（編制轉帳憑證，轉字第15號；或編制通用記帳憑證，記字第35號）
本期製造費用發生額＝8,300＋166＋124.5＋3,200＋3,600＋20,353.86
　　　　　　　　＝35,744.36（元）

36-1　　　　　　　　　　　製造費用分配表
部門：生產車間　　　　　　201×年12月31日　　　　　　　　單位：元

分配對象	分配標準	分配率	分配金額
功放機	25,000	35,744.36/62,500	14,297.74
影碟機	37,500	35,744.36/62,500	21,446.62
合計	62,500		35,744.36

會計主管：丁英　　　　　　　　　　　　　　　　　　　　製表：王欣

圖4-78

借：生產成本——功放機6901　　　　　　　　　　　　　14,297.74
　　　　　　——影碟機1609　　　　　　　　　　　　　21,446.62
　貸：製造費用——職工薪酬　　　　　　　　　　　　　　8,590.50
　　　　　　——折舊費　　　　　　　　　　　　　　　3,200.00
　　　　　　——保險費　　　　　　　　　　　　　　　3,600.00
　　　　　　——水電費　　　　　　　　　　　　　　20,353.86
（編制轉帳憑證，轉字第16號；或編制通用記帳憑證，記字第36號）

37-1

產成品入庫單

201×年12月10日　　　編號：RK201×-12-10-0001

產品名稱	計量單位	入庫數量	本月累計
功放機	臺	120	120
影碟機	臺	50	50
備註	第一批完工產品驗收入庫		

記帳：　　　　　經手人：徐建達　　　　　保管人：陳志慶

第二聯　記帳聯

圖4-79

37-2

產成品入庫單

201×年12月18日　　　編號：RK201X-12-15-0002

產品名稱	計量單位	入庫數量	本月累計
功放機	臺	250	370
影碟機	臺	150	200
備註	第二批完工產品驗收入庫		

記帳：　　　　　經手人：徐建達　　　　　保管人：陳志慶

第二聯　記帳聯

圖4-80

37-3

產成品入庫單

201×年12月30日　　　編號：RK201X-12-26-0003

產品名稱	計量單位	入庫數量	本月累計
功放機	臺	100	470
影碟機	臺	350	550
備註	第三批完工產品驗收入庫		

記帳：　　　　　經手人：徐建達　　　　　保管人：陳志慶

第二聯　記帳聯

圖4-81

37－4　　　　　　　　　　完工產品成本計算表
產品名稱：功放機　　　　　201×年12月31日　　　　　　　　　單位：元

	數量	直接材料	直接人工	製造費用	總成本
月初在產品成本		70,000.00	36,000.00	22,809.03	128,809.03
本月發生額		62,524.00	25,875.00	14,297.74	102,696.74
合計	470	132,524.00	61,875.00	37,106.77	231,505.77
分配率	－	－	－	－	－
本月完工產品成本	470	132,524.00	61,875.00	37,106.77	231,505.77
月末在產品成本	－	－	－	－	－

會計主管：丁英　　　　　審核：丁英　　　　　製表：王欣

圖 4－82

37－5　　　　　　　　　　完工產品成本計算表
產品名稱：影碟機　　　　　201×年12月31日　　　　　　　　　單位：元

	數量	直接材料	直接人工	製造費用	總成本
月初在產品成本		50,000.00	23,000.00	12,872.69	85,872.69
本月發生額		58,480.30	38,812.50	21,446.62	118,739.42
合計	550	108,480.30	61,812.50	34,319.31	204,612.11
分配率	－	－	－	－	－
本月完工產品成本	550	108,480.30	61,812.50	34,319.31	204,612.11
月末在產品成本	－	－	－	－	－

會計主管：丁英　　　　　審核：丁英　　　　　製表：王欣

圖 4－83

借：庫存商品——功放機　　　　　　　　　231,505.77
　　　　　　　——影碟機　　　　　　　　　204,612.11
　貸：生產成本——功放機　　　　　　　　　231,505.77
　　　　　　　——影碟機　　　　　　　　　204,612.11

（編制轉帳憑證，轉字第17號；或編制通用記帳憑證，記字第37號）

38－1　　　　　　　　　　產品出庫單
　　　　　　　　　　　　201×年12月9日
　　　　　　　　　　　　　　　　　　單位：元　　編號：CK201X－12－0001

產品名稱及規格	計量單位	數量		單價	金額	記帳聯（二）
		申請數量	實發數量			
功放機6901	臺	100	100	1,500.00	150,000.00	
備註：華訊杰有限公司				合計	￥150,000.00	

記帳：　　　　審批人：劉少明　　　申請人：李春林　　　製單：陳志慶

圖 4－84

38－2

產品出庫單

201×年 12 月 13 日

單位：元　　　編號：CK201X－12－0002

產品名稱及規格	計量單位	數量		單價	金額
		申請數量	實發數量		
影碟機 1609	臺	150	150	1,200.00	180,000.00
備註：廣東省友和對臺貿易公司				合計	￥180,000.00

記帳聯（二）

記帳：　　　　審批人：劉少明　　　申請人：李春林　　　製單：陳志慶

圖 4－85

38－3

產品出庫單

201×年 12 月 18 日

單位：元　　　編號：CK201X－12－0003

產品名稱及規格	計量單位	數量		單價	金額
		申請數量	實發數量		
功放機 6901	臺	200	200	1,600.00	320,000.00
備註：南海江華家電有限公司				合計	￥320,000.00

記帳聯（二）

記帳：　　　　審批人：劉少明　　　申請人：李春林　　　製單：陳志慶

圖 4－86

38－4

產品銷售成本計算表

201×年 12 月 31 日　　　　　　　　　　　　　　　　單位：元

產品名稱	上月庫存		本月入庫		合計		平均價	本月減少		月末庫存	
								銷售			
	數量	金額	數量	金額	數量	金額		數量	金額	數量	金額
功放機 6901	800	420,800	470	231,505.77	1270	652,305.77	513.63	300	154,089.00	970	498,216.77
影碟機 1609	500	200,000	550	204,612.11	1050	404,612.11	385.34	150	57,801.00	900	346,811.11
合計		620,800		436,117.88		1,056,917.88			211,890.00		845,027.88

會計主管：丁英　　　　　　　　　　　　　製表：王欣

圖 4－87

借：主營業務成本——功放機 6901　　　　　　　154,089.00
　　　　　　　　——影碟機 1906　　　　　　　 57,801.00
　貸：庫存商品——功放機 6901　　　　　　　　154,089.00
　　　　　　　——影碟機 1906　　　　　　　　 57,801.00

（編制轉帳憑證，轉字第 18 號；或編制通用記帳憑證，記字第 38 號）

39－1 應交增值稅計算表

201×年 12 月 1 日至 201×年 12 月 31 日　　　　　　單位：元

<table>
<tr><th colspan="3">項目</th><th>銷售額</th><th>稅額</th><th>備註</th></tr>
<tr><td rowspan="6">銷項稅</td><td rowspan="5">應稅貨物</td><td>貨物名稱</td><td colspan="3">適用稅率（%）</td></tr>
<tr><td>功放機 6901</td><td>17%</td><td>470,000.00</td><td>79,900.00</td><td>300 臺</td></tr>
<tr><td>影碟機 1609</td><td>17%</td><td>180,000.00</td><td>30,600.00</td><td>150 臺</td></tr>
<tr><td>原材料</td><td>17%</td><td>6,000.00</td><td>1,020.00</td><td></td></tr>
<tr><td>小計</td><td></td><td>656,000.00</td><td>111,520.00</td><td></td></tr>
<tr><td colspan="2">應稅勞務</td><td></td><td></td><td></td></tr>
<tr><td rowspan="2">進項稅</td><td colspan="2">本期進項稅額發生額</td><td></td><td>42,330.00</td><td></td></tr>
<tr><td colspan="2">進項稅額轉出</td><td></td><td></td><td></td></tr>
<tr><td colspan="3">營改增抵減的銷項稅額</td><td></td><td>118.92</td><td></td></tr>
<tr><td colspan="3">應納稅額</td><td></td><td>69,071.08</td><td></td></tr>
</table>

會計主管：丁英　　　　　　　　　　　　　　　　製表：王欣

圖 4－88

借：應交稅費——應交增值稅（轉出未交增值稅）　　69,071.08
　　貸：應交稅費——未交增值稅　　　　　　　　　　69,071.08
（編制轉帳憑證，轉字第 19 號；或編制通用記帳憑證，記字第 39 號）

40－1 應交城市維護建設稅計算表

201×年 12 月 1 日至 201×年 12 月 31 日　　　　　　單位：元

項目	計稅基數 增值稅 （1）	稅率（%） （2）	應交城市維護建設稅 （3）＝（1）×（2）
城市維護建設稅	69,071.08	7	4,834.98
合計	69,071.08		4,834.98

會計主管：丁英　　　　　　　　　　　　　　　　製表：王欣

圖 4－89

40－2 應交教育費附加計算表

201×年 12 月 1 日至 201×年 12 月 31 日　　　　　　單位：元

項目	計稅基數 增值稅 （1）	稅率（%） （2）	應交教育費附加 （3）＝（1）×（3）
教育費附加	69,071.08	3	2,072.13
合計	69,071.08		2,072.13

會計主管：丁英　　　　　　　　　　　　　　　　製表：王欣

圖 4－90

借：稅金及附加——應交城市維護建設稅　　　　　　　4,834.98
　　　　　　——應交教育費附加　　　　　　　　　　2,072.13
　貸：應交稅費——城市維護建設稅　　　　　　　　　4,834.98
　　　　　　——教育費附加　　　　　　　　　　　　2,072.13
（編制轉帳憑證，轉字第20號；或編制通用記帳憑證，記字第40號）

41-1　　　　　　　　本月損益類帳戶收入發生額匯總表
　　　　　201×年12月1日至201×年12月31日　　　　　　單位：元

項目	本月數
1. 主營業務收入	650,000.00
2. 其他業務收入	6,000.00
3. 營業外收入	250.00
合計	656,250.00

　　會計主管：丁英　　　　　　　　　　　　　　製表：王欣

圖4-91

借：主營業務收入——功放機6901　　　　　　　　470,000.00
　　　　　　　——影碟機1906　　　　　　　　　180,000.00
　　其他業務收入——材料銷售　　　　　　　　　　6,000.00
　　營業外收入——罰款收入　　　　　　　　　　　250.00
　貸：本年利潤　　　　　　　　　　　　　　　　　656,250.00
（編制轉帳憑證，轉字第21號；或編制通用記帳憑證，記字第41號）

42-1　　　　　　　　本月損益類帳戶費用發生額匯總表
　　　　　201×年12月1日至201×年12月31日　單位：元

項目	本月數
1. 主營業務成本	211,890.00
2. 其他業務成本	3,750.00
3. 稅金及附加	6,907.11
4. 銷售費用	2,600.00
5. 管理費用	21,336.89
6. 財務費用	1,322.50
7. 投資損失	882.00
合計	248,688.50

　　會計主管：丁英　　　　　　　　　　　　　　製表：王欣

圖4-92

借：本年利潤　　　　　　　　　　　　　　　　　248,688.50
　貸：主營業務成本——功放機6901　　　　　　　154,089.00
　　　　　　　——影碟機1906　　　　　　　　　57,801.00

其他業務成本——材料銷售	3,750.00
稅金及附加——城市維護建設稅	4,834.98
——教育費附加	2,072.13
銷售費用——廣告費	2,600.00
管理費用——辦公費	630.00
——差旅費	860.00
——電話費	3,162.00
——職工福利	370.00
——招待費	565.00
——職工薪酬	12,627.00
——折舊費	459.75
——報刊費	200.00
——水電費	2,463.14
財務費用——借款利息	1,322.50
投資收益——交易稅費	882.00

（編制轉帳憑證，轉字第22號；或編制通用記帳憑證，記字第42號）

43－1

公式一：營業利潤＝營業收入－營業成本－稅金及附加－銷售費用－管理費用－財務費用－資產減值損失±公允價值變動損益±投資收益

　備註：營業收入＝主營業務收入＋其他業務收入

　　　　營業成本＝主營業務成本＋其他業務成本

公式二：利潤總額＝營業利潤＋營業外收入－營業外支出

公式三：淨利潤＝利潤總額－所得稅費用

　備註：所得稅費用＝應納稅所得額×所得稅稅率

　　　　應納稅所得額＝利潤總額±納稅調整項目

　所得稅費用＝(656,250.00－248,688.50)×25%

　　　　　　＝407,561.50×25%

　　　　　　＝101,890.38（元）

企業所得稅計算表

201×年12月1日至201×年12月31日　　　　　　單位：元

項目	本月數
一、營業收入	656,000.00
減：營業成本	215,640.00
稅金及附加	6,907.11
銷售費用	2,600.00
管理費用	21,336.89

表(續)

項目	本月數
財務費用	1,322.50
資產減值損失	
加：公允價值變動損益（損失以「—」號填列）	
投資收益（損失以「—」號填列）	-882.00
二、營業利潤（虧損以「—」號填列）	407,311.50
加：營業外收入	250.00
減：營業外支出	
三、利潤總額（虧損以「—」號填列）	407,561.50
減：所得稅費用	101,890.38
四、淨利潤	305,671.12

會計主管：丁英　　　　　　　　　　　　　　　製表：王欣

圖 4-93

　　借：所得稅費用——當期所得稅費用　　　　101,890.38
　　　　貸：應交稅費——應交企業所得稅　　　　101,890.38
（編制轉帳憑證，轉字第 23 號；或編制通用記帳憑證，記字第 43 號）

44-1　　　　　　　　本月所得稅費用發生額匯總表
　　　　　　201×年 12 月 1 日至 201×年 12 月 31 日　　　　單位：元

項目	本月數
所得稅費用	101,890.38
合計	101,890.38

會計主管：丁英　　　　　　　　　　　　　　　製表：王欣

圖 4-94

　　借：本年利潤　　　　　　　　　　　　　　101,890.38
　　　　貸：所得稅費用——當期所得稅費用　　　101,890.38
（編制轉帳憑證，轉字第 24 號；或編制通用記帳憑證，記字第 44 號）

45-1　　　　　　　　　全年稅后利潤計算表
　　　　　　　　　　　201×年 12 月 31 日　　　　　　　單位：元

月份	1 至 11 月	12 月	合計
金額	825,409.75	305,671.12	1,131,080.87

會計主管：丁英　　　　　　　　　　　　　　　製表：王欣

圖 4-95

借：本年利潤　　　　　　　　　　　　　　　　　　1,131,080.87
　　貸：利潤分配——未分配利潤　　　　　　　　　　　1,131,080.87
（編制轉帳憑證，轉字第 25 號；或編制通用記帳憑證，記字第 45 號）

46-1　　　　　　　　　　　提取盈餘公積計算表
　　　　　　　　　　　　　201×年 12 月 31 日　　　　　　　　單位：元

項目	計提依據	提取率	應提金額	備註
	全年稅後利潤金額			
法定盈餘公積	1,131,080.87	10%	113,108.09	
合計	1,131,080.87		113,108.09	

會計主管：丁英　　　　　　　　　　　　　　　　　製表：王欣

圖 4-96

借：利潤分配——提取盈餘公積　　　　　　　　　　113,108.09
　　貸：盈餘公積——法定盈餘公積　　　　　　　　　113,108.09
（編制轉帳憑證，轉字第 26 號；或編制通用記帳憑證，記字第 46 號）

47-1　　　　　　　　　　　提取公益金計算表
　　　　　　　　　　　　　201×年 12 月 31 日　　　　　　　　單位：元

項目	計提依據	提取率	應提金額	備註
	全年稅後利潤金額			
公益金	1,131,080.87	5%	56,554.04	
合計	1,131,080.87		56,554.04	

會計主管：丁英　　　　　　　　　　　　　　　　　製表：王欣

圖 4-97

借：利潤分配——提取公益金　　　　　　　　　　　56,554.04
　　貸：盈餘公積——公益金　　　　　　　　　　　　56,554.04
（編制轉帳憑證，轉字第 27 號；或編制通用記帳憑證，記字第 47 號）

48-1　　　　　　　　　　　應付股利計算表
　　　　　　　　　　　　　201×年 12 月 31 日　　　　　　　　單位：元

項目	分配依據	提取率	應分配金額	備註
	剩餘利潤金額			
應付股利	961,418.75	80%	769,135.00	
合計				

會計主管：丁英　　　　　　　　　　　　　　　　　製表：王欣

圖 4-98

48－2　　　　　　　　　　應付各投資者股利計算表

　　　　　　　　　　　　　201×年 12 月 31 日　　　　　　　　　　　　單位：元

股東名稱	分配依據	提取率	應分配金額	備註
	應付股利總額			
劉少明	769,135.00	34%	261,505.90	
路德有限責任公司	769,135.00	66%	507,629.10	
合計			769,135.00	

　　會計主管：丁英　　　　　　　　　　　　　　　　　　　製表：王欣

圖 4－99

借：利潤分配——應付股利　　　　　　　　　　769,135.00
　　貸：應付股利——劉少明　　　　　　　　　　261,505.90
　　　　　　　　——路德有限公司　　　　　　　507,629.10
（編制轉帳憑證，轉字第 28 號；或編制通用記帳憑證，記字第 48 號）

49－1　　　　　　　　本月利潤分配各明細帳戶發生額匯總表

　　　　　　　　201×年 12 月 1 日至 201×年 12 月 31 日　　　　　單位：元

項目	本月數
1. 提取盈餘公積	113,108.09
2. 提取公益金	56,554.04
3. 應付股利	769,135.00
合計	938,797.13

　　會計主管：丁英　　　　　　　　　　　　　　　　　　　製表：王欣

圖 4－100

借：利潤分配——未分配利潤　　　　　　　　　　938,797.13
　　貸：利潤分配——提取盈餘公積　　　　　　　　113,108.09
　　　　　　　　——提取公益金　　　　　　　　　56,554.04
　　　　　　　　——應付股利　　　　　　　　　 769,135.00
（編制轉帳憑證，轉字第 29 號；或編制通用記帳憑證，記字第 49 號）

第四節　編制記帳憑證

一、能力目標

(1) 能瞭解記帳憑證基本作用；
(2) 能掌握記帳憑證基本要素；
(3) 能明確記帳憑證編制規範；
(4) 能理解記帳憑證編制依據；
(5) 能正確編制記帳憑證；
(6) 能認真復核記帳憑證；
(7) 能明確記帳憑證傳遞程序；
(8) 能體會記帳憑證相關崗位分工。

二、能力訓練任務

(1) 根據原始憑證或原始憑證匯總表編制記帳憑證並在制證處簽章；
(2) 根據經濟業務內容及會計基礎工作規範復核記帳憑證並在審核處簽章。

三、能力訓練步驟

(1) 填寫記帳憑證日期；
(2) 為記帳憑證編號；
(3) 填寫摘要；
(4) 將對應會計分錄寫在記帳憑證上；
(5) 合計借貸方金額，金額前加用符號「￥」表示合計；
(6) 大寫表示附件張數；
(7) 劃線註銷空白金額欄；
(8) 在制證處簽章以示負責；
(9) 復核記帳憑證並在審核處簽章以示負責；
(10) 在最后一張記帳憑證編號旁標註「(全)」字字樣，以防憑證丟失。

四、能力訓練要求

編制 201×年廣州百威電器有限公司 12 月份記帳憑證如圖 4-101～圖 4-154 所示。

記帳憑證

201×年12月3日　　　　　　　　　　　　　　　　　記字第01號

摘要	會計科目		借方金額	貸方金額	記帳
	總帳科目	明細科目	千百十萬千百十元角分	千百十萬千百十元角分	√
購入原材料	在途物資	線材（影碟機線材）	3 4 0 0 0 0 0		
	應交稅費	應交增值稅（進項稅額）	5 7 8 0 0 0		
	銀行存款	工行存款		3 9 7 8 0 0 0	
附件 貳 張	合計		¥ 3 9 7 8 0 0 0	¥ 3 9 7 8 0 0 0	

會計主管：　　　記帳：　　　出納：　　　審核：丁英　　　制證：李勇

圖 4－101

記帳憑證

201×年12月5日　　　　　　　　　　　　　　　　　記字第02號

摘要	會計科目		借方金額	貸方金額	記帳
	總帳科目	明細科目	千百十萬千百十元角分	千百十萬千百十元角分	√
收到投資款	銀行存款	工行存款	3 3 0 0 0 0 0 0 0		
	實收資本	路德有限公司		3 3 0 0 0 0 0 0 0	
附件 叁 張	合計		¥ 3 3 0 0 0 0 0 0 0	¥ 3 3 0 0 0 0 0 0 0	

會計主管：　　　記帳：　　　出納：　　　審核：丁英　　　制證：李勇

圖 4－102

記帳憑證

201×年12月5日　　　　　　　　　　　　　　　　　記字第03號

摘要	會計科目		借方金額	貸方金額	記帳
	總帳科目	明細科目	千百十萬千百十元角分	千百十萬千百十元角分	√
材料驗收入庫	原材料	線材（影碟機線材）	3 4 0 0 0 0 0		
	在途物資	線材（影碟機線材）		3 4 0 0 0 0 0	
附件 壹 張	合計		¥ 3 4 0 0 0 0 0	¥ 3 4 0 0 0 0 0	

會計主管：　　　記帳：　　　出納：　　　審核：丁英　　　制證：李勇

圖 4－103

記帳憑證

201×年12月6日　　　　　　　　　　　記字第04號

摘要	會計科目 總帳科目	明細科目	借方金額 千百十萬千百十元角分	貸方金額 千百十萬千百十元角分	記帳 √
提取現金備用	庫存現金	人民幣	3 0 0 0 0 0		
	銀行存款	工行存款		3 0 0 0 0 0	
附件 壹 張	合計		¥ 　　3 0 0 0 0 0	¥ 　　3 0 0 0 0 0	

會計主管：　　記帳：　　出納：　　審核：丁英　　制證：李勇

圖 4－104

記帳憑證

201×年12月6日　　　　　　　　　　　記字第05號

摘要	會計科目 總帳科目	明細科目	借方金額 千百十萬千百十元角分	貸方金額 千百十萬千百十元角分	記帳 √
銀行代扣增值稅	應交稅費	未交增值稅	1 4 6 2 8 3 6		
	銀行存款	工行存款		1 4 6 2 8 3 6	
附件 貳 張	合計		¥ 　1 4 6 2 8 3 6	¥ 　1 4 6 2 8 3 6	

會計主管：　　記帳：　　出納：　　審核：丁英　　制證：李勇

圖 4－105

記帳憑證

201×年12月6日　　　　　　　　　　　記字第06號

摘要	會計科目 總帳科目	明細科目	借方金額 千百十萬千百十元角分	貸方金額 千百十萬千百十元角分	記帳 √
銀行代扣稅費	應交稅費	應交城市維護建設稅	1 0 2 3 9 9		
		應交教育費附加	4 3 8 8 5		
	銀行存款	工行存款		1 4 6 2 8 4	
附件 貳 張	合計		¥ 　　1 4 6 2 8 4	¥ 　　1 4 6 2 8 4	

會計主管：　　記帳：　　出納：　　審核：丁英　　制證：李勇

圖 4－106

記帳憑證

201×年12月6日　　　　　　　　　　　　記字第07號

摘要	會計科目		借方金額	貸方金額	記帳
	總帳科目	明細科目	千百十萬千百十元角分	千百十萬千百十元角分	√
預借差旅費	其他應收款	丁英	1 0 0 0 0 0		
	庫存現金	人民幣		1 0 0 0 0 0	
附件 壹 張	合計		¥　　1 0 0 0 0 0	¥　　1 0 0 0 0 0	

會計主管：　　　記帳：　　　出納：　　　審核：丁英　　　制證：李勇

圖 4-107

記帳憑證

201×年12月7日　　　　　　　　　　　　記字第08號

摘要	會計科目		借方金額	貸方金額	記帳
	總帳科目	明細科目	千百十萬千百十元角分	千百十萬千百十元角分	√
賒購原材料入庫	原材料	板材（帶鋼）	1 5 0 7 8 1 8 8		
		電子元件（二極管）	5 7 6 9 9 2 0		
	應交稅費	應交增值稅（進項稅額）	3 5 2 5 8 0 0		
		應交增值稅（營改增抵減的銷項稅額）	1 1 8 9 2		
	應付帳款	高寶貿易有限公司		2 4 3 8 5 8 0 0	
附件 肆 張	合計		¥ 2 4 3 8 5 8 0 0	¥ 2 4 3 8 5 8 0 0	

會計主管：　　　記帳：　　　出納：　　　審核：丁英　　　制證：李勇

圖 4-108

記帳憑證

201×年12月8日　　　　　　　　　　　　記字第09號

摘要	會計科目		借方金額	貸方金額	記帳
	總帳科目	明細科目	千百十萬千百十元角分	千百十萬千百十元角分	√
支付工資	應付職工薪酬	職工工資	7 4 6 0 7 0 8		
	銀行存款	工行存款		6 6 4 2 3 0 0	
	應交稅費	應交養老保險		7 0 3 0 0 0	
		應交失業保險		8 7 8 0 0	
		應交個人所得稅		2 7 6 0 8	
附件 貳 張	合計		¥　7 4 6 0 7 0 8	¥　7 4 6 0 7 0 8	

會計主管：　　　記帳：　　　出納：　　　審核：丁英　　　制證：李勇

圖 4-109

第四章 工業企業科目匯總表全套帳務處理

記帳憑證

201×年12月9日　　　　　　　　　　　　記字第 10 號

摘要	會計科目		借方金額	貸方金額	記帳
	總帳科目	明細科目	千百十萬千百十元角分	千百十萬千百十元角分	√
取得短期貸款	銀行存款	工行存款	3 0 0 0 0 0 0 0		
	短期借款	工行借款		3 0 0 0 0 0 0 0	
附件 貳 張	合計		¥ 3 0 0 0 0 0 0 0	¥ 3 0 0 0 0 0 0 0	

會計主管：　　　記帳：　　　出納：　　　審核：丁英　　　制證：李勇

圖 4－110

記帳憑證

201×年12月9日　　　　　　　　　　　　記字第 11 號

摘要	會計科目		借方金額	貸方金額	記帳
	總帳科目	明細科目	千百十萬千百十元角分	千百十萬千百十元角分	√
購買辦公用品	管理費用	辦公費	6 3 0 0 0		
	庫存現金	人民幣		6 3 0 0 0	
附件 壹 張	合計		¥ 6 3 0 0 0	¥ 6 3 0 0 0	

會計主管：　　　記帳：　　　出納：　　　審核：丁英　　　制證：李勇

圖 4－111

記帳憑證

201×年12月9日　　　　　　　　　　　　記字第 12 號

摘要	會計科目		借方金額	貸方金額	記帳
	總帳科目	明細科目	千百十萬千百十元角分	千百十萬千百十元角分	√
銷售產品	銀行存款	工行存款	1 7 5 5 0 0 0 0		
	主營業務收入	功放機6901		1 5 0 0 0 0 0 0	
	應交稅費	應交增值稅(銷項稅額)		2 5 5 0 0 0 0	
附件 叁 張	合計		¥ 1 7 5 5 0 0 0 0	¥ 1 7 5 5 0 0 0 0	

會計主管：　　　記帳：　　　出納：　　　審核：丁英　　　制證：李勇

圖 4－112

記帳憑證

201×年 12 月 11 日　　　　　　　　記字第 13 號

摘要	會計科目		借方金額	貸方金額	記帳
	總帳科目	明細科目	千百十萬千百十元角分	千百十萬千百十元角分	√
報銷差旅費	管理費用	差旅費	8 6 0 0 0		
	庫存現金	人民幣	1 4 0 0 0		
	其他應收款	丁英		1 0 0 0 0 0	
附件 貳 張	合計		¥ 1 0 0 0 0 0	¥ 1 0 0 0 0 0	

會計主管：　　　記帳：　　　出納：　　　審核：丁英　　　制證：李勇

圖 4 - 113

記帳憑證

201×年 12 月 11 日　　　　　　　　記字第 14 號

摘要	會計科目		借方金額	貸方金額	記帳
	總帳科目	明細科目	千百十萬千百十元角分	千百十萬千百十元角分	√
收到前欠貨款	銀行存款	工行存款	7 3 0 0 0 0 0		
	應收帳款	多多樂公司		7 3 0 0 0 0 0	
附件 壹 張	合計		¥ 7 3 0 0 0 0 0	¥ 7 3 0 0 0 0 0	

會計主管：　　　記帳：　　　出納：　　　審核：丁英　　　制證：李勇

圖 4 - 114

記帳憑證

201×年 12 月 13 日　　　　　　　　記字第 15 號

摘要	會計科目		借方金額	貸方金額	記帳
	總帳科目	明細科目	千百十萬千百十元角分	千百十萬千百十元角分	√
賒銷產品	應收帳款	友和對臺貿易公司	2 1 1 2 0 0 0 0		
	主營業務收入	影碟機 1609		1 8 0 0 0 0 0 0	
	應交稅費	應交增值稅(銷項稅額)		3 0 6 0 0 0 0	
	庫存現金	人民幣		6 0 0 0 0	
附件 肆 張	合計		¥ 2 1 1 2 0 0 0 0	¥ 2 1 1 2 0 0 0 0	

會計主管：　　　記帳：　　　出納：　　　審核：丁英　　　制證：李勇

圖 4 - 115

記帳憑證

201×年 12 月 13 日　　　　　　　　　　　　記字第 16 號

摘要	會計科目		借方金額	貸方金額	記帳 √
	總帳科目	明細科目	千百十萬千百十元角分	千百十萬千百十元角分	
購入電腦	固定資產	非生產用（聯想電腦）	7 6 0 0 0 0		
	應交稅費	應交增值稅（進項稅額）	1 2 9 2 0 0		
	銀行存款	工行存款		8 8 9 2 0 0	
附件 叁 張	合計		¥ 8 8 9 2 0 0	¥ 8 8 9 2 0 0	

會計主管：　　　記帳：　　　出納：　　　審核：丁英　　　制證：李勇

圖 4－116

記帳憑證

201×年 12 月 13 日　　　　　　　　　　　　記字第 17 號

摘要	會計科目		借方金額	貸方金額	記帳 √
	總帳科目	明細科目	千百十萬千百十元角分	千百十萬千百十元角分	
賒銷原材料	應收票據	尊浪貿易公司	7 0 2 0 0 0		
	其他業務收入	材料銷售		6 0 0 0 0 0	
	應交稅費	應交增值稅(銷項稅額)		1 0 2 0 0 0	
附件 貳 張	合計		¥ 7 0 2 0 0 0	¥ 7 0 2 0 0 0	

會計主管：　　　記帳：　　　出納：　　　審核：丁英　　　制證：李勇

圖 4－117

記帳憑證

201×年 12 月 15 日　　　　　　　　　　　　記字第 18 號

摘要	會計科目		借方金額	貸方金額	記帳 √
	總帳科目	明細科目	千百十萬千百十元角分	千百十萬千百十元角分	
支付廣告費	銷售費用	廣告費	2 6 0 0 0 0		
	銀行存款	工行存款		2 6 0 0 0 0	
附件 叁 張	合計		¥ 2 6 0 0 0 0	¥ 2 6 0 0 0 0	

會計主管：　　　記帳：　　　出納：　　　審核：丁英　　　制證：李勇

圖 4－118

記帳憑證

201×年12月20日　　　　　　　　記字第19號

摘要	會計科目		借方金額	貸方金額	記帳
	總帳科目	明細科目	千百十萬千百十元角分	千百十萬千百十元角分	√
支付電話費	管理費用	電話費	3 1 6 2 0 0		
	銀行存款	工行存款		3 1 6 2 0 0	
附件 貳 張	合計		¥　　3 1 6 2 0 0	¥　　3 1 6 2 0 0	

會計主管：　　　　記帳：　　　　出納：　　　　審核：丁英　　　　制證：李勇

圖 4-119

記帳憑證

201×年12月20日　　　　　　　　記字第20號

摘要	會計科目		借方金額	貸方金額	記帳
	總帳科目	明細科目	千百十萬千百十元角分	千百十萬千百十元角分	√
購入股票	交易性金融資產	中金嶺南股票	7 1 0 4 0 0 0		
	投資收益	交易稅費	8 8 2 0 0		
	其他貨幣資金	存出投資款		7 1 9 2 2 0 0	
附件 壹 張	合計		¥ 7 1 9 2 2 0 0	¥ 7 1 9 2 2 0 0	

會計主管：　　　　記帳：　　　　出納：　　　　審核：丁英　　　　制證：李勇

圖 4-120

記帳憑證

201×年12月21日　　　　　　　　記字第21號

摘要	會計科目		借方金額	貸方金額	記帳
	總帳科目	明細科目	千百十萬千百十元角分	千百十萬千百十元角分	√
報銷醫藥費	管理費用	職工福利費	3 7 0 0 0		
	庫存現金	人民幣		3 7 0 0 0	
附件 壹 張	合計		¥　　　3 7 0 0 0	¥　　　3 7 0 0 0	

會計主管：　　　　記帳：　　　　出納：　　　　審核：丁英　　　　制證：李勇

圖 4-121

記帳憑證

201×年12月22日　　　　　　　　　　　　記字第 22 號

摘要	會計科目		借方金額	貸方金額	記帳
	總帳科目	明細科目	千百十萬千百十元角分	千百十萬千百十元角分	√
報銷業務招待費	管理費用	業務招待費	56500		
	庫存現金	人民幣		56500	
附件 壹 張	合計		¥56500	¥56500	

會計主管：　　　記帳：　　　出納：　　　審核：丁英　　　制證：李勇

圖 4-122

記帳憑證

201×年12月23日　　　　　　　　　　　　記字第 23 號

摘要	會計科目		借方金額	貸方金額	記帳
	總帳科目	明細科目	千百十萬千百十元角分	千百十萬千百十元角分	√
預付報刊訂閱費	預付帳款	南方日報社	36000		
	庫存現金	人民幣		36000	
附件 壹 張	合計		¥36000	¥36000	

會計主管：　　　記帳：　　　出納：　　　審核：丁英　　　制證：李勇

圖 4-123

記帳憑證

201×年12月27日　　　　　　　　　　　　記字第 24 號

摘要	會計科目		借方金額	貸方金額	記帳
	總帳科目	明細科目	千百十萬千百十元角分	千百十萬千百十元角分	√
收到罰款	庫存現金	人民幣	25000		
	營業外收入	罰款收入		25000	
附件 貳 張	合計		¥25000	¥25000	

會計主管：　　　記帳：　　　出納：　　　審核：丁英　　　制證：李勇

圖 4-124

記帳憑證

201×年12月27日　　　　　　　　　　　　記字第25號

摘要	會計科目		借方金額	貸方金額	記帳 √
	總帳科目	明細科目	千百十萬千百十元角分	千百十萬千百十元角分	
預付保險費	預付帳款	太平洋保險公司	3 6 0 0 0 0		
	銀行存款	工行存款		3 6 0 0 0 0	
附件 貳 張	合計		¥ 3 6 0 0 0 0	¥ 3 6 0 0 0 0	

會計主管：　　　記帳：　　　出納：　　　審核：丁英　　　制證：李勇

圖 4－125

記帳憑證

201×年12月28日　　　　　　　　　　　　記字第26號

摘要	會計科目		借方金額	貸方金額	記帳 √
	總帳科目	明細科目	千百十萬千百十元角分	千百十萬千百十元角分	
預收貨款	銀行存款	工行存款	7 4 4 0 0 0 0		
	預收帳款	南海江華家電公司		7 4 4 0 0 0 0	
附件 貳 張	合計		¥ 7 4 4 0 0 0 0	¥ 7 4 4 0 0 0 0	

會計主管：　　　記帳：　　　出納：　　　審核：丁英　　　制證：李勇

圖 4－126

記帳憑證

201×年12月30日　　　　　　　　　　　　記字第27號

摘要	會計科目		借方金額	貸方金額	記帳 √
	總帳科目	明細科目	千百十萬千百十元角分	千百十萬千百十元角分	
銷售產品	銀行存款	工行存款	3 0 0 0 0 0 0		
	預收帳款	南海江華家電公司	7 4 4 0 0 0		
	主營業務收入	功放機6901		3 2 0 0 0 0 0	
	應交稅費	應交增值稅(銷項稅額)		5 4 4 0 0 0	
附件 叁 張	合計		¥ 3 7 4 4 0 0 0	¥ 3 7 4 4 0 0 0	

會計主管：　　　記帳：　　　出納：　　　審核：丁英　　　制證：李勇

圖 4－127

記帳憑證

201×年12月31日　　　　　　　　記字第28, 1/2號

摘要	會計科目		借方金額	貸方金額	記帳 √
	總帳科目	明細科目	千百十萬千百十元角分	千百十萬千百十元角分	
結轉發出材料成本	生產成本	功放機6901	6 2 5 2 4 0 0		
		影碟機1609	5 8 4 8 0 3 0		
	其他業務成本	材料銷售	3 7 5 0 0 0		
	原材料	電子元件（二極管）		3 2 5 2 4 0 0	
		板材（線路板）		3 0 0 0 0 0 0	
附件 壹拾柒 張		合計	¥1 2 4 7 5 4 3 0	¥6 2 5 2 4 0 0	

會計主管：　　　記帳：　　　出納：　　　審核：丁英　　　制證：李勇

圖 4－128

記帳憑證

201×年12月31日　　　　　　　　記字第28, 2/2號

摘要	會計科目		借方金額	貸方金額	記帳 √
	總帳科目	明細科目	千百十萬千百十元角分	千百十萬千百十元角分	
結轉發出材料成本	原材料	板材（帶鋼）		2 5 1 3 0 3 0	
		線材（影碟機線材）		3 3 3 5 0 0 0	
		其他（錫條）		3 7 5 0 0 0	
附件 張 見記字 第28, 1/2號		合計	¥1 2 4 7 5 4 3 0	¥1 2 4 7 5 4 3 0	

會計主管：　　　記帳：　　　出納：　　　審核：丁英　　　制證：李勇

圖 4－129

記帳憑證

201×年12月31日　　　　　　　　記字第29號

摘要	會計科目		借方金額	貸方金額	記帳 √
	總帳科目	明細科目	千百十萬千百十元角分	千百十萬千百十元角分	
分配工資費用	生產成本	功放機6901	2 5 0 0 0 0 0		
		影碟機1609	3 7 5 0 0 0 0		
	製造費用	職工薪酬	8 3 0 0 0 0		
	管理費用	職工薪酬	1 2 2 0 0 0 0		
	應付職工薪酬	職工工資		8 3 0 0 0 0 0	
附件 貳 張		合計	¥8 3 0 0 0 0 0	¥8 3 0 0 0 0 0	

會計主管：　　　記帳：　　　出納：　　　審核：丁英　　　制證：李勇

圖 4－130

記帳憑證

201×年12月31日　　　　　　　　　　　記字第 30 號

摘要	會計科目		借方金額	貸方金額	記帳
	總帳科目	明細科目	千百十萬千百十元角分	千百十萬千百十元角分	√
計提本月工會經費	生產成本	功放機 6901	5 0 0 0 0		
		影碟機 1609	7 5 0 0 0		
	製造費用	職工薪酬	1 6 6 0 0		
	管理費用	職工薪酬	2 4 4 0 0		
	應付職工薪酬	工會經費		1 6 6 0 0 0	
附件 壹 張	合計		¥ 1 6 6 0 0 0	¥ 1 6 6 0 0 0	

會計主管：　　記帳：　　出納：　　審核：丁英　　制證：李勇

圖 4－131

記帳憑證

201×年12月31日　　　　　　　　　　　記字第 31 號

摘要	會計科目		借方金額	貸方金額	記帳
	總帳科目	明細科目	千百十萬千百十元角分	千百十萬千百十元角分	√
計提職工教育經費	生產成本	功放機 6901	3 7 5 0 0		
		影碟機 1609	5 6 2 5 0		
	製造費用	職工薪酬	1 2 4 5 0		
	管理費用	職工薪酬	1 8 3 0 0		
	應付職工薪酬	職工教育經費		1 2 4 5 0 0	
附件 壹 張	合計		¥ 1 2 4 5 0 0	¥ 1 2 4 5 0 0	

會計主管：　　記帳：　　出納：　　審核：丁英　　制證：李勇

圖 4－132

記帳憑證

201×年12月31日　　　　　　　　　　　記字第 32 號

摘要	會計科目		借方金額	貸方金額	記帳
	總帳科目	明細科目	千百十萬千百十元角分	千百十萬千百十元角分	√
計提固定資產折舊	製造費用	折舊費	3 2 0 0 0 0		
	管理費用	折舊費	4 5 9 7 5		
	累計折舊	生產用固定資產		3 2 0 0 0 0	
		非生產用固定資產		4 5 9 7 5	
附件 壹 張	合計		¥ 3 6 5 9 7 5	¥ 3 6 5 9 7 5	

會計主管：　　記帳：　　出納：　　審核：丁英　　制證：李勇

圖 4－133

記帳憑證

201×年 12 月 31 日　　　　　　　　　　　記字第 33 號

摘要	會計科目 總帳科目	會計科目 明細科目	借方金額 千百十萬千百十元角分	貸方金額 千百十萬千百十元角分	記帳 √
預付費用攤銷	製造費用	保險費	3 6 0 0 0 0		
	管理費用	報刊費	2 0 0 0 0		
	預付帳款	太平洋保險公司		3 6 0 0 0 0	
		南方日報社		2 0 0 0 0	
附件 壹 張	合計		¥ 3 8 0 0 0 0	¥ 3 8 0 0 0 0	

會計主管：　　　記帳：　　　出納：　　　審核：丁英　　　制證：李勇

圖 4-134

記帳憑證

201×年 12 月 31 日　　　　　　　　　　　記字第 34 號

摘要	會計科目 總帳科目	會計科目 明細科目	借方金額 千百十萬千百十元角分	貸方金額 千百十萬千百十元角分	記帳 √
計提本月水電費	管理費用	水電費	2 4 6 3 1 4		
	製造費用	水電費	2 0 3 5 3 8 6		
	應付帳款	自來水公司		1 2 1 2 1 0	
		供電公司		2 1 6 0 4 9 0	
附件 壹 張	合計		¥ 2 2 8 1 7 0 0	¥ 2 2 8 1 7 0 0	

會計主管：　　　記帳：　　　出納：　　　審核：丁英　　　制證：李勇

圖 4-135

記帳憑證

201×年 12 月 31 日　　　　　　　　　　　記字第 35 號

摘要	會計科目 總帳科目	會計科目 明細科目	借方金額 千百十萬千百十元角分	貸方金額 千百十萬千百十元角分	記帳 √
計提銀行借款利息	財務費用	借款利息	1 3 2 2 5 0		
	應付利息	花都工行		1 3 2 2 5 0	
附件 壹 張	合計		¥ 1 3 2 2 5 0	¥ 1 3 2 2 5 0	

會計主管：　　　記帳：　　　出納：　　　審核：丁英　　　制證：李勇

圖 4-136

記帳憑證

201×年12月31日　　　　　　　　　記字第36,1/2號

摘要	會計科目		借方金額	貸方金額	記帳√
	總帳科目	明細科目	千百十萬千百十元角分	千百十萬千百十元角分	
結轉製造費用	生產成本	功放機6901	1 4 2 9 7 7 4		
		影碟機1609	2 1 4 4 6 6 2		
	製造費用	職工薪酬		8 5 9 0 5 0	
		折舊費		3 2 0 0 0 0	
		保險費		3 6 0 0 0 0	
附件 壹 張	合計		¥ 3 5 7 4 4 3 6	¥ 1 5 3 9 0 5 0	

會計主管：　　　記帳：　　　出納：　　　審核：丁英　　　制證：李勇

圖 4－137

記帳憑證

201×年12月31日　　　　　　　　　記字第36,2/2號

摘要	會計科目		借方金額	貸方金額	記帳√
	總帳科目	明細科目	千百十萬千百十元角分	千百十萬千百十元角分	
結轉製造費用	製造費用	水電費		2 0 3 5 3 8 6	
附件　張 見記字 第36,1/2號	合計		¥ 3 5 7 4 4 3 6	¥ 3 5 7 4 4 3 6	

會計主管：　　　記帳：　　　出納：　　　審核：丁英　　　制證：李勇

圖 4－138

記帳憑證

201×年12月31日　　　　　　　　　記字第37號

摘要	會計科目		借方金額	貸方金額	記帳√
	總帳科目	明細科目	千百十萬千百十元角分	千百十萬千百十元角分	
結轉完工產品成本	庫存商品	功放機6901	2 3 1 5 0 5 7 7		
		影碟機1906	2 0 4 6 1 2 1 1		
	生產成本	功放機6901		2 3 1 5 0 5 7 7	
		影碟機1906		2 0 4 6 1 2 1 1	
附件 伍 張	合計		¥ 4 3 6 1 1 7 8 8	¥ 4 3 6 1 1 7 8 8	

會計主管：　　　記帳：　　　出納：　　　審核：丁英　　　制證：李勇

圖 4－139

記帳憑證

201×年 12 月 31 日　　　　　　　　　　　　記字第 38 號

摘要	會計科目		借方金額	貸方金額	記帳
	總帳科目	明細科目	千百十萬千百十元角分	千百十萬千百十元角分	√
計算產品銷售成本	主營業務成本	功放機 6901	1 5 4 0 8 9 0 0		
		影碟機 1906	5 7 8 0 1 0 0		
	庫存商品	功放機 6901		1 5 4 0 8 9 0 0	
		影碟機 1906		5 7 8 0 1 0 0	
附件 肆 張	合計		¥2 1 1 8 9 0 0 0	¥2 1 1 8 9 0 0 0	

會計主管：　　記帳：　　出納：　　審核：丁英　　制證：李勇

圖 4-140

記帳憑證

201×年 12 月 31 日　　　　　　　　　　　　記字第 39 號

摘要	會計科目		借方金額	貸方金額	記帳
	總帳科目	明細科目	千百十萬千百十元角分	千百十萬千百十元角分	√
計算應交增值稅	應交稅費	應交增值稅（轉出未交增值稅）	6 9 0 7 1 0 8		
	應交稅費	未交增值稅		6 9 0 7 1 0 8	
附件 壹 張	合計		¥　6 9 0 7 1 0 8	¥　6 9 0 7 1 0 8	

會計主管：　　記帳：　　出納：　　審核：丁英　　制證：李勇

圖 4-141

記帳憑證

201×年 12 月 31 日　　　　　　　　　　　　記字第 40 號

摘要	會計科目		借方金額	貸方金額	記帳
	總帳科目	明細科目	千百十萬千百十元角分	千百十萬千百十元角分	√
計算城市維護建設稅及教育費附加	稅金及附加	城市維護建設稅	4 8 3 4 9 8		
		教育費附加	2 0 7 2 1 3		
	應交稅費	應交城市維護建設稅		4 8 3 4 9 8	
		教育費附加		2 0 7 2 1 3	
附件 貳 帳	合計		¥　　6 9 0 7 1 1	¥　　6 9 0 7 1 1	

會計主管：　　記帳：　　出納：　　審核：丁英　　制證：李勇

圖 4-142

記帳憑證

201×年12月31日　　　　　　　　　　　　　記字第41號

摘要	會計科目 總帳科目	明細科目	借方金額	貸方金額	記帳 √
結轉損益類收入帳戶	主營業務收入	功放機6901	4 7 0 0 0 0 0 0		
		影碟機1906	1 8 0 0 0 0 0 0		
	其他業務收入	材料銷售	6 0 0 0 0 0		
	營業外收入	罰款收入	2 5 0 0 0		
	本年利潤			6 5 6 2 5 0 0 0	
附件 壹 張	合計		¥ 6 5 6 2 5 0 0 0	¥ 6 5 6 2 5 0 0 0	

會計主管：　　　記帳：　　　出納：　　　審核：丁英　　　制證：李勇

圖 4－143

記帳憑證

201×年12月31日　　　　　　　　　　　　　記字第42, 1/4號

摘要	會計科目 總帳科目	明細科目	借方金額	貸方金額	記帳 √
結轉損益類費用帳戶	本年利潤		2 4 8 6 8 8 5 0		
	主營業務成本	功放機6901		1 5 4 0 8 9 0 0	
		影碟機1906		5 7 8 0 1 0 0	
	其他業務成本	材料銷售		3 7 5 0 0 0	
	稅金及附加	城市維護建設稅		4 8 3 4 9 8	
附件 壹 張	合計		¥ 2 4 8 6 8 8 5 0	¥ 2 2 0 4 7 4 9 8	

會計主管：　　　記帳：　　　出納：　　　審核：丁英　　　制證：李勇

圖 4－144

記帳憑證

201×年12月31日　　　　　　　　　　　　　字第42, 2/4號

摘要	會計科目 總帳科目	明細科目	借方金額	貸方金額	記帳 √
結轉損益類費用帳戶	稅金及附加	教育費附加		2 0 7 2 1 3	
	銷售費用	廣告費		2 6 0 0 0 0	
	管理費用	辦公費		6 3 0 0 0 0	
		差旅費		8 6 0 0 0 0	
		電話費		3 1 6 2 0 0	
附件 張 見記字第42, 1/4號	合計		¥ 2 4 8 6 8 8 5 0	¥ 2 2 9 7 9 9 1 1	

會計主管：　　　記帳：　　　出納：　　　審核：丁英　　　制證：李勇

圖 4－145

記帳憑證

201×年 12 月 31 日　　　　　　　　記字第 42, 3/4 號

摘要	會計科目		借方金額	貸方金額	記帳
	總帳科目	明細科目	千百十萬千百十元角分	千百十萬千百十元角分	√
結轉損益類費用帳戶	管理費用	職工福利		3 7 0 0 0	
		招待費		5 6 5 0 0	
		職工薪酬		1 2 6 2 7 0 0	
		折舊費		4 5 9 7 5	
		報刊費		2 0 0 0 0	
附件　張 見記字第 42, 1/4 號	合計		¥ 2 4 8 6 8 8 5 0	¥ 2 4 4 0 2 0 8 6	

會計主管：　　　記帳：　　　出納：　　　審核：丁英　　　制證：李勇

圖 4-146

記帳憑證

201×年 12 月 31 日　　　　　　　　記字第 42, 4/4 號

摘要	會計科目		借方金額	貸方金額	記帳
	總帳科目	明細科目	千百十萬千百十元角分	千百十萬千百十元角分	√
結轉損益類費用帳戶		水電費		2 4 6 3 1 4	
	財務費用	借款利息		1 3 2 2 5 0	
	投資收益			8 8 2 0 0	
附件　張 見記字第 42, 1/4 號	合計		¥ 2 4 8 6 8 8 5 0	¥ 2 4 8 6 8 8 5 0	

會計主管：　　　記帳：　　　出納：　　　審核：丁英　　　制證：李勇

圖 4-147

記帳憑證

201×年 12 月 31 日　　　　　　　　記字第 43 號

摘要	會計科目		借方金額	貸方金額	記帳
	總帳科目	明細科目	千百十萬千百十元角分	千百十萬千百十元角分	√
計算應交所得稅	所得稅費用	當期所得稅費用	1 0 1 8 9 0 3 7		
	應交稅費	應交企業所得稅		1 0 1 8 9 0 3 7	
附件 壹 張	合計		¥ 1 0 1 8 9 0 3 7	¥ 1 0 1 8 9 0 3 7	

會計主管：　　　記帳：　　　出納：　　　審核：丁英　　　制證：李勇

圖 4-148

記帳憑證

201×年12月31日　　　　　　　　　記字第 44 號

摘要	會計科目 總帳科目	明細科目	借方金額 千百十萬千百十元角分	貸方金額 千百十萬千百十元角分	記帳 √
結轉所得稅費用	本年利潤		1 0 1 8 9 0 3 7		
	所得稅費用	當期所得稅費用		1 0 1 8 9 0 3 7	
附件 壹 張	合計		¥1 0 1 8 9 0 3 7	¥1 0 1 8 9 0 3 7	

會計主管：　　　記帳：　　　出納：　　　審核：丁英　　　制證：李勇

圖 4 − 149

記帳憑證

201×年12月31日　　　　　　　　　記字第 45 號

摘要	會計科目 總帳科目	明細科目	借方金額 千百十萬千百十元角分	貸方金額 千百十萬千百十元角分	記帳 √
結轉全年稅後利潤	本年利潤		1 1 3 1 0 8 0 8 8		
	利潤分配	未分配利潤		1 1 3 1 0 8 0 8 8	
附件 壹 張	合計		¥1 1 3 1 0 8 0 8 8	¥1 1 3 1 0 8 0 8 8	

會計主管：　　　記帳：　　　出納：　　　審核：丁英　　　制證：李勇

圖 4 − 150

記帳憑證

201×年12月31日　　　　　　　　　記字第 46 號

摘要	會計科目 總帳科目	明細科目	借方金額 千百十萬千百十元角分	貸方金額 千百十萬千百十元角分	記帳 √
提取法定盈餘公積金	利潤分配	提取盈餘公積	1 1 3 1 0 8 0 9		
	盈餘公積	法定盈餘公積		1 1 3 1 0 8 0 9	
附件 壹 張	合計		¥1 1 3 1 0 8 0 9	¥1 1 3 1 0 8 0 9	

會計主管：　　　記帳：　　　出納：　　　審核：丁英　　　制證：李勇

圖 4 − 151

記帳憑證

201×年12月31日　　　　　　　　　　記字第47號

摘要	會計科目		借方金額	貸方金額	記帳
	總帳科目	明細科目	千百十萬千百十元角分	千百十萬千百十元角分	√
提取公益金	利潤分配	提取公益金	5 6 5 5 4 0 4		
	盈餘公積	公益金		5 6 5 5 4 0 4	
附件 壹 張	合計		¥ 　5 6 5 5 4 0 4	¥ 　5 6 5 5 4 0 4	

會計主管：　　　　記帳：　　　　出納：　　　　審核：丁英　　　　制證：李勇

圖 4－152

記帳憑證

201×年12月31日　　　　　　　　　　記字第48號

摘要	會計科目		借方金額	貸方金額	記帳
	總帳科目	明細科目	千百十萬千百十元角分	千百十萬千百十元角分	√
計提應付股利	利潤分配	應付股利	7 6 9 1 3 5 0 0		
	應付股利	劉少明		2 6 1 5 0 5 9 0	
		路德有限公司		5 0 7 6 2 9 1 0	
附件 壹 張	合計		¥ 7 6 9 1 3 5 0 0	¥ 7 6 9 1 3 5 0 0	

會計主管：　　　　記帳：　　　　出納：　　　　審核：丁英　　　　制證：李勇

圖 4－153

記帳憑證

201×年12月31日　　　　　　　　　　記字第49號（全）

摘要	會計科目		借方金額	貸方金額	記帳
	總帳科目	明細科目	千百十萬千百十元角分	千百十萬千百十元角分	√
結轉利潤分配明細帳	利潤分配	未分配利潤	9 3 8 7 9 7 1 3		
	利潤分配	提取盈餘公積		1 1 3 1 0 8 0 9	
		提取公益金		5 6 5 5 4 0 4	
		應付股利		7 6 9 1 3 5 0 0	
附件 壹 張	合計		¥ 9 3 8 7 9 7 1 3	¥ 9 3 8 7 9 7 1 3	

會計主管：　　　　記帳：　　　　出納：　　　　審核：丁英　　　　制證：李勇

圖 4－154

第五節　登記日記帳

一、能力目標

（1）能明確日記帳格式；
（2）能選用庫存現金日記帳、銀行存款日記帳或出納日記帳；
（3）能熟悉現金管理條例與銀行存款管理制度；
（4）能明確出納崗位工作職責；
（5）能根據記帳憑證登記日記帳；
（6）能對日記帳進行日清月結和年終結帳。

二、能力訓練任務

（1）根據記帳憑證登記日記帳；
（2）每日結出日記帳餘額；
（3）對日記帳進行月末結帳；
（4）對日記帳進行年終結帳。

三、能力訓練步驟

（1）按順序在記帳憑證上查找庫存現金與銀行存款科目；
（2）根據記帳憑證對應的庫存現金科目內容登記庫存現金日記帳；
（3）根據記帳憑證對應的銀行存款科目內容登記銀行存款日記帳；
（4）在記帳憑證右側庫存現金或銀行存款科目對應的記帳欄打「√」；
（5）在記帳憑證下方出納處簽章以示負責，若記帳憑證不涉及庫存現金或銀行存款科目則不登記日記帳，出納處也無需簽章；
（6）月末結算本期發生額及餘額，並在本月合計欄下方，畫一條通欄紅線；
（7）年末累計本年發生額及餘額，並在本年累計欄下方，畫兩條通欄紅線；
（8）將本年餘額結轉下年，本年帳簿餘額為零，紅線註銷空白欄，封存帳簿。

四、能力訓練要求

根據廣州百威電器有限公司 201×年 12 月記帳憑證登記日記帳如圖 4-155~圖 4-157 所示。

庫存現金日記帳

人民幣

201×年 月	日	憑證編號	摘要	對方科目	借方金額 千百十萬千百十元角分	貸方金額 千百十萬千百十元角分	借或貸	餘額 千百十萬千百十元角分	核對
12	1		期初餘額				借	7 3 0 0 0	
	6	記字第04號	提取備用金	銀行存款	3 0 0 0 0 0		借	3 7 3 0 0 0	
	6	記字第07號	預借差旅費	其他應收款		1 0 0 0 0 0	借	2 7 3 0 0 0	
	9	記字第11號	購辦公用品	管理費用		6 3 0 0 0	借	2 1 0 0 0 0	
	11	記字第13號	報銷差旅費	其他應收款	1 4 0 0 0		借	2 2 4 0 0 0	
	13	記字第15號	墊付運費	應收帳款		6 0 0 0 0	借	1 6 4 0 0 0	
	21	記字第21號	報銷醫藥費	管理費用		3 7 0 0 0	借	1 2 7 0 0 0	
	22	記字第22號	報銷招待費	管理費用		5 6 5 0 0	借	7 0 5 0 0	
	23	記字第23號	預付報刊費	預付帳款		3 6 0 0 0	借	3 4 5 0 0	
	27	記字第24號	收到罰款	營業外收入	2 5 0 0 0		借	5 9 5 0 0	
	31		本月合計		3 3 9 0 0 0	3 5 2 5 0 0	借	5 9 5 0 0	
	31		本年累計		3 3 9 0 0 0	3 5 2 5 0 0	借	5 9 5 0 0	
	31		結轉下年			5 9 5 0 0	平	0	

圖4-155

銀行存款日記帳

工商銀行

201×年 月	日	憑證編號	摘要	對方科目	借方金額 千百十萬千百十元角分	貸方金額 千百十萬千百十元角分	借或貸	餘額 千百十萬千百十元角分	核對
12	1		期初餘額				借	5 9 0 6 0 0 5 0	
	3	記字第01號	購入原材料	在途物資等		3 9 7 8 0 0 0	借	5 5 0 8 2 0 5 0	
	5	記字第02號	收到投資款	實收資本	3 3 0 0 0 0 0 0 0		借	3 8 5 0 8 2 0 5 0	
	6	記字第04號	提取備用金	庫存現金		3 0 0 0 0 0	借		
	6	記字第05號	扣繳增值稅	應交稅費		1 4 6 2 8 3 6			
	6	記字第06號	扣繳城市維護建設稅等	應交稅費		1 4 6 2 8 4	借	3 8 3 1 7 2 9 3 0	
	8	記字第09號	支付工資	應付職工薪酬		6 6 4 2 3 0 0	借	3 7 6 5 3 0 6 3 0	
	9	記字第10號	取得貸款	短期借款	3 0 0 0 0 0 0 0				
	9	記字第12號	銷售產品	主營業務收入等	1 7 5 5 0 0 0 0		借	4 2 4 0 8 0 6 3 0	
	11	記字第14號	收到貨款	應收帳款	7 3 0 0 0 0 0		借	4 3 1 3 8 0 6 3 0	
	13	記字第16號	購入電腦	固定資產等		8 8 9 2 0 0	借	4 3 0 4 9 1 4 3 0	
	15	記字第18號	支付廣告費	銷售費用		2 6 0 0 0 0	借	4 3 0 2 3 1 4 3 0	
	20	記字第19號	支付電話費	管理費用		3 1 6 2 0 0	借	4 2 9 9 1 5 2 3 0	
	27	記字第25號	預付保險費	預付帳款		3 6 0 0 0 0	借	4 2 9 5 5 5 2 3 0	
	28	記字第26號	預收貨款	預收帳款	7 4 4 0 0 0 0		借	4 3 6 9 9 5 2 3 0	

表(續)

201×年		憑證編號	摘要	對方科目	借方金額 千百十萬千百十元角分	貸方金額 千百十萬千百十元角分	借或貸	餘額 千百十萬千百十元角分	核對
月	日								
	30	記字第27號	銷售產品	主營業務收入等	3 0 0 0 0 0 0 0		借	4 6 6 9 9 5 2 3 0	
	31		本月合計		4 2 2 2 9 0 0 0 0	1 4 3 5 4 8 2 0	借	4 6 6 9 9 5 2 3 0	
	31		本年累計		4 2 2 2 9 0 0 0 0	1 4 3 5 4 8 2 0	借	4 6 6 9 9 5 2 3 0	
	31		結轉下年			4 6 6 9 9 5 2 3 0	平	0	

備註：登記日記帳后的記帳憑證如下圖所示，記帳欄已打「√」，出納處已簽名。

圖4-156

記帳憑證

201×年12月3日　　　　　　　　　　　　　　　　記字第01號

摘要	會計科目		借方金額 千百十萬千百十元角分	貸方金額 千百十萬千百十元角分	記帳 √
	總帳科目	明細科目			
購入原材料	在途物資	線材（影碟機線材）	3 4 0 0 0 0 0		
	應交稅費	應交增值稅（進項稅額）	5 7 8 0 0 0		
	銀行存款	工行存款		3 9 7 8 0 0 0	√
附件貳張	合計		¥ 3 9 7 8 0 0 0	¥ 3 9 7 8 0 0 0	

會計主管：　　　記帳：　　　出納：張浩　　　審核：丁英　　　制證：李勇

圖4-157

第六節　登記明細帳

一、能力目標

(1) 能辨析明細帳格式；
(2) 能明確明細帳與總帳的平行登記原理；
(3) 能明確明細帳會計崗位工作職責；
(4) 能根據記帳憑證登記明細帳；
(5) 能對明細帳進行月結和年結。

二、能力訓練任務

(1) 根據記帳憑證登記明細帳；
(2) 對明細帳進行月末結帳；
(3) 對明細帳進行年終結帳。

三、能力訓練步驟

(1) 按順序在記帳憑證上查找除了庫存現金與銀行存款以外的會計科目；
(2) 根據記帳憑證對應的科目內容登記明細帳；
(3) 在記帳憑證右側該會計科目對應的記帳欄打「√」；
(4) 在記帳憑證下方記帳處簽章以示負責；
(5) 月末結算本期發生額及餘額，並在本月合計欄下方，畫一條通欄紅線；
(6) 年末累計本年發生額及餘額，並在本年累計欄下方，畫兩條通欄紅線；
(7) 將本年餘額結轉下年，本年帳簿餘額為零，紅線註銷空白欄，封存帳簿。

四、能力訓練要求

根據廣州百威電器有限公司 201×年 12 月記帳憑證登記明細帳如圖 4－158～圖 4－221 所示。

其他貨幣資金明細帳

帳戶名稱：存出投資款

201×年		憑證編號	摘要	借方金額 千百十萬千百十元角分	貸方金額 千百十萬千百十元角分	借或貸	餘額 千百十萬千百十元角分	核對
月	日							
12	1		期初餘額			借	1 0 0 0 0 0 0 0	
	20	記字20號	購入股票		7 1 9 2 2 0 0			
	31		本月合計		7 1 9 2 2 0 0	借	2 8 0 7 8 0 0	
	31		本年累計		7 1 9 2 2 0 0	借	2 8 0 7 8 0 0	

圖 4－158

交易性金融資產明細帳

帳戶名稱：中金嶺南股票

201×年		憑證編號	摘要	借方金額							貸方金額							借或貸	餘額							核對
月	日			千	百	十	萬	千	百	十	元	角	分	千	百	十	萬	千	百	十	元	角	分		
12	20	記字20號	購入股票				7	1	0	4	0	0	0												
	31		本月合計				7	1	0	4	0	0	0											借				7	1	0	4	0	0	0	
	31		本年累計				7	1	0	4	0	0	0											借				7	1	0	4	0	0	0	

圖 4－159

應收票據明細帳

帳戶名稱：尊浪貿易公司

201×年		憑證編號	摘要	借方金額							貸方金額							借或貸	餘額							核對
月	日			千	百	十	萬	千	百	十	元	角	分	千	百	十	萬	千	百	十	元	角	分		
12	13	記字17號	賒銷原材料					7	0	2	0	0	0												
	31		本月合計					7	0	2	0	0	0											借					7	0	2	0	0	0	
	31		本年累計					7	0	2	0	0	0											借					7	0	2	0	0	0	

圖 4－160

應收帳款明細帳

帳戶名稱：多多樂公司

201×年		憑證編號	摘要	借方金額							貸方金額							借或貸	餘額							核對
月	日			千	百	十	萬	千	百	十	元	角	分	千	百	十	萬	千	百	十	元	角	分		
12	1		期初餘額																					借				7	3	0	0	0	0	0	
	11	記字14號	收到貨款														7	3	0	0	0	0	0			
	31		本月合計														7	3	0	0	0	0	0	平								0			
	31		本年累計														7	3	0	0	0	0	0	平								0			

圖 4－161

應收帳款明細帳

帳戶名稱：友和貿易公司

201×年		憑證編號	摘要	借方金額							貸方金額							借或貸	餘額							核對
月	日			千	百	十	萬	千	百	十	元	角	分	千	百	十	萬	千	百	十	元	角	分		
12	13	記字15號	賒銷產品			2	1	1	2	0	0	0	0												
	31		本月合計			2	1	1	2	0	0	0	0											借			2	1	1	2	0	0	0	0	
	31		本年累計			2	1	1	2	0	0	0	0											借			2	1	1	2	0	0	0	0	

圖 4－162

預付帳款明細分類帳

帳戶名稱：太平洋保險公司

201×年 月	日	憑證編號	摘要	借方金額	貸方金額	借或貸	餘額	核對
12	1		期初餘額			借	3600 00	
	27	記字25號	支付保險費	3600 00				
	31	記字33號	攤銷		3600 00			
	31		本月合計	3600 00	3600 00	借	3600 00	
	31		本年累計	3600 00	3600 00	借	3600 00	

圖 4－163

預付帳款明細分類帳

帳戶名稱：南方日報社

201×年 月	日	憑證編號	摘要	借方金額	貸方金額	借或貸	餘額	核對
12	1		期初餘額			借	200 00	
	23	記字23號	支付報刊費	360 00				
	31	記字33號	攤銷		200 00			
	31		本月合計	360 00	200 00	借	360 00	
	31		本年累計	360 00	200 00	借	360 00	

圖 4－164

其他應收款明細帳

帳戶名稱：丁英

201×年 月	日	憑證編號	摘要	借方金額	貸方金額	借或貸	餘額	核對
12	6	記字07號	預借差旅費	1000 00				
	11	記字13號	報銷差旅費		1000 00			
	31		本月合計	1000 00	1000 00	平	0	
	31		本年累計	1000 00	1000 00	平	0	

圖 4－165

壞帳準備明細帳

帳戶名稱：應收帳款

201×年 月	日	憑證編號	摘要	借方金額	貸方金額	借或貸	餘額	核對
12	1		期初餘額			貸	1980 00	
	31		本月合計			貸	1980 00	
	31		本年累計			貸	1980 00	

圖 4－166

在途物資明細帳

材料名稱：線材（影碟機線材）

201×年		憑證號數	摘要	借方金額			貸方金額	結餘金額
月	日			買價	採購費用	合計		
12	3	記字01號	購入原材料	34,000.00	—	34,000.00	—	
	3	記字03號	材料驗收入庫				34,000.00	
	31		本月合計	34,000.00		34,000.00	34,000.00	0
	31		本年累計	34,000.00		34,000.00	34,000.00	0

圖4-167

原材料明細分類帳

材料名稱：電子元件（二極管） 　　　　　　　　　計量單位：個

201×年		憑證號數	摘要	收入			發出			結存		
月	日			數量	單價	金額	數量	單價	金額	數量	單價	金額
12	1		期初餘額							600	80	48,000.00
	7	記字08號	購入	700	82.43	57,699.20				1,300	81.31	105,699.20
	31	記字28,1/2號	發出				400	81.31	32,524	900	81.31	73,175.20
	31		本月合計	700	82.43	57,699.20	400	81.31	32,524	900	81.31	73,175.20
	31		本年累計	700	82.43	57,699.20	400	81.31	32,524	900	81.31	73,175.20

圖4-168

原材料明細分類帳

材料名稱：板材（線路板） 　　　　　　　　　計量單位：片

201×年		憑證號數	摘要	收入			發出			結存		
月	日			數量	單價	金額	數量	單價	金額	數量	單價	金額
12	1		期初餘額							1,412	50	70,600
	31	記字28,1/2號	發出				600	50	30,000	812	50	40,600
	31		本月合計				600	50	30,000	812	50	40,600
	31		本年累計				600	50	30,000	812	50	40,600

圖4-169

原材料明細分類帳

材料名稱：板材（帶鋼） 　　　　　　　　　計量單位：噸

201×年		憑證號數	摘要	收入			發出			結存		
月	日			數量	單價	金額	數量	單價	金額	數量	單價	金額
12	7	記字08號	購入	30	5,026.06	150,781.88				30	5,026.06	150,781.88
	31	記字28,2/2號	發出				5	5,026.06	25,130.30	25	5,026.06	125,651.58
	31		本月合計	30	5,026.06	150,781.88	5	5,026.06	25,130.30	25	5,026.06	125,651.58
	31		本年累計	30	5,026.06	150,781.88	5	5,026.06	25,130.30	25	5,026.06	125,651.58

圖4-170

原材料明細分類帳

材料名稱：線材（影碟機線材）　　　　　　　　　　　　　　計量單位：套

201×年		憑證號數	摘要	收入			發出			結存		
月	日			數量	單價	金額	數量	單價	金額	數量	單價	金額
12	1		期初餘額							1,013	6	6,078.00
	5	記字03號	驗收入庫	5,000	6.80	34,000				6,013	6.67	40,078.00
	31	記字28,2/2號	發出				5,000	6.67	33,350.00	1,013	6.67	6,728.00
	31		本月合計	5,000	6.80	34,000	5,000	6.67	33,350.00	1,013	6.67	6,728.00
	31		本年累計	5,000	6.80	34,000	5,000	6.67	33,350.00	1,013	6.67	6,728.00

圖4－171

原材料明細分類帳

材料名稱：其他（錫條）　　　　　　　　　　　　　　　計量單位：段

201×年		憑證號數	摘要	收入			發出			結存		
月	日			數量	單價	金額	數量	單價	金額	數量	單價	金額
12	1		期初餘額							200	25	5,000.00
	31	記字28,2/2號	發出				150	25	3,750.00	50	25	1,250.00
	31		本月合計				150		3,750.00	50	25	1,250.00
	31		本年累計				150		3,750.00	50	25	1,250.00

圖4－172

庫存商品明細分類帳

產品名稱：功放機6901　　　　　　　　　　　　　　　計量單位：臺

201×年		憑證號數	摘要	收入			發出			結存		
月	日			數量	單價	金額	數量	單價	金額	數量	單價	金額
12	1		期初餘額							800	526	420,800.00
	31	記字37號	完工入庫	470	492.57	231,505.77				1270	513.63	652,305.77
	31	記字38號	銷售				300	513.63	154,089.00	970	513.63	498,216.77
	31		本月合計	470		231,505.77	300		154,089.00	970	513.63	498,216.77
	31		本年累計	470		231,505.77	300		154,089.00	970	513.63	498,216.77

圖4－173

庫存商品明細分類帳

產品名稱：影碟機1609　　　　　　　　　　　　　　　計量單位：臺

201×年		憑證號數	摘要	收入			發出			結存		
月	日			數量	單價	金額	數量	單價	金額	數量	單價	金額
12	1		期初餘額							500	400	200,000.00
	31	記字37號	完工入庫	550	372.02	204,612.11				1050	385.34	404,612.11
	31	記字39號	銷售				150	385.34	57,801.00	900	385.34	346,811.11
	31		本月合計	550	372.02	204,612.11	150	385.34	57,801.00	900	385.34	346,811.11
	31		本年累計	550	372.02	204,612.11	150	385.34	57,801.00	900	385.34	346,811.11

圖4－174

固定資產明細分類帳

帳戶名稱：生產用固定資產

201×年		憑證號數	摘要	原值 借方	原值 貸方	原值 餘額	折舊 借方	折舊 貸方	折舊 餘額	淨值 借方	淨值 貸方	淨值 餘額
月	日											
12	1		期初餘額			1,200,000.00			130,800.00			1,069,200.00
	31	記字32號	計提折舊						3,200.00			1,066,000.00
	31		本月合計			1,200,000.00			134,000.00			1,066,000.00
	31		本年累計			1,200,000.00			134,000.00			1,066,000.00

圖 4－175

固定資產明細分類帳

帳戶名稱：非生產用固定資產

201×年		憑證號數	摘要	原值 借方	原值 貸方	原值 餘額	折舊 借方	折舊 貸方	折舊 餘額	淨值 借方	淨值 貸方	淨值 餘額
月	日											
12	1		期初餘額			229,876.35			65,400.00			164,476.35
	13	記字16號	購入電腦	7,600		237,476.35						172,076.35
	31	記字32號	計提折舊						459.75			171,616.60
	31		本月合計	7,600		237,476.35			65,859.75			171,616.60
	31		本年累計	7,600		237,476.35			65,859.75			171,616.60

圖 4－176

短期借款明細分類帳

帳戶名稱：工行借款

201×年		憑證編號	摘要	借方金額	貸方金額	借或貸	餘額	核對
月	日							
12	9	記字10號	取得貸款		300000.00			
	31		本月合計		300000.00	貸	300000.00	
	31		本年累計		300000.00	貸	300000.00	

圖 4－177

應付帳款明細帳

帳戶名稱：隆科公司

201×年		憑證編號	摘要	借方金額	貸方金額	借或貸	餘額	核對
月	日							
12	1		期初餘額			貸	3520.00	
	31		本月合計			貸	3520.00	
	31		本年累計			貸	3520.00	

圖 4－178

應付帳款明細帳

帳戶名稱：自來水公司

201×年 月	日	憑證編號	摘要	借方金額 千百十萬千百十元角分	貸方金額 千百十萬千百十元角分	借或貸	餘額 千百十萬千百十元角分	核對
12	31	記字 34 號	分配水費		1 2 1 2 1 0			
	31		本月合計		1 2 1 2 1 0	貸	1 2 1 2 1 0	
	31		本年累計		1 2 1 2 1 0	貸	1 2 1 2 1 0	

圖 4－179

應付帳款明細帳

帳戶名稱：供電公司

201×年 月	日	憑證編號	摘要	借方金額 千百十萬千百十元角分	貸方金額 千百十萬千百十元角分	借或貸	餘額 千百十萬千百十元角分	核對
12	31	記字 34 號	分配電費		2 1 6 0 4 9 0			
	31		本月合計		2 1 6 0 4 9 0	貸	2 1 6 0 4 9 0	
	31		本年累計		2 1 6 0 4 9 0	貸	2 1 6 0 4 9 0	

圖 4－180

應付帳款明細帳

帳戶名稱：高寶貿易有限公司

201×年 月	日	憑證編號	摘要	借方金額 千百十萬千百十元角分	貸方金額 千百十萬千百十元角分	借或貸	餘額 千百十萬千百十元角分	核對
12	7	記字 08 號	賒購原材料		2 4 3 8 5 8 0 0			
	31		本月合計		2 4 3 8 5 8 0 0	貸	2 4 3 8 5 8 0 0	
	31		本年累計		2 4 3 8 5 8 0 0	貸	2 4 3 8 5 8 0 0	

圖 4－181

預收帳款明細帳

帳戶名稱：南海江華家電有限公司

201×年 月	日	憑證編號	摘要	借方金額 千百十萬千百十元角分	貸方金額 千百十萬千百十元角分	借或貸	餘額 千百十萬千百十元角分	核對
12	28	記字 26 號	預收貨款		7 4 4 0 0 0 0			
	30	記字 27 號	銷貨結算	7 4 4 0 0 0 0				
	31		本月合計	7 4 4 0 0 0 0	7 4 4 0 0 0 0	平	0	
	31		本年累計	7 4 4 0 0 0 0	7 4 4 0 0 0 0	平	0	

圖 4－182

應付職工薪酬明細帳

201×年		憑證號數	摘要	貸方			
月	日			合計	職工工資	工會經費	職工教育經費
12	1		期初餘額	87,663.32	74,607.08	11,937.13	1,119.11
	8	記字09號	支付工資（紅字）	74,607.08	74,607.08		
	31	記字29號	分配工資費用	83,000.00	83,000.00		
	31	記字30號	計提工會經費	1,660.00		1,660.00	
	31	記字31號	計提職工教育經費	1,245.00			1,245.00
	31		本月合計	98,961.24	83,000.00	13,597.13	2,364.11
	31		結轉（紅字）	98,961.24	83,000.00	13,597.13	2,364.11

圖 4－183

應交稅費——應交增值稅明細帳

201×年		憑證號數	摘要	借方				貸方		借或貸	餘額
月	日			合計	進項稅額	營改增抵減的銷項稅額	轉出未交增值稅	合計	銷項稅額		
12	3	記字01號	購原材料	5,780.00	5,780.00						
	7	記字08號	購原材料	35,376.92	35,258.00	118.92					
	9	記字12號	銷售產品					25,500.00	25,500.00		
	13	記字15號	賒銷產品					30,600.00	30,600.00		
	13	記字16號	購入電腦	1,292.00	1,292.00						
	13	記字17號	賒銷原材料					1,020.00	1,020.00		
	30	記字27號	銷售產品					54,400.00	54,400.00		
	31	記字39號	轉出未交增值稅	69,071.08			69,071.08				
	31		本月合計	111,520.00	42,330.00	118.92	69,071.08	111,520.00	111,520.00	平	0
	31		本年累計	111,520.00	42,330.00	118.92	69,071.08	111,520.00	111,520.00	平	0

圖 4－184

應交稅費明細帳

帳戶名稱：未交增值稅

201×年		憑證編號	摘要	借方金額	貸方金額	借或貸	餘額	核對
月	日			千百十萬千百十元角分	千百十萬千百十元角分		千百十萬千百十元角分	
12	1		期初餘額			貸	1 4 6 2 8 3 6	
	6	記字05號	扣繳稅費	1 4 6 2 8 3 6				
	31	記字39號	結轉未交稅		6 9 0 7 1 0 8		6 9 0 7 1 0 8	
	31		本月合計	1 4 6 2 8 3 6	6 9 0 7 1 0 8	貸	6 9 0 7 1 0 8	
	31		本年累計	1 4 6 2 8 3 6	6 9 0 7 1 0 8	貸	6 9 0 7 1 0 8	

圖 4－185

應交稅費明細帳

帳戶名稱：應交個人所得稅

201×年		憑證編號	摘要	借方金額 千百十萬千百十元角分	貸方金額 千百十萬千百十元角分	借或貸	餘額 千百十萬千百十元角分	核對
月	日							
12	8	記字09號	代扣所得稅		2 7 6 0 8			
	31		本月合計		2 7 6 0 8	貸	2 7 6 0 8	
	31		本年累計		2 7 6 0 8	貸	2 7 6 0 8	

圖 4-186

應交稅費明細帳

帳戶名稱：應交企業所得稅

201×年		憑證編號	摘要	借方金額 千百十萬千百十元角分	貸方金額 千百十萬千百十元角分	借或貸	餘額 千百十萬千百十元角分	核對
月	日							
12	31	記字43號	計提所得稅		1 0 1 8 9 0 3 7			
	31		本月合計		1 0 1 8 9 0 3 7	貸	1 0 1 8 9 0 3 7	
	31		本年累計		1 0 1 8 9 0 3 7	貸	1 0 1 8 9 0 3 7	

圖 4-187

應交稅費明細帳

帳戶名稱：應交城市維護建設稅

201×年		憑證編號	摘要	借方金額 千百十萬千百十元角分	貸方金額 千百十萬千百十元角分	借或貸	餘額 千百十萬千百十元角分	核對
月	日							
12	1		期初餘額			貸	1 0 2 3 9 9	
	6	記字06號	扣繳稅費	1 0 2 3 9 9				
	31	記字40號	計提稅費		4 8 3 4 9 8			
	31		本月合計	1 0 2 3 9 9	4 8 3 4 9 8	貸	4 8 3 4 9 8	
	31		本年累計	1 0 2 3 9 9	4 8 3 4 9 8	貸	4 8 3 4 9 8	

圖 4-188

應交稅費明細帳

帳戶名稱：應交教育費附加

201×年		憑證編號	摘要	借方金額 千百十萬千百十元角分	貸方金額 千百十萬千百十元角分	借或貸	餘額 千百十萬千百十元角分	核對
月	日							
12	1		期初餘額			貸	4 3 8 8 5	
	6	記字06號	扣繳稅費	4 3 8 8 5				
	31	記字40號	計提稅費		2 0 7 2 1 3			
	31		本月合計	4 3 8 8 5	2 0 7 2 1 3	貸	2 0 7 2 1 3	
	31		本年累計	4 3 8 8 5	2 0 7 2 1 3	貸	2 0 7 2 1 3	

圖 4-189

應交稅費明細帳

帳戶名稱：應交養老保險

201×年		憑證編號	摘要	借方金額 千百十萬千百十元角分	貸方金額 千百十萬千百十元角分	借或貸	餘額 千百十萬千百十元角分	核對
月	日							
12	8	記字09號	代扣保險費		7 0 3 0 0 0			
	31		本月合計		7 0 3 0 0 0	貸	7 0 3 0 0 0	
	31		本年累計		7 0 3 0 0 0	貸	7 0 3 0 0 0	

圖 4-190

應交稅費明細帳

帳戶名稱：應交失業保險

201×年		憑證編號	摘要	借方金額 千百十萬千百十元角分	貸方金額 千百十萬千百十元角分	借或貸	餘額 千百十萬千百十元角分	核對
月	日							
12	8	記字09號	代扣保險費		8 7 8 0 0			
	31		本月合計		8 7 8 0 0	貸	8 7 8 0 0	
	31		本年累計		8 7 8 0 0	貸	8 7 8 0 0	

圖 4-191

應付利息明細帳

帳戶名稱：花都工行

201×年		憑證編號	摘要	借方金額 千百十萬千百十元角分	貸方金額 千百十萬千百十元角分	借或貸	餘額 千百十萬千百十元角分	核對
月	日							
12	31	記字35號	計提利息		1 3 2 2 5 0			
	31		本月合計		1 3 2 2 5 0	貸	1 3 2 2 5 0	
	31		本年累計		1 3 2 2 5 0	貸	1 3 2 2 5 0	

圖 4-192

應付股利明細帳

帳戶名稱：劉少明

201×年		憑證編號	摘要	借方金額 千百十萬千百十元角分	貸方金額 千百十萬千百十元角分	借或貸	餘額 千百十萬千百十元角分	核對
月	日							
12	31	記字48號	計提應付股利		2 6 1 5 0 5 9 0			
	31		本月合計		2 6 1 5 0 5 9 0	貸	2 6 1 5 0 5 9 0	
	31		本年累計		2 6 1 5 0 5 9 0	貸	2 6 1 5 0 5 9 0	

圖 4-193

應付股利明細帳

帳戶名稱：路德有限公司

201×年		憑證編號	摘要	借方金額 千百十萬千百十元角分	貸方金額 千百十萬千百十元角分	借或貸	餘額 千百十萬千百十元角分	核對
月	日							
12	31	記字48號	計提應付股利		5 0 7 6 2 9 1 0			
	31		本月合計		5 0 7 6 2 9 1 0	貸	5 0 7 6 2 9 1 0	
	31		本年累計		5 0 7 6 2 9 1 0	貸	5 0 7 6 2 9 1 0	

圖 4－194

實收資本明細帳

帳戶名稱：劉少明

201×年		憑證編號	摘要	借方金額 千百十萬千百十元角分	貸方金額 千百十萬千百十元角分	借或貸	餘額 千百十萬千百十元角分	核對
月	日							
12	1		期初餘額			貸	1 7 0 0 0 0 0 0 0	
	31		本月合計			貸	1 7 0 0 0 0 0 0 0	
	31		本年累計			貸	1 7 0 0 0 0 0 0 0	

圖 4－195

實收資本明細帳

帳戶名稱：路德有限公司

201×年		憑證編號	摘要	借方金額 千百十萬千百十元角分	貸方金額 千百十萬千百十元角分	借或貸	餘額 千百十萬千百十元角分	核對
月	日							
12	1	記字02號	投入資本		3 3 0 0 0 0 0 0 0			
	31		本月合計		3 3 0 0 0 0 0 0 0	貸	3 3 0 0 0 0 0 0 0	
	31		本年累計		3 3 0 0 0 0 0 0 0	貸	3 3 0 0 0 0 0 0 0	

圖 4－196

資本公積明細帳

帳戶名稱：資本溢價

201×年		憑證編號	摘要	借方金額 千百十萬千百十元角分	貸方金額 千百十萬千百十元角分	借或貸	餘額 千百十萬千百十元角分	核對
月	日							
12	1		期初餘額			貸	5 2 7 6 0 8 0	
	31		本月合計			貸	5 2 7 6 0 8 0	
	31		本年累計			貸	5 2 7 6 0 8 0	

圖 4－197

盈餘公積明細帳

帳戶名稱：法定盈餘公積

201×年		憑證編號	摘要	借方金額 千百十萬千百十元角分	貸方金額 千百十萬千百十元角分	借或貸	餘額 千百十萬千百十元角分	核對
月	日							
12	1		期初餘額			貸	6 4 3 6 1 0 0	
	31	記字46號	本期提取		1 1 3 1 0 8 0 9			
	31		本月合計		1 1 3 1 0 8 0 9	貸	1 7 7 4 6 9 0 9	
	31		本年累計		1 1 3 1 0 8 0 9	貸	1 7 7 4 6 9 0 9	

圖 4－198

盈餘公積明細帳

帳戶名稱：公益金

201×年		憑證編號	摘要	借方金額 千百十萬千百十元角分	貸方金額 千百十萬千百十元角分	借或貸	餘額 千百十萬千百十元角分	核對
月	日							
12	1		期初餘額			貸	3 2 1 8 0 5 0	
	31	記字47號	本期提取		5 6 5 5 4 0 4			
	31		本月合計		5 6 5 5 4 0 4	貸	8 8 7 3 4 5 4	
	31		本年累計		5 6 5 5 4 0 4	貸	8 8 7 3 4 5 4	

圖 4－199

本年利潤明細帳

201×年		憑證編號	摘要	借方金額 千百十萬千百十元角分	貸方金額 千百十萬千百十元角分	借或貸	餘額 千百十萬千百十元角分	核對
月	日							
12	1		期初餘額			貸	8 2 5 4 0 9 7 5	
	31	記字41號	結轉收入		6 5 6 2 5 0 0 0			
	31	記字42號	結轉費用	2 4 8 6 8 8 5 0				
	31	記字44號	結轉所得稅	1 0 1 8 9 0 3 7				
	31	記字45號	全年利潤結轉	1 1 3 1 0 8 0 8 8				
	31		本月合計	1 4 8 1 6 5 9 7 5	6 5 6 2 5 0 0 0	平	0	
	31		本年累計	1 4 8 1 6 5 9 7 5	6 5 6 2 5 0 0 0	平	0	

圖 4－200

利潤分配明細帳

帳戶名稱：提取盈餘公積

201×年		憑證編號	摘要	借方金額 千百十萬千百十元角分	貸方金額 千百十萬千百十元角分	借或貸	餘額 千百十萬千百十元角分	核對
月	日							
12	31	記字46號	提取	1 1 3 1 0 8 0 9				
	31	記字49號	結轉		1 1 3 1 0 8 0 9			
	31		本月合計	1 1 3 1 0 8 0 9	1 1 3 1 0 8 0 9	平	0	
	31		本年累計	1 1 3 1 0 8 0 9	1 1 3 1 0 8 0 9	平	0	

圖 4－201

利潤分配明細帳

帳戶名稱：提取公益金

201×年		憑證編號	摘要	借方金額 千百十萬千百十元角分	貸方金額 千百十萬千百十元角分	借或貸	餘額 千百十萬千百十元角分	核對
月	日							
12	31	記字47號	提取	5 6 5 5 4 0 4				
	31	記字49號	結轉		5 6 5 5 4 0 4			
	31		本月合計	5 6 5 5 4 0 4	5 6 5 5 4 0 4	平	0	
	31		本年累計	5 6 5 5 4 0 4	5 6 5 5 4 0 4	平	0	

圖 4-202

利潤分配明細帳

帳戶名稱：應付股利

201×年		憑證編號	摘要	借方金額 千百十萬千百十元角分	貸方金額 千百十萬千百十元角分	借或貸	餘額 千百十萬千百十元角分	核對
月	日							
12	31	記字48號	計提	7 6 9 1 3 5 0 0				
	31	記字49號	結轉		7 6 9 1 3 5 0 0			
	31		本月合計	7 6 9 1 3 5 0 0	7 6 9 1 3 5 0 0	平	0	
	31		本年累計	7 6 9 1 3 5 0 0	7 6 9 1 3 5 0 0	平	0	

圖 4-203

利潤分配明細帳

帳戶名稱：未分配利潤

201×年		憑證編號	摘要	借方金額 千百十萬千百十元角分	貸方金額 千百十萬千百十元角分	借或貸	餘額 千百十萬千百十元角分	核對
月	日							
12	31		期初餘額			貸	1 8 3 0 0 0 0 0	
	31	記字45號	全年利潤結轉		1 1 3 1 0 8 0 8 8			
	31	記字49號	明細科目結轉	9 3 8 7 9 7 1 3				
	31		本月合計	9 3 8 7 9 7 1 3	1 1 3 1 0 8 0 8 8	貸	3 7 5 2 8 3 7 5	
	31		本年累計	9 3 8 7 9 7 1 3	1 1 3 1 0 8 0 8 8	貸	3 7 5 2 8 3 7 5	

圖 4-204

生產成本明細帳

產品品種：功放機 6901

201×年		憑證號數	摘要	借方（成本項目）			
月	日			合計	直接材料	直接人工	製造費用
12	1		期初餘額	128,809.03	70,000.00	36,000.00	22,809.03
	31	記字28,1/2號	材料成本	62,524.00	62,524.00		
	31	記字29號	工資成本	25,000.00		25,000.00	

323

表(續)

201×年		憑證號數	摘要	借方（成本項目）			
月	日			合計	直接材料	直接人工	製造費用
	31	記字30號	工會經費	500.00		500.00	
	31	記字31號	教育經費	375.00		375.00	
	31	記字36, 1/2號	製造費用	14,297.74			14,297.74
	31	記字37號	完工產品成本（紅字）	231,505.77	132,524.00	61875.00	37,106.77
	31		期末在產品成本	——	——	——	——

圖 4－205

生產成本明細帳

產品品種：影碟機 1609

201×年		憑證號數	摘要	借方（成本項目）			
月	日			合計	直接材料	直接人工	製造費用
12	1		期初餘額	85,872.69	50,000.00	23,000.00	12,872.69
	31	記字28, 1/2號	材料成本	58,480.30	58,480.30		
	31	記字29號	工資成本	37,500.00		37,500.00	
	31	記字30號	工會經費	750.00		750.00	
	31	記字31號	教育經費	562.50		562.50	
	31	記字36, 1/2號	製造費用	21,446.62			21,446.62
	31	記字37號	完工產品成本（紅字）	204,612.11	108,480.30	61,812.50	34,319.31
	31		期末在產品成本	——	——	——	——

圖 4－206

製造費用明細帳

201×年		憑證號數	摘要	借方（成本項目）				
月	日			合計	薪酬	折舊	保險費	水電費
12	31	記字29號	計提工資	8,300.00	8,300.00			
	31	記字30號	計提工會經費	166.00	166.00			
	31	記字31號	計提教育經費	124.50	124.50			
	31	記字32號	計提折舊	3,200.00		3,200.00		
	31	記字33號	預付費用攤銷	3,600.00			3,600.00	
	31	記字34號	計提水電費	20,353.86				20,353.86
	31		本月合計	35,744.36	8,590.50	3,200.00	3,600.00	20,353.86
	31	記字36, 1/2號 至 36, 2/2號	結轉（紅字）	35,744.36	8,590.50	3,200.00	3,600.00	20,353.86

圖 4－207

主營業務收入明細帳

帳戶名稱：功放機 6901

201×年 月	日	憑證編號	摘要	借方金額 千百十萬千百十元角分	貸方金額 千百十萬千百十元角分	借或貸	餘額 千百十萬千百十元角分	核對
12	9	記字 12 號	銷售產品		1 5 0 0 0 0 0 0			
	30	記字 27 號	銷售產品		3 2 0 0 0 0 0 0			
	31	記字 41 號	結轉本年利潤	4 7 0 0 0 0 0 0				
	31		本月合計	4 7 0 0 0 0 0 0	4 7 0 0 0 0 0 0	平	0	
	31		本年累計	4 7 0 0 0 0 0 0	4 7 0 0 0 0 0 0	平	0	

圖 4－208

主營業務收入明細帳

帳戶名稱：影碟機 1609

201×年 月	日	憑證編號	摘要	借方金額 千百十萬千百十元角分	貸方金額 千百十萬千百十元角分	借或貸	餘額 千百十萬千百十元角分	核對
12	13	記字 15 號	銷售產品		1 8 0 0 0 0 0 0			
	31	記字 41 號	結轉本年利潤	1 8 0 0 0 0 0 0				
	31		本月合計	1 8 0 0 0 0 0 0	1 8 0 0 0 0 0 0	平	0	
	31		本年累計	1 8 0 0 0 0 0 0	1 8 0 0 0 0 0 0	平	0	

圖 4－209

其他業務收入明細帳

帳戶名稱：材料銷售

201×年 月	日	憑證編號	摘要	借方金額 千百十萬千百十元角分	貸方金額 千百十萬千百十元角分	借或貸	餘額 千百十萬千百十元角分	核對
12	13	記字 17 號	銷售原材料		6 0 0 0 0 0			
	31	記字 41 號	結轉本年利潤	6 0 0 0 0 0				
	31		本月合計	6 0 0 0 0 0	6 0 0 0 0 0	平	0	
	31		本年累計	6 0 0 0 0 0	6 0 0 0 0 0	平	0	

圖 4－210

投資收益明細帳

帳戶名稱：交易稅費

201×年 月	日	憑證編號	摘要	借方金額 千百十萬千百十元角分	貸方金額 千百十萬千百十元角分	借或貸	餘額 千百十萬千百十元角分	核對
12	20	記字 20 號	購入股票	8 8 2 0 0		借	8 8 2 0 0	
	31	記字 42, 4/4 號	結轉本年利潤		8 8 2 0 0	平	0	
	31		本月合計	8 8 2 0 0	8 8 2 0 0	平	0	
	31		本年累計	8 8 2 0 0	8 8 2 0 0	平	0	

圖 4－211

營業外收入明細帳

帳戶名稱：罰款收入

201×年		憑證編號	摘要	借方金額 千百十萬千百十元角分	貸方金額 千百十萬千百十元角分	借或貸	餘額 千百十萬千百十元角分	核對
月	日							
12	27	記字24號	收到罰款		2 5 0 0 0			
	31	記字41號	結轉本年利潤	2 5 0 0 0				
	31		本月合計	2 5 0 0 0	2 5 0 0 0	平	0	
	31		本年累計	2 5 0 0 0	2 5 0 0 0	平	0	

圖 4－212

主營業務成本明細帳

帳戶名稱：功放機6901

201×年		憑證編號	摘要	借方金額 千百十萬千百十元角分	貸方金額 千百十萬千百十元角分	借或貸	餘額 千百十萬千百十元角分	核對
月	日							
12	31	記字38號	結轉銷售成本	1 5 4 0 8 9 0 0				
	31	記字42,1/4號	結轉本年利潤		1 5 4 0 8 9 0 0			
	31		本月合計	1 5 4 0 8 9 0 0	1 5 4 0 8 9 0 0	平	0	
	31		本年累計	1 5 4 0 8 9 0 0	1 5 4 0 8 9 0 0	平	0	

圖 4－213

主營業務成本明細帳

帳戶名稱：影碟機1609

201×年		憑證編號	摘要	借方金額 千百十萬千百十元角分	貸方金額 千百十萬千百十元角分	借或貸	餘額 千百十萬千百十元角分	核對
月	日							
12	31	記字39號	結轉銷售成本	5 7 8 0 1 0 0				
	31	記字42,1/4號	結轉本年利潤		5 7 8 0 1 0 0			
	31		本月合計	5 7 8 0 1 0 0	5 7 8 0 1 0 0	平	0	
	31		本年累計	5 7 8 0 1 0 0	5 7 8 0 1 0 0	平	0	

圖 4－214

其他業務成本明細帳

帳戶名稱：材料銷售

201×年		憑證編號	摘要	借方金額 千百十萬千百十元角分	貸方金額 千百十萬千百十元角分	借或貸	餘額 千百十萬千百十元角分	核對
月	日							
12	31	記字28,1/2號	結轉銷售成本	3 7 5 0 0 0				
	31	記字42,1/4號	結轉本年利潤		3 7 5 0 0 0			
	31		本月合計	3 7 5 0 0 0	3 7 5 0 0 0	平	0	
	31		本年累計	3 7 5 0 0 0	3 7 5 0 0 0	平	0	

圖 4－215

稅金及附加明細帳

帳戶名稱：城市維護建設稅

201×年		憑證編號	摘要	借方金額	貸方金額	借或貸	餘額	核對
月	日							
12	31	記字40號	計提城市維護建設稅	483.98				
	31	記字42,1/4號	結轉本年利潤		483.98			
	31		本月合計	483.98	483.98	平	0	
	31		本年累計	483.98	483.98	平	0	

圖 4-216

稅金及附加明細帳

帳戶名稱：教育費附加

201×年		憑證編號	摘要	借方金額	貸方金額	借或貸	餘額	核對
月	日							
12	31	記字40號	計提教育費	207.13				
	31	記字42,2/4號	結轉本年利潤		207.13			
	31		本月合計	207.13	207.13	平	0	
	31		本年累計	207.13	207.13	平	0	

圖 4-217

銷售費用明細帳

帳戶名稱：廣告費

201×年		憑證編號	摘要	借方金額	貸方金額	借或貸	餘額	核對
月	日							
12	15	記字18號	支付廣告費	2,600.00				
	31	記字42,2/4號	結轉本年利潤		2,600.00			
	31		本月合計	2,600.00	2,600.00	平	0	
	31		本年累計	2,600.00	2,600.00	平	0	

圖 4-218

管理費用明細帳

201×年		憑證號數	摘要	借方（費用項目）									
月	日			合計	辦公費	差旅費	電話費	福利費	招待費	職工薪酬	折舊費	報刊費	水電費
12	9	記字11號	購買辦公用品	630.00	630.00								
	11	記字13號	報銷差旅費	860.00		860.00							
	20	記字19號	支付電話費	3,162.00			3,162.00						
	21	記字21號	報銷醫藥費	370.00				370.00					
	22	記字22號	報銷業務招待費	565.00					565.00				
	31	記字29號	計提工資	12,200.00						12,200.00			
	31	記字30號	計提工會經費	244.00						244.00			
	31	記字31號	計提教育經費	183.00						183.00			

表(續)

201×年		憑證號數	摘要	借方（費用項目）								
月	日			合計	辦公費	差旅費	電話費	福利費	招待費	職工薪酬	折舊費	報刊費	水電費
	31	記字32號	計提折舊	459.75							459.75		
	31	記字33號	攤銷報刊費	200.00								200.00	
	31	記字34號	計提水電費	2,463.14									2,463.14
	31		本月合計	21,336.89	630.00	860.00	3,162.00	370.00	565.00	12,627.00	459.75	200.00	2,463.14
	31	記字42,2/4 至42,3/4號	結轉（紅字）	21,336.89	630.00	860.00	3,162.00	370.00	565.00	12,627.00	459.75	200.00	2,463.14

圖 4-219

財務費用明細帳

帳戶名稱：借款利息

201×年		憑證編號	摘要	借方金額	貸方金額	借或貸	餘額	核對
月	日			千百十萬千百十元角分	千百十萬千百十元角分		千百十萬千百十元角分	
12	31	記字35號	預提利息	1 3 2 2 5 0				
	31	記字42,4/4號	結轉本年利潤		1 3 2 2 5 0			
	31		本月合計	1 3 2 2 5 0	1 3 2 2 5 0	平	0	
	31		本年累計	1 3 2 2 5 0	1 3 2 2 5 0	平	0	

圖 4-220

所得稅費用明細帳

帳戶名稱：當期所得稅費用

201×年		憑證編號	摘要	借方金額	貸方金額	借或貸	餘額	核對
月	日			千百十萬千百十元角分	千百十萬千百十元角分		千百十萬千百十元角分	
12	31	記字43號	計提所得稅	1 0 1 8 9 0 3 7				
	31	記字44號	結轉所得稅		1 0 1 8 9 0 3 7			
	31		本月合計	1 0 1 8 9 0 3 7	1 0 1 8 9 0 3 7	平	0	
	31		本年累計	1 0 1 8 9 0 3 7	1 0 1 8 9 0 3 7	平	0	

圖 4-221

第七節　編制科目匯總表

一、能力目標

（1）能瞭解科目匯總表帳務處理程序；
（2）能明確科目匯總表的作用；
（3）能理解記帳規則與科目匯總表編制原理；
（4）能利用丁字帳每5天、10天或15天匯總一次當期科目發生額；
（5）能編制科目匯總表。

二、能力訓練任務

（1）根據記帳憑證利用丁字帳匯總科目發生額；
（2）根據總帳科目發生額編制科目匯總表。

三、能力訓練步驟

（1）按科目順序根據記帳憑證利用丁字帳匯總科目發生額；
（2）填寫科目匯總表編號、編制時間、所涉及的記帳憑證編號以及張數；
（3）將丁字帳所匯總的科目發生額過入科目匯總表；
（4）計算所有科目的借方合計數與貸方合計數並進行發生額試算平衡。

四、能力訓練要求

根據廣州百威電器有限公司201×年12月記帳憑證編制科目匯總表。
（1）12月1日至15日各科目丁字總帳如下：

（1）庫存現金

	借方		貸方
④	3,000.00		
		⑦	1,000.00
⑬	140.00	⑪	630.00
		⑮	600.00
本期發生額：	3,140.00	本期發生額：	2,230.00

（2）銀行存款

	借方		貸方
②	3,300,000.00	①	39,780.00
⑩	300,000.00	④	3,000.00
⑫	175,500.00	⑤	14,628.36
⑭	73,000.00	⑥	1,462.84
		⑨	66,423.00
		⑯	8,892.00
		⑱	2,600.00
本期發生額：	3,848,500.00	本期發生額：	136,786.20

（3）應收票據

⑰	7,020.00	
本期發生額：7,020.00	本期發生額：	0.00

（4）應收帳款

⑮	211,200.00	⑭	73,000.00
本期發生額：211,200.00	本期發生額：73,000.00

（5）其他應收款

⑦	1,000.00	⑬	1,000.00
本期發生額：1,000.00	本期發生額：1,000.00

（6）在途物資

①	34,000.00	③	34,000.00
本期發生額：34,000.00	本期發生額：34,000.00

（7）原材料

③	34,000.00	
⑧	208,481.08	
本期發生額：242,481.08	本期發生額：	0.00

（8）固定資產

⑯	7,600.00	
本期發生額：7,600.00	本期發生額：	0.00

（9）短期借款

		⑩	300,000.00
本期發生額：	0.00	本期發生額：300,000.00

（10）應付帳款

		⑧	243,858.00
本期發生額：	0.00	本期發生額：243,858.00

（11）應付職工薪酬

⑨	74,607.08	
本期發生額：74,607.08	本期發生額：	0.00

（12）應交稅費

①	5,780.00	⑨	8,184.08
⑤	14,628.36	⑫	25,500.00
⑥	1,462.84	⑮	30,600.00
⑧	35,376.92	⑰	1,020.00
⑯	1,292.00		
本期發生額：58,540.12	本期發生額：65,304.08

（13）實收資本

		②	330,000.00
本期發生額：	0.00	本期發生額：330,000.00

（14）主營業務收入

		⑫	150,000.00
		⑮	180,000.00
本期發生額：	0.00	本期發生額：330,000.00

（15）其他業務收入

		⑰	6000.00
本期發生額：	0.00	本期發生額：6,000.00

(16) 銷售費用		(17) 管理費用	
⑱ 2,600.00		⑪ 630.00	
		⑬ 860.00	
本期發生額：2,600.00	本期發生額： 0.00	本期發生額：1,490.00	本期發生額： 0.00

（2）12月1日至15日科目匯總表，如表4-7所示。

表 4-7　　　　　　　　　　科目匯總表

201×年12月1日至201×年12月15日

編號：科匯字第01號　　　　　　　　　　　記帳憑證第01號至第18號共18張

會計科目	借方	貸方
庫存現金	3140.00	2,230.00
銀行存款	3,848,500.00	136,786.20
應收票據	7,020.00	
應收帳款	211,200.00	73,000.00
其他應收款	1,000.00	1,000.00
在途物資	34,000.00	34,000.00
原材料	242,481.08	
固定資產	7,600.00	
短期借款		300,000.00
應付帳款		243,858.00
應付職工薪酬	74,607.08	
應交稅費	58,540.12	65,304.08
實收資本		3,300,000.00
主營業務收入		330,000.00
其他業務收入		6,000.00
銷售費用	2,600.00	
管理費用	1,490.00	
合計	4,492,178.28	4,492,178.28

（3）12月16日至31日各科目丁字總帳如下：

（1）庫存現金				（2）銀行存款			
㉔ 250.00		㉑	370.00	㉖ 74,400.00		⑲	3,162.00
		㉒	565.00	㉗ 300,000.00		㉕	3,600.00
		㉓	360.00	本期		本期	
本期發生額： 250.00		本期發生額： 1,295.00		發生額： 374,400.00		發生額： 6,762.00	

（3）其他貨幣資金

		⑳	71,922.00
本期發生額：	0.00	本期發生額：	71,922.00

（4）交易性金融資產

⑳	71,040.00		
本期發生額：	71,040.00	本期發生額：	0.00

（5）預付帳款

㉑	360.00	㉝	3,800.00
㉕	3,600.00		
本期發生額：	3,960.00	本期發生額：	3,800.00

（6）原材料

		㉘	124,754.30
本期發生額：	0.00	本期發生額：	124,754.30

（7）庫存商品

㊲	436,117.88	㊳	211,890.00
本期發生額：	436,117.88	本期發生額：	211,890.00

（8）累計折舊

		㉜	3,659.75
本期發生額：	0.00	本期發生額：	3,659.75

（9）應付帳款

		㉞	22,817.00
本期發生額：	0.00	本期發生額：	22,817.00

（10）預收帳款

㉗	74,400.00	㉖	74,400.00
本期發生額：	74,400.00	本期發生額：	74,400.00

（11）應付職工薪酬

		㉙	83,000.00
		㉚	1,660.00
		㉛	1,245.00
本期發生額：	0.00	本期發生額：	85,905.00

（12）應付股利

		㊽	769,135.00
本期發生額：	0.00	本期發生額：	769,135.00

（13）應付利息

		㉟	1,322.50
本期發生額：	0.00	本期發生額：	1,322.50

（14）應交稅費

㊴	69,071.08	㉗	54,400.00
		㊴	69,071.08
		㊵	6,907.11
		㊸	101,890.37
本期發生額：	69,071.08	本期發生額：	232,268.56

（15）盈餘公積

		㊻	113,108.09
		㊼	56,554.04
本期發生額：	0.00	本期發生額：	169,662.13

（16）本年利潤

㊷	248,688.50	㊶	656,250.00
㊹	101,890.37		
㊺	1,131,080.88		
本期發生額：1,481,659.75		本期發生額：	656,250.00

（17）利潤分配

㊻	113,108.09	㊺	1,131,080.88
㊼	56,554.04		
㊽	769,135.00		
㊾	938,797.13	㊾	938,797.13
本期發生額：1,877,594.26		本期發生額：2,069,878.01	

（18）生產成本

㉘	121,004.30	㊲	436,117.88
㉙	62,500.00		
㉚	1,250.00		
㉛	937.50		
㊱	35,744.36		
本期發生額：	221,436.16	本期發生額：	436,117.88

（19）製造費用

㉙	8,300.00	㊱	35,744.36
㉚	166.00		
㉛	124.50		
㉜	3,200.00		
㉝	3,600.00		
㉞	20,353.86		
本期發生額：	35,744.36	本期發生額：	35,744.36

（20）主營業務收入

㊶	650,000.00	㉗	320,000.00
本期發生額：	650,000.00	本期發生額：	320,000.00

（21）其他業務收入

㊶	6,000.00		
本期發生額：	6,000.00	本期發生額：	0.00

（22）投資收益

⑳	882.00	㊷	882.00
本期發生額：	882.00	本期發生額：	882.00

（23）營業外收入

㊶	250.00	㉔	250.00
本期發生額：	250.00	本期發生額：	250.00

（24）主營業務成本

㊳	211,890.00	㊷	211,890.00
本期發生額：	211,890.00	本期發生額：	211,890.00

(25) 其他業務成本

㉘	3,750.00	㊷		3,750.00
本期發生額:	3,750.00	本期發生額:		3,750.00

(26) 稅金及附加

㊵	6,907.11	㊷		6907.11
本期發生額:	6907.11	本期發生額:		6907.11

(27) 銷售費用

		㊷		2,600.00
本期發生額:	0.00	本期發生額:		2,600.00

(28) 財務費用

㉟	1,322.50	㊷		1,322.50
本期發生額:	1,322.50	本期發生額:		1,322.50

(29) 管理費用

⑲	3,162.00	㊷		21,336.89
㉑	370.00			
㉒	565.00			
㉙	12,200.00			
㉚	244.00			
㉛	183.00			
㉜	459.75			
㉝	200.00			
㉞	2,463.14			
本期發生額:	19,846.89	本期發生額:		21,336.89

(30) 所得稅費用

㊸	101,890.37	㊹		101,890.37
本期發生額:	101,890.37	本期發生額:		101,890.37

(4) 12月16日至31日科目匯總表如表4-8所示。

表4-8　　　　　　　　　科目匯總表

201×年12月16日至201×年12月31日

編號：科匯字第02號　　　　　　　　　記帳憑證第19號至第49號共36張

會計科目	借方	貸方
庫存現金	250.00	1,295.00
銀行存款	374,400.00	6,762.00
其他貨幣資金		71,922.00
交易性金融資產	71,040.00	
預付帳款	3,960.00	3,800.00
原材料		124,754.30
庫存商品	436,117.88	211,890.00
累計折舊		3,659.75

表4－8(續)

會計科目	借方	貸方
應付帳款		22,817.00
預收帳款	74,400.00	74,400.00
應付職工薪酬		85,905.00
應付股利		769,135.00
應付利息		1,322.50
應交稅費	69,071.08	232,268.56
盈餘公積		169,662.13
本年利潤	1,481,659.75	656,250.00
利潤分配	1,877,594.26	2,069,878.01
生產成本	221,436.16	436,117.88
製造費用	35,744.36	35,744.36
主營業務收入	650,000.00	320,000.00
其他業務收入	6,000.00	
投資收益	882.00	882.00
營業外收入	250.00	250.00
主營業務成本	211,890.00	211,890.00
其他業務成本	3,750.00	3,750.00
稅金及附加	6,907.11	6,907.11
銷售費用		2,600.00
財務費用	1,322.50	1,322.50
管理費用	19,846.89	21,336.89
所得稅費用	101,890.37	101,890.37
合計	5,648,412.36	5,648,412.36

第八節　登記總帳

一、能力目標

(1) 能辨析總帳格式；
(2) 能明確明細帳與總帳的平行登記原理；
(3) 能明確總帳會計崗位工作職責；
(4) 能明確總帳的登記依據；
(5) 能根據科目匯總表登記總帳；
(6) 能對總帳進行月結和年結。

二、能力訓練任務

(1) 根據科目匯總表登記總帳；
(2) 對總帳進行月末結帳；
(3) 對總帳進行年終結帳。

三、能力訓練步驟

(1) 根據科目匯總表對應的科目內容登記總帳；
(2) 月末結算本期發生額及餘額，並在本月合計欄下方，畫一條通欄紅線；
(3) 年末累計本年發生額及餘額，並在本年累計下方，畫兩條通欄紅線；
(4) 將本年餘額結轉下年，本年帳簿餘額為零，紅線註銷空白欄，封存帳簿。

四、能力訓練要求

根據廣州百威電器有限公司 201× 年 12 月科目匯總表登記總帳如圖 4-222~ 圖 4-260 所示。

庫存現金總帳

201×年		憑證編號	摘要	借方金額 千百十萬千百十元角分	貸方金額 千百十萬千百十元角分	借或貸	餘額 千百十萬千百十元角分	核對
月	日							
12	1		期初餘額			借	7 3 0 0 0	
	15	匯字01號	匯總1-15日發生額	3 1 4 0 0 0	2 2 3 0 0 0			
	31	匯字02號	匯總16-31日發生額	2 5 0 0 0	1 2 9 5 0 0			
	31		本月合計	3 3 9 0 0 0	3 5 2 5 0 0	借	5 9 5 0 0	
	31		本年累計	3 3 9 0 0 0	3 5 2 5 0 0	借	5 9 5 0 0	

圖 4-222

銀行存款總帳

201×年		憑證編號	摘要	借方金額 千百十萬千百十元角分	貸方金額 千百十萬千百十元角分	借或貸	餘額 千百十萬千百十元角分	核對
月	日							
12	1		期初餘額			借	5 9 0 6 0 0 5 0	
	15	匯字01號	匯總1-15日發生額	3 8 4 8 5 0 0 0 0	1 3 6 7 8 6 2 0			
	31	匯字02號	匯總16-31日發生額	3 7 4 4 0 0 0 0	6 7 6 2 0 0			
	31		本月合計	4 2 2 2 9 0 0 0 0	1 4 3 5 4 8 2 0	借	4 6 6 9 9 5 2 3 0	
	31		本年累計	4 2 2 2 9 0 0 0 0	1 4 3 5 4 8 2 0	借	4 6 6 9 9 5 2 3 0	

圖 4-223

其他貨幣資金總帳

201×年		憑證編號	摘要	借方金額 千百十萬千百十元角分	貸方金額 千百十萬千百十元角分	借或貸	餘額 千百十萬千百十元角分	核對
月	日							
12	1		期初餘額			借	1 0 0 0 0 0 0 0	
	31	匯字02號	匯總16-31日發生額		7 1 9 2 2 0 0			
	31		本月合計		7 1 9 2 2 0 0	借	2 8 0 7 8 0 0	
	31		本年累計		7 1 9 2 2 0 0	借	2 8 0 7 8 0 0	

圖 4-224

交易性金融資產總帳

201×年		憑證編號	摘要	借方金額 千百十萬千百十元角分	貸方金額 千百十萬千百十元角分	借或貸	餘額 千百十萬千百十元角分	核對
月	日							
12	31	匯字02號	匯總16-31日發生額	7 1 0 4 0 0 0				
	31		本月合計	7 1 0 4 0 0 0		借	7 1 0 4 0 0 0	
	31		本年累計	7 1 0 4 0 0 0		借	7 1 0 4 0 0 0	

圖 4-225

應收票據總帳

201×年		憑證編號	摘要	借方金額 千百十萬千百十元角分	貸方金額 千百十萬千百十元角分	借或貸	餘額 千百十萬千百十元角分	核對
月	日							
12	15	匯字01號	匯總1-15日發生額	7 0 2 0 0 0				
	31		本月合計	7 0 2 0 0 0		借	7 0 2 0 0 0	
	31		本年累計	7 0 2 0 0 0		借	7 0 2 0 0 0	

圖 4-226

應收帳款總帳

201×年		憑證編號	摘要	借方金額 千百十萬千百十元角分	貸方金額 千百十萬千百十元角分	借或貸	餘額 千百十萬千百十元角分	核對
月	日							
12	1		期初餘額			借	7 3 0 0 0 0 0	
	15	匯字01號	匯總1-15日發生額	2 1 1 2 0 0 0 0	7 3 0 0 0 0 0			
	31		本月合計	2 1 1 2 0 0 0 0	7 3 0 0 0 0 0	借	2 1 1 2 0 0 0 0	
	31		本年累計	2 1 1 2 0 0 0 0	7 3 0 0 0 0 0	借	2 1 1 2 0 0 0 0	

圖 4-227

預付帳款總帳

201×年 月	日	憑證編號	摘要	借方金額 千百十萬千百十元角分	貸方金額 千百十萬千百十元角分	借或貸	餘額 千百十萬千百十元角分	核對
12	1		期初餘額			借	3 8 0 0 0 0	
	31	匯字02號	匯總16-31日發生額	3 9 6 0 0 0	3 8 0 0 0 0			
	31		本月合計	3 9 6 0 0 0	3 8 0 0 0 0	借	3 9 6 0 0 0	
	31		本年累計	3 9 6 0 0 0	3 8 0 0 0 0	借	3 9 6 0 0 0	

圖4-228

其他應收款總帳

201×年 月	日	憑證編號	摘要	借方金額 千百十萬千百十元角分	貸方金額 千百十萬千百十元角分	借或貸	餘額 千百十萬千百十元角分	核對
12	15	匯字01號	匯總1-15日發生額	1 0 0 0 0 0	1 0 0 0 0 0			
	31		本月合計	1 0 0 0 0 0	1 0 0 0 0 0	平	0	
	31		本年累計	1 0 0 0 0 0	1 0 0 0 0 0	平	0	

圖4-229

壞帳準備總帳

201×年 月	日	憑證編號	摘要	借方金額 千百十萬千百十元角分	貸方金額 千百十萬千百十元角分	借或貸	餘額 千百十萬千百十元角分	核對
12	1		期初餘額			貸	1 9 8 0 0 0	
	31		本月合計			貸	1 9 8 0 0 0	
	31		本年累計			貸	1 9 8 0 0 0	

圖4-230

在途物資總帳

201×年 月	日	憑證編號	摘要	借方金額 千百十萬千百十元角分	貸方金額 千百十萬千百十元角分	借或貸	餘額 千百十萬千百十元角分	核對
12	15	匯字01號	匯總1-15日發生額	3 4 0 0 0 0	3 4 0 0 0 0			
	31		本月合計	3 4 0 0 0 0	3 4 0 0 0 0	平	0	
	31		本年累計	3 4 0 0 0 0	3 4 0 0 0 0	平	0	

圖4-231

原材料總帳

201×年 月	日	憑證編號	摘要	借方金額 千百十萬千百十元角分	貸方金額 千百十萬千百十元角分	借或貸	餘額 千百十萬千百十元角分	核對
12	1		期初餘額			借	1 2 9 6 7 8 0 0	
	15	匯字01號	匯總1-15日發生額	2 4 2 4 8 1 0 8				
	31	匯字02號	匯總16-31日發生額		1 2 4 7 5 4 3 0			
	31		本月合計	2 4 2 4 8 1 0 8	1 2 4 7 5 4 3 0	借	2 4 7 4 0 4 7 8	
	31		本年累計	2 4 2 4 8 1 0 8	1 2 4 7 5 4 3 0	借	2 4 7 4 0 4 7 8	

圖4-232

第四章 工業企業科目匯總表全套帳務處理

庫存商品總帳

201×年		憑證編號	摘要	借方金額 千百十萬千百十元角分	貸方金額 千百十萬千百十元角分	借或貸	餘額 千百十萬千百十元角分	核對
月	日							
12	1		期初餘額			借	6 2 0 8 0 0 0 0	
	31	匯字02號	匯總16-31日發生額	4 3 6 1 1 7 8 8	2 1 1 8 9 0 0 0			
	31		本月合計	4 3 6 1 1 7 8 8	2 1 1 8 9 0 0 0	借	8 4 5 0 2 7 8 8	
	31		本年累計	4 3 6 1 1 7 8 8	2 1 1 8 9 0 0 0	借	8 4 5 0 2 7 8 8	

圖4-233

固定資產總帳

201×年		憑證編號	摘要	借方金額 千百十萬千百十元角分	貸方金額 千百十萬千百十元角分	借或貸	餘額 千百十萬千百十元角分	核對
月	日							
12	1		期初餘額			借	1 4 2 9 8 7 6 3 5	
	15	匯字01號	匯總1-15日發生額	7 6 0 0 0 0				
	31		本月合計	7 6 0 0 0 0		借	1 4 3 7 4 7 6 3 5	
	31		本年累計	7 6 0 0 0 0		借	1 4 3 7 4 7 6 3 5	

圖4-234

累計折舊總帳

201×年		憑證編號	摘要	借方金額 千百十萬千百十元角分	貸方金額 千百十萬千百十元角分	借或貸	餘額 千百十萬千百十元角分	核對
月	日							
12	1		期初餘額			貸	1 9 6 2 0 0 0 0	
	31	匯字02號	匯總16-31日發生額		3 6 5 9 7 5			
	31		本月合計		3 6 5 9 7 5	貸	1 9 9 8 5 9 7 5	
	31		本年累計		3 6 5 9 7 5	貸	1 9 9 8 5 9 7 5	

圖4-235

短期借款總帳

201×年		憑證編號	摘要	借方金額 千百十萬千百十元角分	貸方金額 千百十萬千百十元角分	借或貸	餘額 千百十萬千百十元角分	核對
月	日							
12	15	匯字01號	匯總1-15日發生額		3 0 0 0 0 0 0 0			
	31		本月合計		3 0 0 0 0 0 0 0	貸	3 0 0 0 0 0 0 0	
	31		本年累計		3 0 0 0 0 0 0 0	貸	3 0 0 0 0 0 0 0	

圖4-236

應付帳款總帳

201×年		憑證編號	摘要	借方金額 千百十萬千百十元角分	貸方金額 千百十萬千百十元角分	借或貸	餘額 千百十萬千百十元角分	核對
月	日							
12	1		期初餘額			貸	3 5 2 0 0 0	
	15	匯字01號	匯總1-15日發生額		2 4 3 8 5 8 0 0			
	31	匯字02號	匯總16-31日發生額		2 2 8 1 7 0 0			
	31		本月合計		2 6 6 6 7 5 0 0	貸	2 7 0 1 9 5 0 0	
	31		本年累計		2 6 6 6 7 5 0 0	貸	2 7 0 1 9 5 0 0	

圖4-237

339

預收帳款總帳

201×年		憑證編號	摘要	借方金額 千百十萬千百十元角分	貸方金額 千百十萬千百十元角分	借或貸	餘額 千百十萬千百十元角分	核對
月	日							
12	31	匯字02號	匯總16-31日發生額	7 4 4 0 0 0 0	7 4 4 0 0 0 0			
	31		本月合計	7 4 4 0 0 0 0	7 4 4 0 0 0 0	平	0	
	31		本年累計	7 4 4 0 0 0 0	7 4 4 0 0 0 0	平	0	

圖 4－238

應付職工薪酬總帳

201×年		憑證編號	摘要	借方金額 千百十萬千百十元角分	貸方金額 千百十萬千百十元角分	借或貸	餘額 千百十萬千百十元角分	核對
月	日							
12	1		期初餘額			貸	8 7 6 6 3 3 2	
	15	匯字01號	匯總1-15日發生額	7 4 6 0 7 0 8				
	31	匯字02號	匯總16-31日發生額		8 5 9 0 5 0 0			
	31		本月合計	7 4 6 0 7 0 8	8 5 9 0 5 0 0	貸	9 8 9 6 1 2 4	
	31		本年累計	7 4 6 0 7 0 8	8 5 9 0 5 0 0	貸	9 8 9 6 1 2 4	

圖 4－239

應付股利總帳

201×年		憑證編號	摘要	借方金額	貸方金額	借或貸	餘額	核對
月	日							
12	31	匯字02號	匯總16-31日發生額		7 6 9 1 3 5 0 0			
	31		本月合計		7 6 9 1 3 5 0 0	貸	7 6 9 1 3 5 0 0	
	31		本年累計		7 6 9 1 3 5 0 0	貸	7 6 9 1 3 5 0 0	

圖 4－240

應付利息總帳

201×年		憑證編號	摘要	借方金額	貸方金額	借或貸	餘額	核對
月	日							
12	31	匯字02號	匯總16-31日發生額		1 3 2 2 5 0			
	31		本月合計		1 3 2 2 5 0	貸	1 3 2 2 5 0	
	31		本年累計		1 3 2 2 5 0	貸	1 3 2 2 5 0	

圖 4－241

應交稅費總帳

201×年		憑證編號	摘要	借方金額	貸方金額	借或貸	餘額	核對
月	日							
12	1		期初餘額			貸	1 6 0 9 1 2 0	
	15	匯字01號	匯總1-15日發生額	5 8 5 4 0 1 2	6 5 3 0 4 0 8			
	31	匯字02號	匯總16-31日發生額	6 9 0 7 1 0 8	2 3 2 2 6 8 5 6			
	31		本月合計	1 2 7 6 1 1 2 0	2 9 7 5 7 2 6 4	貸	1 8 6 0 5 2 6 4	
	31		本年累計	1 2 7 6 1 1 2 0	2 9 7 5 7 2 6 4	貸	1 8 6 0 5 2 6 4	

圖 4－242

實收資本總帳

201×年		憑證編號	摘要	借方金額 千百十萬千百十元角分	貸方金額 千百十萬千百十元角分	借或貸	餘額 千百十萬千百十元角分	核對
月	日							
12	1		期初餘額			貸	1 7 0 0 0 0 0 0 0	
	15	匯字01號	匯總 1－15 日發生額		3 3 0 0 0 0 0 0 0			
	31		本月合計		3 3 0 0 0 0 0 0 0	貸	5 0 0 0 0 0 0 0 0	
	31		本年累計		3 3 0 0 0 0 0 0 0	貸	5 0 0 0 0 0 0 0 0	

圖 4－243

資本公積總帳

201×年		憑證編號	摘要	借方金額 千百十萬千百十元角分	貸方金額 千百十萬千百十元角分	借或貸	餘額 千百十萬千百十元角分	核對
月	日							
12	1		期初餘額			貸	5 2 7 6 0 8 0	
	31		本月合計			貸	5 2 7 6 0 8 0	
	31		本年累計			貸	5 2 7 6 0 8 0	

圖 4－244

盈餘公積總帳

201×年		憑證編號	摘要	借方金額 千百十萬千百十元角分	貸方金額 千百十萬千百十元角分	借或貸	餘額 千百十萬千百十元角分	核對
月	日							
12	1		期初餘額			貸	9 6 5 4 1 5 0	
	31	匯字02號	匯總 16－31 日發生額		1 6 9 6 6 2 1 3			
	31		本月合計		1 6 9 6 6 2 1 3	貸	2 6 6 2 0 3 6 3	
	31		本年累計		1 6 9 6 6 2 1 3	貸	2 6 6 2 0 3 6 3	

圖 4－245

本年利潤總帳

201×年		憑證編號	摘要	借方金額 千百十萬千百十元角分	貸方金額 千百十萬千百十元角分	借或貸	餘額 千百十萬千百十元角分	核對
月	日							
12	1		期初餘額			貸	8 2 5 4 0 9 7 5	
	31	匯字02號	匯總 16－31 日發生額	1 4 8 1 6 5 9 7 5	6 5 6 2 5 0 0 0			
	31		本月合計	1 4 8 1 6 5 9 7 5	6 5 6 2 5 0 0 0	平	0	
	31		本年累計	1 4 8 1 6 5 9 7 5	6 5 6 2 5 0 0 0	平	0	

圖 4－246

利潤分配總帳

201×年		憑證編號	摘要	借方金額 千百十萬千百十元角分	貸方金額 千百十萬千百十元角分	借或貸	餘額 千百十萬千百十元角分	核對
月	日							
12	1		期初餘額			貸	1 8 3 0 0 0 0 0	
	31	匯字02號	匯總 16－31 日發生額	1 8 7 7 5 9 4 2 6	2 0 6 9 8 7 8 0 1			
	31		本月合計	1 8 7 7 5 9 4 2 6	2 0 6 9 8 7 8 0 1	貸	3 7 5 2 8 3 7 5	
	31		本年累計	1 8 7 7 5 9 4 2 6	2 0 6 9 8 7 8 0 1	貸	3 7 5 2 8 3 7 5	

圖 4－247

生產成本總帳

201×年		憑證編號	摘要	借方金額 千百十萬千百十元角分	貸方金額 千百十萬千百十元角分	借或貸	餘額 千百十萬千百十元角分	核對
月	日							
12	1		期初餘額			借	2 1 4 6 8 1 7 2	
	31	匯字02號	匯總16-31日發生額	2 2 1 4 3 6 1 6	4 3 6 1 1 7 8 8			
	31		本月合計	2 2 1 4 3 6 1 6	4 3 6 1 1 7 8 8	平	0	
	31		本年累計	2 2 1 4 3 6 1 6	4 3 6 1 1 7 8 8	平	0	

圖4-248

製造費用總帳

201×年		憑證編號	摘要	借方金額 千百十萬千百十元角分	貸方金額 千百十萬千百十元角分	借或貸	餘額 千百十萬千百十元角分	核對
月	日							
	31	匯字02號	匯總16-31日發生額	3 5 7 4 4 3 6	3 5 7 4 4 3 6			
	31		本月合計	3 5 7 4 4 3 6	3 5 7 4 4 3 6	平	0	
	31		本年累計	3 5 7 4 4 3 6	3 5 7 4 4 3 6	平	0	

圖4-249

主營業務收入總帳

201×年		憑證編號	摘要	借方金額	貸方金額	借或貸	餘額	核對
月	日							
12	15	匯字01號	匯總1-15日發生額		3 3 0 0 0 0 0			
	31	匯字02號	匯總16-31日發生額	6 5 0 0 0 0 0	3 2 0 0 0 0 0			
	31		本月合計	6 5 0 0 0 0 0	6 5 0 0 0 0 0	平	0	
	31		本年累計	6 5 0 0 0 0 0	6 5 0 0 0 0 0	平	0	

圖4-250

其他業務收入總帳

201×年		憑證編號	摘要	借方金額	貸方金額	借或貸	餘額	核對
月	日							
12	15	匯字01號	匯總1-15日發生額		6 0 0 0 0 0			
	31	匯字02號	匯總16-31日發生額	6 0 0 0 0 0				
	31		本月合計	6 0 0 0 0 0	6 0 0 0 0 0	平	0	
	31		本年累計	6 0 0 0 0 0	6 0 0 0 0 0	平	0	

圖4-251

投資收益總帳

201×年		憑證編號	摘要	借方金額	貸方金額	借或貸	餘額	核對
月	日							
12	31	匯字02號	匯總16-31日發生額	8 8 2 0 0	8 8 2 0 0			
	31		本月合計	8 8 2 0 0	8 8 2 0 0	平	0	
	31		本年累計	8 8 2 0 0	8 8 2 0 0	平	0	

圖4-252

營業外收入總帳

201×年 月	日	憑證編號	摘要	借方金額 千百十萬千百十元角分	貸方金額 千百十萬千百十元角分	借或貸	餘額 千百十萬千百十元角分	核對
12	31	匯字02號	匯總16-31日發生額	2 5 0 0 0	2 5 0 0 0			
	31		本月合計	2 5 0 0 0	2 5 0 0 0	平	0	
	31		本年累計	2 5 0 0 0	2 5 0 0 0	平	0	

圖 4－253

主營業務成本總帳

201×年 月	日	憑證編號	摘要	借方金額	貸方金額	借或貸	餘額	核對
12	31	匯字02號	匯總16-31日發生額	2 1 1 8 9 0 0 0	2 1 1 8 9 0 0 0			
	31		本月合計	2 1 1 8 9 0 0 0	2 1 1 8 9 0 0 0	平	0	
	31		本年累計	2 1 1 8 9 0 0 0	2 1 1 8 9 0 0 0	平	0	

圖 4－254

其他業務成本總帳

201×年 月	日	憑證編號	摘要	借方金額	貸方金額	借或貸	餘額	核對
12	31	匯字02號	匯總16-31日發生額	3 7 5 0 0 0	3 7 5 0 0 0			
	31		本月合計	3 7 5 0 0 0	3 7 5 0 0 0	平	0	
	31		本年累計	3 7 5 0 0 0	3 7 5 0 0 0	平	0	

圖 4－255

稅金及附加總帳

201×年 月	日	憑證編號	摘要	借方金額	貸方金額	借或貸	餘額	核對
12	31	匯字02號	匯總16-31日發生額	6 9 0 7 1 1	6 9 0 7 1 1			
	31		本月合計	6 9 0 7 1 1	6 9 0 7 1 1	平	0	
	31		本年累計	6 9 0 7 1 1	6 9 0 7 1 1	平	0	

圖 4－256

銷售費用總帳

201×年 月	日	憑證編號	摘要	借方金額	貸方金額	借或貸	餘額	核對
12	15	匯字01號	匯總1-15日發生額	2 6 0 0 0 0				
	31	匯字02號	匯總16-31日發生額		2 6 0 0 0 0			
	31		本月合計	2 6 0 0 0 0	2 6 0 0 0 0	平	0	
	31		本年累計	2 6 0 0 0 0	2 6 0 0 0 0	平	0	

圖 4－257

財務費用總帳

201×年		憑證編號	摘要	借方金額 千百十萬千百十元角分	貸方金額 千百十萬千百十元角分	借或貸	餘額 千百十萬千百十元角分	核對
月	日							
12	31	匯字02號	匯總16-31日發生額	1 3 2 2 5 0	1 3 2 2 5 0			
	31		本月合計	1 3 2 2 5 0	1 3 2 2 5 0	平	0	
	31		本年累計	1 3 2 2 5 0	1 3 2 2 5 0	平	0	

圖 4－258

管理費用總帳

201×年		憑證編號	摘要	借方金額 千百十萬千百十元角分	貸方金額 千百十萬千百十元角分	借或貸	餘額 千百十萬千百十元角分	核對
月	日							
12	15	匯字01號	匯總1-15日發生額	1 4 9 0 0 0				
	31	匯字02號	匯總16-31日發生額	1 9 8 4 6 8 9	2 1 3 3 6 8 9			
	31		本月合計	2 1 3 3 6 8 9	2 1 3 3 6 8 9	平	0	
	31		本年累計	2 1 3 3 6 8 9	2 1 3 3 6 8 9	平	0	

圖 4－259

所得稅費用總帳

201×年		憑證編號	摘要	借方金額 千百十萬千百十元角分	貸方金額 千百十萬千百十元角分	借或貸	餘額 千百十萬千百十元角分	核對
月	日							
12	31	匯字02號	匯總16-31日發生額	1 0 1 8 9 0 3 7	1 0 1 8 9 0 3 7			
	31		本月合計	1 0 1 8 9 0 3 7	1 0 1 8 9 0 3 7	平	0	
	31		本年累計	1 0 1 8 9 0 3 7	1 0 1 8 9 0 3 7	平	0	

圖 4－260

第九節　結帳

一、能力目標

（1）能區分帳戶的類別；
（2）能明確帳戶的性質與借貸記帳符號的含義；
（3）能合計不同帳戶的本期發生額並計算期末餘額；
（4）能按照會計手工操作的規範性要求對日記帳、明細帳、總帳進行結帳。

二、能力訓練任務

（1）對日記帳進行結帳；
（2）對明細帳進行結帳；
（3）對總帳進行結帳。

三、能力訓練步驟

（1）月末結算本期發生額及餘額，並在本月合計欄下方，畫一條通欄紅線；
（2）年末累計本年發生額及餘額，並在本年累計欄下方，畫兩條通欄紅線；
（3）將本年餘額結轉下年，本年帳簿餘額為零，紅線註銷空白欄，封存帳簿。

四、能力訓練要求

對廣州百威電器有限公司201×年12月的日記帳、明細帳、總帳進行結帳。

1. 日記帳的月結與年結

詳見本章第五節「登記日記帳」的「庫存現金日記帳」與「銀行存款日記帳」的「本月合計」「本年累計」「結轉下年」以及帳簿下方斜對角線註銷的圖示操作。

2. 明細帳的月結與年結

如「其他貨幣資金明細帳」所示（見圖4－261），其他科目類似。

3. 總帳的月結與年結

如「交易性金融資產總帳」所示（見圖4－262），其他科目類似。

其他貨幣資金明細帳

帳戶名稱：存出投資款

201×年		憑證編號	摘要	借方金額	貸方金額	借或貸	餘額	核對
月	日			千百十萬千百十元角分	千百十萬千百十元角分		千百十萬千百十元角分	
12	1		期初餘額			借	1 0 0 0 0 0 0 0	
	20	記字20號	購入股票		7 1 9 2 2 0 0			
	31		本月合計		7 1 9 2 2 0 0	借	2 8 0 7 8 0 0	
	31		本年累計		7 1 9 2 2 0 0	借	2 8 0 7 8 0 0	
	31		結轉下年		2 8 0 7 8 0 0	平	0	

圖 4－261

交易性金融資產總帳

201×年		憑證編號	摘要	借方金額	貸方金額	借或貸	餘額	核對
月	日			千百十萬千百十元角分	千百十萬千百十元角分		千百十萬千百十元角分	
12	31	匯字02號	匯總16-31日發生額	7 1 0 4 0 0 0				
	31		本月合計	7 1 0 4 0 0 0		借	7 1 0 4 0 0 0	
	31		本年累計	7 1 0 4 0 0 0		借	7 1 0 4 0 0 0	
	31		結轉下年		7 1 0 4 0 0 0	平	0	

圖 4－262

第十節　對帳

一、能力目標

（1）能掌握明細帳與總帳平行登記的原理；
（2）能理解總帳對明細帳的統馭作用；
（3）能理解明細帳對總帳會計信息的解釋說明作用；
（4）能理解對帳的具體內容；
（5）能明確對帳的具體步驟；
（6）能按照會計手工操作的規範性要求進行對帳。

二、能力訓練任務

（1）帳證核對；
（2）帳帳核對；
（3）帳物核對；
（4）帳款核對。

三、能力訓練步驟

（1）核對日記帳、明細帳記錄與原始憑證、記帳憑證是否一致並在帳簿核對欄打「√」；
（2）核對總分類帳中，全部帳戶的借方餘額合計數與貸方餘額合計數是否相符；
（3）核對總分類帳中的「庫存現金」「銀行存款」帳戶的餘額數與對應日記帳是否相符，並在帳簿核對欄打「√」；
（4）核對總分類帳中，各帳戶的月末餘額與所屬明細分類帳戶月末餘額之和是否相符，並在帳簿核對欄打「√」；
（5）編制財產物資清查報告核對財產物資明細帳結存量與實存量是否相符；
（6）每日編制庫存現金盤點表核對現金日記帳帳面餘額與實際庫存數是否相符；
（7）每月核對銀行存款日記帳的帳面餘額與銀行對帳單餘額是否相符，若不一致，應編制銀行存款餘額調節表；
（8）定期核對各種往來款項明細帳餘額是否與有關單位或個人的記錄相符；
（9）按規定時間核對已上交稅費是否與監交部門的要求與記錄相符。

四、能力訓練要求

完成廣州百威電器有限公司201×年12月份對帳工作。

1. 帳證核對

月末，執行能力訓練步驟（1）。

2. 帳帳核對

月末，執行能力訓練步驟（2）至步驟（4）。

3. 帳物核對

月末，執行能力訓練步驟（5），編制「盤存單」（見圖4-263）與「帳存實存對比表」（見圖4-264）。

盤存單

單位名稱：　　　　　　　　　　　　　　　　　　　編號：

盤點時間：　　　　　　財產類別：　　　　　　存放地點：

編號	名稱	計量單位	數量	單價	金額	備註

盤點人簽章_____　　　　實物保管人簽章_____

圖4-263

實存帳存對比表

單位名稱：　　　　　　　　　年　月　日

編號	類別及名稱	計量單位	單價	實存		帳存		差異			
				數量	金額	數量	金額	盤盈		盤虧	
								數量	金額	數量	金額

主管人員：　　　　　　會計：　　　　　　製表：

圖4-264

4. 帳款核對

（1）月末，執行能力訓練步驟（6），編制「庫存現金盤點報告表」（見圖4-265）。

庫存現金盤點報告表

單位名稱：　　　　　　　　　年　月　日

實存金額	帳存金額	對比結果		備註
		盤盈	盤虧	

盤點人（簽章）：　　　　　　出納員（簽章）：

圖4-265

（2）月末，執行能力訓練步驟（7），編制「銀行存款餘額調節表」。

若百威公司201×年12月銀行對帳單如圖4-266所示。

銀行對帳單

201×年12月31日　　　　　　　　　　　　　　　　　單位：元

月	日		摘　要	借方	貸方	餘額
12	1					590,600.50
	3	付	材料款	39,780.00		
	5	收	投資款		3,300,000.00	
	6	付	備用金	3,000.00		
	6	付	增值稅	14,628.36		
	6	付	城市維護建設稅	1,462.84		
	8	付	工資	66,423.00		
	9	收	短期貸款		300,000.00	
	9	收	銷貨款		175,500.00	
	11	收	前欠貨款		73,000.00	
	15	付	廣告費	2,600.00		
	20	付	電話費	3,162.00		
	29	收	預收產品訂金		12,000.00	
	30	收	銷貨款		300,000.00	
	31	付	廠房租金	50,000.00		
	31		本月合計	181,056.20	4,160,500.00	4,570,044.30

圖4-266

先核對銀行存款日記帳與對帳單，找出未達帳項，再編製銀行存款餘額調節表如圖4-267所示。

銀行存款餘額調節表

編製：廣州百威電器有限公司　　　201×年12月31日　　　　　　　　單位：元

銀行存款日記帳	金額	銀行對帳單	金額
帳面存款餘額	4,669,952.30	銀行對帳單餘額	4,570,044.30
加：銀行已收企業未收	12,000.00	加：企業已收銀行未收	74,400.00
減：銀行已付企業未付	50,000.00	減：企業已付銀行未付	12,492.00
調節后的存款餘額	4,631,952.30	調節后的存款餘額	4,631,952.30

圖4-267

(3）月末，執行能力訓練步驟（8），編制「往來帳項對帳單」（見圖 4-268）。

往來帳項對帳單

總分類帳戶名稱：　　　　　　　　　年　月　日

明細分類帳名稱	帳面金額	核對相符金額	核對不符金額
備註	未達款項金額：	有爭議款項金額：	其他：

會計主管：　　　　　　復核人：　　　　　　出納員：

圖 4-268

(4）月末，執行能力訓練步驟（9），編制「已交稅費核對表」（見圖 4-269）。

已交稅費核對表

年　月　日

稅費種類	計稅基礎	稅率	應交金額	申報日期	繳納日期	繳納方式	完稅憑證編號	差異	核對人

會計主管：　　　　　　復核人：　　　　　　出納員：

圖 4-269

第十一節　編制試算平衡表

一、能力目標

(1) 能理解餘額試算平衡與發生額試算平衡的原理；
(2) 能掌握試算平衡表的格式；
(3) 能理解試算平衡表的作用；
(4) 能掌握試算平衡表的編制方法。

二、能力訓練任務

編制試算平衡表進行餘額試算平衡與發生額試算平衡。

三、能力訓練步驟

(1) 選擇格式正確的試算平衡表；
(2) 按順序將總帳上的全部科目名稱抄到試算平衡表第一列「會計科目」處；
(3) 將總帳上各科目的期初餘額過到試算平衡表上；
(4) 試算期初餘額的借方合計數與貸方合計數是否平衡；
(5) 將總帳上各科目的本期借方發生額與貸方發生額過到試算平衡表上；
(6) 試算本期發生額的借方合計數與貸方合計數是否平衡；
(7) 將總帳上各科目的期末餘額過到試算平衡表上；
(8) 試算期末餘額的借方合計數與貸方合計數是否平衡。

四、能力訓練要求

編制廣州百威電器有限公司201×年12月份試算平衡表如表4-9所示。

表4-9　　　　　　　　　　試算平衡表
　　　　　　　　　　201×年12月31日　　　　　　　　　　單位：元

會計科目	期初餘額 借方	期初餘額 貸方	本期發生額 借方	本期發生額 貸方	期末餘額 借方	期末餘額 貸方
庫存現金	730.00		3,390.00	3,525.00	595.00	
銀行存款	590,600.50		4,222,900.00	143,548.20	4,669,952.30	
其他貨幣資金	100,000.00			71,922.00	28,078.00	
交易性金融資產			71,040.00		71,040.00	
應收票據			7,020.00		7,020.00	
應收帳款	73,000.00		211,200.00	73,000.00	211,200.00	
預付帳款	3,800.00		3,960.00	3,800.00	3,960.00	

351

表4-9(續)

會計科目	期初餘額 借方	期初餘額 貸方	本期發生額 借方	本期發生額 貸方	期末餘額 借方	期末餘額 貸方
其他應收款			1,000.00	1,000.00		
壞帳準備		1,980.00				1,980.00
在途物資			34,000.00	34,000.00		
原材料	129,678.00		242,481.08	124,754.30	247,404.78	
庫存商品	620,800.00		436,117.88	211,890.00	845,027.88	
固定資產	1,429,876.35		7,600.00		1,437,476.35	
累計折舊		196,200.00		3,659.75		199,859.75
短期借款				300,000.00		300,000.00
應付帳款		3,520.00		266,675.00		270,195.00
預收帳款			74,400.00	74,400.00		
應付職工薪酬		87,663.32	74,607.08	85,905.00		98,961.24
應付股利				769,135.00		769,135.00
應付利息				1,322.50		1,322.50
應交稅費		16,091.20	127,611.20	297,572.64		186,052.64
實收資本		1,700,000.00		3,300,000.00		5,000,000.00
資本公積		52,760.80				52,760.80
盈餘公積		96,541.50		169,662.13		266,203.63
本年利潤		825,409.75	1,481,659.75	656,250.00		
利潤分配		183,000.00	1,877,594.26	2,069,878.01		375,283.75
生產成本	214,681.72		221,436.16	436,117.88		
製造費用			35,744.36	35,744.36		
主營業務收入			650,000.00	650,000.00		
投資收益			882.00	882.00		
其他業務收入			6,000.00	6,000.00		
營業外收入			250.00	250.00		
主營業務成本			211,890.00	211,890.00		
其他業務成本			3,750.00	3,750.00		
稅金及附加			6,907.11	6,907.11		
銷售費用			2,600.00	2,600.00		
財務費用			1,322.50	1,322.50		
管理費用			21,336.89	21,336.89		
所得稅費用			101,890.37	101,890.37		
合計	3,163,166.57	3,163,166.57	10,140,590.64	10,140,590.64	7,521,754.31	7,521,754.31

第十二節　編制會計報表

一、能力目標

（1）能編制資產負債表；
（2）能編制利潤表；
（3）能編制現金流量表；
（4）能編制所有者權益變動表。

二、能力訓練任務

（1）編制資產負債表；
（2）編制利潤表；
（3）編制現金流量表；
（4）編制所有者權益變動表。

三、能力訓練步驟

（1）根據明細帳、總帳數據編制資產負債表；
（2）根據損益類科目本期發生額編制利潤表；
（3）根據利潤分配情況編制所有者權益變動表；
（4）根據貨幣資金變動情況編制現金流量表。

四、能力訓練要求

編制廣州百威電器有限公司201×年12月份四大會計報表。

(1) 編制百威公司資產負債表如表4-10所示。

表4-10　　　　　　　　　　　　　　　**資產負債表**

編製單位：廣州百威電器有限公司　201×年12月31日　　　　　　　　　　　單位：元

資產	期初數	期末數	負債和所有者權益	期初數	期末數
流動資產：			流動負債：		
貨幣資金	691,330.50	4,698,625.30	短期借款		300,000.00
交易性金融資產		71,040.00	應付票據		
應收票據		7,020.00	應付帳款	3,520.00	270,195.00
應收帳款	71,020.00	209,220.00	預收帳款		
預付帳款	3,800.00	3,960.00	應付職工薪酬	87,663.32	98,961.24
應收股利			應交稅費	16,091.20	186,052.64
應收利息			應付利息		1,322.50
其他應收款			應付股利		769,135.00
存貨	965,159.72	1,092,432.66	其他應付款		
1年內到期的非流動資產			1年內到期的非流動負債		
流動資產合計	1,731,310.22	6,082,297.96	其他流動負債		
非流動資產：			流動負債合計	107,274.52	1,625,666.38
持有至到期投資			非流動負債：		
長期股權投資			長期借款		
長期應收款			應付債券		
固定資產	1,233,676.35	1,237,616.60	長期應付款		
在建工程			專項應付款		
工程物資			預計負債		
固定資產清理			遞延所得稅負債		
無形資產			其他非流動負債		
開發支出			非流動負債合計		
商譽			負債合計	107,274.52	1,625,666.38
長期待攤費用			所有者權益		
遞延所得稅資產			（或股東權益）：		
其他非流動資產			實收資本（或股本）	1,700,000.00	5,000,000.00
非流動資產合計	1,233,676.35	1,237,616.60	資本公積	52,760.80	52,760.80
			減：庫存股		
			盈餘公積	96,541.50	266,203.63
			未分配利潤	1,008,409.75	375,283.75
			所有者權益		
			（或股東權益）合計	2,857,712.05	5,694,248.18
			負債和所有者權益		
資產總計	2,964,986.57	7,319,914.56	（或股東權益）總計	2,964,986.57	7,319,914.56

（2）編制百威公司利潤表如表 4-11 所示。

表 4-11　　　　　　　　　　　　利潤表
編製單位：百威電器有限公司　　201×年 12 月　　　　　　　　　　單位：元

項目	本月數	本年累計
一、營業收入	656,000.00	656,000.00
減：營業成本	215,640.00	215,640.00
稅金及附加	6,907.11	6,907.11
銷售費用	2,600.00	2,600.00
管理費用	21,336.89	21,336.89
財務費用	1,322.50	1,322.50
資產減值損失		
加：公允價值變動收益		
投資收益	-882.00	-882.00
二、營業利潤	407,311.50	407,311.50
加：營業外收入	250.00	250.00
減：營業外支出		
三、利潤總額	407,561.50	407,561.50
減：所得稅費用	101,890.37	101,890.37
四、淨利潤	305,671.13	305,671.13
五、每股收益		
（一）基本每股收益		
（二）稀釋每股收益		

（3）編制百威公司現金流量表如表 4-12 所示。

表 4-12　　　　　　　　　　　　　現金流量表
編製單位：百威電器有限公司　　　　201×年度　　　　　　　　　　　　單位：元

項目	金額
一、經營活動產生的現金流量	
銷售商品、提供勞務收到的現金	622,900.00
收到的稅費返還	
收到的其他與經營活動有關的現金	3,390.00
現金流入小計	626,290.00
購買商品、接受勞務支付的現金	39,780.00
支付給職工以及為職工支付的現金	66,423.00
支付的各項稅費	16,091.20
支付的其他與經營活動有關的現金	15,887.00
現金流出小計	138,181.20
經營活動產生的現金流量淨額	488,108.80
二、投資活動產生的現金流量	
收回投資所收到的現金	
取得投資收益所收到的現金	
處置固定資產、無形資產和其他長期資產所收到的現金淨額	
收到的其他與投資活動有關的現金	
現金流入小計	
購置固定資產、無形資產和其他長期資產所支付的現金	8,892.00
投資所支付的現金	71,922.00
支付的其他與投資活動有關的現金	
現金流出小計	80,814.00
投資活動產生的現金流量淨額	-80,814.00
三、籌資活動產生的現金流量	
吸收投資所收到的現金	3,300,000.00
借款所收到的現金	300,000.00
收到的其他與籌資活動有關的現金	
現金流入小計	3,600,000.00
償還債務所支付的現金	
分配股利、利潤或償付利息所支付的現金	
支付的其他與籌資活動有關的現金	
現金流出小計	
籌資活動產生的現金流量淨額	3,600,000.00
四、匯率變動對現金的影響	
五、現金及現金等價物淨增加額	4,007,294.80

表 4-12（續）

補充資料	金額
1. 將淨利潤調節為經營活動現金流量	
淨利潤	305,671.13
加：資產減值準備	—
固定資產折舊、油氣資產折耗、生產性生物資產折舊	3,659.75
無形資產攤銷	—
長期待攤費用攤銷	—
處置固定資產、無形資產和其他長期資產的損失（收益以「-」填列）	—
固定資產報廢損失（收益以「-」填列）	—
公允價值變動損失（收益以「-」填列）	—
財務費用（收益以「-」填列）	1,322.50
投資損失（收益以「-」填列）	882.00
遞延所得稅資產減少（增加以「-」填列）	—
遞延所得稅負債減少（增加以「-」填列）	—
存貨的減少（增加以「-」填列）	-127,272.94
經營性應收項目的減少（增加以「-」填列）	-145,380.00
經營性應付項目的增加（減少以「-」填列）	449,226.36
其他	
經營活動產生的現金流量淨額	488,108.80
2. 不涉及現金收支的投資和籌資	—
債務轉為資本	—
1年內到期的可轉換公司債券	—
融資租入固定資產	—
3. 現金及現金等價物淨增加情況	—
現金的期末餘額	4,698,625.30
減：現金的期初餘額	691,330.50
加：現金等價物的期末餘額	—
減：現金等價物的期初餘額	—
現金及現金等價物淨增加額	4,007,294.80

(4) 編制百威公司所有者權益變動表如表 4-13 所示。

表 4-13

所有者權益變動表

編製單位：百威電器有限公司　　　　　201×年度　　　　　單位：元

項目	本年金額							上年金額						
	實收資本	資本公積	減：庫存股	盈餘公積	未分配利潤	所有者權益合計		實收資本	資本公積	減：庫存股	盈餘公積	未分配利潤	所有者權益合計
一、上年年末餘額	1,700,000	52,760.80		96,541.5	1,008,409.75	2,857,712.05							
1. 會計政策變更													
2. 前期差錯更正													
二、本年年初餘額	1,700,000	52,760.80		96,541.5	1,008,409.75	2,857,712.05							
三、本年增減變動金額（減少以「-」號填列）	3,300,000			169,662.13	-633,126.00	2,836,536.13							
（一）淨利潤					305,671.13	305,671.13							
（二）直接計入所有者權益的利得和損失													
1. 可供出售金融資產公允價值變動淨額													
2. 權益法下被投資單位其他所有者權益變動的影響													
3. 與計入所有者權益項目相關的所得稅影響													
4. 其他													
小計													
（三）所有者投入和減少資本	3,300,000.00					3,300,000.00							
1. 所有者投入資本	3,300,000.00					3,300,000.00							

表4-13（續）

項目	本年金額							上年金額					
	實收資本	資本公積	減：庫存股	盈餘公積	未分配利潤	所有者權益合計		實收資本	資本公積	減：庫存股	盈餘公積	未分配利潤	所有者權益合計
2. 股份支付計入所有者權益的金額													
3. 其他													
（四）利潤分配				169,662.13	−938,797.13	−769,135.00							
1. 提取盈餘公積				169,662.13	−169,662.13	0							
2. 對所有者的分配					−769,135.00	−769,135.00							
（五）所有者權益內部結轉													
1. 資本公積轉增資本													
2. 盈餘公積轉增資本													
3. 盈餘公積彌補虧損													
4. 其他													
四、本年年末餘額	5,000,000.00	52,760.80		266,203.63	375,283.75	5,694,248.18		1,700,000	52,760.80		96,541.5	1,008,409.75	2,857,712.05

第五章　商業企業記帳憑證帳務處理程序模擬實訓

第一節　概述

一、實訓名稱

新設立公司廣州博緯貿易有限公司全盤手工帳務處理。

二、實訓期間

201×年12月。

三、實訓程序

記帳憑證帳務處理程序如圖5-1所示。

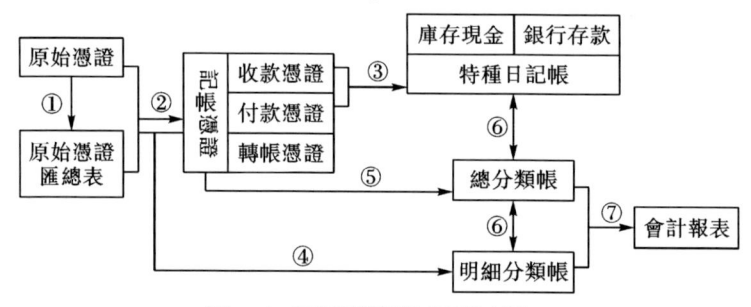

圖5-1　記帳憑證帳務處理程序圖

四、實訓記帳憑證類型

專用記帳憑證。

五、實訓模擬企業概況

企業名稱：廣州博緯貿易有限公司（英文：BARWELL LIMITED）。
法定代表人：陳洪。
註冊資金：100萬元人民幣。
經營範圍：批發零售貿易（國家專營專控商品除外），貨物進出口，技術進出口。
企業類型：私營有限公司責任公司。

辦公場所：廣州市天秀路31號26樓（NO. 31TIANXIU ROAD GUANGZHOU CHINA）。
營業期限：自201×年12月1日至202×年12月1日。
成立日期：201×年12月1日。
開戶銀行：中國銀行廣州市天河支行（帳號：8250260308080950009）。
納稅人識別號：440106792690475。
證照手續：
（1）營業執照（廣州市工商行政管理局）；
（2）組織機構代碼證（廣州市質量技術監督局）；
（3）國稅稅務登記證（廣州市國家稅務局）；
（4）地稅稅務登記證（廣州市地方稅務局）；
（5）海關登記證（廣州市海關）；
（6）外匯登記證（廣州市外匯管理局）；
（7）外管備案（廣州市廣州市外匯管理局）；
（8）檢疫局備案（廣州市衛生檢疫局）；
（9）對外貿易經營者備案（廣州市對外貿易經濟管理委員會）。
公司印章：
（1）中文印章（圓）；
（2）英文印章（橢圓）；
（3）合同專用章（圓）；
（4）財務專用章（圓形，公司用）；
（5）財務專用章（方形，銀行預留印鑒）；
（6）報關專用章。

六、模擬企業財務人員崗位設置

模擬企業財務人員崗位設置如表5-1所示。

表5-1　　　　　　　　　　財務人員崗位設置表

職位	姓名	職責
會計主管	方琳	負責財務科的全面工作、審核業務和會計報表的編制
出納員	張銘	現金日記帳和銀行存款日記帳的登記
製單會計	李凱	記帳憑證的填制、總帳的登記
記帳會計	王萍	明細帳的登記

七、實訓模擬企業會計政策及會計核算方法說明

增值稅稅率為17%，出口退稅稅率為13%，城市維護建設稅稅率為7%，教育費附加率為3%，所得稅稅率為25%，用五五攤銷法攤銷出租商品成本。公司為新公司，設置帳戶時沒有期初餘額。

第二節　模擬公司經濟業務

一、201×年12月經濟業務總體情況

公司201×年12月經濟業務總體情況如表5-2所示。

表5-2　　　　　　201×年12月經濟業務總體情況一覽表

業務序號	日期	業務摘要	附件張數	憑證字號
1	12.1	收到投資款	1	銀收字第01號
2	12.2	購入美元	1	銀付字第01號
3	12.2	存入信用證存款	1	銀付字第02號
4	12.3	支付進口商品國外運費	2	銀付字第03號
5	12.3	支付進口商品保險費	2	銀付字第04號
6	12.3	支付進口商品關稅、增值稅	2	銀付字第05號
7	12.5	支付進口商品款（FOB價）	3	轉字第01號
8	12.8	進口商品驗收入庫	1	轉字第02號
9	12.10	進口商品內銷	1	轉字第03號
10	12.11	購出口商品	3	銀付字第06號
11	12.12	提取人民幣備用	1	銀付字第07號
12	12.12	提取美元備用	1	銀付字第08號
13	12.12	支付展覽費	2	現付字第01號
14	12.15	商品出口（CIF價）	2	轉字第04號
15	12.16	支付出口商品國外運費	3	現付字第02號
16	12.16	支付出口商品保險費	2	現付字第03號
17	12.18	收到出口商品款	1	銀收字第02號
				轉字第05號
18	12.19	購入樣品	2	現付字第04號
19	12.19	商品盤虧	1	轉字第06號
20	12.21	丙商品出租	1	轉字第07號
21	12.25	批准轉銷損失	1	轉字第08號
22	12.31	取得丙商品租金收入	2	現收字第01號
23	12.31	攤銷本月出租商品成本	1	轉字第09號
24	12.31	計提城市維護建設稅及教育費附加	2	轉字第10號
25	12.31	申報出口退稅	1	轉字第11號
26	12.31	調整增值稅差額計入銷售成本	1	轉字第12號

表（續）

業務序號	日期	業務摘要	附件張數	憑證字號
27	12.31	結轉自營進口商品銷售成本	1	轉字第 13 號
28	12.31	結轉自營出口商品銷售成本	1	轉字第 14 號
29	12.31	提現備用	1	銀付字第 09 號
30	12.31	支付本月辦公場所租金	2	現付字第 05 號
31	12.31	計算工資	1	轉字第 15 號
32	12.31	結轉收入	1 或不用	轉字第 16 號
33	12.31	結轉成本費用	1 或不用	轉字第 17 號
34	12.31	結轉本月虧損	1 或不用	轉字第 18 號

二、201×年 12 月公司主要經濟業務

（1）12 月 1 日，投資人陳洪交來銀行存款人民幣 1,000,000.00 元，根據解付銀行的憑證作分錄：

借：銀行存款——人民幣戶　　　　　　　　　　　1,000,000.00
　貸：實收資本——陳洪　　　　　　　　　　　　1,000,000.00

（2）12 月 2 日購入 40,000.00 美元，當日外匯牌價 9.00 元，根據銀行購匯憑證作分錄：

借：銀行存款——美元戶（9.00×40,000.00）　　　360,000
　貸：銀行存款——人民幣戶（9.00×40,000.00）　　360,000

（3）12 月 2 日進口甲商品 10 件，國外進價 FOB 價（Free On Board，離岸價）單價 1,000.00 美元，總價 10,000 美元，存入信用證存款，開出信用證，當日外匯牌價 8.60 元，據支取憑條或外匯劃款憑證作分錄：

借：其他貨幣資金——信用證存款（8.60×10,000.00）　86,000.00
　貸：銀行存款——美元戶（8.60×10,000.00）　　　86,000.00

（4）12 月 3 日，為甲商品支付國外運費 500 美元，當日外匯牌價 8.60 元，根據外運公司發票和轉帳支票存根作分錄：

借：商品採購——進口商品（甲商品）（8.60×500.00）　4,300.00
　貸：銀行存款——美元戶（8.60×500.00）　　　　　4,300.00

（5）12 月 3 日，為甲商品支付保險費 250.00 美元，當日外匯牌價 8.60 元，根據保險公司發票和轉帳支票存根作分錄：

借：商品採購——進口商品（甲商品）（8.60×250.00）　2,150.00
　貸：銀行存款——美元戶（8.60×250.00）　　　　　2,150.00

（6）12 月 3 日，為甲商品支付進口關稅及增值稅，進口關稅為 8,600.00 元，增值稅為 14,620.00 元，根據完稅憑證及銀行代繳電子回單作分錄：

借：商品採購——進口商品（甲商品）　　　　　　8,600.00
　　應交稅費——應交增值稅（進項稅額）　　　　14,620.00

貸：銀行存款——人民幣戶　　　　　　　　　　　　　　　　　23,220.00
　　（7）12月5日收到銀行傳來境外供貨單位全套單證（如商業發票、提單、裝箱單等），審單無異議，銀行付款，當日牌價8.70元，作分錄：
　　借：商品採購——進口商品（甲商品）（8.70×10,000.00）　　87,000.00
　　貸：其他貨幣資金——信用證存款（8.60×10,000.00）　　　　86,000.00
　　　　財務費用——匯兌損益（收益）　　　　　　　　　　　　　1,000.00
　8.12月8日，甲商品驗收入庫，根據驗收部門開具的驗收入庫單作分錄：
　　借：庫存商品——進口商品（甲商品）　　　　　　　　　　　102,050.00
　　貸：商品採購——進口商品（甲商品）　　　　　　　　　　　102,050.00
　　（9）12月10日，將進口甲商品按國內同類商品協商定價，每件含稅價人民幣17,550元，售給國內A公司5件，根據發票作分錄：
　　借：應收帳款——A公司　　　　　　　　　　　　　　　　　87,750.00
　　貸：主營業務收入——進口商品（甲商品）　　　　　　　　　75,000.00
　　　　應交稅費——應交增值稅（銷項稅額）　　　　　　　　　12,750.00
　　（10）12月11日，購出口商品乙商品100件，買價共計10,000.00元，增值稅稅率為17%，款項已用銀行存款支付，商品已驗收入庫，根據增值稅專用發票、轉帳支票存根、商品驗收入庫單作分錄：
　　借：庫存商品——出口商品（乙商品）　　　　　　　　　　　10,000.00
　　　　應交稅費——應交增值稅（進項稅額）　　　　　　　　　　1,700.00
　　貸：銀行存款——人民幣戶　　　　　　　　　　　　　　　　11,700.00
　　（11）12月12日，提取備用金人民幣7,000.00元，根據現金支票存根作分錄：
　　借：庫存現金——人民幣戶　　　　　　　　　　　　　　　　　7,000.00
　　貸：銀行存款——人民幣戶　　　　　　　　　　　　　　　　　7,000.00
　　（12）12月12日，提取500.00美元備用，當日外匯牌價8.50，根據現金支票存根作分錄：
　　借：庫存現金——美元戶（8.50×500.00）　　　　　　　　　　4,250.00
　　貸：銀行存款——美元戶（8.50×500.00）　　　　　　　　　　4,250.00
　　（13）12月12日，用現金支付乙商品廣交會出口商品展覽費人民幣3,000.00元，根據展覽費發票、現金支付證明作分錄：
　　借：銷售費用——展覽費　　　　　　　　　　　　　　　　　　3,000.00
　　貸：庫存現金——人民幣戶　　　　　　　　　　　　　　　　　3,000.00
　　（14）12月15日，將11日購進的100件乙商品全部出口美國沃爾瑪公司，為CIF價（Cost Insurance and Freight，到岸價）3,000.00美元，當日外匯牌價8.50。商品已經報關發出，已開具商業發票、已備齊提單、裝箱單、保險單、產地證、品質保證書等有關單據，並持買方銀行開出的信用證一起提交銀行，辦妥托收手續。根據商業發票、出口單據收妥入帳/結匯委託書作分錄：
　　借：應收帳款——沃爾瑪（8.50×3,000.00）　　　　　　　　25,500.00

貸：主營業務收入——出口商品（乙商品）（8.50×3,000.00）　25,500.00
　　（15）12月16日，用現金支付國外運費300.00美元，當日外匯牌價8.60，據銀行國內外匯轉帳結算憑證、現金支付證明及國內承運機構的運費發票作分錄：
　　　借：主營業務收入——出口商品（乙商品）（8.60×300.00）　2,580.00
　　　貸：庫存現金——美元戶（8.60×300.00）　2,580.00
　　（16）12月16日，用現金支付支付保險費100.00美元，當日外匯牌價8.60，據現金支付證明及保險公司發票作分錄：
　　　借：主營業務收入——出口商品（乙商品）（8.60×100.00）　860.00
　　　貸：庫存現金——美元戶（8.60×100.00）　860.00
　　（17）12月18日，收到銀行進帳通知單，沃爾瑪公司3,000.00美元貨款已收，當日外匯牌價8.40，據銀行進帳單作分錄：
　　　借：銀行存款——美元戶（8.40×3,000.00）　25,200.00
　　　　　財務費用——匯兌損益（損失）　300.00
　　　貸：應收帳款—沃爾瑪（8.50×3,000.00）　25,500.00
　　（18）12月19日，用現金購買丙商品2件作樣品，單價1,200.00元，據普通發票及驗收入庫單作分錄：
　　　借：庫存商品——其他商品（丙商品）　2,400.00
　　　貸：庫存現金——人民幣戶　2,400.00
　　（19）12月19日，清點倉庫，發現盤虧甲商品3件，據盤點報告單作分錄：
　　　借：待處理財產損溢——待處理流動資產損溢　35,001.00
　　　貸：庫存商品——進口商品（甲商品）　30 615.00
　　　　　應交稅費——應交增值稅（進項稅額轉出）　4,386.00
　　（20）12月21日，將上述2件丙商品出租，單價1,200.00元，據商品出庫單作分錄：
　　　借：庫存商品——出租商品（丙商品）　2,400.00
　　　貸：庫存商品——其他商品（丙商品）　2,400.00
　　（21）12月25日，上述商品盤虧原因已經查明，一件被盜由太平洋保險公司全額賠償，一件腐爛變質屬一般經營損失，一件由於火災燒毀。每件損失金額為11,667.00元。據損失批准文件作分錄：
　　　借：其他應收款——太平洋保險公司　11,667.00
　　　　　管理費用——經營損失　11,667.00
　　　　　營業外支出——非常損失　11,667.00
　　　貸：待處理財產損溢——待處理流動資產損溢　35,001.00
　　（22）12月31日，取得丙商品現金租金收入6,000.00元，據現金收據及發票存根聯作分錄：
　　　借：庫存現金——人民幣戶　6,000.00
　　　貸：其他業務收入——商品出租　6,000.00

365

(23) 12 月 31 日，攤銷本月出租商品成本 1,200.00 元，據出租商品成本計算單作分錄：

  借：其他業務成本——出租商品（丙商品）   1,200.00
    貸：庫存商品——出租商品（丙商品）   1,200.00

(24) 12 月 31 日，計算本月內銷商品應交城市維護建設稅及教育費附加。本月內銷商品增值稅銷項稅額為 12,750 元，本月內銷商品可抵扣增值稅進項稅額為 14,620 − 4,386 = 10,234（元），本月應交增值稅額為 12,750 − 10,234 = 2,516（元）。按應交增值稅 2,516 元的 7% 計提城市維護建設稅，3% 計提教育費附加。據城市維護建設稅計算表，教育費附加計算表作分錄：

  借：稅金及附加——城市維護建設稅   176.12
       ——教育費附加   75.48
   貸：應交稅費——應交城市維護建設稅（2,816.00 × 7%） 176.12
      ——應交教育費附加（2,816.00 × 3%） 75.48

(25) 12 月 31 日，申報出口退稅，據出口退稅申報表作分錄：

  借：其他應收款——出口退稅（10,000.00 × 13%） 1,300.00
   貸：應交稅費——應交增值稅（出口退稅）（10,000.00 × 13%） 1,300.00

(26) 12 月 31 日，將購進出口貨物取得的增值稅專用發票上記載的增值稅額與按規定的退稅率計算的增值稅額的差額（17% − 13% 部分），作調增當期出口銷售商品進價成本處理，據增值稅差額計算表作分錄：

  借：主營業務成本——出口商品（乙商品）   400.00
   貸：應交稅費——應交增值稅（進項稅額轉出）   400.00

(27) 12 月 31 日，結轉自營進口商品甲商品銷售成本 51,025.00 元，據商品出庫單作分錄：

  借：主營業務成本——進口商品（甲商品）   51,025.00
   貸：庫存商品——進口商品（甲商品）   51,025.00

(28) 12 月 31 日，結轉自營出口商品乙商品銷售成本 10,000.00 元，據商品出庫單作分錄：

  借：主營業務成本——出口商品（乙商品）   10,000.00
   貸：庫存商品——出口商品（乙商品）   10,000.00

(29) 12 月 31 日，提取現金人民幣 6,000.00 元備用。

  借：庫存現金——人民幣戶   6,000.00
   貸：銀行存款——人民幣戶   6,000.00

(30) 12 月 31 日，用現金支付本月辦公場所租金 6,000.00 元，根據現金支付證明和租金發票作分錄：

  借：管理費用——租賃費   6,000.00
   貸：庫存現金——人民幣戶   6,000.00

(31) 計算本月應支付的職工工資，共計 37,515.00 元。據工資計算表作分錄：

借：管理費用——職工工資 37,515.00
　　貸：應付職工薪酬——職工工資 37,515.00
(32) 12月31日，結轉收入，據本月損益類帳戶收入發生額匯總表作分錄：
借：主營業務收入——進口商品（甲商品） 75,000.00
　　　　　　　　——出口商品（乙商品） 22,060.00
　其他業務收入——商品出租 6,000.00
　財務費用——匯兌損益 700.00
　　貸：本年利潤 103,760.00
(33) 12月31日，結轉成本費用，據本月損益類帳戶費用發生額匯總表作分錄：
借：本年利潤 133,025.60
　　貸：主營業務成本——進口商品（甲商品） 51,025.00
　　　　　　　　　　——出口商品（乙商品） 10,400.00
　　其他業務成本——出租商品 1,500.00
　　稅金及附加——城市維護建設稅 176.12
　　　　　　　——教育費附加 75.48
　　營業外支出——非常損失 11,667.00
　　銷售費用——展覽費 3,000.00
　　管理費用——經營損失 11,667.00
　　　　　　——租賃費 6,000.00
　　　　　　——職工工資 37 515.00
(34) 月末，結轉本期虧損，作分錄：
借：利潤分配——未分配利潤 29,295.60
　　貸：本年利潤 29,295.60
(35) 因利潤總額為負數，本月無需計算所得稅費用，也不進行利潤分配。

第三節　模擬公司專用記帳憑證

根據前面的經濟業務編制下列專用記帳憑證（如圖 5-2～圖 5-37 所示）。

收款憑證

借方科目：　　　　　　　　　　年　月　日　　　　　　　　　字第　號

摘要	貸方科目		金額	記帳
	一級科目	二級科目或明細科目		
附件　張	合計			

會計主管：　　　記帳：　　　出納：　　　審核：　　　製單：

圖 5-2

付款憑證

貸方科目：　　　　　　　　　　年　月　日　　　　　　　　　字第　號

摘要	借方科目		金額	記帳
	一級科目	二級科目或明細科目		
附件　張	合計			

會計主管：　　　記帳：　　　出納：　　　審核：　　　製單：

圖 5-3

付款憑證

貸方科目：　　　　　　　　　　年　月　日　　　　　　　　　字第　號

摘要	借方科目		金額	記帳
	一級科目	二級科目或明細科目		
附件　張	合計			

會計主管：　　　記帳：　　　出納：　　　審核：　　　製單：

圖 5-4

第五章 商業企業記帳憑證帳務處理程序模擬實訓

付款憑證

貸方科目：　　　　　　　　　　　年　月　日　　　　　　　　　字第　號

摘要	借方科目		金額	記帳
	一級科目	二級科目或明細科目		
附件　張	合計			

會計主管：　　　　記帳：　　　　出納：　　　　審核：　　　　製單：

圖 5-5

付款憑證

貸方科目：　　　　　　　　　　　年　月　日　　　　　　　　　字第　號

摘要	借方科目		金額	記帳
	一級科目	二級科目或明細科目		
附件　張	合計			

會計主管：　　　　記帳：　　　　出納：　　　　審核：　　　　製單：

圖 5-6

付款憑證

貸方科目：　　　　　　　　　　　年　月　日　　　　　　　　　字第　號

摘要	借方科目		金額	記帳
	一級科目	二級科目或明細科目		
附件　張	合計			

會計主管：　　　　記帳：　　　　出納：　　　　審核：　　　　製單：

圖 5-7

轉帳憑證

年　月　日　　　　　　　　　字第　號

摘要	一級科目	二級科目或明細科目	借方金額	貸方金額	記帳
附件　張	合計				

會計主管：　　　　記帳：　　　　出納：　　　　審核：　　　　製單：

圖 5-8

369

基礎會計

轉帳憑證

年　月　日　　　　　　　　　　　　字第　號

摘要	一級科目	二級科目或明細科目	借方金額	貸方金額	記帳
附件　張		合計			

會計主管：　　　記帳：　　　出納：　　　審核：　　　製單：

圖 5－9

轉帳憑證

年　月　日　　　　　　　　　　　　字第　號

摘要	一級科目	二級科目或明細科目	借方金額	貸方金額	記帳
附件　張		合計			

會計主管：　　　記帳：　　　出納：　　　審核：　　　製單：

圖 5－10

付款憑證

貸方科目：　　　　　　　　年　月　日　　　　　　　　字第　號

摘要	借方科目		金額	記帳
	一級科目	二級科目或明細科目		
附件　張		合計		

會計主管：　　　記帳：　　　出納：　　　審核：　　　製單：

圖 5－11

付款憑證

貸方科目：　　　　　　　　年　月　日　　　　　　　　字第　號

摘要	借方科目		金額	記帳
	一級科目	二級科目或明細科目		
附件　張		合計		

會計主管：　　　記帳：　　　出納：　　　審核：　　　製單：

圖 5－12

付款憑證

貸方科目：　　　　　　　　　　年　月　日　　　　　　　　　　字第　號

摘要	借方科目		金額	記帳
	一級科目	二級科目或明細科目		
附件　張	合計			

會計主管：　　　　記帳：　　　　出納：　　　　審核：　　　　製單：

圖 5－13

付款憑證

貸方科目：　　　　　　　　　　年　月　日　　　　　　　　　　字第　號

摘要	借方科目		金額	記帳
	一級科目	二級科目或明細科目		
附件　張	合計			

會計主管：　　　　記帳：　　　　出納：　　　　審核：　　　　製單：

圖 5－14

轉帳憑證

　　　　　　　　　　　　　　　　年　月　日　　　　　　　　　　字第　號

摘要	一級科目	二級科目或明細科目	借方金額	貸方金額	記帳
附件　張	合計				

會計主管：　　　　記帳：　　　　出納：　　　　審核：　　　　製單：

圖 5－15

付款憑證

貸方科目：　　　　　　　　　　年　月　日　　　　　　　　　　字第　號

摘要	借方科目		金額	記帳
	一級科目	二級科目或明細科目		
附件　張	合計			

會計主管：　　　　記帳：　　　　出納：　　　　審核：　　　　製單：

圖 5－16

付款憑證

貸方科目：　　　　　　　　　　年　月　日　　　　　　　　　字第　號

摘要	借方科目		金額	記帳
	一級科目	二級科目或明細科目		
附件　張	合計			

會計主管：　　　　記帳：　　　　出納：　　　　審核：　　　　製單：

圖 5-17

收款憑證

借方科目：　　　　　　　　　　年　月　日　　　　　　　　　字第　號

摘要	貸方科目		金額	記帳
	一級科目	二級科目或明細科目		
附件　張	合計			

會計主管：　　　　記帳：　　　　出納：　　　　審核：　　　　製單：

圖 5-18

轉帳憑證

　　　　　　　　　　　　　　　年　月　日　　　　　　　　　字第　號

摘要	一級科目	二級科目或明細科目	借方金額	貸方金額	記帳
附件　張	合計				

會計主管：　　　　記帳：　　　　出納：　　　　審核：　　　　製單：

圖 5-19

付款憑證

貸方科目：　　　　　　　　　　年　月　日　　　　　　　　　字第　號

摘要	借方科目		金額	記帳
	一級科目	二級科目或明細科目		
附件　張	合計			

會計主管：　　　　記帳：　　　　出納：　　　　審核：　　　　製單：

圖 5-20

第五章　商業企業記帳憑證帳務處理程序模擬實訓

轉帳憑證

　　　　　　　　　　　年　月　日　　　　　　　　　　　　字第　號

摘要	一級科目	二級科目或明細科目	借方金額	貸方金額	記帳
附件　張		合計			

會計主管：　　　　記帳：　　　　出納：　　　　審核：　　　　製單：

圖 5－21

轉帳憑證

　　　　　　　　　　　年　月　日　　　　　　　　　　　　字第　號

摘要	一級科目	二級科目或明細科目	借方金額	貸方金額	記帳
附件　張		合計			

會計主管：　　　　記帳：　　　　出納：　　　　審核：　　　　製單：

圖 5－22

轉帳憑證

　　　　　　　　　　　年　月　日　　　　　　　　　　　　字第　號

摘要	一級科目	二級科目或明細科目	借方金額	貸方金額	記帳
附件　張		合計			

會計主管：　　　　記帳：　　　　出納：　　　　審核：　　　　製單：

圖 5－23

收款憑證

借方科目：　　　　　　　　年　月　日　　　　　　　　　字第　號

摘要	貸方科目		金額	記帳
	一級科目	二級科目或明細科目		
附件　張	合計			

會計主管：　　　　記帳：　　　　出納：　　　　審核：　　　　製單：

圖 5－24

373

轉帳憑證

　　　年　月　日　　　　　　　　　　　　　字第　　號

摘要	一級科目	二級科目或明細科目	借方金額	貸方金額	記帳
附件　　張		合計			

會計主管：　　　　記帳：　　　　出納：　　　　審核：　　　　製單：

圖 5－25

轉帳憑證

　　　年　月　日　　　　　　　　　　　　　字第　　號

摘要	一級科目	二級科目或明細科目	借方金額	貸方金額	記帳
附件　　張		合計			

會計主管：　　　　記帳：　　　　出納：　　　　審核：　　　　製單：

圖 5－26

轉帳憑證

　　　年　月　日　　　　　　　　　　　　　字第　　號

摘要	一級科目	二級科目或明細科目	借方金額	貸方金額	記帳
附件　　張		合計			

會計主管：　　　　記帳：　　　　出納：　　　　審核：　　　　製單：

圖 5－27

轉帳憑證

　　　年　月　日　　　　　　　　　　　　　字第　　號

摘要	一級科目	二級科目或明細科目	借方金額	貸方金額	記帳
附件　　張		合計			

會計主管：　　　　記帳：　　　　出納：　　　　審核：　　　　製單：

圖 5－28

轉帳憑證

年　月　日　　　　　　　　　　　　　　　　字第　號

摘要	一級科目	二級科目或明細科目	借方金額	貸方金額	記帳
附件　張		合計			

會計主管：　　　　　記帳：　　　　　出納：　　　　　審核：　　　　　製單：

圖 5－29

轉帳憑證

年　月　日　　　　　　　　　　　　　　　　字第　號

摘要	一級科目	二級科目或明細科目	借方金額	貸方金額	記帳
附件　張		合計			

會計主管：　　　　　記帳：　　　　　出納：　　　　　審核：　　　　　製單：

圖 5－30

轉帳憑證

年　月　日　　　　　　　　　　　　　　　　字第　號

摘要	一級科目	二級科目或明細科目	借方金額	貸方金額	記帳
附件　張		合計			

會計主管：　　　　　記帳：　　　　　出納：　　　　　審核：　　　　　製單：

圖 5－31

付款憑證

貸方科目：　　　　　　　　年　月　日　　　　　　　　　字第　號

摘要	借方科目		金額	記帳
	一級科目	二級科目或明細科目		
附件　張		合計		

會計主管：　　　　　記帳：　　　　　出納：　　　　　審核：　　　　　製單：

圖 5－32

付款憑證

貸方科目：　　　　　　　　　　　年　月　日　　　　　　　　　　　字第　號

摘要	借方科目		金額	記帳
	一級科目	二級科目或明細科目		
附件　張	合計				

會計主管：　　　　記帳：　　　　出納：　　　　審核：　　　　製單：

圖 5－33

轉帳憑證

年　月　日　　　　　　　　　　　字第　號

摘要	一級科目	二級科目或明細科目	借方金額	貸方金額	記帳
附件　張	合計				

會計主管：　　　　記帳：　　　　出納：　　　　審核：　　　　製單：

圖 5－34

轉帳憑證

年　月　日　　　　　　　　　　　字第　號

摘要	一級科目	二級科目或明細科目	借方金額	貸方金額	記帳
附件　張	合計				

會計主管：　　　　記帳：　　　　出納：　　　　審核：　　　　製單：

圖 5－35

轉帳憑證

年　月　日　　　　　　　　　　　　　　　　字第　號

摘要	一級科目	二級科目或明細科目	借方金額	貸方金額	記帳
附件　張		合計			

會計主管：　　　　記帳：　　　　出納：　　　　審核：　　　　製單：

圖 5－36

轉帳憑證

年　月　日　　　　　　　　　　　　　　　　字第　號

摘要	一級科目	二級科目或明細科目	借方金額	貸方金額	記帳
附件　張		合計			

會計主管：　　　　記帳：　　　　出納：　　　　審核：　　　　製單：

圖 5－37

第四節　模擬公司日記帳

根據前面編制的現金收付款憑證，逐日逐筆登記庫存現金日記帳（見表 5-3 和表 5-4）；根據前面編制的銀行存款收付款憑證，逐日逐筆登記銀行存款日記帳（見表 5-5 和表 5-6）。

表 5-3　　　　　　　　　　　庫存現金日記帳
帳戶名稱：人民幣戶

201×年		憑證		摘要	對方科目	借方	貸方	餘額
月	日	字	號					

表 5-4　　　　　　　　　　　庫存現金日記帳
帳戶名稱：美元戶

201×年		憑證		摘要	對方科目	借方	貸方	餘額
月	日	字	號					

表 5-5　　　　　　　　　　　　　　銀行存款日記帳

帳戶名稱：人民幣戶

201×年		憑證		摘要	對方科目	借方	貸方	餘額
月	日	字	號					

表 5-6　　　　　　　　　　　　　　銀行存款日記帳

帳戶名稱：美元戶

201×年		憑證		摘要	對方科目	借方	貸方	餘額
月	日	字	號					

第五節　模擬公司明細帳

根據記帳憑證資料練習部分明細分類帳的登記。

三欄式明細帳（見圖 5-38～圖 5-40）。

其他貨幣資金明細帳

帳戶名稱：信用證存款

201×年		憑證		摘要	借方	貸方	借或貸	餘額
月	日	字	號						

圖 5-38

應收帳款明細帳

帳戶名稱：A 公司

201×年		憑證		摘要	借方	貸方	借或貸	餘額
月	日	字	號						

圖 5-39

應收帳款明細帳

帳戶名稱：沃爾瑪

201×年		憑證		摘要	借方	貸方	借或貸	餘額
月	日	字	號						

圖 5-40

橫向登記式明細帳（見圖5-41～圖5-43）。

其他應收款明細帳

帳戶名稱：太平洋保險公司

201×年		憑證		摘要	借方	201×年		憑證		摘要	貸方	借或貸	餘額
月	日	字	號			月	日	字	號				

圖5-41

其他應收款明細帳

帳戶名稱：出口退稅

201×年		憑證		摘要	借方	201×年		憑證		摘要	貸方	借或貸	餘額
月	日	字	號			月	日	字	號				

圖5-42

商品採購明細帳

帳戶名稱：進口商品（甲商品）

201×年		憑證		摘要	借方	201×年		憑證		摘要	貸方	借或貸	餘額
月	日	字	號			月	日	字	號				

圖5-43

數量金額式明細帳（見圖5-44～圖5-47）。

庫存商品明細帳

科目：庫存商品　　　　　　規格等級：
子目：進口商品　　　　　　計量單位：　　　　　　　　品名：甲商品

年		憑證		摘要	收入			發出			結存		
月	日	字	號		數量	單價	金額	數量	單價	金額	數量	單價	金額

圖5-44

庫存商品明細帳

科目：庫存商品　　　　規格等級：
子目：出口商品　　　　計量單位：　　　　　　品名：乙商品

年		憑證		摘要	收入			發出			結存		
月	日	字	號		數量	單價	金額	數量	單價	金額	數量	單價	金額

圖 5-45

庫存商品明細帳

科目：庫存商品　　　　規格等級：
子目：其他商品　　　　計量單位：　　　　　　品名：丙商品

年		憑證		摘要	收入			發出			結存		
月	日	字	號		數量	單價	金額	數量	單價	金額	數量	單價	金額

圖 5-46

庫存商品明細帳

科目：庫存商品　　　　規格等級：
子目：出租商品　　　　計量單位：　　　　　　品名：丙商品

年		憑證		摘要	收入			發出			結存		
月	日	字	號		數量	單價	金額	數量	單價	金額	數量	單價	金額

圖 5-47

增值稅專用明細帳（雙方多欄帳）（見圖5-48）。

應交稅費——應交增值稅明細帳

201×年		憑證號數	摘要	借方				貸方				借或貸	餘額
月	日			合計	進項稅額	已交稅金	轉出未交增值稅	合計	銷項稅額	進項稅額轉出	出口退稅		

圖5-48

多欄式明細帳（見圖5-49和圖5-50）。

主營業務收入明細帳

帳戶名稱：出口商品（乙商品）

201×年		憑證		摘要	貸方			
月	日	字	號		合計	國外運費	保險費	售價

圖5-49

主營業務成本明細帳

帳戶名稱：出口商品（乙商品）

201×年		憑證		摘要	借方			
月	日	字	號		合計	進項稅額轉出	商品採購成本	

圖5-50

第六節　模擬公司總帳

　　根據記帳憑證資料登記總分類帳，練習記帳憑證帳務處理程序的應用（見圖 5-51～圖 5-72）。

總分類帳

帳戶名稱：庫存現金

201×年		憑證		摘要	借方	貸方	借或貸	餘額
月	日	字	號					

圖 5-51

帳戶名稱：銀行存款

201×年		憑證		摘要	借方	貸方	借或貸	餘額
月	日	字	號					

圖 5-52

帳戶名稱：其他貨幣資金

201×年		憑證		摘要	借方	貸方	借或貸	餘額
月	日	字	號					

圖 5－53

帳戶名稱：應收帳款

201×年		憑證		摘要	借方	貸方	借或貸	餘額
月	日	字	號					

圖 5－54

帳戶名稱：其他應收款

201×年		憑證		摘要	借方	貸方	借或貸	餘額
月	日	字	號					

圖 5-55

帳戶名稱：商品採購

201×年		憑證		摘要	借方	貸方	借或貸	餘額
月	日	字	號					

圖 5-56

帳戶名稱：庫存商品

201×年		憑證		摘要	借方	貸方	借或貸	餘額
月	日	字	號					

圖 5－57

帳戶名稱：待處理財產損溢

201×年		憑證		摘要	借方	貸方	借或貸	餘額
月	日	字	號					

圖 5－58

帳戶名稱：應付職工薪酬

201×年		憑證		摘要	借方	貸方	借或貸	餘額
月	日	字	號					

圖 5－59

帳戶名稱：應交稅費

201×年		憑證		摘要	借方	貸方	借或貸	餘額
月	日	字	號					

圖 5－60

帳戶名稱：實收資本

201×年		憑證		摘要	借方	貸方	借或貸	餘額
月	日	字	號					

圖 5－61

帳戶名稱：本年利潤

201×年		憑證		摘要	借方	貸方	借或貸	餘額
月	日	字	號					

圖 5－62

帳戶名稱：利潤分配

201×年		憑證		摘要	借方	貸方	借或貸	餘額
月	日	字	號					

圖 5-63

帳戶名稱：主營業務收入

201×年		憑證		摘要	借方	貸方	借或貸	餘額
月	日	字	號					

圖 5-64

帳戶名稱：主營業務成本

201×年		憑證		摘要	借方	貸方	借或貸	餘額
月	日	字	號					

圖 5-65

帳戶名稱：其他業務收入

201×年		憑證		摘要	借方	貸方	借或貸	餘額
月	日	字	號					

圖 5-66

帳戶名稱：其他業務成本

201×年		憑證		摘要	借方	貸方	借或貸	餘額
月	日	字	號					

圖 5－67

帳戶名稱：稅金及附加

201×年		憑證		摘要	借方	貸方	借或貸	餘額
月	日	字	號					

圖 5－68

帳戶名稱：管理費用

201×年		憑證		摘要	借方	貸方	借或貸	餘額
月	日	字	號					

圖 5－69

帳戶名稱：財務費用

201×年		憑證		摘要	借方	貸方	借或貸	餘額
月	日	字	號					

圖 5－70

帳戶名稱：銷售費用

201×年		憑證		摘要	借方	貸方	借或貸	餘額
月	日	字	號					

圖 5-71

帳戶名稱：營業外支出

201×年		憑證		摘要	借方	貸方	借或貸	餘額
月	日	字	號					

圖 5-72

第七節　模擬公司帳帳核對表

當月月末，編制「總分類帳與所屬明細分類帳和日記帳金額核對表」，練習部分帳戶的明細帳與總帳餘額是否相符（見表 5-7）。

表 5-7　　　　　　　　日記帳、明細帳與總帳核對表

帳戶名稱	期末餘額	帳戶名稱	期末餘額
庫存現金總分類帳		其他應收款總分類帳	
庫存現金日記帳		其中：太平洋保險公司	
銀行存款總分類帳		出口退稅	
銀行存款日記帳		其他應收款明細帳餘額小計	
		庫存商品總分類帳	
應收帳款總分類帳		其中：甲商品	
其中：A 公司		乙商品	
沃爾瑪		丙商品	
應收帳款明細帳餘額小計		庫存商品明細帳餘額小計	

第八節　模擬公司試算平衡表

當月月末，根據與日記帳、明細分類帳核對餘額后的總帳記錄，編制「總分類帳戶發生額及餘額試算平衡表」(見表5-8)。

表5-8　　　　　　　　總分類帳戶發生額及餘額試算平衡表
201×年12月

會計科目	期初餘額 借方	期初餘額 貸方	本期發生額 借方	本期發生額 貸方	期末餘額 借方	期末餘額 貸方
庫存現金						
銀行存款						
其他貨幣資金						
應收帳款						
其他應收款						
商品採購						
庫存商品						
待處理財產損溢						
應付職工薪酬						
應交稅費						
實收資本						
主營業務收入						
主營業務成本						
其他業務收入						
其他業務成本						
稅金及附加						
管理費用						
財務費用						
銷售費用						
營業外支出						
本年利潤						
合計						

第九節　模擬公司資產負債表

根據明細分類帳及總分類帳資料編制資產負債表（見表 5-9）。

表 5-9　　　　　　　　　　　　　資產負債表
編製單位：　　　　　　　201×年 12 月 31 日　　　　　　　　　單位：元

資產	年初數	期末數	負債及所有者權益	年初數	期末數
流動資產：			流動負債：		
貨幣資金			短期借款		
交易性金融資產			交易性金融負債		
應收票據			應付票據		
應收帳款			應付帳款		
預付款項			預收款項		
應收利息			應付職工薪酬		
應收股利			應交稅費		
其他應收款			應付利息		
存貨			應付股利		
一年內到期的非流動資產			其他應付款		
其他流動資產			一年內到期的非流動負債		
流動資產合計			其他流動負債		
非流動資產：			流動負債合計		
可供出售金融資產			非流動負債：		
持有至到期投資			長期借款		
長期應收款			應付債券		
長期股權投資			長期應付款		
投資性房地產			專項應付款		
固定資產			預計負債		
在建工程			遞延所得稅負債		
工程物資			其他非流動負債		
固定資產清理			非流動負債合計		
生產性生物資產			負債合計		
油氣資產			所有者權益（或股東權益）：		
無形資產			實收資本（或股本）		

表5－9(續)

資產	年初數	期末數	負債及所有者權益	年初數	期末數
開發支出			資本公積		
商譽			減：庫存股		
長期待攤費用			盈餘公積		
遞延所得稅資產			未分配利潤		
其他非流動資產					
非流動資產合計			所有者權益（或股東權益）合計		
資產總計			負債及所有者權益總計		

第十節　模擬公司利潤表

根據明細分類帳及總分類帳資料編制利潤表（見表 5-10）。

表 5-10　　　　　　　　　　　　　利潤表
編製單位：　　　　　　　　　201×年 12 月　　　　　　　　　　單位：元

項目	行次	本期金額	上期金額
一、營業收入			
減：營業成本			
稅金及附加			
銷售費用			
管理費用			
財務費用			
資產減值損失			
加：公允價值變動淨收益			
投資收益			
其中：對聯營企業和合營企業的投資收益			
二、營業利潤			
加：營業外收入			
減：營業外支出			
其中：非流動資產處置損失			
三、利潤總額			
減：所得稅費用			
四、淨利潤			
五、每股收益			
（一）基本每股收益			
（二）稀釋每股收益			

參考文獻

1. 李海波. 新編會計學原理——基礎會計 [M]. 上海：立信會計出版社，2016.
2. 李海波. 新編會計學原理——基礎會計習題集 [M]. 上海：立信會計出版社，2016.
3. 邵瑞慶. 會計學原理 [M]. 上海：立信會計出版社，2015.
4. 邵瑞慶. 會計學原理學習指導書 [M]. 上海：立信會計出版社，2015.
5. 林雙全. 基礎會計實訓 [M]. 大連：大連理工大學出版社，2011.
6. 會計從業資格考試輔導教材編寫組. 會計從業資格考試習題集 [M]. 北京：中國財政經濟出版社，2016.
7. 會計從業資格考試輔導教材編寫組. 會計從業資格考試習題集 [M]. 北京：中國財政經濟出版社，2012.
8. 會計從業資格考試輔導教材編寫組. 會計基礎 [M]. 北京：中國財政經濟出版社，2016.
9. 《會計基礎應試指南》編寫組. 會計基礎應試指南 [M]. 北京：企業管理出版社，2015.
10. 李繼斌，方樹棟. 會計學原理 [M]. 北京：科學出版社，2007.
11. 曲洪山，禹阿平. 新編基礎會計 [M]. 大連：大連理工大學出版社，2008.
12. 高香林. 基礎會計 [M]. 北京：高等教育出版社，2007.
13. 石人瑾，錢嘉福. 英漢·漢英會計辭典 [M]. 上海：立信會計出版社，1997.
14. 常勛，肖華. 會計專業英語 [M]. 上海：立信會計出版社，2006.
15. 高文青，張同法. 基礎會計——原理、實務、實訓 [M]. 北京：北京交通大學出版社，2009.
16. 陳興濱. 會計原理 [M]. 北京：高等教育出版社，2008.

國家圖書館出版品預行編目(CIP)資料

基礎會計 / 林雙全，甘宇，李小騰 主編. -- 第二版.
-- 臺北市：財經錢線文化出版：崧博發行，2019.01
　面；　公分

ISBN 978-957-680-249-2(平裝)

1. 會計學

495.1　　　　107018103

書　名：基礎會計
作　者：林雙全、甘宇、李小騰 主編
發行人：黃振庭
出版者：財經錢線文化事業有限公司
發行者：崧博出版事業有限公司
E-mail：sonbookservice@gmail.com
粉絲頁　　　　　網　址：
地　址：台北市中正區延平南路六十一號五樓一室
8F.-815, No.61, Sec. 1, Chongqing S. Rd., Zhongzheng Dist., Taipei City 100, Taiwan (R.O.C.)
電　話：(02)2370-3310　傳　真：(02) 2370-3210
總經銷：紅螞蟻圖書有限公司
地　址：台北市內湖區舊宗路二段 121 巷 19 號
電　話：02-2795-3656　傳真：02-2795-4100　網址：
印　刷：京峯彩色印刷有限公司（京峰數位）

　　本書版權為西南財經大學出版社所有授權崧博出版事業有限公司獨家發行電子書及繁體書繁體版。若有其他相關權利及授權需求請與本公司聯繫。

定價：750元

發行日期：2019 年 01 月第二版

◎ 本書以POD印製發行